电子信息科学与技术丛书

Arm Cortex-M4
嵌入式系统

基于STM32Cube和HAL库的开发方法

李正军 李潇然 编著

清华大学出版社

北京

内 容 简 介

本书秉承"新工科"理念,从科研、教学和工程实际应用出发,理论联系实际,全面系统地讲述基于 STM32CubeMX、STM32CubeIDE 和 HAL 库的嵌入式系统设计与应用实例。STM32CubeMX 和 STM32CubeIDE 是意法半导体公司提供的用于 STM32 开发的免费工具软件,是 STM32Cube 生态系统的核心工具软件。本书从市场上畅销的 STM32F4 系列微控制器入手,利用 STM32CubeMX 快速生成 STM32F4 系列的开发环境,并在 STM32CubeIDE 上对代码进行进一步修改补充,直至生成最终的开发项目。全书共 12 章,主要内容包括绪论、STM32 系列微控制器、STM32CubeMX 和 HAL 库、STM32CubeIDE 开发平台、STM32 GPIO、STM32 中断、STM32 定时器、STM32 通用同步/异步收发器、STM32 SPI 串行总线、STM32 I2C 串行总线、STM32 A/D 转换器和 STM32 DMA 控制器。全书内容丰富,体系先进,结构合理,理论与实践相结合,尤其注重工程应用技术。

本书可作为高等院校各类自动化、软件工程、机器人、自动检测、机电一体化、人工智能、电子与电气工程、计算机应用、信息工程、物联网等相关专业的本科生、研究生授课教材,也可作为广大从事嵌入式系统开发的工程技术人员的参考用书。

图书在版编目(CIP)数据

Arm Cortex-M4 嵌入式系统 : 基于 STM32Cube 和 HAL 库的开发方法 / 李正军,李潇然编著. -- 北京 : 清华大学出版社,2024. 8. --(电子信息科学与技术丛书).
ISBN 978-7-302-66942-5

Ⅰ. TP332
中国国家版本馆 CIP 数据核字第 2024FR0978 号

策划编辑: 盛东亮
责任编辑: 吴彤云
封面设计: 李召霞
责任校对: 时翠兰
责任印制: 沈　露

出版发行: 清华大学出版社
　　　　网　　　址: https://www.tup.com.cn, https://www.wqxuetang.com
　　　　地　　　址: 北京清华大学学研大厦 A 座　　　邮　　　编: 100084
　　　　社 总 机: 010-83470000　　　　　　　　　邮　　　购: 010-62786544
　　　　投稿与读者服务: 010-62776969, c-service@tup.tsinghua.edu.cn
　　　　质量反馈: 010-62772015, zhiliang@tup.tsinghua.edu.cn
　　　　课件下载: https://www.tup.com.cn, 010-83470236
印 装 者: 三河市龙大印装有限公司
经　　　销: 全国新华书店
开　　　本: 186mm×240mm　　　印　　　张: 22.5　　　　　字　　　数: 504 千字
版　　　次: 2024 年 8 月第 1 版　　　　　　　　　　　　印　　　次: 2024 年 8 月第 1 次印刷
印　　　数: 1~1500
定　　　价: 79.00 元

产品编号: 101333-01

前 言
PREFACE

STM32 作为 Arm 的一个典型系列,以其较高的性能和优越的性价比,毫无疑问地成为 32 位单片机市场的主流。把 STM32 引入大学的培养体系,已经成为广大师生的普遍共识。

HAL 库是意法半导体公司(简称 ST 公司)为 STM32 的 MCU 最新推出的抽象层嵌入式软件,目标是更方便地实现跨 STM32 产品的最大可移植性。和标准外设库(也称为标准库)相比,STM32 的 HAL 库更加抽象,ST 公司最终的目的是实现在 STM32 系列 MCU 之间无缝移植,甚至与其他 MCU 也能实现快速移植。

STM32Cube 生态系统已经完全抛弃了早期的标准外设库,STM32 系列 MCU 都提供 HAL 固件库以及其他一些扩展库。STM32Cube 生态系统的两个核心软件是 STM32CubeMX 和 STM32CubeIDE,另外还有程序下载软件 STM32CubeProgrammer,这些都是由 ST 公司官方免费提供的。使用 STM32CubeMX 可以进行 MCU 的系统功能和外设图形化配置,可以生成 MDK-Arm 或 STM32CubeIDE 项目框架代码,包括系统初始化代码和已配置外设的初始化代码。如果用户想在生成的 MDK-Arm 或 STM32CubeIDE 初始项目的基础上添加自己的应用程序代码,只需把代码写在代码沙箱段内,就可以在 STM32CubeMX 中修改 MCU 设置,重新生成代码,而不会影响用户已经添加的程序代码。

之前使用的都是标准库,使用标准库的主要劣势就是每次修改 MCU 功能时,都需要手动修改,而且手动修改也不能保证程序的正确性,因为代码在不同的 MCU 之间移植的结果是不一样的,也就是说标准库是针对某一系列芯片的,没有什么可移植性。此外,在内部的布线上也稍微有些区别,移植时需要格外注意。最近兴起的 HAL 库就是 ST 公司目前主推的研发方式,其更新速度比较快,可以通过官方推出的 STM32CubeMX 工具一键生成代码,大大缩短开发周期。使用 HAL 库的优势主要就是不需要开发工程师再设计所用的 MCU 型号,只需要专注于所需功能的软件开发工作即可。

目前,基于 STM32 内核的 Arm 微处理器的开发方式主要有以下几种。

(1) 寄存器+Keil MDK(难度较大,代码效率高,不常用)。

(2) 标准库函数+Keil MDK(现在多采用)。

(3) HAL 库函数+Keil MDK(已采用)。

(4) STM32CubeMX+HAL 库函数+Keil MDK(简单易学,缺乏教材,但已开始采用)。

(5) STM32CubeMX+STM32CubeIDE+HAL 库函数(简单易学,开发平台不涉及版权,未来趋势)。

STM32CubeMX 和 STM32CubeIDE 是 STM32Cube 开发中不可或缺的两款软件。由于 STM32CubeMX 和 STM32CubeIDE 的优越性及编程的图形化,读者急需一本讲述 STM32CubeMX 和 STM32CubeIDE 编程的嵌入式系统教材。因此,本书以 ST 公司的基于 32 位 Arm 内核的 STM32F407 为背景机型,采用 STM32CubeMX、STM32CubeIDE 和 HAL 库函数,讲述嵌入式系统设计与应用实例,限于篇幅且 Keil MDK 在国内的应用较为普遍,只在 GPIO 输出应用实例中详细地讲述了 STM32CubeIDE 开发平台的应用,其他应用实例均采用 Keil MDK 开发平台。

本书共分 12 章。第 1 章内容是概述嵌入式系统,介绍嵌入式系统的组成、嵌入式系统的软件、嵌入式系统的应用领域、嵌入式系统的体系、Arm 嵌入式微处理器、存储器系统、嵌入式处理器的分类和特点;第 2 章概述 STM32 系列微控制器,介绍 STM32F407ZGT6 概述、STM32F407ZGT6 芯片内部结构、STM32F407VGT6 芯片引脚和功能,以及 STM32F407VGT6 最小系统设计;第 3 章讲述 STM32CubeMX 和 HAL 库,包括安装 STM32CubeMX、安装 MCU 固件包、软件功能与基本使用,以及 HAL 库;第 4 章讲述 STM32CubeIDE 开发平台,包括安装 STM32CubeIDE、STM32CubeIDE 的操作、STM32CubeProgrammer 软件、STM32CubeMonitor 软件、STM32F407 开发板的选择和 STM32 仿真器的选择;第 5 章讲述 STM32 GPIO,包括 STM32 GPIO 接口概述、STM32 的 GPIO 功能、GPIO 的 HAL 驱动程序、STM32 的 GPIO 使用流程、采用 STM32CubeMX 和 HAL 库的 GPIO 输出应用实例、采用 STM32CubeMX 和 HAL 库的 GPIO 输入应用实例;第 6 章讲述 STM32 中断,包括中断概述、STM32F4 中断系统、STM32F4 外部中断/事件控制器、STM32F4 中断 HAL 驱动程序、STM32F4 外部中断设计流程和采用 STM32CubeMX 和 HAL 库的外部中断设计实例;第 7 章讲述 STM32 定时器系统,包括 STM32 定时器概述、STM32 基本定时器、STM32 通用定时器、STM32 定时器 HAL 库函数、采用 STM32CubeMX 和 HAL 库的定时器应用实例;第 8 章讲述 STM32 通用同步/异步收发器,包括串行通信基础、STM32 的 USART 工作原理、USART 的 HAL 驱动程序、采用 STM32CubeMX 和 HAL 库的 USART 串行通信应用实例;第 9 章讲述 STM32 SPI 串行总线,包括 STM32 SPI 通信原理、STM32F4 SPI 串行总线的工作原理、SPI 的 HAL 驱动程序、采用 STM32CubeMX 和 HAL 库的 SPI 应用实例;第 10 章讲述 STM32 I2C 串行总线,包括 STM32 I2C 串行总线的通信原理、STM32 I2C 串行总线接口、I2C 的 HAL 驱动程序、采用 STM32CubeMX 和 HAL 库的 I2C 应用实例;第 11 章讲述 STM32 A/D 转换器,包括模拟量输入通道、模拟量输入信号类型与量程自动转换、STM32F407 微控制器的 ADC 结构、STM32F407 微控制器的 ADC 功能、ADC 的 HAL 驱动程序、采用 STM32CubeMX 和 HAL 库的 A/D 转换器应用实例;第 12 章讲述 STM32 DMA 控制器,包括 STM32 DMA 的基本概念、STM32 DMA 的结构和主要特征、STM32 DMA 的功能描述、DMA 的 HAL 驱动程序、采用 STM32CubeMX 和 HAL 库的 DMA 应用实例。

本书结合编者多年的科研和教学经验,遵循"循序渐进,理论与实践并重,共性与个性兼顾"的原则,将理论实践一体化的教学方式融入其中。书中实例的开发过程用到的是目前使用最广的"野火 STM32 开发板 F407-霸天虎",由此开发各种功能,书中的实例均进行了调试。读者也可以结合实际或手里现有的开发板开展实验,均能获得实验结果。

本书数字资源丰富,配有电路文件、程序代码(Keil MDK 工程和 STM32CubeIDE 工程)、教学大纲、教学课件、测验试题和习题解答等电子配套资源。

对本书引用的参考文献的作者,在此一并向他们表示真诚的感谢。由于编者水平有限,加上时间仓促,书中不妥之处在所难免,敬请广大读者不吝指正。

编　者

目 录
CONTENTS

第1章

绪　　论

本章将对嵌入式系统进行概述,介绍嵌入式系统的组成、嵌入式系统的软件、嵌入式系统的应用领域、嵌入式系统的体系、Arm 嵌入式微处理器、存储器系统、嵌入式处理器的分类和特点。

1.1　嵌入式系统

随着计算机技术的不断发展,计算机的处理速度越来越快,存储容量越来越大,外围设备的性能越来越好,满足了高速数值计算和海量数据处理的需要,形成了高性能的通用计算机系统。

以往按照计算机的体系结构、运算速度、结构规模、适用领域,将其分为大型机、中型机、小型机和微型机,并以此组织学科和产业分工,这种分类沿袭了约 40 年。近 20 年来,随着计算机技术的迅速发展,以及计算机技术和产品对其他行业的广泛渗透,以应用为中心的分类方法变得更加切合实际。

国际电气和电子工程师协会(IEEE)定义的嵌入式系统(Embedded Systems)是"用于控制、监视或者辅助操作机器和设备运行的装置"(原文为 devices used to control, monitor,or assist the operation of equipment,machinery or plants)。这主要是从应用上加以定义的,从中可以看出嵌入式系统是软件和硬件的综合体,还可以涵盖机械等附属装置。

国内普遍认同的嵌入式系统的定义是"以计算机技术为基础,以应用为中心,软件、硬件可剪裁,适合应用系统对功能可靠性、成本、体积、功耗严格要求的专业计算机系统"。在构成上,嵌入式系统以微控制器及软件为核心部件,两者缺一不可;在特征上,嵌入式系统具有方便、灵活地嵌入其他应用系统的特征,即具有很强的可嵌入性。

按嵌入式微控制器类型划分,嵌入式系统可分为以单片机为核心的嵌入式单片机系统、以工业计算机为核心的嵌入式计算机系统、以 DSP 为核心组成的嵌入式数字信号处理器系统、以 FPGA 为核心的嵌入式可编程片上系统(System on a Programmable Chip,SOPC)等。

嵌入式系统在含义上与传统的单片机系统和计算机系统有很多重叠部分。为了方便区分,在实际应用中,嵌入式系统还应该具备以下 3 个特征。

（1）嵌入式系统的微控制器通常是由 32 位及以上的精简指令集计算机（Reduced Instruction Set Computer，RISC）处理器组成的。

（2）嵌入式系统的软件系统通常是以嵌入式操作系统为核心，外加用户应用程序。

（3）嵌入式系统在特征上具有明显的可嵌入性。

嵌入式系统应用经历了无操作系统、单操作系统、实时操作系统和面向 Internet 共 4 个阶段。21 世纪无疑是一个网络的时代，互联网的快速发展及广泛应用为嵌入式系统的发展及应用提供了良好的机遇。"人工智能"这一技术一夜之间尽人皆知。而嵌入式系统在其发展过程中扮演着重要角色。

嵌入式系统的广泛应用和互联网的发展导致了物联网概念的诞生，设备与设备之间、设备与人之间以及人与人之间要求实时互联，导致了大量数据的产生，大数据一度成为科技前沿，每天世界各地的数据量呈指数增长，数据远程分析成为必然要求。云计算被提上日程。数据存储、传输、分析等技术的发展无形中催生了人工智能，因此人工智能看似突然出现在大众视野，实则经历了近半个世纪的漫长发展，其制约因素之一就是大数据。而嵌入式系统正是获取数据的最关键的系统之一。人工智能的发展可以说是嵌入式系统发展的产物，同时人工智能的发展要求更多、更精准的数据，以及更快、更方便地传输数据。这促进了嵌入式系统的发展，两者相辅相成，嵌入式系统必将进入一个更加快速的发展时期。

1.1.1 嵌入式系统概述

嵌入式系统的发展大致经历了以下 3 个阶段。

（1）以嵌入式微控制器为基础的初级嵌入式系统。

（2）以嵌入式操作系统为基础的中级嵌入式系统。

（3）以 Internet 和实时操作系统（RTOS）为基础的高级嵌入式系统。

嵌入式技术与 Internet 技术的结合正在推动着嵌入式系统的飞速发展，为嵌入式系统市场展现出了美好的前景，也对嵌入式系统的生产厂商提出了新的挑战。

通用计算机具有计算机的标准形式，通过装配不同的应用软件，应用在社会的各个方面。现在，在办公室、家庭中广泛使用的个人计算机（PC）就是通用计算机最典型的代表。

而嵌入式计算机则是以嵌入式系统的形式隐藏在各种装置、产品和系统中。在许多应用领域，如工业控制、智能仪器仪表、家用电器、电子通信设备等，对嵌入式计算机的应用有着不同的要求，具体如下。

（1）能面对控制对象，如面对物理量传感器的信号输入、面对人机交互的操作控制、面对对象的伺服驱动和控制。

（2）可嵌入应用系统。由于体积小、低功耗、价格低廉，可方便地嵌入应用系统和电子产品中。

（3）能在工业现场环境中长时间可靠运行。

（4）控制功能优良。对外部的各种模拟和数字信号能及时捕捉，对多种不同的控制对象能灵活地进行实时控制。

可以看出,满足上述要求的计算机系统与通用计算机系统是不同的。换句话讲,能够满足和适合以上这些应用的计算机系统与通用计算机系统在应用目标上有巨大的差异。一般将具备高速计算能力和海量存储,用于高速数值计算和海量数据处理的计算机称为通用计算机系统。而将面对工控领域对象,嵌入各种控制应用系统、各类电子系统和电子产品中,实现嵌入式应用的计算机系统称为嵌入式计算机系统,简称嵌入式系统。

嵌入式系统将应用程序和操作系统与计算机硬件集成在一起,简单地讲,就是系统的应用软件与系统的硬件一体化。这种系统具有软件代码小、高度自动化、响应速度快等特点,特别适合面向对象的要求实时和多任务的应用。

特定的环境和特定的功能要求嵌入式系统与所嵌入的应用环境成为一个统一的整体,并且往往要满足紧凑、可靠性高、实时性好、功耗低等技术要求。面向具体应用的嵌入式系统,以及系统的设计方法和开发技术,构成了今天嵌入式系统的重要内涵,也是嵌入式系统发展成为一个相对独立的计算机研究和学习领域的原因。

1.1.2　嵌入式系统和通用计算机系统比较

作为计算机系统的不同分支,嵌入式系统和人们熟悉的通用计算机系统既有共性,也有差异。

1. 嵌入式系统和通用计算机系统的共同点

嵌入式系统和通用计算机系统都属于计算机系统,从系统组成上看,它们都是由硬件和软件构成的;它们的工作原理是相同的,都是存储程序机制。从硬件上看,嵌入式系统和通用计算机系统都是由 CPU、存储器、I/O 接口和中断系统等部件组成的;从软件上看,嵌入式系统软件和通用计算机软件都可以划分为系统软件和应用软件两类。

2. 嵌入式系统和通用计算机系统的不同点

作为计算机系统的一个新兴的分支,嵌入式系统与人们熟悉和常用的通用计算机系统相比又具有以下不同点。

(1) 形态。通用计算机系统具有基本相同的外形(如主机、显示器、鼠标和键盘等)并且独立存在;而嵌入式系统通常隐藏在具体某个产品或设备(称为宿主对象,如空调、洗衣机、数字机顶盒等)中,它的形态随着产品或设备的不同而不同。

(2) 功能。通用计算机系统一般具有通用而复杂的功能,任意一台通用计算机都具有文档编辑、影音播放、娱乐游戏、网上购物和通信聊天等通用功能;而嵌入式系统嵌入在某个宿主对象中。功能由宿主对象决定,具有专用性,通常是为某个应用量身定做的。

(3) 功耗。目前,通用计算机系统的功耗一般为 200W 左右;而嵌入式系统的宿主对象通常是小型应用系统,如手机、MP3 和智能手环等,这些设备不可能配置容量较大的电源,因此,低功耗一直是嵌入式系统追求的目标,如日常生活中使用的智能手机,其待机功率为 $100\sim200\,\mathrm{mW}$,即使在通话时功率也只有 $4\sim5\,\mathrm{W}$。

(4) 资源。通用计算机系统通常拥有大而全的资源(如鼠标、键盘、硬盘、内存条和显示器等);而嵌入式系统受限于嵌入的宿主对象(如手机、MP3 和智能手环等),通常要求小型化和低功耗,其软硬件资源受到严格的限制。

（5）价值。通用计算机系统的价值体现在"计算"和"存储"上,计算能力(处理器的字长和主频等)和存储能力(内存和硬盘的大小和读取速度等)是通用计算机的通用评价指标;而嵌入式系统往往嵌入某个设备和产品中,其价值一般不取决于其内嵌的处理器的性能,而体现在它所嵌入和控制的设备。例如,一台智能洗衣机的性能往往用洗净比、洗涤容量和脱水转速等来衡量,而不以其内嵌的微控制器的运算速度和存储容量等来衡量。

1.1.3 嵌入式系统的特点

通过嵌入式系统的定义和嵌入式系统与通用计算机系统的比较,可以看出嵌入式系统具有以下特点。

1. 专用性强

嵌入式系统通常是针对某种特定的应用场景,与具体应用密切相关,其硬件和软件都是面向特定产品或任务而设计的。不但一种产品中的嵌入式系统不能应用到另一种产品中,甚至都不能嵌入同一种产品的不同系列。例如,洗衣机的控制系统不能应用到洗碗机中,甚至不同型号洗衣机的控制系统也不能相互替换,因此嵌入式系统具有很强的专用性。

2. 可裁剪性

受限于体积、功耗和成本等因素,嵌入式系统的硬件和软件必须高效率地设计,根据实际应用需求量体裁衣,去除冗余,从而使系统在满足应用要求的前提下达到最精简的配置。

3. 实时性好

许多嵌入式系统应用于宿主系统的数据采集、传输与控制过程时,普遍要求嵌入式系统具有较好的实时性,如现代汽车中的制动器、安全气囊控制系统、武器装备中的控制系统、某些工业装置中的控制系统等。这些应用对实时性有着极高的要求,一旦达不到应有的实时性,就有可能造成极其严重的后果。另外,虽然有些系统本身的运行对实时性要求不是很高,但实时性也会对用户体验感产生影响,如需要避免人机交互的卡顿、遥控反应迟钝等情况。

4. 可靠性高

嵌入式系统的应用场景多种多样,面对复杂的应用环境,嵌入式系统应能够长时间稳定可靠地运行。在某些应用中,嵌入式系统硬件或软件中存在的一个小 Bug,都有可能导致灾难性后果的发生。

5. 体积小、功耗低

由于嵌入式系统要嵌入具体的应用对象体中,其体积大小受限于宿主对象,因此往往对体积有着严格的要求。例如,心脏起搏器的大小就像一粒胶囊。2020 年 8 月,埃隆·马斯克发布的拥有 1024 个信道的 Neuralink 脑机接口只有一枚硬币大小。同时,由于嵌入式系统在移动设备、可穿戴设备以及无人机、人造卫星等这样的应用设备中,不可能配置交流电源或大容量的电池,因此低功耗也往往是嵌入式系统所追求的一个重要指标。

6．注重制造成本

与其他商品一样,制造成本会对嵌入式系统设备或产品在市场上的竞争力有很大的影响。同时,嵌入式系统产品通常会进行大量生产,如现在的消费类嵌入式系统产品,通常的年产量会在百万数量级、千万数量级甚至亿数量级。节约单个产品的制造成本,意味着总制造成本的海量节约,会产生可观的经济效益。因此,注重嵌入式系统的硬件和软件的高效设计,在满足应用需求的前提下有效地降低单个产品的制造成本,也成为嵌入式系统所追求的重要目标之一。

7．生命周期长

随着计算机技术的飞速发展,像桌面计算机、笔记本电脑以及智能手机这样的通用计算机系统的更新换代速度大大加快,更新周期通常为 18 个月左右。然而,嵌入式系统和实际具体应用装置或系统紧密结合,一般会伴随具体嵌入的产品维持 8～10 年相对较长的使用时间,其升级换代往往是和宿主对象系统同步进行的。因此,相较于通用计算机系统,嵌入式系统产品一旦进入市场后,不会像通用计算机系统那样频繁换代,通常具有较长的生命周期。

8．不可垄断性

代表传统计算机行业的 Wintel(Windows-Intel)联盟统治桌面计算机市场长达 30 多年,形成了事实上的市场垄断。而嵌入式系统是将先进的计算机技术、半导体电子技术和网络通信技术与各个行业的具体应用相结合后的产物,其拥有更为广阔和多样化的应用市场,行业细分市场极其宽泛,这一点就决定了嵌入式系统必然是一个技术密集、资金密集、高度分散、不断创新的知识集成系统。特别是 5G 技术、物联网技术以及人工智能技术与嵌入式系统的快速融合,催生了嵌入式系统创新产品的不断涌现,给嵌入式系统产品的设计研发提供了广阔的市场空间。

1.2 嵌入式系统的组成

嵌入式系统是一个在功能、可靠性、成本、体积和功耗等方面有严格要求的专用计算机系统,那么无一例外,其具有一般计算机组成结构的共性。从总体上看,嵌入式系统的核心部分由嵌入式硬件和嵌入式软件组成;而从层次结构上看,嵌入式系统可划分为硬件层、驱动层、操作系统层以及应用层 4 个层次,如图 1-1 所示。

嵌入式硬件(硬件层)是嵌入式系统的物理基础,主要包括嵌入式处理器、存储器、输入/输出(I/O)接口及电源等。其中,嵌入式处理器是嵌入式系统的硬件核心,通常可分为嵌入式微处理器、嵌入式微控制器、嵌入式数字信号处理器以及嵌入式片上系统等主要类型。

存储器是嵌入式系统硬件的基本组成部分,包括 RAM、Flash、EEPROM 等主要类型,承担着存储嵌入式系统程序和数据的任务。目前的嵌入式处理器中已经集成了较为丰富的存储器资源,同时也可通过 I/O 接口在嵌入式处理器外部扩展存储器。

I/O 接口及设备是嵌入式系统对外联系的纽带,负责与外部世界进行信息交换。I/O

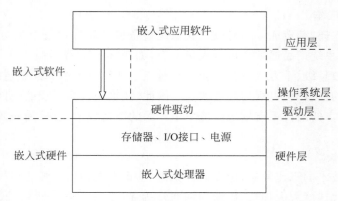

图 1-1　嵌入式系统的组成结构

接口主要包括数字接口和模拟接口两大类。其中,数字接口又可分为并行接口和串行接口,模拟接口包括模数转换器(ADC)和数模转换器(DAC)。并行接口可以实现数据的所有位同时并行传送,传输速度快,但通信线路复杂,传输距离短。串行接口则采用数据位逐位顺序传送的方式,通信线路少,传输距离远,但传输速度相对较慢。常用的串行接口有通用同步/异步收发器(USART)接口、串行外设接口(SPI)、芯片间总线(P2C)接口以及控制器局域网络(CAN)接口等,实际应用时可根据需要选择不同的接口类型。I/O 设备主要包括人机交互设备(按键、显示器件等)和机机交互设备(传感器、执行器等),可根据实际应用需求选择所需的设备类型。

　　嵌入式软件运行在嵌入式硬件平台之上,指挥嵌入式硬件完成嵌入式系统的特定功能。嵌入式软件可包括硬件驱动(驱动层)、嵌入式操作系统(操作系统层)以及嵌入式应用软件(应用层)3 个层次。另外,有些系统包含中间层,中间层也称为硬件抽象层(Hardware Abstract Layer,HAL)或板级支持包(Board Support Package,BSP)。对于底层硬件,它主要负责相关硬件设备的驱动;而对于上层的嵌入式操作系统或应用软件,它提供了操作和控制硬件的规则与方法。嵌入式操作系统(操作系统层)是可选的,简单的嵌入式系统无需嵌入式操作系统的支持,由应用层软件通过驱动层直接控制硬件层完成所需功能,也称为"裸金属"(Bare-Metal)运行。对于复杂的嵌入式系统,应用层软件通常需要在嵌入式操作系统内核以及文件系统、图形用户界面、通信协议栈等系统组件的支持下,完成复杂的数据管理、人机交互以及网络通信等功能。

　　嵌入式处理器是一种在嵌入式系统中使用的微处理器。从体系结构来看,与通用 CPU 一样,嵌入式处理器也分为冯・诺依曼(von Neumann)结构的嵌入式处理器和哈佛(Harvard)结构的嵌入式处理器。冯・诺依曼结构是一种将内部程序空间和数据空间合并在一起的结构,程序指令和数据的存储地址指向同一个存储器的不同物理位置,程序指令和数据的宽度相同,取指令和取操作数通过同一条总线分时进行。大部分通用处理器采用的是冯・诺依曼结构,也有不少嵌入式处理器采用冯・诺依曼结构,如 Intel 8086、Arm7、MIPS、PIC16 等。哈佛结构是一种将程序空间和数据空间分开在不同的存储器中的结构,每个空间的存储器独立编址,独立访问,设置了与两个空间存储器相对应的两套地址总线和数据总线,取指令和执行能够重叠进行,数据的吞吐率提高了一倍,同时指令和数据可以有不同的数据宽度。大多数嵌入式处理器采用了哈佛结构或改进的哈佛结构,如 Intel 8051、Atmel AVR、Arm9、Arm10、Arm11、Arm Cortex-M3 等系列嵌入式处理器。

从指令集的角度看,嵌入式处理器也有复杂指令集计算机(Complex Instruction Set Computer,CISC)和精简指令集计算机(RISC)两种指令集架构。早期的处理器全部采用的是 CISC 架构,它的设计动机是要用最少的机器语言指令完成所需的计算任务。为了提高程序的运行速度和软件编程的方便性,CISC 处理器不断增加可实现复杂功能的指令和多种灵活的寻址方式,使处理器所含的指令数目越来越多。然而,指令数量越多,完成微操作所需的逻辑电路就越多,芯片的结构就越复杂,器件成本也相应越高。相比之下,RISC 指令集是一套优化过的指令集架构,可以从根本上快速提高处理器的执行效率。在 RISC 处理器中,每个机器周期都在执行指令,无论简单还是复杂的操作,均由简单指令的程序块完成。由于指令高度简约,RISC 处理器的晶体管规模普遍都很小而且性能强大。因此,继 IBM 公司推出 RISC 指令集架构和处理器产品后,众多厂商纷纷开发出自己的 RISC 指令系统,并推出自己的 RISC 架构处理器,如 DEC 公司的 Alpha、Sun 公司的 SPARC、HP 公司的 PA-RISC、MIPS 技术公司的 MIPS、Arm 公司的 Arm 等。RISC 处理器被广泛应用于消费电子产品、工业控制计算机和各类嵌入式设备中。RISC 处理器的热潮出现在 RISC-V 开源指令集架构推出后,涌现出了各种基于 RISC-V 架构的嵌入式处理器,如 SiFive 公司的 U54-MC Coreplex、GreenWaves Technologies 公司的 GAP8、Western Digital 公司的 SweRV EH1、国内有睿思芯科(深圳)技术有限公司的 Pygmy、芯来科技(武汉)有限公司的 Hummingbird (蜂鸟)E203、晶心科技(武汉)有限公司的 AndeStar V5 和 AndesCore N22 以及平头哥半导体有限公司的玄铁 910 等。

1.3 嵌入式系统的软件

嵌入式系统的软件一般固化于嵌入式存储器中,是嵌入式系统的控制核心,控制着嵌入式系统的运行,实现嵌入式系统的功能。由此可见,嵌入式软件在很大程度上决定整个嵌入式系统的价值。

从软件结构上划分,嵌入式系统的软件分为无操作系统和带操作系统两种。

1.3.1 无操作系统的嵌入式软件

对于通用计算机,操作系统是整个软件的核心,不可或缺;然而,对于嵌入式系统,由于其专用性,在某些情况下无需操作系统。尤其在嵌入式系统发展的初期,由于较低的硬件配置、单一的功能需求以及有限的应用领域(主要集中在工业控制和国防军事领域),嵌入式软件的规模通常较小,没有专门的操作系统。

在组成结构上,无操作系统的嵌入式软件仅由引导程序和应用程序两部分组成,如

图 1-2 所示。引导程序一般由汇编语言编写，在嵌入式系统上电后运行，完成自检、存储映射、时钟系统和外设接口配置等一系列硬件初始化操作。应用程序一般由 C 语言编写，直接

图 1-2　无操作系统的嵌入式软件结构

架构在硬件之上，在引导程序之后运行，负责实现嵌入式系统的主要功能。

1.3.2　带操作系统的嵌入式软件

随着嵌入式应用在各个领域的普及和深入，嵌入式系统向多样化、智能化和网络化发展，其对功能、实时性、可靠性和可移植性等方面的要求越来越高，嵌入式软件日趋复杂，越来越多地采用嵌入式操作系统＋应用软件的模式。相比于无操作系统的嵌入式软件，带操作系统的嵌入式软件规模较大，其应用软件架构于嵌入式操作系统上，而非直接面对嵌入式硬件，可靠性高，开发周期短，易于移植和扩展，适用于功能复杂的嵌入式系统。

带操作系统的嵌入式软件的体系结构如图 1-3 所示，自下而上包括设备驱动层、操作系统层和应用软件层等。

图 1-3　带操作系统的嵌入式软件的体系结构

1.3.3　嵌入式操作系统的分类

按照嵌入式操作系统对任务响应的实时性分类，嵌入式操作系统可以分为嵌入式非实时操作系统和嵌入式实时操作系统(RTOS)。这两类操作系统的主要区别在于任务调度处理方式不同。

1. 嵌入式非实时操作系统

嵌入式非实时操作系统主要面向消费类产品应用领域。大部分嵌入式非实时操作系统都支持多用户和多进程，负责管理众多的进程并为它们分配系统资源，属于不可抢占式操作系统。非实时操作系统尽量缩短系统的平均响应时间并提高系统的吞吐率，在单位时间内为尽可能多的用户请求提供服务，注重平均表现性能，不关心个体表现性能。例如，对于整个系统，注重所有任务的平均响应时间而不关心单个任务的响应时间；对于某个单个任务，注重每次执行的平均响应时间而不关心某次特定执行的响应时间。典型的非实时操作系统有 Linux、iOS 等。

2. 嵌入式实时操作系统

嵌入式实时操作系统主要面向控制、通信等领域。实时操作系统除了要满足应用的功能需求，还要满足应用提出的实时性要求，属于抢占式操作系统。嵌入式实时操作系统能及

时响应外部事件的请求,并以足够快的速度予以处理,其处理结果能在规定的时间内控制、监控生产过程或对处理系统作出快速响应,并控制所有任务协调、一致地运行。因此,嵌入式实时操作系统采用各种算法和策略,始终保证系统行为的可预测性。这要求在系统运行的任何时刻,在任何情况下,嵌入式实时操作系统的资源调配策略都能为争夺资源(包括CPU、内存、网络带宽等)的多个实时任务合理地分配资源,使每个实时任务的实时性要求都能得到满足,要求每个实时任务在最坏情况下都要满足实时性要求。嵌入式实时操作系统总是执行当前优先级最高的进程,直至结束执行,中间的时间通过 CPU 频率等可以推算出来。由于虚存技术访问时间的不可确定性,在嵌入式实时操作系统中一般不采用标准的虚存技术。典型的嵌入式实时操作系统有 VxWork、μC/OS-Ⅱ、QNX、FreeRTOS、eCOS、RTX 及 RT-Thread 等。

1.3.4　嵌入式实时操作系统的功能

嵌入式实时操作系统满足了实时控制和实时信息处理领域的需要,在嵌入式领域应用十分广泛,一般有实时内核、内存管理、文件系统、图形接口、网络组件等。在不同的应用中,可对嵌入式实时操作系统进行剪裁和重新配置。一般来讲,嵌入式实时操作系统需要完成以下管理功能。

1. 任务管理

任务管理是嵌入式实时操作系统的核心和灵魂,决定了操作系统的实时性能。任务管理通常包含优先级设置、多任务调度机制和时间确定性等部分。

嵌入式实时操作系统支持多个任务,每个任务都具有优先级,任务越重要,被赋予的优先级越高。优先级的设置分为静态优先级和动态优先级两种。静态优先级指的是每个任务在运行前都被赋予一个优先级,而且这个优先级在系统运行期间是不能改变的。动态优先级则是指每个任务的优先级(特别是应用程序的优先级)在系统运行时可以动态地改变。任务调度主要是协调任务对计算机系统资源的争夺使用,任务调度直接影响到系统的实时性能,一般采用基于优先级抢占式调度。系统中每个任务都有一个优先级,内核总是将 CPU分配给处于就绪态的优先级最高的任务。如果系统发现就绪队列中有比当前运行任务更高的优先级任务,就会把当前运行任务置于就绪队列,调入高优先级任务。系统采用优先级抢占方式进行调度,可以保证重要的突发事件得到及时处理。嵌入式实时操作系统调用的任务与服务的执行时间应具有可确定性,系统服务的执行时间不依赖于应用程序任务的多少,因此,系统完成某个确定任务的时间是可预测的。

2. 任务同步与通信机制

实时操作系统的功能一般要通过若干任务和中断服务程序共同完成。任务与任务之间、任务与中断间任务及中断服务程序之间必须协调动作、互相配合,这就涉及任务间的同步与通信问题。嵌入式实时操作系统通常是通过信号量、互斥信号量、事件标志和异步信号实现同步的,是通过消息邮箱、消息队列、管道和共享内存提供通信服务的。

3. 内存管理

通常在操作系统的内存中既有系统程序又有用户程序,为了使两者都能正常运行,避免程序间相互干扰,需要对内存中的程序和数据进行保护。存储保护通常需要硬件支持,很多系统都采用存储器管理单元(Memory Management Unit,MMU),并结合软件实现这一功能。但由于嵌入式系统的成本限制,内核和用户程序通常都在相同的内存空间中。内存分配方式可分为静态分配和动态分配。静态分配是在程序运行前一次性分配相应内存,并且在程序运行期间不允许再申请或在内存中移动;动态分配则允许在程序运行的整个过程中进行内存分配。静态分配使系统失去了灵活性,但对实时性要求比较高的系统是必需的;而动态分配赋予了系统设计者更多自主性,系统设计者可以灵活地调整系统的功能。

4. 中断管理

中断管理是实时系统中一个很重要的部分,系统经常通过中断与外部事件交互。评估系统的中断管理性能主要考虑的是否支持中断嵌套、中断处理、中断延时等。中断处理是整个运行系统中优先级最高的代码,它可以抢占任何任务级代码运行。中断机制是多任务环境运行的基础,是系统实时性的保证。

1.3.5 典型嵌入式操作系统

使用嵌入式操作系统主要是为了有效地对嵌入式系统的软硬件资源进行分配、任务调度切换、中断处理,以及控制和协调资源与任务的并发活动。由于C语言可以更好地对硬件资源进行控制,嵌入式操作系统通常采用C语言编写。当然,为了获得更快的响应速度,有时也需要采用汇编语言编写一部分代码或模块,以达到优化的目的。嵌入式操作系统与通用操作系统相比在两方面有很大的区别。一方面,通用操作系统为用户创建了一个操作环境,在这个环境中,用户可以和计算机相互交互,执行各种各样的任务;而嵌入式系统一般只是执行有限类型的特定任务,并且一般不需要用户干预。另一方面,在大多数嵌入式操作系统中,应用程序通常作为操作系统的一部分内置于操作系统中,随同操作系统启动时自动在ROM或Flash中运行;而在通用操作系统中,应用程序一般是由用户选择加载到RAM中运行的。

随着嵌入式技术的快速发展,国内外先后问世了150多种嵌入式操作系统,较为常见的国外嵌入式操作系统有μC/OS-Ⅱ、FreeRTOS、Embedded Linux、VxWorks、QNX、RTX、Windows IoT Core、Android Things等。虽然国产嵌入式操作系统发展相对滞后,但在物联网技术与应用的强劲推动下,国内厂商也纷纷推出了多种嵌入式操作系统,并得到了日益广泛的应用。目前较为常见的国产嵌入式操作系统有华为Lite OS、华为HarmonyOS、阿里巴巴AliOS Things、翼辉SylixOS、睿赛德RT-Thread等。

1.4 嵌入式系统的应用领域

嵌入式系统主要应用在以下领域。

1. 工业控制

基于嵌入式芯片的工业自动化设备将获得长足的发展,目前已经有大量的 8 位、16 位、32 位嵌入式微控制器在应用中,网络化是提高生产效率和产品质量、减少人力资源的主要途径,如工业过程控制、数字机床、电力系统、电网安全、电网设备监测、石油化工系统。就传统的工业控制产品而言,低端型采用的往往是 8 位单片机,但是随着技术的发展,32 位、64 位的处理器逐渐成为工业控制设备的核心,在未来几年必将获得长足的发展。

2. 交通管理

在车辆导航、流量控制、信息监测与汽车服务方面,嵌入式系统技术已经获得了广泛的应用,如内嵌全球定位系统(Global Position System,GPS)模块、全球移动通信系统(Global System For Mobile Communications,GSM)模块的移动定位终端已经在各种运输行业成功应用,目前 GPS 设备已经进入了普通百姓的家庭。

3. 信息家电

信息家电将成为嵌入式系统最大的应用领域,冰箱、室调等的网络化、智能化将引领人们的生活步入一个崭新的空间。即使用户不在家里,也可以通过网络进行远程控制,在这些设备中,嵌入式系统将大有用武之地。

4. 家庭智能管理系统

水、电、煤气的远程自动抄表,以及安全防火、防盗系统,其中嵌入的专用控制芯片将代替传统的人工检查,并实现更高、更准确和更安全的性能。目前在服务领域,如远程点菜器等,已经体现了嵌入式系统的优势。

5. POS 网络及电子商务

公共交通无接触智能卡(Contactless Smart Card,CSC)发行系统、公共电话卡发行系统、自动售货机、各种智能 ATM 终端将全面走入人们的生活,到时手持一卡就可以行遍天下。

6. 环境工程与自然

嵌入式系统在水文资料实时监测、防洪体系及水土质量监测、堤坝安全、地震监测网、实时气象信息网、水源和空气污染监测等方面有很广泛的应用。在很多环境恶劣、地况复杂的地区,嵌入式系统将实现无人监测。

7. 机器人

嵌入式芯片的发展将使机器人在微型化、高智能方面优势更加明显,同时会大幅度降低机器人的价格,使其在工业领域和服务领域获得更广泛的应用。

8. 机电产品

相较于其他领域,机电产品可以说是嵌入式系统应用最典型、最广泛的领域之一。从最初的单片机到现在的工控机、SoC,在各种机电产品中均有着巨大的市场。

9. 物联网

嵌入式系统已经在物联网方面取得大量成果,在智能交通、POS 收银、工厂自动化等领域已经广泛应用,仅在智能交通行业就已经取得非常明显的社会效益和经济效益。

随着移动应用的发展,嵌入式移动应用方面的前景非常广阔,包括穿戴设备、智能硬件、物联网。随着低功耗技术的发展,随身可携带的嵌入式应用将会普及人们生活的各个方面。

1.5 嵌入式系统的体系

嵌入式系统是一个专用计算机应用系统,是一个软件和硬件集合体。图1-4描述了一个典型的嵌入式系统的组成结构。

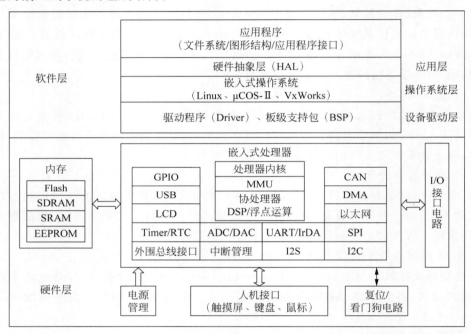

图1-4 典型的嵌入式系统的组成结构

嵌入式系统的硬件层一般由嵌入式处理器、内存、人机接口、复位/看门狗电路、I/O接电路等组成,它是整个系统运行的基础,通过人机接口和I/O接口实现和外部的通信。嵌入式系统的软件层主要由应用程序、硬件抽象层、嵌入式操作系统和驱动程序、板级支持包组成,嵌入式操作系统主要实现应用程序和硬件抽象层的管理,在一些应用场合可以不使用,直接编写裸机应用程序。嵌入式系统软件运行在嵌入式处理器中。在嵌入式操作系统的管理下,设备驱动层将硬件电路接收控制指令和感知的外部信息传递给应用层,经过其处理后,将控制结果或数据再反馈给系统硬件层,完成存储、传输或执行等功能要求。

1.5.1 硬件架构

嵌入式系统的硬件架构以嵌入式处理器为核心,由存储器、外围设备、通信模块、电源及复位等必要的辅助接口组成。嵌入式系统是量身定做的专用计算机应用系统,不同于普通计算机组成,在实际应用中的嵌入式系统硬件配置非常精简。除了微处理器和基本的外围设备,其余的电路都可根据需要和成本进行裁剪、定制,因此嵌入式系统硬件非常经济、可靠。

随着计算机技术、微电子技术及纳米芯片加工工艺技术的发展,以微处理器为核心的集成多种功能的SoC芯片已成为嵌入式系统的核心。这些SoC集成了大量的外围USB、以太网、ADC/DAC、I2S等功能模块。可编程片上系统(SOPC)结合了SoC和PLD的技术优点,使得系统具有可编程的功能,是可编程逻辑器件在嵌入式应用中的完美体现,极大地提高了系统在线升级换代的能力。以SoC/SOPC为核心,用最少的外围器件和连接器件构成一个应用系统,以满足系统的功能需求,是嵌入式系统发展的一个方向。

因此,嵌入式系统设计是以嵌入式微处理器/SoC/SOPC为核心,结合外围接口设备,包括存储设备、通信扩展设备、扩展设备接口和辅助设备(电源、传感、执行等),构成硬件系统以完成系统设计的。

1.5.2　软件层次

嵌入式系统软件可以是直接面向硬件的裸机程序开发,也可以是基于操作系统的嵌入式程序开发。当嵌入式系统应用功能简单时,相应的硬件平台结构也相对简单,这时可以使用裸机程序开发方式,不仅能够降低系统复杂度,还能够实现较好的系统实时性,但是要求程序设计人员对硬件构造和原理比较熟悉。如果嵌入式系统应用较复杂,相应的硬件平台结构也相对复杂,这时可能就需要一个嵌入式操作系统管理和调度内存、多任务、周边资源等。在进行基于操作系统的嵌入式程序设计开发时,操作系统通过对驱动程序的管理,将硬件各组成部分抽象成一系列应用程序接口(Application Programming Interface,API)函数,这样在编写应用程序时,程序设计人员就可以减少对硬件细节的关注,专注于程序设计,从而减轻程序设计人员的工作负担。

嵌入式系统软件结构一般包含3层:设备驱动层、操作系统层、应用层(包括硬件抽象层、应用程序)。由于嵌入式系统应用的多样性,需要根据不同的硬件电路和嵌入式系统应用特点,对软件部分进行裁剪。现代高性能嵌入式系统的应用越来越广泛,嵌入式操作系统的使用成为必然发展趋势。

1. 设备驱动层

设备驱动层一般由板级支持包和驱动程序组成,是嵌入式系统中不可或缺的部分,设备驱动层的作用是为上层程序提供外围设备的操作接口,并且实现设备的驱动程序。上层程序可以不管设备内部实现细节,只调用设备驱动的操作接口即可。

应用程序运行在嵌入式操作系统上,利用嵌入式操作系统提供的接口完成特定功能。嵌入式操作系统具有应用的任务调度和控制等核心功能。硬件平台根据不同的应用,所具备功能各不相同,而且所使用的硬件也不相同,具有复杂的多样性,因此针对不同硬件平台进行嵌入式操作系统的移植是极为耗时的工作。为简化不同硬件平台间操作系统的移植问题,在嵌入式操作系统和硬件平台之间增加了硬件抽象层(HAL)。有了硬件抽象层,嵌入式操作系统和应用程序就不需要关心底层的硬件平台信息,内核与硬件相关的代码也不必因硬件的不同而修改,只要硬件抽象层能够提供必需的服务即可,从而屏蔽底层硬件,方便进行系统的移植。通常硬件抽象层是以板级支持包的形式完成对具体硬件的操作的。

1) 板级支持包

板级支持包(BSP)是介于主板硬件和嵌入式操作系统中驱动程序之间的一层。BSP 是所有与硬件相关的代码体的集合,为嵌入式操作系统的正常运行提供了最基本、最原始的硬件操作的软件模块,BSP 和嵌入式操作系统息息相关,为上层的驱动程序提供了访问硬件的寄存器的函数包,使之能够更好地运行于主板硬件。

BSP 具有以下三大功能。

(1) 系统上电时的硬件初始化,如对系统内存、寄存器及设备的中断进行设置。这是比较系统化的工作,硬件上电初始化要根据嵌入式开发所选的 CPU 类型、硬件及嵌入式操作系统的初始化等多方面决定 BSP 应实现什么功能。

(2) 为嵌入式操作系统访问硬件驱动程序提供支持。驱动程序经常需要访问硬件的寄存器,如果整个系统为统一编址,那么开发人员可直接在驱动程序中用 C 语言的函数访问硬件的寄存器。但是,如果系统为单独编址,那么 C 语言将不能直接访问硬件的寄存器,只有汇编语言编写的函数才能对硬件的寄存器进行访问。BSP 就是为上层的驱动程序提供访问硬件的寄存器的函数包。

(3) 集成硬件相关和硬件无关的嵌入式操作系统所需的软件模块。BSP 是相对于嵌入式操作系统而言的,不同的嵌入式操作系统对应于不同定义形式的 BSP。例如,VxWorks 的 BSP 和 Linux 的 BSP 相对于某一 CPU 来说尽管实现的功能一样,但是写法和接口定义是完全不同的,所以写 BSP 一定要按照该系统 BSP 的定义形式(BSP 的编程过程大多数是在某一个成型的 BSP 模板上进行修改的)。这样才能与上层嵌入式操作系统保持正确的接口,良好地支持上层嵌入式操作系统。

2) 驱动程序

只有安装了驱动程序,嵌入式操作系统才能操作硬件平台,驱动程序控制嵌入式操作系统和硬件之间的交互。驱动程序提供一组嵌入式操作系统可理解的抽象接口函数,如设备初始化、打开、关闭、发送、接收等。一般而言,驱动程序和设备的控制芯片有关。驱动程序运行在高特权级的处理器环境中,可以直接对硬件进行操作,但正因为如此,任何一个设备驱动程序的错误都可能导致嵌入式操作系统的崩溃,因此好的驱动程序需要有完备的错误处理函数。

2. 操作系统层

嵌入式操作系统是一种支持嵌入式系统应用的操作系统软件,是嵌入式系统的重要组成部分。嵌入式操作系统通常包括与硬件相关的底层驱动软件、系统内核、设备驱动接口、通信协议、图形界面、标准化浏览器等。嵌入式操作系统具有通用操作系统的基本特点。例如,能有效管理越来越复杂的系统资源;能把硬件虚拟化,将开发人员从繁忙的驱动程序移植和维护中解脱出来；能提供库函数、驱动程序、工具集及应用程序。与通用操作系统相比较,嵌入式操作系统在系统实时高效性、硬件的相关依赖性、软件固态化及应用的专用性等方面具有较为突出的特点。嵌入式操作系统具有通用操作系统的基本特点,能够有效管理复杂的系统资源,并且把硬件虚拟化。

在一般情况下,嵌入式开发操作系统可以分为两类,一类是面向控制、通信等领域的嵌入式实时操作系统(RTOS),如 VxWorks、PSOS、QNX、μC/OS-II、RT-Thread、FreeRTOS 等;另一类是面向消费电子产品的嵌入式非实时操作系统,如 Linux、Android、iOS 等,这类产品包括智能手机、机顶盒、电子书等。

3. 应用层

1)硬件抽象层

硬件抽象层本质上就是一组对硬件进行操作的 API,是对硬件功能抽象的结果。硬件抽象层通过 API 为嵌入式操作系统和应用程序提供服务。但是,在 Windows 和 Linux 操作系统中,硬件抽象层的定义是不同的。

Windows 操作系统中的硬件抽象层定义：位于嵌入式操作系统的最底层,直接操作硬件,隔离与硬件相关的信息,为上层的嵌入式操作系统和驱动程序提供一个统一的接口,起到对硬件的抽象作用。硬件抽象层简化了驱动程序的编写,使嵌入式操作系统具有更好的可移植性。

Linux 操作系统中的硬件抽象层定义：位于嵌入式操作系统和驱动程序之上,是一个运行在用户空间中的服务程序。

Linux 和所有 UNIX 一样,习惯用文件抽象设备,任何设备都是一个文件,如/dev/mouse 是鼠标的设备文件名。这种方法看起来不错,每个设备都有统一的形式,但使用起来并没有那么容易,设备文件名没有什么规范,用户从简单的一个文件名,无法得知它是什么设备、具有什么特性。乱七八糟的设备文件,让设备的管理和应用程序的开发变得很麻烦,所以有必要提供一个硬件抽象层,为上层应用程序提供一个统一的接口,Linux 的硬件抽象层就这样应运而生了。

2)应用程序

应用程序是为完成某项或某几项特定任务而被开发运行于嵌入式操作系统之上的程序,如文件操作、图形操作等。在嵌入式操作系统上编写应用程序一般需要一些应用程序接口。应用程序接口(API)又称为应用编程接口,是软件系统不同组成部分衔接的约定。应用程序接口的设计十分重要,良好的接口设计可以降低系统各部分的相互依赖性,提高组成单元的内聚性,降低组成单元间的耦合程度,从而提高系统的维护性和扩展性。

根据嵌入式系统应用需求,应用程序通过调用嵌入式操作系统的 API 函数操作系统硬件,从而实现应用需求。一般,嵌入式应用程序建立在主任务基础之上,可以是多任务的,通过嵌入式操作系统管理工具(信号量、队列等)实现任务间通信和管理,进而实现应用需要的特定功能。

1.6 Arm 嵌入式微处理器

1978 年 12 月 5 日,物理学家 Hermann Hauser 和工程师 Chris Curry 在英国剑桥创办了 CPU(Cambridge Processing Unit)公司,主要业务是为当地市场供应电子设备。1979 年,CPU 公司更名为 Acorn 计算机公司。

其实,Acorn 计算机公司还有一名创始人叫 Andy Hopper。Andy Hopper 是 Acorn 的研究主管,但为了顾及自己在剑桥大学的本职工作,他刻意保持低调,而将代表公司公开露面的机会留给了另外两位创始人。

1985 年,Roger Wilson 和 Steve Furber 设计了他们自己的第一代 32 位 6MHz 处理器,用它做出了一台 RISC 指令集的计算机,简称 Arm(Acorn RISC Machine)。这就是第一代 Arm 处理器 Arm1。随后,改良版的 Arm2 也被研发出来。Arm2 被用在 BBC Archimedes 305 上。

后来 Acorn 被 Olivetti 收购,在 Andy Hopper 的提议下,1990 年 11 月 27 日,Advanced RISC Machines Ltd.(简称 Arm)被分拆出来,正式成为一家独立的处理器公司。苹果公司出资 150 万英镑,芯片厂商 VLSI 出资 25 万英镑,Acorn 本身则以 150 万英镑的知识产权和 12 名工程师入股。公司的办公地点非常简陋,就是一个谷仓。

这个项目到后来进入 Arm6,首版的样品在 1991 年发布,然后苹果计算机使用 Arm6 架构的 Arm 610 作为其 Apple Newton 产品的处理器。1994 年,Acorn 计算机使用 Arm 610 作为其个人计算机产品的处理器。

Arm(Advanced RISC Machine)既是一个公司的名字,也是一类微处理器的通称,还可以认为是一种技术的名字。Arm 系列处理器是由英国 Arm 公司设计的,是全球最成功的 RISC 计算机。1990 年,Arm 公司从剑桥的 Acorn 独立出来并上市;1991 年,Arm 公司设计出全球第 1 款 RISC 处理器。从此以后,Arm 处理器被授权给众多半导体制造厂,成为低功耗和低成本的嵌入式应用的市场领导者。

Arm 公司是全球领先的半导体知识产权(Intellectual Property ,IP)提供商,与一般的公司不同,Arm 公司既不生产芯片,也不销售芯片,而是设计出高性能、低功耗、低成本和高可靠性的 IP 内核,如 Arm7TDMI、Arm9TDMI、Arm10TDMI 等,授权给各半导体公司使用。半导体公司在授权付费使用 Arm 内核的基础上,根据自己公司的定位和各自不同的应用领域,添加适当的外围电路,从而形成自己的嵌入式微处理器或微控制器芯片产品。目前,绝大多数的半导体公司都获得 Arm 公司的授权,如 Intel、IBM、三星、德州仪器、飞思卡尔(Freescale)、恩智浦(NXP)、意法半导体(ST)等。这样既使 Arm 技术获得更多的第三方工具、硬件、软件的支持,又使整个系统成本降低,使产品更容易进入市场被消费者所接受,更具有竞争力。Arm 公司利用这种双赢的伙伴关系迅速成为全球性 RISC 微处理器标准的缔造者。

Arm 嵌入式处理器有着非常广泛的嵌入式系统支持,如 Windows CE、μC/OS-II、μCLinux、VxWorks、μTenux 等。

1.6.1　Arm 处理器的特点

因为 Arm 处理器采用 RISC 架构,所以它具有 RISC 架构的一些经典特点。

(1) 体积小、功耗低、成本低、性能高。

(2) 支持 Thumb(16 位)/Arm(32 位)双指令集,能很好地兼容 8 位/16 位器件。

(3) 大量使用寄存器,指令执行速度更快。

(4) 大多数数据操作都在寄存器中完成。

(5) 寻址方式灵活简单,执行效率高。

(6) 内含嵌入式在线仿真器。

基于上述特点,Arm 处理器被广泛应用于以下领域。

(1) 为通信、消费电子、成像设备等产品提供可运行复杂操作系统的开放应用平台。

(2) 在海量存储、汽车电子、工业控制和网络应用等领域,提供实时嵌入式应用。

(3) 在军事、航天等领域,提供宽温、抗电磁干扰、耐腐蚀的复杂嵌入式应用。

1.6.2　Arm 体系结构的版本和系列

下面讲述 Arm 体系结构的版本和系列。

1. Arm 处理器的体系结构

Arm 体系结构是 CPU 产品所使用的一种体系结构,Arm 公司开发了一套拥有知识产权的 RISC 体系结构的指令集。每个 Arm 处理器都有一个特定的指令集架构,而一个特定的指令集架构又可以由多种处理器实现。

自从第 1 枚 Arm 处理器芯片诞生至今,Arm 公司先后定义了 8 个 Arm 体系结构版本,分别命名为 V1～V8;此外,还有基于这些体系结构的变种版本。V1～V3 版本已经被淘汰,目前常用的是 V4～V8 版本,每个版本均集成了前一个版本的基本设计,但性能有所提高或功能有所扩充,并且指令集向下兼容。

1) 冯·诺依曼结构

冯·诺依曼结构(von Neumann Architecture)是一种将程序指令存储器和数据存储器合并在一起的计算机设计概念结构。它描述的是一种实作通用图灵机的计算装置,以及一种相对于平行计算的序列式结构参考模型(Referential Model),如图 1-5 所示。

冯·诺依曼结构隐约指导了将存储装置与中央处理器分开的概念,因此根据冯·诺依曼结构设计出的计算机又称为存储程序型计算机。

冯·诺依曼结构处理器具有以下几个特点。

(1) 必须有一个存储器。

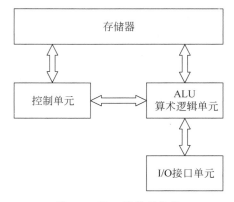

图 1-5　冯·诺依曼结构

（2）必须有一个控制器。

（3）必须有一个运算器，用于完成算术运算和逻辑运算。

（4）必须有输入和输出设备，用于进行人机通信。

2）哈佛结构

哈佛结构（Harvard Architecture）是一种将程序指令存储和数据存储分开的存储器结构。中央处理器首先到程序指令存储器中读取程序指令内容，如图1-6所示，解码后得到数据地址，再到相应的数据存储器中读取数据，并进行下一步的操作（通常是执行）。程序指令存储和数据存储分开，数据和指令的存储可以同时进行，可以使指令和数据有不同的数据宽度，如Microchip公司的PIC16芯片的程序指令是14位，而数据是8位。

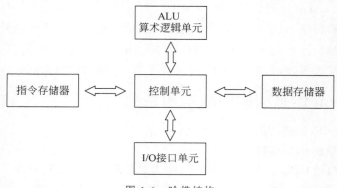

图 1-6　哈佛结构

与冯·诺依曼结构处理器比较，哈佛结构处理器有两个明显的特点。

（1）使用两个独立的存储器模块，分别存储指令和数据，每个存储模块都不允许指令和数据并存，以便实现并行处理。

（2）具有一根独立的地址总线和一根独立的数据总线，利用公用地址总线访问两个存储模块（程序存储模块和数据存储模块），公用数据总线则用于完成程序存储模块或数据存储模块与CPU之间的数据传输。

哈佛结构的微处理器通常具有较高的执行效率。其程序指令和数据指令是分开组织和存储的，执行时可以预先读取下一条指令。目前使用哈佛结构的中央处理器和微控制器有很多，除了上面提到的Microchip公司的PIC系列芯片，还有摩托罗拉公司的MC68系列、Zilog公司的Z8系列、Atmel公司的AVR系列和Arm公司的Arm9、Arm10和Arm11。Arm有许多系列，如Arm7、Arm9、Arm10E、XScale、Cortex等，其中哈佛结构、冯·诺依曼结构都有，如控制领域最常用的Arm7系列是冯·诺依曼结构，而Cortex-M3系列是哈佛结构。

2．Arm体系结构版本的变种

Arm处理器在制造过程中的具体功能要求往往会与某一个标准的Arm体系结构不完全一致，有可能根据实际需求增加或减少一些功能。因此，Arm公司制定了标准，采用一些字母后缀表明基于某个标准Arm体系结构版本的不同之处，这些字母称为Arm体系结构版本变量或变量后缀。带有变量后缀的Arm体系结构版本称为Arm体系结构版本变种。

表 1-1 列出了 Arm 体系结构版本的变量后缀。

表 1-1　Arm 体系结构版本的变量后缀

变量后缀	描　　述
T	Thumb 指令集,Thumb 指令长度为 16 位,目前有两个版本: Thumb-1 用于 Arm V4 的 T 变种,Thumb-2 用于 Arm V5 以上的版本
D	含有 JTAG 调试,支持片上调试
M	内嵌硬件乘法器(Multiplier),提供用于进行长乘法操作的 Arm 指令,产生全 64 位结果
I	嵌入式 ICE,用于实现片上断点和调试点支持
E	增强型 DSP 指令,增加了新的 16 位数据乘法与乘加操作指令,加减法指令可以实现饱和的带符号数的加减法操作
J	Java 加速器 Jazelle,与一般的 Java 虚拟机相比,它将 Java 代码运行速度提高了 8 倍,而功耗降低了 80%
F	向量浮点单元
S	可综合版本

1.6.3　Arm 的 RISC 结构特性

Arm 内核采用 RISC 体系结构,它是一个小门数的计算机,其指令集和相关的译码机制比 CISC 要简单得多,其目标就是设计出一套能在高时钟频率下单周期执行、简单而有效的指令集。RISC 的设计重点在于降低处理器指令执行部件的硬件复杂度,这是因为软件比硬件更容易提供更大的灵活性和更高的智能化,因此 Arm 具备非常典型的 RISC 结构特性。

(1) 具有大量的通用寄存器。

(2) 通过装载/保存(Load/Store)结构使用独立的 load 和 store 指令完成数据在寄存器和外部存储器之间的传输,处理器只处理寄存器中的数据,从而可以避免多次访问存储器。

(3) 寻址方式非常简单,所有装载/保存的地址都只由寄存器内容和指令域决定。

(4) 使用统一和固定长度的指令格式。

此外,Arm 体系结构还具有以下特性。

(1) 每条数据处理指令都可以同时包含算术逻辑单元(ALU)的运算和移位处理,以实现对 ALU 和移位器的最大利用。

(2) 使用地址自动增加和自动减少的寻址方式优化程序中的循环处理。

(3) load/store 指令可以批量传输数据,从而实现最大数据吞吐量。

(4) 大多数 Arm 指令是可"条件执行"的,也就是说,只有当某个特定条件满足时指令才会被执行。通过使用条件执行,可以减少指令的数目,从而改善程序的执行效率,提高代码密度。

这些在基本 RISC 结构上增强的特性使 Arm 处理器在高性能、低代码规模、低功耗和小的硅片尺寸方面取得良好的平衡。

从 1985 年 Arm1 诞生至今,Arm 指令集体系结构发生了巨大的改变,还在不断地完善和发展。为了清楚地表达每个 Arm 应用实例所使用的指令集,Arm 公司定义了 7 种主要的 Arm 指令集体系结构版本,以版本号 V1~V7 表示。

1.7　存储器系统

下面简要介绍存储器系统,并对嵌入式系统存储器进行分类。

1.7.1　存储器系统概述

存储器系统作为计算机或嵌入式系统中不可或缺的组成部分,主要用存储指令和数据。当前计算机或嵌入式系统的主存储器由于计算机体系结构的限制,存在若干不足之处,如有时不能同时满足存取速度快、存储容量大和成本低的要求。因此,折中考虑数据访问需求和成本性能,一般在计算机内部、嵌入式系统内部或芯片内部布置速度由慢到快、容量由大到小的多级、多层次存储器,以优化的控制调度算法、合理的成本、合理的性能构成可用和经济的存储器系统。

1.7.2　嵌入式系统存储器的分类

存储器作为嵌入式系统硬件的重要组成部分,主要功能是存储嵌入式系统工作时所用的程序和数据。嵌入式系统的存储器分为片内和片外两部分,其层次结构一般如图 1-7 所示。在这种存储器分层结构中,一般把上一层的存储器当作下一层存储器的高速缓存。例如,CPU 寄存器就是芯片内的高速缓存;内存又是主存储器的高速缓存,它经常被用于将数据从 Flash 等主存储器中提取出来并予以存放,以此提高 CPU 的运行效率。嵌入式系统的主存储器容量是十分有限的,通常会选择使用磁盘、光盘或 CF(Compact Flash)卡、SD(Secure Digital)卡等外部存储器存储大信息量的数据。

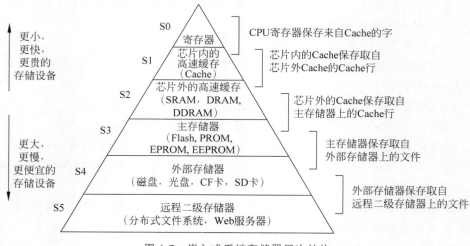

图 1-7　嵌入式系统存储器层次结构

在嵌入式系统中,根据存储器在系统中的作用不同,存储器主要分为辅助存储器(简称外存)、主存储器(简称内存)、CPU 高速缓存和片内寄存器。片内寄存器具有特殊性,一般由 CPU 直接读写,芯片的用户手册中有详细的寄存器定义,它们的访问权限也不完全相同。

CPU 高速缓存是位于 CPU 与内存之间的临时存储器,它的容量比内存小得多,但是交换速度却比内存要快得多。因为 CPU 运算速度要比内存读写速度快很多,所以会导致 CPU 花费很长时间等待数据从内存中读取或把数据写入内存,从而降低计算机或嵌入式系统的运算效率,高速缓存的设计解决了 CPU 运算速度与内存读写速度严重不匹配的难题。其机制是,在 CPU 高速缓存中的数据只是内存中的一小部分,但这一小部分是短时间内 CPU 即将访问的(或者频繁访问的)。当 CPU 需要调用大量数据时,可先从高速缓存中调用,从而加快读取速度。

内存是存储系统中重要的组成部件之一,CPU 可以直接对内存进行访问,它是与 CPU 进行信息传输的桥梁。由于系统中所有程序的执行都是在内存中进行的,因此计算机的运行效率受到了内存性能的制约。内存通常会选择由快速的存储器件构成,内存的存取速度和总线的访问频率以及位宽相关联,而且访问位宽又决定了可以访问的内存容量,因此内存是制约嵌入式系统性能的重要因素。通常,CPU 中的运算数据会暂时存放在内存中,方便与硬盘等外部存储器交换。计算机和嵌入式系统只要在运行中,CPU 就会把需要运算的数据传输到内存,当运算完成后 CPU 再将结果传输出去,以供显示、控制或存储到外存中。

外存是指除内存及 CPU 高速缓存以外的存储器,也可以存储各种信息,一般用来存储不会经常使用的程序和数据,其特点是容量大,且断电后仍然能保存全部数据,是非易失性的存储器。内存及 CPU 高速缓存是易失性存储器,一旦掉电数据就会丢失。外存总会和某个外部设备相关,常见的外存有硬盘、U 盘、光盘等。CPU 要使用外存中存储的信息时,必须通过特定的设备将信息先传输到内存中。

1.8 嵌入式处理器的分类和特点

处理器可分为通用处理器与嵌入式处理器两类。通用处理器以 x86 体系架构的产品为代表,基本被 Intel 和 AMD 两家公司垄断。通用处理器追求更快的计算速度、更大的数据吞吐率,有 8 位处理器、16 位处理器、32 位处理器、64 位处理器。

在嵌入式应用领域中应用较多的还是各种嵌入式处理器。嵌入式处理器是嵌入式系统的核心,是控制、辅助系统运行的硬件单元。嵌入式处理器可以分为嵌入式微处理器、嵌入式微控制器、嵌入式 DSP 和嵌入式 SoC。因为嵌入式系统有应用针对性的特点,不同系统对处理器的要求千差万别,因此嵌入式处理器种类繁多。据不完全统计,全世界嵌入式处理器的种类已经超过 1000 种,流行的体系架构有 30 多个。现在几乎每个半导体制造商都生产嵌入式处理器,越来越多的公司有自己的处理器设计部门。

1. 嵌入式微处理器

嵌入式微处理器处理能力较强、可扩展性好、寻址范围大、支持各种灵活设计，且不限于某个具体的应用领域。嵌入式微处理器是 32 位以上的处理器，具有体积小、重量轻、成本低、可靠性高的优点，在功能、价格、功耗、芯片封装、温度适应性、电磁兼容方面更适合嵌入式系统应用要求。嵌入式微处理器主要有 Arm、MIPS、PowerPC、xScale、ColdFire 等系列。

2. 嵌入式微控制器

嵌入式微控制器（Microcontroller Unit，MCU）又称为单片机，在嵌入式设备中有着极其广泛的应用。嵌入式微控制器芯片内部集成了 ROM/EPROM、RAM、总线、总线逻辑、定时/计数器、看门狗、I/O、串行口、脉宽调制输出、ADC、DAC、Flash RAM、EEPROM 等各种必要功能和外设。和嵌入式微处理器相比，嵌入式微控制器最大的特点是单片化，体积大大减小，从而使功耗和成本降低，可靠性提高。嵌入式微控制器的片上外设资源丰富，适用于嵌入式系统工业控制的应用领域。嵌入式微控制器从 20 世纪 70 年代末出现至今，出现了很多种类，比较有代表性的嵌入式微控制器产品有 Cortex-M、8051、AVR、PIC、MSP430、C166、STM8 等系列。

3. 嵌入式 DSP

嵌入式数字信号处理器（Embedded Digital Signal Processor，EDSP）又称为嵌入式DSP，是专门用于信号处理的嵌入式处理器，它在系统结构和指令算法方面经过特殊设计，具有很高的编译效率和指令执行速度。嵌入式 DSP 内部采用程序和数据分开的哈佛结构，具有专门的硬件乘法器，广泛采用流水线操作，提供特殊的数字信号处理指令，可以快速实现各种数字信号处理算法。在数字化时代，数字信号处理是一项应用广泛的技术，如数字滤波、FFT、谱分析、语音编码、视频编码、数据编码、雷达目标提取等。传统微处理器在进行这类计算操作时的性能较低，而嵌入式 DSP 的系统结构和指令系统针对数字信号处理进行了特殊设计，因此在执行相关操作时具有很高的效率。比较有代表性的嵌入式 DSP 产品有 Texas Instruments 公司的 TMS320 系列和 Analog Devices 公司的 ADSP 系列。

4. 嵌入式 SoC

针对嵌入式系统的某一类特定的应用对嵌入式系统的性能、功能、接口有相似的要求的特点，用大规模集成电路技术将某一类应用需要的大多数模块集成在一枚芯片上，从而在芯片上实现一个嵌入式系统大部分核心功能的处理器就是 SoC。

SoC 把微处理器和特定应用中常用的模块集成在一枚芯片上，应用时往往只需要在SoC 外部扩充内存、接口驱动、一些分立元件及供电电路，就可以构成一套实用的系统，极大地简化了系统设计，还有利于减小电路板面积、降低系统成本、提高系统可靠性。SoC 是嵌入式处理器的一个重要发展趋势。

5. 嵌入式处理器的特点

在分类的基础上，描述一款嵌入式处理器通常包括以下方面。

（1）内核。内核是一个处理器的核心，它影响处理器的性能和开发环境。通常，内核包括内部结构、指令集。而内部结构又包括运算和控制单元、总线、存储管理单元和异常管理单元等。

（2）片内存储资源。高性能处理器通常片内集成高速 RAM，以提高程序执行速度。一些 MCU 和 SoC 内置 ROM 或 Flash ROM，以简化系统设计，提高相关处理器应用的方便性。

（3）外设。嵌入式处理器不可缺少外设，如中断控制器、定时器、直接存储器访问（Direct Memory Access，DMA）控制器等，还包括通信、人机交互、信号 I/O 等接口。

（4）电源。嵌入式处理器的电源电气指标通常包括处理器正常工作和耐受的电压范围，以及工作所需的最大电流。

（5）封装形式。封装形式包括处理器的尺寸、外形和引脚方式等。

嵌入式处理器是嵌入式系统的核心。为了满足嵌入式系统实时性强、功耗低、体积小、可靠性高的要求，嵌入式处理器具有以下特点。

（1）速度快。实时应用要求处理器必须具有高处理速度，以保证在限定的时间内完成从数据获取、分析处理到控制输出的整个过程。

（2）功耗低。电池续航能力是手机等移动设备的一项重要性能指标。燃气表、水表、电子锁等产品要求电池续航时间达一年甚至更长的时间。进一步地，嵌入式处理器不仅要求低功耗，还需具有管理外设功耗的能力。

（3）接口丰富，I/O 能力强。手机、个人数字助理（Personal Digital Assistant，PDA）以及个人媒体播放器（Personal Media Player，PMP）等设备要求系统具有液晶显示、扬声器等输出设备，支持键盘、手写笔等输入设备及 Wi-Fi、蓝牙、USB 等通信能力。这类产品要求嵌入式处理器能够集成多种接口，满足系统丰富的功能需求。

（4）可靠性高。不同于通用计算机，嵌入式系统经常工作在无人值守的环境中，一旦系统出错，难以得到及时纠正。因此，嵌入式处理器常采用看门狗（Watchdog）电路等技术提高可靠性。

（5）生命周期长。一些嵌入式系统的应用需求比较稳定，长时间内不发生变化。另外，稳定成熟的嵌入式处理器不仅可以保证产品质量的稳定性，而且具有较低的价格。因此，嵌入式处理器通常具有较长的生命周期。例如，Intel 公司于 1980 年推出的 8 位嵌入式微控制器 8051，至今仍然是全球流行的产品。

（6）产品系列化。为了缩短产品的开发周期和上市时间，嵌入式处理器产品呈现出系列化、家族化的特征。通常，同一系列不同型号处理器采用相同的架构，其内部组成和接口有所区别。产品系列化保证了软件的兼容性，提高了软件升级和移植的方便性。

通常的处理器分类方法可以用于对嵌入式处理器进行分类。例如，可以依据嵌入式处理器指令集的特点、处理器字长、内部总线结构和功能特点等进行分类。

第 2 章

STM32 系列微控制器

本章对 STM32 系列微控制器进行概述,将介绍 STM32F407ZGT6 概述、STM32F407ZGT6 芯片内部结构、STM32F407VGT6 芯片引脚和功能以及最小系统设计。

2.1　STM32 微控制器概述

STM32 是意法半导体(ST Microelectronics)有限公司较早推向市场的基于 Cortex-M 内核的微处理器系列产品,该系列产品具有成本低、功耗优、性能高、功能多等优势,并且以系列化方式推出,方便用户选型,在市场上获得了广泛好评。

目前常用的 STM32 有 STM32F103～STM32F107 系列,简称"1 系列";ST 推出的高端系列 STM32F4xx,简称"4 系列"。前者基于 Cortex-M3 内核,后者基于 Cortex-M4 内核。

Cortex-M4 处理器是由 Arm 公司专门开发的最新嵌入式处理器,在 Cortex-M3 处理器的基础上强化了运算能力,新加了浮点、DSP、并行计算等,用以满足需要控制和信号处理混合功能的数字信号控制市场。Cortex-M4 处理器将 32 位控制与领先的数字信号处理技术集成,满足需要很高能效级别的市场。高效的信号处理功能与 Cortex-M 系列处理器的低功耗、低成本和易于使用的优点的组合,旨在满足专门面向电动机控制、汽车、电源管理、嵌入式音频和工业自动化市场的新兴类别的灵活解决方案。

Cortex-M4 处理器在很多地方和 Cortex-M3 处理器相同,如流水线、编程模型等,具有适用于数字信号控制市场的多种高效信号处理功能。Cortex-M4 处理器支持 Cortex-M3 处理器的所有功能,并额外支持各种面向 DSP 应用的指令,如优化的 SIMD(Single Instruction,Multiple Data,一条指令操作多个数据)指令、饱和运算指令、扩展的单周期 MAC 指令(Cortex-M3 处理器只支持有限条数的 MAC 指令,并且是多周期执行的)和可选的单精度浮点运算指令。

Cortex-M4 处理器的 SIMD 操作可以并行处理 2 个 16 位数据和 4 个 8 位数据。在某些 DSP 运算中,使用 SIMD 指令可以加速计算 16 位和 8 位数据,因为这些运算可以并行处理。但是,一般的编程中,C 编译器并不能充分利用 SIMD 运算能力,这是 Cortex-M3 处理器和 Cortex-M4 处理器典型 Benchmark(基准)分数差不多的原因。然而,Cortex-M4 处理器的内部数据通路和 Cortex-M3 处理器的内部数据通路不同,在某些情况下 Cortex-M4 处理器可以处理得更快(如单周期 MAC 指令,可以在一个周期中写回到两个寄存器)。

Cortex-M4 的处理器架构采用哈佛结构,为系统提供 3 套总线,独立发起总线传输读写操作。这 3 套总线分别是:I-Code 总线,用于取指令;D-Code 总线,用于操作数据;系统总线,用于访问其他系统空间,包括指令、数据访问、CPU 及调试模块发起的访问和支持位访问。

Cortex-M4 是 32 位系统,总线宽度是 32 位,一次取一条 32 位的指令。若是 16 位的 Thumb 指令,则处理器每隔一个周期取指一次,一次能够取两条 16 位的 Thumb 指令。Cortex-M4 支持三级流水线:取指、译码和执行。当执行跳转指令时,整个流水线会刷新,重新从目的地址取指。Cortex-M4 采用分支预测,以避免流水线气泡(Bubble)过大。Cortex-M4 处理器架构如图 2-1 所示。

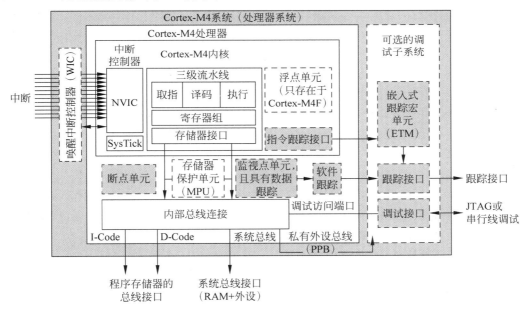

图 2-1　Cortex-M4 处理器架构

Cortex-M4 处理器实现基于 Thumb-2 技术的 Thumb 指令集版本,确保高代码密度和降低程序内存需求。Cortex-M4 处理器紧密集成了一个可配置的嵌套中断控制器,以提供领先的中断性能。中断包括不可屏蔽中断等,提供多达 256 个中断优先级。Cortex-M4 处理器提供了一个可选的内存保护单元,它提供细粒度内存控制,使应用程序能够利用多个特权级别,根据任务分离和保护代码、数据和堆栈。

Cortex-M4 内核仅仅是一个 CPU 内核,而一个完整的微控制器还需要集成除内核外的很多其他组件。芯片生产商在得到 Cortex-M4 内核的使用授权后,可以把 Cortex-M4 内核用在自己的硅片设计中,添加存储器、片上外设、I/O 及其他功能块,Cortex-M4 系列微控制器内部构造如图 2-2 所示。不同厂家设计的微控制器会有不同的配置,存储器容量、类型、外设等都各具特色。如果想要了解某个具体型号的微控制器,还需查阅相关厂家提供的文档。很多领先的 MCU 半导体公司已经获得 Cortex-M4 内核授权,并已有很多成熟的微控制器产品,其中包括 ST 公司的 STM32F4 系列微控制器、恩智浦的 LPC4000 系列微控制器和德州仪器的 TM4C 系列微控制器等。

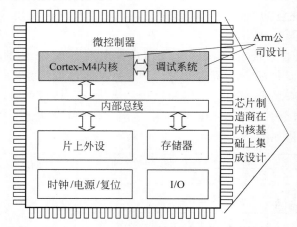

图 2-2　Cortex-M4 系列微控制器内部构造

STM32F4xx 系列在以下诸多方面进行了优化。

(1) 增加了浮点运算。

(2) 具有 DSP 功能。

(3) 存储空间更大,高达 1MB 以上。

(4) 运算速度更高,在 168MHz 高速运行时处理能力可达到 210DMIPS[①]。

(5) 新增更高级的外设,如照相机接口、加密处理器、USB 高速 OTG 接口等;提高性能,具有更快的通信接口、更高的采样率、带 FIFO 的 DMA 控制器。

STM32 系列单片机具有以下优点。

1. 先进的内核结构

(1) 哈佛结构使 STM32 在处理器整数性能测试上有着出色的表现,运行速度可以达到 1.25DMIPS/MHz,而功耗仅为 0.19mW/MHz。

(2) Thumb-2 指令集以 16 位的代码密度实现了 32 位的性能。

(3) 内置了快速的中断控制器,提供了优越的实时特性,中断的延迟时间降到只需 6 个 CPU 周期,从低功耗模式唤醒的时间也只需 6 个 CPU 周期。

(4) 具有单周期乘法指令和硬件除法指令。

2. 3 种功耗控制

STM32 经过特殊处理,针对应用中 3 种主要的能耗要求进行了优化,这 3 种能耗要求分别是运行模式下高效率的动态耗电机制、待机状态时极低的电能消耗和电池供电时的低

---

　① DMIPS 即 Dhrystone Million Instructions executed Per Second ,主要用于衡量整数计算能力。

电压工作能力。为此,STM32 提供了 3 种低功耗模式和灵活的时钟控制机制,用户可以根据自己所需要的耗电/性能要求进行合理优化。

3. 最大程度地集成整合

(1) STM32 内嵌电源监控器,包括上电复位、低电压检测、掉电检测和自带时钟的看门狗定时器,减少对外部器件的需求。

(2) 使用一个主晶振可以驱动整个系统。低成本的 25MHz 晶振即可驱动 CPU、USB以及所有外设,使用内嵌锁相环(Phase Locked Loop,PLL)产生多种频率,可以为内部实时时钟选择 32kHz 晶振。

(3) 内嵌出厂前调校好的 8MHz RC 振荡电路,可以作为主时钟源。

(4) 拥有针对实时时钟(Real Time Clock,RTC)或看门狗的低频率 RC 电路。

(5) LQPF100 封装芯片的最小系统只需要 7 个外部无源器件。

因此,使用 STM32 可以很轻松地完成产品的开发。ST 公司提供了完整、高效的开发工具和库函数,帮助开发者缩短系统开发时间。

4. 出众及创新的外设

STM32 的优势来源于两路高级外设总线,连接到该总线上的外设能以更高的速度运行。

(1) USB 接口速度可达 12Mb/s。

(2) USART 接口速度高达 4.5Mb/s。

(3) SPI 速度可达 37.5Mb/s。

(4) I2C 接口速度可达 400kHz。

(5) 通用输入输出(General Purpose Input Output,GPIO)的最大翻转频率为 84MHz。

(6) 脉冲宽度调制(Pulse Width Modulation,PWM)定时器最高可使用 168MHz 时钟输入。

2.1.1　STM32 微控制器产品介绍

目前,市场上常见的基于 Cortex-M3 的 MCU 有 ST 公司的 STM32F103 微控制器、德州仪器(TI)公司的 LM3S8000 微控制器和恩智浦(NXP)公司的 LPC1788 微控制器等,基于 Cortex-M4 的 MCU 有 ST 公司的 STM32F407 和 STM32F429 微控制器,其应用遍及工业控制、消费电子、仪器仪表、智能家居等领域。

ST 公司于 1987 年 6 月成立,是由意大利的 SGS 微电子公司和法国的 THOMSON 半导体公司合并而成;1998 年 5 月,改名为意法半导体有限公司,是世界最大的半导体公司之一。从成立至今,ST 公司的增长速度超过了半导体工业的整体增长速度。自 1999 年起,ST 公司始终是世界十大半导体公司之一,在很多领域居世界领先水平。例如,ST 公司是世界第一大专用模拟芯片和电源转换芯片制造商、世界第一大工业半导体和机顶盒芯片供应商,而且在分立器件、手机相机模块和车用集成电路领域居世界前列。

在诸多半导体制造商中,ST 公司是较早在市场上推出基于 Cortex-M 内核的 MCU 产品的公司,其根据 Cortex-M 内核设计生产的 STM32 微控制器充分发挥了低成本、低功耗、高性价比的优势,以系列化的方式推出方便用户选择,受到了广泛的好评。

STM32 系列微控制器适合的应用有:替代绝大部分 8/16 位 MCU 的应用、替代目前常用的 32 位 MCU(特别是 Arm7)的应用、小型操作系统相关的应用以及简单图形和语音相关的应用等。

STM32 系列微控制器不适合的应用有:程序代码大于 1MB 的应用、基于 Linux 或 Android 的应用、基于高清或超高清的视频应用等。

STM32 系列微控制器的产品线包括高性能类型、主流类型和超低功耗类型三大类,分别面向不同的应用,具体产品系列如图 2-3 所示。

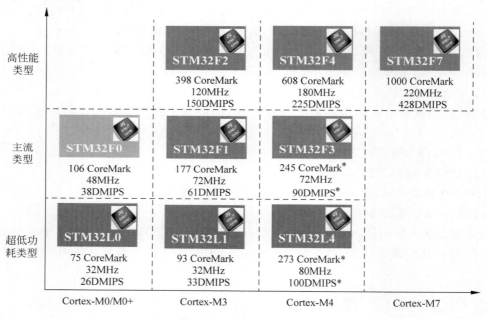

图 2-3　STM32 产品系列

1. STM32F1 系列(主流类型)

STM32F1 系列微控制器基于 Cortex-M3 内核,利用一流的外设和低功耗、低压操作实现了高性能,同时以可接受的价格,利用简单的架构和简便易用的工具实现了高集成度,能够满足工业、医疗和消费类市场的各种应用需求。凭借该产品系列,ST 公司在全球基于 Arm Cortex-M3 的微控制器领域处于领先地位。

2. STM32F0 系列(主流类型)

STM32F0 系列微控制器基于 Cortex-M0 内核,在实现 32 位性能的同时,传承了 STM32 系列的重要特性。它集实时性能、低功耗运算和与 STM32 平台相关的先进架构及外设于一身,将全能架构理念变成了现实,特别适用于成本敏感型应用。

3. STM32F4 系列（高性能类型）

STM32F4 系列微控制器基于 Cortex-M4 内核,采用了 ST 公司的 90nm 非易失性存储器(Non Volatile Memory,NVM)工艺和自适应实时(Adaptive Real Time,ART)加速器,在高达 180MHz 的工作频率下通过 Flash 执行时,其处理性能达到 225 DMIPS/608CoreMark。由于采用了动态功耗调整功能,通过 Flash 执行时的电流消耗范围为 STM32F401 的 $128\mu A/MHz$ 到 STM32F439 的 $260\mu A/MHz$。

4. STM32F7 系列（高性能类型）

STM32F7 是一款基于 Cortex-M7 内核的微控制器。它采用 6 级超标量流水线和浮点单元,并利用 ST 公司的 ART 加速器和 L1 缓存,实现了 Cortex-M7 的最大理论性能——无论是从嵌入式 Flash 还是外部存储器执行代码,都能在 216MHz 处理器频率下使性能达到 462DMIPS/1082CoreMark。由此可见,相对于 ST 公司以前推出的高性能微控制器,如 STM32F2、STM32F4 系列,STM32F7 的优势就在于其强大的运算性能,能够适用于那些对于高性能计算有巨大需求的应用,对于可穿戴设备和健身应用将会带来革命性的颠覆,起到巨大的推动作用。

2.1.2　STM32 系统性能分析

下面对 STM32 系统性能进行分析。

(1) Arm Cortex-M4 内核:与 8 位和 16 位设备相比,Arm Cortex-M4 32 位 RISC 处理器提供了更高的代码效率。STM32F407xx 微控制器带有一个嵌入式的 Arm 核,可以兼容所有 Arm 工具和软件。

(2) 嵌入式 Flash 和 SRAM:内置多达 1024KB 的嵌入式 Flash,可用于存储程序和数据;多达 192KB 的嵌入式 SRAM 可以以 CPU 的时钟速度进行读/写。

(3) 可变静态存储器控制器(Flexible Static Memory Controller,FSMC):FSMC 嵌入 STM32F407xx 中,带有 4 个片选,支持 Flash、RAM、PSRAM、NOR 和 NAND 这 5 种模式。

(4) 嵌套向量中断控制器(NVIC):可以处理 43 个可屏蔽中断通道(不包括 Cortex-M3 的 16 根中断线),提供 16 个中断优先级。紧密耦合的 NVIC 实现了更低的中断处理延时,直接向内核传递中断入口向量表地址,紧密耦合的 NVIC 内核接口允许中断提前处理,对后到的更高优先级的中断进行处理,支持尾链,自动保存处理器状态,中断入口在中断退出时自动恢复,不需要指令干预。

(5) 外部中断/事件控制器(EXTI):外部中断/事件控制器由 23 根用于产生中断/事件请求的边沿探测器线组成。每根线可以被单独配置用于选择触发事件(上升沿、下降沿,或者两者都可以),也可以被单独屏蔽。有一个挂起寄存器维护中断请求的状态。当外部线上出现长度超过内部高级外围总线(Advanced Peripheral Bus,APB)两个时钟周期的脉冲时,EXTI 能够探测到。多达 112 个 GPIO 连接到 16 根外部中断线。

(6) 时钟和启动:在系统启动时要进行系统时钟选择,但复位时内部 8MHz 的晶振被选作 CPU 时钟。可以选择一个外部的 25MHz 时钟,并且会被监视判定是否成功。在这期间,控制器被禁止并且软件中断管理随后也被禁止。同时,如果有需要(如碰到一个间接使用的晶振失败),PLL时钟的中断管理完全可用。多个预比较器可以用于配置高性能总线(Advanced High-performance Bus,AHB)频率,包括高速APB(APB2)和低速APB(APB1),高速APB最高频率为168MHz,低速APB最高频率为84MHz。

(7) Boot模式:在启动时,Boot引脚被用来在3种Boot选项中选择一种,即从用户Flash导入、从系统存储器导入、从SRAM导入。Boot导入程序位于系统存储器,用于通过USART1重新对Flash编程。

(8) 电源供电方案:V_{DD}电压范围为2.0~3.6V,外部电源通过VDD引脚提供,用于I/O和内部调压器;V_{SSA}和V_{DDA}电压范围为2.0~3.6V,外部模拟电压输入,用于ADC、复位模块、RC和PLL,在V_{DD}范围之内(ADC被限制在2.4V),V_{SSA}和V_{DDA}必须相应连接到VSS和VDD引脚;V_{BAT}电压范围为1.8~3.6V,当V_{DD}无效时为实时时钟(Real Time Clock,RTC)、外部32kHz晶振和备份寄存器供电(通过电源切换实现)。

(9) 电源管理:设备有一个完整的上电复位(POR)和掉电复位(PDR)电路。这个电路一直有效,用于确保电压从2V启动或掉到2V时进行一些必要的操作。

(10) 电压调节:调压器有3种运行模式,分别为主(MR)、低功耗(LPR)和掉电。MR用在传统意义上的调节模式(运行模式),LPR用在停止模式,掉电用在待机模式。调压器输出为高阻,核心电路掉电,包括零消耗(寄存器和SRAM的内容不会丢失)。

(11) 低功耗模式:STM32F407xx支持3种低功耗模式,从而在低功耗、短启动时间和可用唤醒源之间达到一个最好的平衡点。

2.1.3　Cortex-M4的三级流水线

流水线技术通过多个功能部件并行工作缩短指令的运行时间,提高系统的效率和吞吐率。

一条指令的执行可以分解为多个阶段,各个阶段使用的硬件部件不同,这样指令执行就可以重叠,实现多条指令并行处理。指令的执行还是顺序的,但是可以在前一条指令未执行完成时提前执行后面的指令,并与前面的指令不冲突,以加快整个程序的执行速度。

随着流水线级数的增加,可简化流水线各级的逻辑,进一步提高处理器的性能。但是,由于流水线级数的增加,会增加系统的延迟,即内核在执行一条指令之前,需要更多的周期填充流水线。过长的流水线级数常常会削弱指令的执行效率。例如,一条指令的下一条指令需要该条指令的执行结果作为输入,那么下一条指令只能等待这条指令执行完后才能执行。再如,若出现跳转指令,普通的流水线处理器要付出更大的代价。

Arm微处理器种类繁多,其中不同系列使用的流水线级别也不尽相同,不过大致可以分为三级流水线、五级流水线和超流水线,其中三级流水线的实现逻辑最简单,五级流水线的实现逻辑最经典,超流水线的实现逻辑最复杂。从理论上说,流水线深度越深的处理器执行效率就越高,不过执行的逻辑也越复杂,需要解决的冲突也越多。

流水线技术增大了CPU的吞吐量,但并没有减小每条指令的延迟。所谓延迟,是指一条指令从进入流水线到流出流水线所花费的时间;而吞吐量是指单位时间内执行的指令数。

　　Cortex-M4 是一个 32 位处理器内核,采用哈佛架构,支持 Thumb、Thumb-2 指令集。Cortex-M4 使用的是三级流水线:取指、译码和执行,如图 2-4 所示。

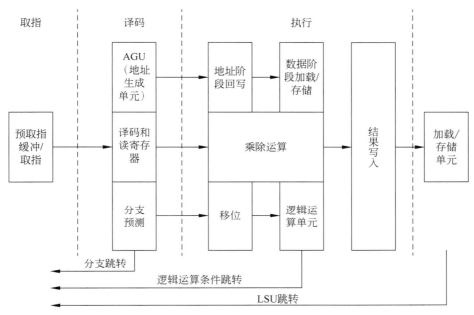

图 2-4　Cortex-M4 的三级流水线

1. 取指阶段

　　取指(Fetch)用来计算下一个预取指令的地址,从指令存储空间中取出指令,或者自动加载中断向量。在此阶段还包含一个预取指缓冲区,允许后续指令在执行之前在缓冲区中排队。也可以对非对齐的指令进行自动对齐,避免流水线的"断流"。因为 Cortex-M4 支持16 位的 Thumb 指令和 32 位的 Thumb-2 指令,通过在预取指缓冲区中进行自动对齐确定指令的边界。缓冲区有 3 个字长,可以缓存 6 个 Thumb 指令或 3 个 Thumb-2 指令。该缓冲区不会在流水线中添加额外的级数,因此不会使跳转导致的性能下降更加恶化。由于Cortex-M4 总线宽度为 32 位,所以一次读取 32 位的指令。如果代码都是 16 位的 Thumb指令,那么处理器会每隔一个时钟周期进行取址,每次读取两条 Thumb 指令。如果缓冲区满了,那么预取指缓冲区会暂停对指令的加载。

2. 译码阶段

　　译码(Decode)是对之前取指阶段送入的指令进行解码操作,分解出指令中的操作数和执行码,再由操作数相应的寻址方式生成操作数的加载/存储单元(Load/Store Unit,LSU)地址,产生寄存器值。如果操作数存储在外部存储器中,则可以由地址生成单元(Address Generation Unit,AGU)产生此操作数的访问地址。如果操作数存储在寄存器中,那么在此阶段直接读取操作数。

3. 执行阶段

执行(Execute)用于执行指令,指令包括加减乘除四则运算、逻辑运算、加载外部存储器操作数、产生 LSU 的回写执行结果等。

如图 2-4 所示,在译码和执行阶段都可以产生跳转操作。当执行到跳转指令时,需要清理流水线,处理器将不得不从跳转的目的地重新取指,这样会影响代码执行效率。

Cortex-M4 处理器内核引入了分支预测技术,分支预测在指令的译码阶段就会预测是否会发生跳转,在取指阶段会自动加载预测后的指令,如果预测正确将不会产生流水线断流。许多算法都需要对指令反复执行运算,简单的分支预测有利于提高代码执行效率。

2.1.4 STM32 微控制器的命名规则

ST 公司在推出以上一系列基于 Cortex-M 内核的 STM32 微控制器产品线的同时,也制定了它们的命名规则。通过名称,用户能直观、迅速地了解某款具体型号的 STM32 微控制器产品的特点。STM32 系列微控制器的名称主要由以下几部分组成。

1. 产品系列名

STM32 系列微控制器名称通常以 STM32 开头,表示产品系列,代表 ST 公司基于 Arm Cortex-M 系列内核的 32 位 MCU。

2. 产品类型名

产品类型是 STM32 系列微控制器名称的第 2 部分,通常有 F(Flash Memory,通用快速闪存)、W(无线系统芯片)、L(低功耗低电压,1.65~3.6V)等类型。

3. 产品子系列名

产品子系列是 STM32 系列微控制器名称的第 3 部分。

例如,常见的 STM32F 产品子系列有 050(Arm Cortex-M0 内核)、051(Arm Cortex-M0 内核)、100(Arm Cortex-M3 内核,超值型)、101(Arm Cortex-M3 内核,基本型)、102(Arm Cortex-M3 内核,USB 基本型)、103(Arm Cortex-M3 内核,增强型)、105(Arm Cortex-M3 内核,USB 互联网型)、107(Arm Cortex-M3 内核,USB 互联网型和以太网型)、108(Arm Cortex-M3 内核,IEEE 802.15.4 标准)、151(Arm Cortex-M3 内核,不带 LCD)、152/162(Arm Cortex-M3 内核,带 LCD)、205/207(Arm Cortex-M3 内核,摄像头)、215/217(Arm Cortex-M3 内核,摄像头和加密模块)、405/407(Arm Cortex-M4 内核,MCU+FPU,摄像头)、415/417(Arm Cortex-M4 内核,MCU+FPU,加密模块和摄像头)等。

4. 引脚数

引脚数是 STM32 系列微控制器名称的第 4 部分,通常有以下几种: F(20 pin)、G(28 pin)、K(32 pin)、T(36 pin)、H(40 pin)、C(48 pin)、U(63 pin)、R(64 pin)、O(90 pin)、V(100 pin)、Q(132 pin)、Z(144 pin)和 I(176 pin)等。

5. Flash 容量

Flash 容量是 STM32 系列微控制器名称的第 5 部分,通常以下几种: 4(16KB Flash,小容量)、6(32KB Flash,小容量)、8(64KB Flash,中容量)、B(128KB Flash,中容量)、C

（256KB Flash，大容量）、D（384KB Flash，大容量）、E（512KB Flash，大容量）、F(768KB Flash,大容量)、G(1MB Flash,大容量)。

6. 封装方式

封装方式是 STM32 系列微控制器名称的第 6 部分,通常有以下几种：T(LQFP,薄型四侧引脚扁平封装)、H(BGA,球栅阵列封装)、U(VFQFPN,超薄细间距四方扁平无铅封装)、Y(WLCSP,晶圆片级芯片规模封装)。

7. 温度范围

温度范围是 STM32 系列微控制器名称的第 7 部分,通常有以下两种：6(－40～85℃,工业级)和7(－40～105℃,工业级)。

STM32F407 微控制器的命名规则如图 2-5 所示。例如,本书后续部分主要介绍的微控制器 STM32F407ZGT6,其中,STM32 代表 ST 公司基于 Arm Cortex-M 系列内核的 32 位 MCU,F 代表通用闪存型,407 代表基于 Arm Cortex-M4 内核的高性能子系列,Z 代表 144 个引脚,G 代表大容量 1024KB Flash,T 代表 LQFP 封装方式,6 代表－40～85℃的工业级温度范围。

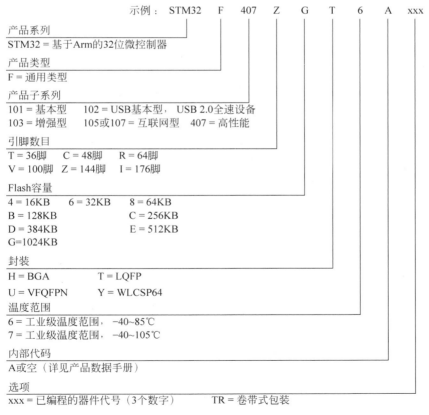

图 2-5　STM32F407 微控制器的命名规则

2.1.5 STM32F1 和 STM32F4 的区别

STM32F1 和 STM32F4 的区别如下。

(1) STM32F1 采用 Cortex-M3 内核,STM32F4 采用 Cortex-M4 内核。

(2) STM32F1 最高主频为 72MHz,STM32F4 最高主频为 168MHz。

(3) STM32F4 具有单精度浮点运算单元,STM32F1 没有浮点运算单元。

(4) STM32F4 具备增强的 DSP 指令集。STM32F4 执行 16 位 DSP 指令的时间只有 STM32F1 的 30%~70%; STM32F4 执行 32 位 DSP 指令的时间只有 STM32F1 的 25%~60%。

(5) STM321 内部 SRAM 最大为 64KB,STM32F4 内部 SRAM 有 192KB(112KB+64KB+16KB)。

(6) STM32F4 有备份域 SRAM(通过 V_{BAT} 供电保持数据),STM32F1 没有备份域 SRAM。

(7) STM32F4 从内部 SRAM 和外部 FSMC 存储器执行程序的速度比 STM32F1 快很多。STM32F1 的指令总线 I-BUS 只接到 Flash 上,从 SRAM 和 FSMC 取指令只能通过 S-BUS,速度较慢。STM32F4 的 I-BUS 不但连接到 Flash 上,而且还连接到 SRAM 和 FSMC 上,从而加快从 SRAM 或 FSMC 取指令的速度。

(8) STM32F1 最大封装为 144 脚,可提供 112 个 GPIO; STM32F4 最大封装为 176 脚,可提供 140 个 GPIO。

(9) STM32F1 的 GPIO 的内部上/下拉电阻配置仅针对输入模式有用,输出时无效。而 STM32F4 的 GPIO 在设置为输出模式时,上/下拉电阻的配置依然有效。即 STM32F4 可以配置为开漏输出,内部上拉电阻使能,而 STM32F1 没有此功能。

(10) STM32F4 的 GPIO 最高翻转速度为 84MHz,STM32F1 的最大翻转速度只有 18MHz。

(11) STM32F1 最多可提供 5 个 UART 串口,STM32F4 最多可以提供 6 个 UART 串口。

(12) STM32F1 可提供两个 I2C 接口,STM32F4 可提供 3 个 I2C 接口。

(13) STM32F1 和 STM32F4 都具有 3 个 12 位的独立 ADC,STM32F1 可提供 21 个输入通道,STM32F4 可以提供 24 个输入通道。STM32F1 的 ADC 最大采样速率为 1MSPS[①],2 路交替采样可到 2MSPS(STM32F1 不支持 3 路交替采样)。STM32F4 的 ADC 最大采样速率为 2.4MSPS,3 路交替采样可到 7.2MSPS。

(14) STM32F1 只有 12 个 DMA 通道,STM32F4 有 16 个 DMA 通道。STM32F4 的每个 DMA 通道有 4×32 位 FIFO,STM32F1 没有 FIFO。

(15) STM32F1 的 SPI 时钟最高速度为 18MHz,STM32F4 可以到 37.5MHz。

(16) STM32F1 没有独立的 32 位定时器(32 位需要级联实现),STM32F4 的 TIM2 和

---

① MSPS 即 Million Samples Per Second。

TIM5 定时器具有 32 位上下计数功能。

（17）STM32F1 和 STM32F4 都有两个 I2S 接口，但是 STM32F1 的 I2S 只支持半双工（同一时刻要么放音，要么录音），而 STM32F4 的 I2S 支持全双工（放音和录音可以同时进行）。

2.1.6　STM32 微控制器的选型

在微控制器选型过程中，工程师常常会陷入这样一个困局：一方面抱怨 8 位/16 位微控制器有限的指令和性能，另一方面抱怨 32 位处理器的高成本和高功耗。能否有效地解决这个问题，让工程师不必在性能、成本、功耗等因素中作出取舍和折中？

通过前面的介绍，我们已经大致了解了 STM32 微控制器的分类和命名规则。在此基础上，根据实际情况的具体需求，可以大致确定所要选用的 STM32 微控制器的内核型号和产品系列。例如，一般的工程应用的数据运算量不是特别大，基于 Cortex-M3 内核的 STM32F1 系列微控制器即可满足要求；如果需要进行大量的数据运算，且对实时控制和数字信号处理能力要求很高，或者需要外接 RGB 大屏幕，则推荐选择基于 Cortex-M4 内核的 STM32F4 系列微控制器。

确定好产品线之后，即可选择具体的型号。参照 STM32 微控制器的命名规则，可以先确定微控制器的引脚数目。引脚多的微控制器的功能相对多一些，当然价格也贵一些，具体要根据实际应用中的功能需求进行选择，一般够用就好。确定好了引脚数目之后再选择 Flash 容量的大小。对于 STM32 微控制器，具有相同引脚数目的微控制器会有不同的 Flash 容量可供选择，它也要根据实际需要进行选择，程序大就选择容量大的 Flash，一般也是够用即可。到这里，根据实际的应用需求，确定了所需的微控制器的具体型号，下一步的工作就是开发相应的应用。

除了可以选择 STM32 外，还可以选择国产芯片。Arm 技术发源于国外，但通过我国研究人员十几年的研究和开发，我国的 Arm 微控制器技术已经取得了很大的进步，国产品牌已获得了较高的市场占有率，相关的产业也在逐步发展壮大之中。

（1）兆易创新于 2005 年在北京成立，是一家领先的无晶圆厂半导体公司，致力于开发先进的存储器技术和 IC 解决方案。公司的核心产品线为 Flash、32 位通用型 MCU 及智能人机交互传感器芯片及整体解决方案，产品以"高性能、低功耗"著称，为工业、汽车、计算、消费类电子、物联网、移动应用以及网络和电信行业的客户提供全方位服务。与 STM32F103 兼容的产品为 GD32VF103。

（2）华大半导体是中国电子信息产业集团有限公司（CEC）旗下专业的集成电路发展平台公司，围绕汽车电子、工业控制、物联网三大应用领域，重点布局控制芯片、功率半导体、高端模拟芯片和安全芯片等，形成了竞争力强劲的产品矩阵及全面的整体芯片解决方案。可以选择的 Arm 微控制器有 HC32F0、HC32F1 和 HC32F4 系列。

学习嵌入式微控制器的知识，掌握其核心技术，了解这些技术的发展趋势，有助于为我国培养该领域的后备人才，促进我国在这微控制器技术上的长远发展，为国产品牌的发展注入新的活力。在学习中，我们应注意知识学习、能力提升、价值观塑造的有机结合，培养自力更生、追求卓越的奋斗精神和精益求精的工匠精神,树立民族自信心,为实现中华民族的伟大复兴贡献力量。

2.2　STM32F407ZGT6 概述

　　STM32 与其他单片机一样,是一个单片计算机或单片微控制器。所谓单片,就是在一枚芯片上集成了计算机或微控制器该有的基本功能部件。这些功能部件通过总线连在一起。就 STM32 而言,这些功能部件主要包括 Cortex-M 内核、总线、系统时钟发生器、复位电路、程序存储器、数据存储器、中断控制、调试接口以及各种功能部件(外设)。不同的芯片系列和型号,外设的数量和种类也不同,常用的基本功能部件(外设)有输入/输出接口GPIO、定时/计数器(TIMER/COUNTER)、通用同步/异步收发器(USART)、串行总线I2C 和 SPI 或 I2S、SD 卡接口、USB 接口等。

　　STM32F407 微控制器属于 STM32F4 系列微控制器,采用了最新的 168MHz 的Cortex-M4 处理器内核,可取代当前基于微控制器和中低端独立数字信号处理器的双片解决方案,或者将两者整合成一个基于标准内核的数字信号控制器。微控制器与数字信号处理器整合还可提高能效,让用户使用支持 STM32 的强大研发生态系统。STM32 全系列产品在引脚、软件和外设上相互兼容,并配有巨大的开发支持生态系统,包括例程、设计 IP、低成本的探索工具和第三方开发工具,可提升设计系统扩展和软、硬件再用的灵活性,使STM32 平台的投资回报率最大化。因此,与 STM32F407 微控制器的相关结构、原理及使用方法适用于其他 STM32F4 系列微控制器,对于使用相同封装形式和相同的功能的片上外设应用,代码和电路可以公用。

2.2.1　STM32F407 的主要特性

STM32F407 的主要特性如下。

　　(1) 内核:带有 FPU 的 Arm 32 位 Cortex-M4 CPU,在 Flash 中实现零等待状态运行性能的自适应实时加速器(ART 加速器),主频高达 168MHz,具有内存保护单元,能够实现高达 210DMIPS/1.25DMIPS/MHz (Dhrystone 2.1)的性能,具有 DSP 指令集。

　　(2) 存储器。

　　① 高达 1MB 的 Flash,组织为两个区,可读写同步。

　　② 高达 192KB+4KB 的 SRAM,包括 64KB 的 CCM(内核耦合存储器)数据 RAM。

　　③ 高达 32 位数据总线的灵活外部存储控制器:SRAM、PSRAM、SDRAM/LPSDRSDRAM、Compact Flash/NOR/NAND 存储器。

　　(3) LCD 并行接口,兼容 8080/6800 模式。

　　(4) LCD-TFT 控制器有高达 XGA 的分辨率,具有专用的 Chrom-ART Accelerator(DMA2D),用于增强的图形内容创建。

　　(5) 时钟、复位和电源管理。

① 1.7～3.6V 供电和 I/O。

② 上电复位（POR）、掉电复位（PDR）、可编程电压检测器（Programmable Voltage Detector，PVD）和欠压复位（Brownout Reset，BOR）。

③ 4～26MHz 晶振。

④ 内置经工厂调校的 16MHz RC 振荡器（1% 精度）。

⑤ 带校准功能的 32kHz RTC 振荡器。

⑥ 内置带校准功能的 32kHz RC 振荡器。

（6）低功耗。

① 睡眠、停机和待机模式。

② V_{BAT} 可为 RTC、20×32 位备份寄存器＋可选的 4KB 备份 SRAM 供电。

（7）3 个 12 位 2.4MSPS ADC：多达 24 通道，三重交叉模式下的性能高达 7.2MSPS。

（8）两个 12 位 D/A 转换器。

（9）通用 DMA：具有 FIFO 和突发支持的 16 路 DMA 控制器。

（10）多达 14 个定时器：12 个 16 位定时器和两个频率高达 168MHz 的 32 位定时器，每个定时器都带有 4 个输入捕获/输出比较/PWM，或脉冲计数器与正交（增量）编码器输入。

（11）调试模式。

① SWD & JTAG 接口。

② Cortex-M4 跟踪宏单元。

（12）多达 140 个具有中断功能的 I/O 端口。

① 136 个快速 I/O，最高 84MHz。

② 138 个可耐 5V 的 I/O。

（13）多达 15 个通信接口。

① 3 个 I2C 接口（SMBus/PMBus）。

② 4 个 USART 和两个 UART（10.5Mb/s、ISO 7816 接口、LIN、IrDA、调制解调器控制）。

③ 3 个 SPI（37.5Mb/s），其中两个具有复用的全双工 I2S，通过内部音频 PLL 或外部时钟达到音频级精度。

④ 两个 CAN（2.0B 主动）以及一个 SDIO 接口。

（14）高级连接功能。

① 具有片上 PHY 的 USB 2.0 全速器件/主机/OTG 控制器。

② 具有专用 DMA、片上全速 PHY 和 ULPI 的 USB 2.0 高速/全速器件/主机/OTG 控制器。

③ 具有专用 DMA 的 10/100 以太网 MAC：支持 IEEE 1588v2 硬件，MII/RMII 接口。

（15）8～14 位并行照相机接口：速度高达 54MB/s。

（16）真随机数发生器。

（17）CRC 计算单元。

（18）RTC：亚秒级精度、硬件日历。

（19）96 位唯一 ID。

2.2.2　STM32F407 的主要功能

STM32F407xx 器件基于高性能的 Arm Cortex-M4 32 位 RISC 内核，工作频率高达 168MHz。Cortex-M4 内核带有单精度浮点运算单元（FPU），支持所有 Arm 单精度数据处理指令和数据类型。它还具有一组 DSP 指令和提高应用安全性的一个存储器保护单元（MPU）。

STM32F407xx 器件集成了高速嵌入式存储器（Flash 和 SRAM 的容量分别高达 2MB 和 256KB）和高达 4KB 的后备 SRAM，以及大量连至两根 APB 总线、两根 AHB 总线和一个 32 位多 AHB 总线矩阵的增强型 I/O 与外设。

所有型号均带有 3 个 12 位 ADC、两个 DAC、一个低功耗 RTC、12 个通用 16 位定时器（包括两个用于电机控制的 PWM 定时器）、两个通用 32 位定时器。

STM32F407xx 还带有标准与高级通信接口，主要功能如下。

（1）3 个 I2C。

（2）3 个 SPI，两个 I2S 全双工。为达到音频级的精度，I2S 外设可通过专用内部音频 PLL 提供时钟，或使用外部时钟以实现同步。

（3）4 个 USART 及两个 UART。

（4）一个 USB OTG 全速和一个具有全速能力的 USB OTG 高速（配有 ULPI 低引脚数接口）。

（5）两个 CAN 接口。

（6）一个 SDIO/MMC 接口。

（7）以太网和摄像头接口。

高级外设包括一个 SDIO、一个灵活存储器控制（FMC）接口、一个用于 CMOS 传感器的摄像头接口。

STM32F405xx 和 STM32F407xx 器件的工作温度范围为 −40～+105℃，供电电压范围为 1.8～3.6V。若使用外部供电监控器，则供电电压可低至 1.7V。

该系列提供了一套全面的节能模式，可实现低功耗应用设计。

STM32F405xx 和 STM32F407xx 器件有不同封装，从 64 引脚至 176 引脚。所包括的外设因所选的器件而异。

这些特性使得 STM32F405xx 和 STM32F407xx 微控制器适合广泛的应用，具体如下。

（1）电机驱动和应用控制。

（2）工业应用：PLC、逆变器、断路器。

（3）打印机、扫描仪。

（4）警报系统、视频电话、HVAC。

（5）家庭音响设备。

2.3　STM32F407ZGT6 芯片内部结构

STM32F407ZGT6 芯片主系统由 32 位多层 AHB 总线矩阵构成,STM32F407ZGT6 芯片内部通过主控总线(S0～S7)和被控总线(M0～M6)组成的总线矩阵将 Cortex-4 内核、存储器及片上外设连在一起。

1. 主控总线

1) Cortex-M4 内核 I 总线、D 总线和 S 总线(S0～S2)

S0: I 总线,用于将 Cortex-M4 内核的指令总线连接到总线矩阵。内核通过此总线获取指令。此总线访问的对象是包含代码的存储器(内部 Flash/SRAM 或通过 FSMC 的外部存储器)。

S1: D 总线,用于将 Cortex-M4 内核的数据总线和 64KB CCM 数据 RAM 连接到总线矩阵。内核通过此总线进行立即数加载和调试访问。此总线访问的对象是包含代码或数据的存储器(内部 Flash 或通过 FSMC 的外部存储器)。

S2: S 总线,用于将 Cortex-M4 内核的系统总线连接到总线矩阵。此总线用于访问位于外设或 SRAM 中的数据。也可通过此总线获取指令(效率低于 I 总线)。此总线访问的对象是内部 SRAM(112KB、64KB 和 16KB)、包括 APB 外设在内的 AHB1 外设和 AHB2 外设,以及通过 FSMC 的外部存储器。

2) DMA1 存储器总线、DMA2 存储器总线(S3、S4)

S3、S4: DMA 存储器总线,用于将 DMA 存储器总线主接口连接到总线矩阵。DMA 通过此总线执行存储器数据的传入和传出。此总线访问的对象是内部 SRAM(112KB、64KB、16KB)及通过 FSMC 的外部存储器。

3) DMA2 外设总线(S5)

S5: DMA2 外设总线,用于将 DMA2 外设总线主接口连接到总线矩阵。DMA 通过此总线访问 AHB 外设或执行存储器间的数据传输。此总线访问的对象是 AHB 和 APB 外设及数据存储器(内部 SRAM 及通过 FSMC 的外部存储器)。

4) 以太网 DMA 总线(S6)

S6: 以太网 DMA 总线,用于将以太网 DMA 主接口连接到总线矩阵。以太网 DMA 通过此总线向存储器存取数据。此总线访问的对象是内部 SRAM(112KB、64KB 和 16KB)及通过 FSMC 的外部存储器。

5) USB OTG HS DMA 总线(S7)

S7: USB OTG HS DMA 总线,用于将 USB OTG HS DMA 主接口连接到总线矩阵。USB OTG HS DMA 通过此总线向存储器加载/存储数据。此总线访问的对象是内部 SRAM(112KB、64KB 和 16KB)及通过 FSMC 的外部存储器。

2. 被控总线

(1) 内部 Flash I 总线(M0)。

（2）内部 Flash D 总线（M1）。

（3）主要内部 SRAM1（112KB）总线（M2）。

（4）辅助内部 SRAM2（16KB）总线（M3）。

（5）AHB2 外设总线（M4）。

（6）AHB1 外设（包括 AHB-APB 总线桥和 APB 外设）总线（M5）。

（7）FSMC 总线（M6）。FSMC 借助总线矩阵，可以实现主控总线到被控总线的访问，这样即使在多个高速外设同时运行期间，系统也可以实现并发访问和高效运行。

（8）辅助内部 SRAM3（64KB）总线（仅适用于 STM32F42 系列和 STM32F43 系列器件）（M7）。

主控总线所连接的设备是数据通信的发起端，通过矩阵总线可以和与其相交被控总线上连接的设备进行通信。例如，Cortex-M4 内核可以通过 S0 总线与 M0 总线、M2 总线和 M6 总线连接 Flash、SRAM1 和 FSMC 进行数据通信。STM32F407ZGT6 芯片总线矩阵结构如图 2-6 所示。

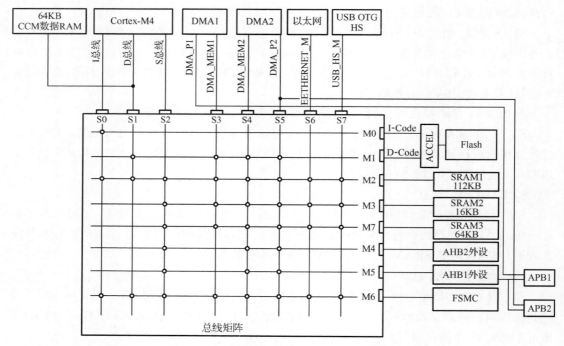

图 2-6 STM32F407ZGT6 芯片总线矩阵结构

2.4 STM32F407VGT6 芯片引脚和功能

STM32F407VGT6 芯片引脚如图 2-7 所示。图 2-7 只列出了每个引脚的基本功能，但由于芯片内部集成功能较多，实际引脚有限，因此多数引脚为复用引脚（一个引脚可复用为多个功能)。对于每个引脚的功能定义可查看 STM32F407xx 数据手册。

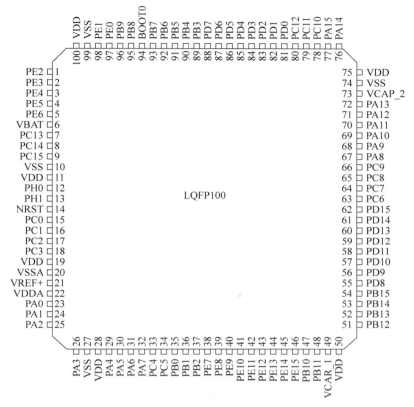

图 2-7　STM32F407VGT6 芯片引脚

STM32F4 系列微控制器的所有标准输入引脚都是 CMOS 的,但与 TTL 兼容。

STM32F4 系列微控制器的所有容忍 5V 电压的输入引脚都是 TTL 的,但与 CMOS 兼容。在输出模式下,在供电电压 2.7～3.6V 的范围内,STM32F4 系列微控制器所有输出引脚都是与 TTL 兼容的。

由 STM32F4 芯片的电源引脚、晶振 I/O 引脚、下载 I/O 引脚、BOOT I/O 引脚和复位 I/O 引脚 NRST 组成的系统叫作最小系统。

2.5　STM32F407VGT6 最小系统设计

STM32F407VGT6 最小系统是指能够让 STM32F407VGT6 正常工作的包含最少元器件的系统。STM32F407VGT6 片内集成了电源管理模块(包括滤波复位输入、集成的上电复位/掉电复位电路、可编程电压检测电路)、8MHz 高速内部 RC 振荡器、40kHz 低速内部 RC 振荡器等部件,外部只需 7 个无源器件就可以让 STM32F407VGT6 工作。然而,为了使用方便,在最小系统中加入了 USB 转 TTL 串口、发光二极管等功能模块。

STM32F407VGT6 的最小系统核心电路原理如图 2-8 所示,其中包括了复位电路、晶体振荡电路和启动设置电路等模块。

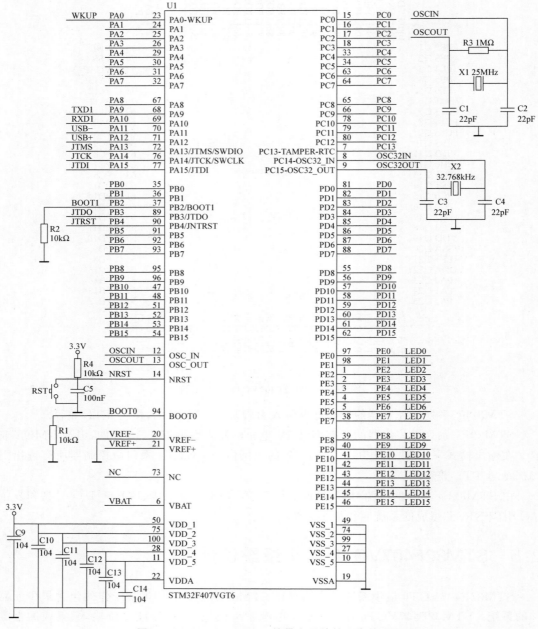

图 2-8　STM32F407VGT6 的最小系统核心电路原理

1. 复位电路

STM32F407VGT6 的 NRST 引脚输入使用 CMOS 工艺，它连接了一个不能断开的上拉电阻，其典型值为 40kΩ，外部连接了一个上拉电阻 R4、按键 RST 及电容 C5，当 RST 按键按下时 NRST 引脚电位变为 0，通过这个方式实现手动复位。

2. 晶体振荡电路

STM32F407VGT6 一共外接了两个晶振：一个 25MHz 的晶振 X1 提供给高速外部时钟，另一个 32.768kHz 的晶振 X2 提供给全低速外部时钟。

3. 启动设置电路

启动设置电路由启动设置引脚 BOOT1 和 BOOT0 构成。二者均通过 10kΩ 的电阻接地，从用户 Flash 启动。

4. JTAG 接口电路

为了方便系统采用 J-Link 仿真器进行下载和在线仿真，在最小系统中预留了 JTAG 接口电路，实现 STM32F407VGT6 与 J-Link 仿真器进行连接，JTAG 接口电路如图 2-9 所示。

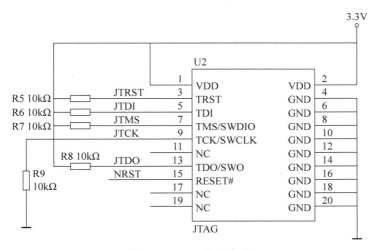

图 2-9　JTAG 接口电路

5. 流水灯电路

最小系统板载 16 个 LED 流水灯，对应 STM32F407VGT6 的 PE0～PE15 引脚，电路原理如图 2-10 所示。

另外，还设计有 USB 转 TTL 串口电路(采用 CH340G)、独立按键电路、ADC 采集电路(采用 10kΩ 电位器)和 5V 转 3.3V 电源电路(采用 AMS1117-3.3V)，具体电路从略。

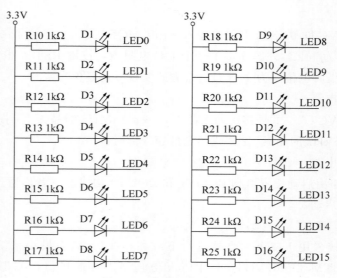

图 2-10　流水灯电路原理

第3章

STM32CubeMX 和 HAL 库

本章讲述 STM32CubeMX 和 HAL 库,包括安装 STM32CubeMX、安装 MCU 固件包、软件功能与基本使用和 HAL 库。

3.1 安装 STM32CubeMX

STM32CubeMX 软件是 ST 公司为 STM32 系列微控制器快速建立工程并初始化使用到的外设、GPIO 等而设计的,大大缩短了开发时间。同时,该软件不仅能配置 STM32 外设,还能进行第三方软件系统的配置,如 FreeRTOS、FAT 32、LWIP 等。STM32CubeMX 还有一个功能,就是进行功耗预估。此外,这款软件可以输出 PDF、TXT 文档,显示所开发工程中的 GPIO 等外设的配置信息,供开发者进行原理图设计等。

STM32CubeMX 是 ST 官方推出的一款针对 ST 的 MCU/MPU 的跨平台图形化工具,支持 Linux、macOS、Windows 系统,支持 ST 全系列产品,目前包括 STM32L0、STM32L1、STM32L4、STM32L5、STM32F0、STM32F1、STM32F2、STM32F3、STM32F4、STM32F7、STM32G0、STM32G4、STM32H7、STM32WB、STM32WL、STM32MP1,其对接的底层接口是 HAL 库,STM32CubeMX 除了集成 MCU/MPU 的硬件抽象层,还集成了 RTOS、文件系统、USB、网络、显示、嵌入式 AI 等中间件,这样开发者就能够很轻松地完成 MCU/MPU 的底层驱动的配置,留出更多精力开发上层功能逻辑,能够更进一步提高嵌入式开发效率。

STM32CubeMX 软件的特点如下。

(1)集成了 ST 公司的每款型号的 MCU/MPU 的可配置的图形界面,能够自动提示 I/O 冲突并且对于复用 I/O 可自动分配。

(2)具有动态验证的时钟树。

(3)能够很方便地使用所集成的中间件。

(4)能够估算 MCU/MPU 在不同主频运行下的功耗。

(5)能够输出不同编译器的工程,如能够直接生成 MDK、EWArm、STM32CubeIDE、MakeFile 等工程。

　　为了使开发人员能够更加快捷有效地进行 STM32 的开发,ST 公司推出了一套完整的 STM32Cube 开发组件。STM32Cube 主要包括两部分:一是 STM32CubeMX 图形化配置工具,直接在图形界面简单配置下生成初始化代码,并对外设做进一步的抽象,让开发人员只专注于应用的开发;二是基于 STM32 微控制器的固件集 STM32Cube 软件资料包。

　　从 ST 公司官网可下载 STM32CubeMX 软件最新版本的安装包,本书使用的版本是 6.6.1。解压安装包后,运行其中的安装程序,按照安装向导的提示进行安装。安装过程中会出现如图 3-1 所示的界面,需要勾选第 1 个复选框后才可以继续安装,第 2 个复选框可以不用勾选。

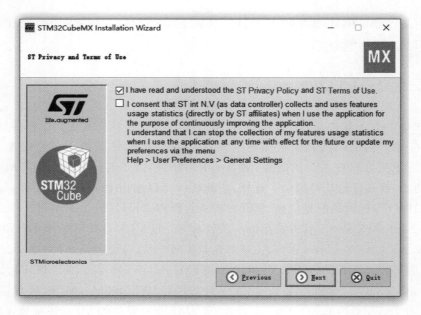

图 3-1　STM32CubeMX 安装向导

　　在安装过程中,用户要设置软件安装的目录。安装目录中不能带有汉字、空格和非下画线的符号,因为 STM32CubeMX 对中文的支持不太好。还需要安装器件的 MCU 固件包,所以最好将它们安装在同一个根目录下。例如,根目录为 C:/Program Files/STMicroelectronics/STM32Cube/,可将 STM32CubeMX 的安装目录设置为 C:/Program Files/STMicroelectronics/STM32Cube/STM32CubeMX。

3.2　安装 MCU 固件包

　　安装 MCU 固件包,包括软件库文件夹设置和管理嵌入式软件包两部分。

3.2.1　软件库文件夹设置

在安装完 STM32CubeMX 后,若要进行后续的各种操作,必须在 STM32CubeMX 中设置一个软件库文件夹(Repository Folder)。在 STM32CubeMX 中安装 MCU 固件包和 STM32Cube 扩展包时,都安装到此目录下。

双击桌面上的 STM32CubeMX 图标,软件启动后的界面如图 3-2 所示。

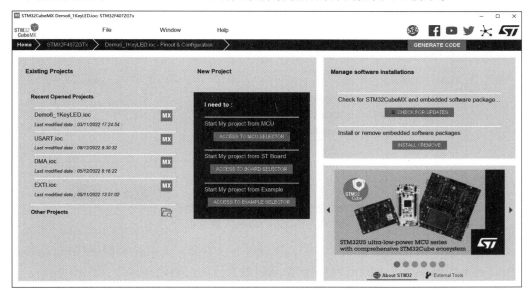

图 3-2　STM32CubeMX 界面

界面的最上方有 3 个主菜单项,执行 Help→Updater Settings 菜单命令,弹出 Updater Settings 对话框,如图 3-3 所示。首次启动 STM32CubeMX 后,立刻执行这个菜单命令可能提示软件更新已经在后台运行,需要稍微等待一段时间。

图 3-3 中,Repository Folder 就是需要设置的软件库文件夹,所有 MCU 固件包和扩展包要安装到此目录下。这个文件夹一经设置并且安装了一个固件包之后就不能再更改。不要使用默认的软件库文件夹,因为默认的是用户工作目录下的文件夹,可能带有汉字或空格,安装后会导致使用出错。设置软件库文件夹为 C:/Users/lenovo/STM32Cube/Repository/。

Check and Update Settings 用于设置 STM32CubeMX 软件的更新方式,Data Auto-Refresh 用于设置在 STM32CubeMX 启动时是否自动刷新已安装软件库的数据和文档。为了加快软件启动速度,可以将其分别设置为 Manual Check(手动检查更新软件)和 No Auto-Refresh at Application start(不在 STM32CubeMX 启动时自动刷新)。STM32CubeMX 启动后,用户可以通过相应的菜单命令检查 STM32CubeMX 软件,更新或刷新数据。

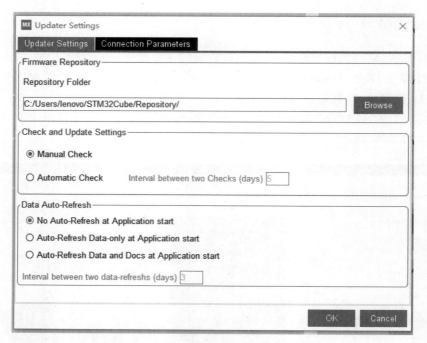

图 3-3　**Updater Settings** 对话框

Connection Parameters 选项卡用于设置网络连接参数。如果没有网络代理,直接选择 No Proxy(无代理)即可;如果有网络代理,就设置自己的网络代理参数。

3.2.2　管理嵌入式软件包

设置了软件库文件夹,就可以安装 MCU 固件包和扩展包了。执行 Help→Manage embedded software packages 菜单命令,弹出 Embedded Software Packages Manager(嵌入式软件包管理器)对话框,如图 3-4 所示。这里将 STM32Cube MCU 固件包和 STM32Cube 扩展包统称为嵌入式软件包。

该对话框包含多个选项卡,STM32Cube MCU Packages 选项卡管理 STM32 所有系列 MCU 的固件包。每个系列对应一个节点,节点展开后是这个系列 MCU 不同版本的固件包。固件包经常更新,在 STM32CubeMX 里最好只保留一个最新版本的固件包。如果在 STM32CubeMX 里打开一个用旧的固件包设计的项目,会有提示将项目迁移到新的固件包版本,一般都能成功自动迁移。

对话框下方有几个按钮,它们可用于完成不同的操作功能。

(1) From Local 按钮:从本地文件安装 MCU 固件包。如果从 ST 官网下载了固件包的压缩文件,如 en. stm32cubef4_vl-8-4. zip 是 1.8.4 版本的 STM32CubeF4 固件包压缩文件,那么单击 From Local 按钮后,选择这个压缩文件(无须解压),就可以安装这个固件包。但是要注意,这个压缩文件不能存放在软件库根目录下。

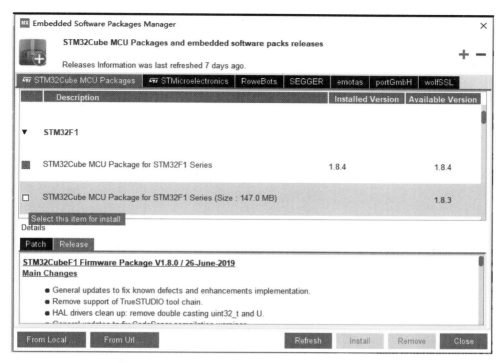

图 3-4　Embedded Software Packages Manager 对话框

（2）From Url 按钮：需要输入一个 URL 网址，从指定网站下载并安装固件包，一般不使用这种方式。

（3）Refresh 按钮：刷新目录树，以显示是否有新版本的固件包。应该偶尔刷新一下，以保持更新到最新版本。

（4）Install 按钮：在目录树里选择一个版本的固件包，如果这个版本的固件包还没有安装，这个按钮就可用。单击 Install 按钮，将自动从 ST 官网下载相应版本的固件包并安装。

（5）Remove 按钮：在目录树里选择一个版本的固件包，如果已经安装了这个版本的固件包，这个按钮就可用。单击 Remove 按钮，将删除这个版本的固件包。

本书示例都是基于 STM32F407ZGT6 开发的，所以需要安装 STM32CubeF4 固件包。在图 3-4 对话框中选择最新版本的 STM32Cube MCU Package for STM32F4Series，然后单击 Install 按钮，将会联网自动下载和安装 STM32CubeF4 固件包。固件包自动安装到所设置的软件库目录下，并自动建立一个子目录。将固件包安装后目录下的所有程序称为固件库，如 1.26.0 版本的 STM32CubeF4 固件包安装后的固件库目录为 C:/Users/lenovo/STM32Cube/Repository/STM32Cube_FW_F4_V1.26.0。

STMicroelectronics 选项卡的管理内容如图 3-5 所示，其中 ST 公司提供的一些 STM32Cube 扩展包，包括人工智能库 X-CUBE-AI、图形用户界面库 X-CUBE-TOUCHGFX 等，以及一些芯片的驱动程序，如 MEMS、BLE、NFC 芯片的驱动库。

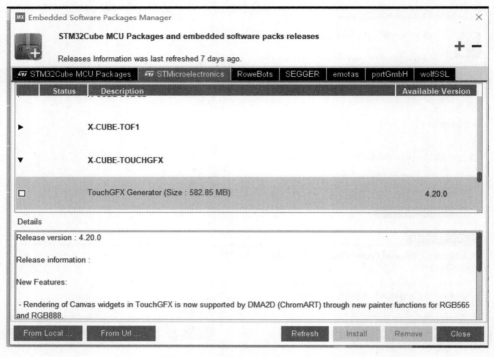

图 3-5　STMicroelectronics 选项卡的管理内容

3.3　软件功能与基本使用

在设置了软件库文件夹并安装了 STM32CubeF4 固件包之后，就可以开始用 STM32CubeMX 创建项目并进行操作了。在开始针对开发板开发实际项目之前，我们需要先熟悉 STM32CubeMX 的一些界面功能和操作。

3.3.1　软件界面

软件界面包含初始主界面和主菜单功能两部分。

1．初始主界面

启动 STM32CubeMX 之后的初始界面如图 3-2 所示。STM32CubeMX 从 5.0 版本开始使用了一种比较新颖的用户界面，与一般的 Windows 应用软件界面不太相同，也与 4.x 版本的 STM32CubeMX 界面相差很大。

初始界面主要分为 3 个功能区，具体如下。

1）主菜单栏

界面最上方是主菜单栏，有 3 个主菜单项，分别是 File、Window 和 Help。这 3 个菜单项有下拉菜单，用户可通过下拉菜单项进行一些操作。主菜单栏右侧是一些快捷按钮，单击这些按钮就会用浏览器打开相应的网站,如 ST 社区、ST 官网等。

2) 标签导航栏

主菜单栏下方是标签导航栏。在新建或打开项目后,标签导航栏可以在 STM32CubeMX 的 3 个主要视图之间快速切换。这 3 个视图如下。

(1) Home(主页)视图,即如图 3-2 所示的界面。

(2) 新建项目视图,新建项目时显示的一个对话框,用于选择具体型号的 MCU 或开发板创建项目。

(3) 项目管理视图,用于对创建或打开的项目进行 MCU 图形化配置、中间件配置、项目管理等操作。

3) 工作区

窗口其他区域都是工作区。STM32CubeMX 使用的是单文档界面,工作区会根据当前操作的内容显示不同的界面。

图 3-2 的工作区显示的是 Home 视图,Home 视图的工作区可以分为以下 3 个功能区域。

(1) Existing Projects 区域,显示最近打开过的项目,单击某个项目就可以打开此项目。

(2) New Project 区域,有 3 个按钮用于新建项目,选择 MCU 创建项目,选择开发板创建项目,或交叉选择创建项目。

(3) Manage software installations 区域,有两个按钮：CHECK FOR UPDATES 按钮用于检查 STM32CubeMX 和嵌入式软件包的更新信息；INSTALL/REMOVE 按钮用于打开如图 3-4 所示的对话框。

Home 视图上的这些按钮的功能都可以通过主菜单里的菜单项实现操作。

2. 主菜单功能

STM32CubeMX 有 3 个主菜单项,软件的很多功能操作都是通过这些菜单项实现的。

1) File 菜单

(1) New Project(新建项目),用于创建新的项目。STM32CubeMX 的项目文件扩展名是.ioc,一个项目只有一个文件。新建项目对话框是软件的 3 个视图之一,界面功能比较多,在后面具体介绍。

(2) Load Project(加载项目),选择一个已经存在的.ioc 项目文件并载入项目。

(3) Import Project(导入项目),选择一个.ioc 项目文件并导入其中的 MCU 设置到当前项目。注意,只有新项目与导入项目的 MCU 型号一致且新项目没有做任何设置时才可以导入其他项目的设置。

(4) Save Project(保存项目),保存当前项目。如果新建的项目第 1 次保存,会提示设置项目名称,需要选择一个文件夹,项目会自动以最后一级文件夹的名称作为项目名称。

(5) Save Project As(项目另存为),将当前项目保存为另一个项目文件。

(6) Close Project(关闭项目),关闭当前项目。

(7) Generate Report(生成报告),为当前项目的设置内容生成一个 PDF 报告文件,

PDF 报告文件名称与项目名称相同,并自动保存在项目文件所在的文件夹里。

(8) Recent Projects(最近的项目),显示最近打开过的项目列表,用于快速打开项目。

(9) Exit(退出),退出 STM32CubeMX。

2) Window 菜单

(1) Outputs(输出),一个复选菜单项,被勾选时,在工作区的最下方显示一个输出子窗口,显示一些输出信息。

(2) Font Size(字体大小),有 3 个子菜单项,用于设置软件界面字体大小,需重启 STM32CubeMX 后才生效。

3) Help 菜单

(1) Help(帮助),显示 STM32CubeMX 的英文版用户手册 PDF 文档,文档有 300 多页,是一个很全面的使用手册。

(2) About(关于),显示关于本软件的对话框。

(3) Docs&Resources(文档和资源),只有在打开或新建一个项目后此菜单项才有效。选择此项会弹出一个对话框,显示与项目所用 MCU 型号相关的技术文档列表,包括数据手册、参考手册、编程手册、应用笔记等。这些都是 ST 公司官方的资料文档,单击即可打开 PDF 文档。首次单击一个文档时会自动从 ST 官网下载文档并保存到软件库根目录下,如 D:/STM32Dev/Repository。这避免了每次查看文档都要从 ST 公司官网搜索的麻烦,也便于管理。

(4) Refresh Data(刷新数据),会弹出如图 3-6 所示的 Data Refresh 对话框,用于刷新 MCU 和开发板的数据,或下载所有官方文档。

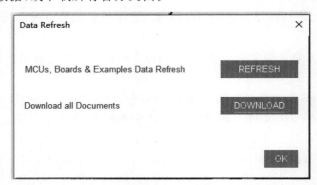

图 3-6　Data Refresh 对话框

(5) User Preferences(用户选项),用于设置用户选项,只有一个需要设置的选项,即是否允许软件收集用户使用习惯。

(6) Check For Updates(检查更新),用于检查 STM32CubeMX 软件、各系列 MCU 固件包、STM32Cube 扩展包是否有新版本需要更新。

(7) Manage Embedded Software Packages(管理嵌入式软件包),会弹出如图 3-4 所示的对话框,对嵌入式软件包进行管理。

（8）Updater Settings（更新设置），会弹出如图 3-3 所示的对话框，用于设置软件库文件夹，设置软件检查更新方式和数据刷新方式。

3.3.2　新建项目

新建项目包含选择 MCU 创建项目、选择开发板新建项目和交叉选择 MCU 新建项目 3 部分。

1. 选择 MCU 创建项目

执行 File→New Project 菜单命令，或单击 Home 视图上的 ACCESS TO MCU SELECTOR 按钮，都可以弹出如图 3-7 所示的 New Project 对话框，用于选择 MCU 或开发板以新建项目。

STM32CubeMX 界面上一些地方使用了 MCU/MPU，是为了表示 STM32 系列 MCU 和 MPU。因为 STM32MP 系列推出较晚，型号较少，STM32 系列一般就是指 MCU。除非特殊说明或为与界面上的表示一致，为了表达的简洁，本书后面一般用 MCU 统一表示 MCU 和 MPU。

New Project 对话框中，MCU/MPU Selector 选项卡用于选择具体型号的 MCU 创建项目；Board Selector 选项卡用于选择一个开发板创建项目；Cross Selector 选项卡用于对比某个 STM32 MCU 或其他厂家的 MCU，选择一个合适的 STM32 MCU 创建项目。

图 3-7 所示为 MCU/MPU Selector 选项卡，用于选择 MCU。

图 3-7　New Project 对话框

图 3-7 的界面有如下几个功能区域。

(1) MCUs/MPUs List,通过筛选或搜索的 MCU 列表,列出了器件的具体型号、封装、Flash、RAM 等参数。在这个区域可以进行如下操作。

① 单击列表项左侧的星星图标,可以收藏条目(★)或取消收藏(☆)。

② 单击列表上方的 Display similar items 按钮,可以将相似的 MCU 添加到列表中显示,然后按钮标题切换为 Hide similar items,再次单击就隐藏相似条目。

③ 单击列表右上方的 Export 按钮,可以将列表内容导出为一个 Excel 文件。

④ 在列表中双击一个条目时就以所选的 MCU 新建一个项目,关闭此对话框进入项目管理视图。

⑤ 在列表中单击一个条目时,将在其上方的资料区域显示该 MCU 的资料。

(2) MCU 资料显示区域,在 MCU 列表中单击一个条目时,就在此区域显示这个具体型号 MCU 的资料,有多个选项卡和按钮操作。

① Features 选项卡显示选中型号 MCU 的基本特性参数,左侧的星星图标表示是否收藏此 MCU。

② Block Diagram 选项卡显示 MCU 的功能模块图,如果是第 1 次显示某 MCU 的模块图,会自动从网上下载模块图片并保存到软件库根目录下。

③ Docs & Resources 选项卡显示 MCU 相关的文档和资源列表,包括数据手册、参考手册、编程手册、应用笔记等。单击某个文档时,如果没有下载,就会自动下载并保存到软件库根目录下;如果已经下载,就用 PDF 阅读器打开文档。

④ Datasheet 按钮:如果数据手册未下载,会自动下载数据手册然后显示;否则会用 PDF 阅读器打开数据手册。数据手册自动保存在软件库根目录下。

⑤ Buy 按钮:用浏览器打开 ST 公司网站的购买页面。

⑥ Start Project 按钮:用选择的 MCU 创建项目。

(3) MCU/MPU Filters,用于 MCU 筛选的一些功能操作,上方有一个工具栏,有 4 个按钮。

① Show Favorites 按钮:显示收藏的 MCU 列表。单击 MCU 列表条目前面的星星图标,可以收藏或取消收藏某个 MCU。

② Save Search 按钮:保存当前搜索条件为某个搜索名称。在设置了某种筛选条件后可以保存为一个搜索名称,然后再单击 Load Searches 按钮时选择此搜索名称,就可以快速使用以前用过的搜索条件。

③ Load Searches 按钮:会显示一个弹出菜单,列出所有保存的搜索名称,单击某一项就可以快速载入以前设置的搜索条件。

④ Reset All Filters 按钮:复位所有筛选条件。

在此工具栏的下方有一个搜索框,用于设置器件型号进行搜索。可以在搜索框中输入 MCU 的型号,如 STM32F103,就会在 MCU 列表中看到所有 STM32F103xx 型号的 MCU。

MCU 的筛选主要通过以下几组条件进行设置。

① Core(内核)：筛选内核，选项中列出了 STM32 支持的所有 Cortex 内核，如图 3-8 所示。

② Series(系列)：选择内核后会自动更新可选的 STM32 系列列表，图 3-9 只显示了列表的一部分。

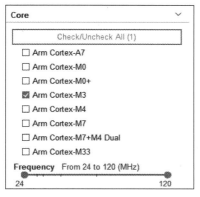

图 3-8　选择 Cortex 内核

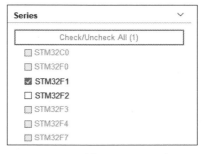

图 3-9　选择 STM32 系列

③ Line(产品线)：选择某个 STM32 系列后会自动更新产品线列表中的可选范围。例如，选择了 STM32F1 系列之后，产品线列表中只有 STM32F1xx 的器件可选。图 3-10 所示为产品线列表的一部分。

④ Package(封装)：根据封装选择器件。用户可以根据已设置的其他条件缩小封装的选择范围。图 3-11 所示为封装列表的一部分。

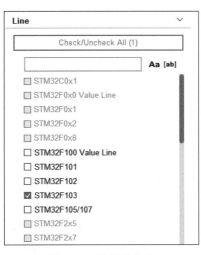

图 3-10　选择产品线

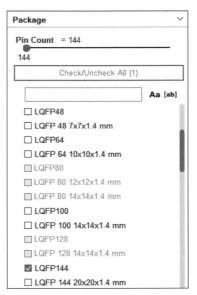

图 3-11　选择封装

⑤ Other(其他)：还可以设置价格、I/O 引脚数、Flash 大小、RAM 大小、主频等筛选条件。

MCU 筛选的操作非常灵活,并不需要按照条件顺序依次设置,可以根据自己的需要进行设置。例如,如果已知 MCU 的具体型号,可以直接在器件型号搜索框中输入型号；如果是根据外设选择 MCU,可以直接在外设中进行设置后筛选,如果得到的 MCU 型号比较多,再根据封装、Flash 容量等进一步筛选。设置好的筛选条件可以保存为一个搜索名称,通过Load Searches 按钮选择保存的搜索名称,可以重复执行搜索。

2. 选择开发板新建项目

用户还可以在 New Project 对话框中选择开发板新建项目,如图 3-12 所示。STM32CubeMX 目前仅支持 ST 官方的开发板。

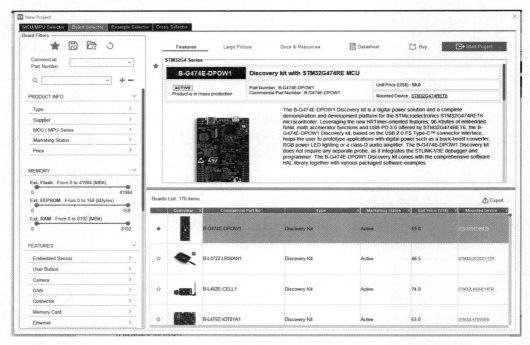

图 3-12　选择开发板新建项目

3. 交叉选择 MCU 新建项目

New Project 对话框的 Cross Selector 选项卡用于交叉选择 MCU 新建项目,如图 3-13所示。

交叉选择就是针对其他厂家的一个 MCU 或一个 STM32 具体型号的 MCU,选择一个性能和外设资源相似的 MCU。交叉选择对于在一个已有设计基础上选择新的 MCU 重新设计非常有用。例如,一个原有的设计用的是 TI 的 MSP4305529 单片机,需要改用 STM32MCU 重新设计,就可以通过交叉选择找到一个性能、功耗、外设资源相似的 STM32 MCU。再如,一个原有的设计使用 STM32F103,但是发现 STM32F103 的 SRAM 和处理速度不

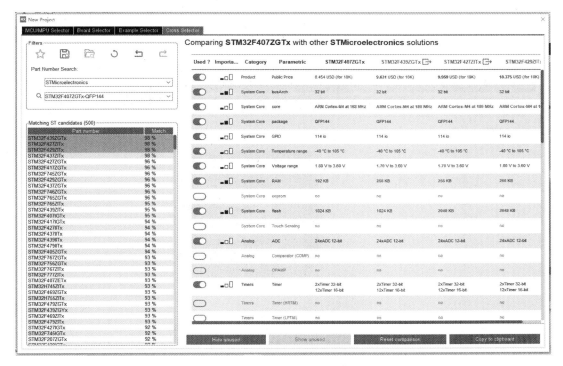

图 3-13　交叉选择 MCU 新建项目

够,需要选择一个性能更高且引脚与 STM32F103 完全兼容的 STM32 MCU,就可以使用交叉选择。

Filters 区域的 Part Number Search 部分用于选择原有 MCU 的厂家和型号,如 NXP、Microchip、ST、TI 等,选择厂家后会在第 2 个下拉列表框中列出厂家的 MCU 型号。选择厂家和 MCU 型号后,会在下方的 Matching ST candidates(500)列表中显示可选的 STM32 MCU,并且有一个匹配百分比表示匹配程度。

在候选 STM32 MCU 列表中可以选择一个或多个 MCU,然后在右边的区域会显示原 MCU 与候选 STM32 MCU 的具体参数对比。通过这样的对比,用户可以快速地找到能替换原 MCU 的 STM32 MCU。其他一些按钮的功能操作就不具体介绍了,读者可自行尝试使用。

3.3.3　MCU 图形化配置界面总览

选择一个 MCU 创建项目后,界面上显示的是项目操作视图。因为本书所用开发板上的 MCU 型号是 STM32F407ZGT6,所以选择 STM32F407ZGT6 新建一个项目进行操作。这个项目只是用于熟悉 STM32CubeMX 软件的基本操作,并不需要下载到开发板上,所以可以随意操作。读者选择其他型号的 MCU 创建项目也是可以的。

如图 3-14 所示,MCU 图形化配置界面主要由主菜单栏、标签导航栏和工作区 3 部分组成。

图 3-14　MCU 图形化配置界面

最上方的主菜单栏一直保持不变,标签导航栏现在有 3 个层级,最后一个层级显示了当前工作界面的名称。导航栏的最右侧有一个 GENERATE CODE 按钮,用于图形化配置 MCU 后生成 C 语言代码。工作区是一个多页界面,有 4 个工作界面。

(1) Pinout & Configuration(引脚与配置):对 MCU 的系统内核、外设、中间件和引脚进行配置,是主要的工作界面。

(2) Clock Configuration(时钟配置):通过图形化的时钟树对 MCU 的各个时钟信号频率进行配置。

(3) Project Manager(项目管理):对项目进行各种设置。

(4) Tools(工具):进行功耗计算、DDR SDRAM 适用性分析(仅用于 STM32MP1 系列)。

3.3.4　MCU 配置

引脚与配置界面是 MCU 图形化配置的主要工作界面,如图 3-14 所示。这个界面包括 Component List(组件列表)、Mode and Configuration(模式与配置)、Pinout view(引脚视图)、System view(系统视图)和一个工具栏。

1. 组件列表

位于工作区左侧的是 MCU 可以配置的系统内核、外设和中间件列表,每项称为一个组件(Component)。组件列表有两种显示方式:分组显示和按字母顺序显示。单击 Categories

或 A→Z 选项卡就可以在这两种显示方式之间切换。

在列表上方的搜索框内输入文字,按 Enter 键就可以根据输入的文字快速定位某个组件,如搜索 RCC。搜索框右侧的图标按钮有两个弹出菜单项,分别是 Expand All 和 Collapse All,在分组显示时可以展开全部分组和收起全部分组。

在分组显示状态下,主要有以下一些分组(每个分组的具体条目与 MCU 型号有关,这里以 STM32F103ZE 为例)。

(1) System Core(系统内核),包括 DMA、GPIO、IWDG、NVIC、RCC、SYS 和 WWDG。

(2) Analog(模拟),片上的 ADC 和 DAC。

(3) Timers(定时器),包括 RTC 和所有定时器。

(4) Connectivity(通信连接),各种外设接口,包括 CAN、ETH、FSMC、I2C、SDIO、SPI、UART、USART、USB_OTG_FS、USB_OTG_HS 等。

(5) Multimedia(多媒体),各种多媒体接口,包括数字摄像头接口 DCMI 和数字音频接口 I2S。

(6) Security(安全),只有一个 RNG(随机数发生器)。

(7) Computing(计算),计算相关的资源,只有一个 CRC(循环冗余校验)。

(8) Middleware(中间件),MCU 固件库里的各种中间件,主要有 FatFS、FreeRTOS、LibJPEG、LwIP、PDM2PCM、USB_Device、USB_Host 等。

(9) Additional Software(其他软件),组件列表中默认是没有这个分组的。如果在嵌入式软件管理器中安装了 STM32Cube 扩展包,那么就可以通过单击 Pinout & Configuration 工作界面菜单栏的 Additional Software 按钮打开一个对话框,将该扩展包安装到组件面板的 Additional Software 分组中。

当鼠标指针在组件列表的某个组件上停留时,会显示这个组件的上下文帮助(Contextual Help),如图 3-15 所示。上下文帮助显示了组件的简单信息,如果需要知道更详细的信息,可以单击上下文帮助中的 details and documentation(细节和文档)超链接,显示其数据手册、参考手册、应用笔记等文档的链接,单击就可以下载并显示 PDF 文档,而且会自动定位文档中的相应界面。

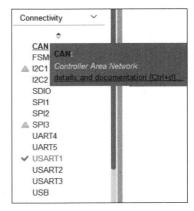

图 3-15　组件的上下文帮助功能和可用标记

在初始状态下,组件列表的各项前面没有任何图标,在对 MCU 的各个组件进行一些设置后,组件列表的各项前面会出现一些图标(见图 3-15),表示组件的可用性信息。因为 MCU 引脚基本都有复用功能,设置某个组件可用后,其他一些组和可用标记件可能就不能使用了。这些图标的意义如表 3-1 所示。

表 3-1 组件列表条目前图标的意义

图标示例	意　义
CAN1	组件前面没有任何图标,黑色字体,表示这个组件还没有被配置,其可用引脚也没有被占用
√SPI1	表示这个组件的模式和参数已经配置好了
⊘UART1	表示这个组件的可用引脚已经被其他组件占用,不能再配置这个组件了
▲ADC1	表示这个组件的某些可用引脚或资源被其他组件占用,不能完全随意配置,但还是可以配置的。例如,ADC1 有 16 个可用输入引脚,当部分引脚被占用后不能再被配置为 ADC1 的输入引脚,就会显示这样的图标
USB_HOST	灰色字体,表示这个组件因为一些限制不能使用。例如,要使用中间件 USB_HOST,需要启用 USB_OTG 接口并配置为 Host 后才可以使用

2. 模式与配置

在组件列表中单击一个组件后,就会在其右侧显示模式与配置(Mode and Configuration)界面。这个界面分为上、下两部分,上方是模式设置,下方是参数配置,这两部分的显示内容与选择的具体组件有关。

例如,图 3-14 显示的是 System Core 分组中 RCC 组件的模式与配置。RCC 用于设置 MCU 的两个外部时钟源,模式选择界面中高速外部(High Speed External,HSE)时钟源的下拉列表框中有以下 3 个选项。

(1) Disable:禁用外部时钟源。

(2) BYPASS Clock Source:使用外部有源时钟信号源。

(3) Crystal/Ceramic Resonator:使用外部晶体振荡器作为时钟源。

当 HSE 模式设置为 Disable 时,MCU 使用内部高速 RC 振荡器产生的 16MHz 信号作为时钟源。其他两项要根据实际的电路进行选择。

低速外部(Low Speed External,LSE)时钟可用作 RTC 的时钟源,其下拉列表框中的选项与 HSE 相同。若 LSE 模式设置为 Disable,RTC 就使用内部低速 RC 振荡器产生的 32kHz 时钟信号。开发板上有外接的 32.768kHz 晶体振荡电路,所以可以将 LSE 设置为 Crystal/Ceramic Resonator。如果设计中不需要使用 RTC,不需要提供 LSE 时钟,就可以将 LSE 设置为 Disable。

参数配置部分分为多个界面,且界面内容与选择的组件有关,一般有如下界面。

(1) Parameter Settings(参数设置):组件的参数设置。例如,对于 USART1,参数设置包括波特率、数据位数(8 位或 9 位)、是否有奇偶校验位等。

(2) NVIC Settings(中断设置):设置是否启用中断,但不能设置中断的优先级,只能显示中断优先级设置结果。中断的优先级需要在 System Core 分组的 NVIC 组件中设置。

(3) DMA Settings(DMA 设置):是否使用 DMA,以及 DMA 的具体设置。DMA 流的中断优先级需要在 System Core 分组的 NVIC 组件中设置。

(4) GPIO Settings(GPIO 设置):显示组件的 GPIO 引脚设置结果,不能在此修改 GPIO 设置。外设的 GPIO 引脚是自动设置的,GPIO 引脚的具体参数,如上拉或下拉、引脚速率等,需要在 System Core 分组的 GPIO 组件中设置。

(5) User Constants(用户常量):用户自定义的一些常量,这些自定义常量可以在 STM32CubeMX 中使用,生成代码时,这些自定义常量会被定义为宏,放入 main. h 文件中。

每种组件的模式和参数设置界面都不一样,我们在后续章节介绍各种系统功能和外设时会具体介绍它们的模式和参数设置操作。

3. 引脚视图

图 3-14 工作区的右侧显示了 MCU 的引脚图,直观地表示了各引脚的设置情况。通过组件列表对某个组件进行模式和参数设置后,系统会自动在引脚图上标识出使用的引脚。例如,设置 RCC 组件的 HSE 使用外部晶振后,系统会自动将 Pin23 和 Pin24 引脚设置为 RCC_OSC_IN 和 RCC_OSC_OUT,这两个名称就是引脚的信号(Signal)。

在 MCU 的引脚图上,亮黄色的引脚是电源或接地引脚,黄绿色的引脚是只有一种功能的系统引脚,包括系统复位引脚 NRST、BOOT0 引脚和 PDR_ON 引脚,这些引脚不能进行配置。其他未配置功能的引脚为灰色,已经配置功能的引脚为绿色。

引脚视图下方有一个工具栏,通过工具栏按钮可以进行放大、缩小、旋转等操作,通过鼠标滚轮也可以缩放,按住鼠标左键可以拖动 MCU 引脚图。

对引脚功能的分配一般通过组件的模式设置进行,STM32CubeMX 会根据 MCU 的引脚使用情况自动为组件分配引脚。例如,USART1 可以定义在 PA9 和 PA10 引脚上,也可以定义在 PB6 和 PB7 引脚上。如果 PA9 和 PA10 引脚未被占用,定义 USART1 的模式为 Asynchronous(异步)时,就自动定义在 PA9 和 PA10 引脚上。如果这两个引脚被其他功能占用了,如定义为 GPIO 输出引脚用于驱动 LED,那么定义 USART1 为异步模式时就会自动使用 PB6 和 PB7 引脚。

所以,如果是在电路的初始设计阶段,可以根据电路的外设需求在组件中设置模式,让软件自动分配引脚,这样可以减少工作量,而且更准确。当然,用户也可以直接在引脚图上定义某个引脚的功能。

在 MCU 的引脚图上,当鼠标指针停留到某个引脚上时会显示这个引脚的上下文帮助信息,主要显示的是引脚编号和名称。单击引脚,会出现一个引脚功能选择菜单。图 3-16 所示为单击 PA9 引脚时出现的引脚功能选择菜单。这个菜单列出了 PA9 引脚所有可用的功能,其中的几个解释如下。

(1) Reset_State:恢复为复位后的初始状态。

(2) GPIO_Input:作为 GPIO 输入引脚。

(3) GPIO_Output:作为 GPIO 输出引脚。

(4) TIM1_CH2:作为定时器 TIM1 的输入通道 2。

(5) USART1_TX:作为 USART1 的 TX 引脚。

(6) GPIO_EXTI9:作为外部中断 EXTI9 的输入引脚。

引脚功能选择菜单的菜单项由具体的引脚决定,手动选择了功能的引脚上会出现一个图钉图标,表示这是绑定了信号的引脚。不管是软件自动设置的引脚还是手动设置的引脚,都可以重新为引脚手动设置信号。例如,通过设置 USART1 组件为 Asynchronous 模式,软件会自动设置 PA9 引脚为 USART1_TX,PA10 引脚为 USART1_RX。但是,如果电路设计需要将 USART1_RX 改用 PB7 引脚,就可以手动将 PB7 引脚设置为 USART1_RX,这时 PA10 引脚会自动变为复位初始状态。

手动设置引脚功能时,容易引起引脚功能冲突或设置不全的错误,出现这类错误的引脚会自动用橘黄色显示。例如,直接手动设置 PA9 和 PA10 为 USART1 的两个引脚,但是引脚会显示为橘黄色。这是因为在组件中没有启用 USART1 并为其选择模式,在组件列表中选择 USART1 并设置其模式为 Asynchronous 之后,PA9 和 PA10 引脚就变为绿色了。

用户还可以右击一个引脚,弹出一个快捷菜单,如图 3-17 所示。不过,只有设置了功能的引脚,才有该快捷菜单。此快捷菜单有 3 个菜单项。

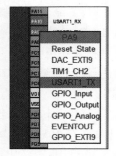

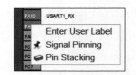

图 3-16　PA9 引脚的引脚功能选择菜单　　　　图 3-17　引脚的快捷菜单

(1) Enter User Label(输入用户标签):用于输入一个用户定义的标签,这个标签将取代原来的引脚信号名称显示在引脚旁边。例如,在将 PA10 引脚设置为 USART1_RX 后,可以再为其定义标签 GPS_RX,这样在实际的电路中更容易看出引脚的功能。

(2) Signal Pinning(信号绑定):单击此菜单项后,引脚上将会出现一个图钉图标,表示将这个引脚与功能信号(如 USART1_TX)绑定了,这个信号就不会再自动改变引脚,只可以手动改变引脚。对于已经绑定信号的引脚,此菜单项会变为 Signal Unpinning,就是解除绑定。对于未绑定信号的引脚,软件在自动分配引脚时可能会重新为此信号分配引脚。

(3) Pin Stacking/Pin Unstacking(引脚叠加/引脚解除叠加):这个菜单项的功能不明确,手册里没有任何说明,ST 官网上也没有明确解答。不要单击此菜单项,否则影响生成的 C 语言代码。

4. 系统视图

如图 3-14 所示,芯片图片的上方有两个按钮:Pinout view(引脚视图)和 System view (系统视图),单击这两个按钮可以在引脚视图和系统视图之间切换显示。图 3-18 所示为系统视图界面,界面上显示了 MCU 已经设置的各种组件,便于对 MCU 已经设置的系统资源和外设有一个总体的了解。

在系统视图界面单击某个组件时,在工作区的组件列表中就会显示此组件,在模式与配置界面中就会显示此组件的设置内容,以便进行查看和修改。

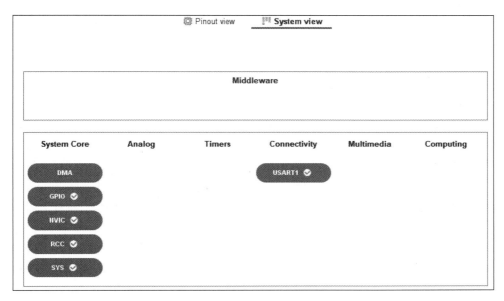

图 3-18 系统视图界面

5. Pinout 菜单

在引脚视图的上方还有一个工具栏,有两个按钮:Additional Software 和 Pinout。单击 Additional Software 按钮会弹出一个对话框,用于选择已安装的 STM32Cube 扩展包,添加到组件面板的 Additional Software 组中。

单击 Pinout 按钮会出现一个下拉菜单,如图 3-19 所示。

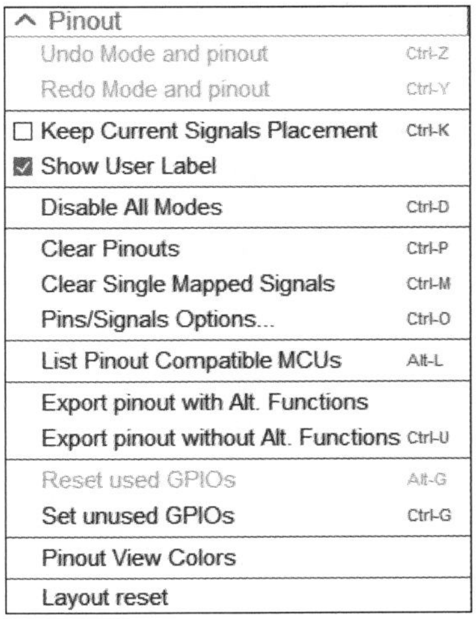

各菜单项的功能描述如下。

(1) Undo Mode and pinout:撤销上一次的模式设置和引脚分配操作。

(2) Redo Mode and pinout:重做上一次的撤销操作。

(3) Keep Current Signals Placement(保持当前信号的配置):如果勾选此项,将保持当前设置的各个信号的引脚配置,也就是在后续自动配置引脚时,前面配置的引脚不会再改动。这样有时会引起引脚配置困难,如果是在设计电路阶段,可以取消此选项,让软件自动分配各外设的引脚。

(4) Show User Label(显示用户标签):如果勾选此项,将显示引脚的用户定义标签,否则显示其已设置的信号名称。

图 3-19 引脚视图上方的
Pinout 下拉菜单

（5）Disable All Modes（禁用所有模式）：取消所有外设和中间件的模式设置，复位全部相关引脚。但是，不会改变设置的普通 GPIO 输入或输出引脚。例如，不会复位用于 LED 的 GPIO 输出引脚。

（6）Clear Pinouts（清除引脚分配）：让所有引脚变成复位初始状态。

（7）Clear Single Mapped Signals（清除单边映射的信号）：清除那些定义了引脚的信号，但是没有关联外设的引脚，也就是橘黄色底色标识的引脚。必须先解除信号的绑定后才可以清除，也就是去除引脚上的图钉图标。

（8）Pins/Signals Options（引脚/信号选项）：会弹出一个如图 3-20 所示的 Pins/Signals Options 对话框，显示 MCU 已经设置的所有引脚名称、关联的信号名称和用户定义标签。可以按住 Shift 键或 Ctrl 键选择多行，然后右击弹出快捷菜单，通过菜单项进行引脚与信号的批量绑定或解除绑定。

（9）List Pinout Compatible MCUs（列出引脚分配兼容的 MCU）：会弹出一个对话框，显示与当前项目的引脚配置兼容的 MCU 列表。此功能可用于电路设计阶段选择与电路兼容的不同型号的 MCU。例如，可以选择一个与电路完全兼容但 Flash 更大或主频更高的 MCU。

（10）Export pinout with Alt. Functions：将具有复用功能的引脚的定义导出为一个 .csv 文件。

（11）Export pinout without Alt. Functions：将没有复用功能的引脚的定义导出为一个 .csv 文件。

（12）Set unused GPIOs（设置未使用的 GPIO 引脚）：弹出如图 3-21 所示的 Set unused GPIOs 对话框，对 MCU 未使用的 GPIO 引脚进行设置，可设置为 Input、Output 或 Analog 模式。一般设置为 Analog，以降低功耗。注意，要进行此项设置，必须在 SYS 组件中设置了调试引脚，如设置为 5 线 JTAG。

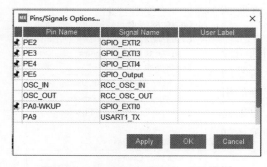

图 3-20　Pins/Signals Options 对话框

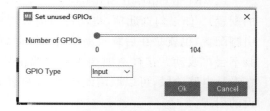

图 3-21　Set unused GPIOs 对话框

（13）Reset used GPIOs（复位已用的 GPIO 引脚）：弹出一个对话框，复位那些通过 Set unused GPIOs 对话框设置的 GPIO 引脚，可以选择复位的引脚个数。

（14）Layout reset（布局复位）：将 Pinout&Configuration 界面的布局恢复为默认状态。

3.3.5　时钟配置

MCU 图形化设置的第 2 个工作界面是时钟配置界面。为了充分演示时钟配置的功能,我们先设置 RCC 的模式,将 HSE 设置为 Crystal/Ceramic Resonator,并且启用 Master Clock Output,如图 3-22 所示。

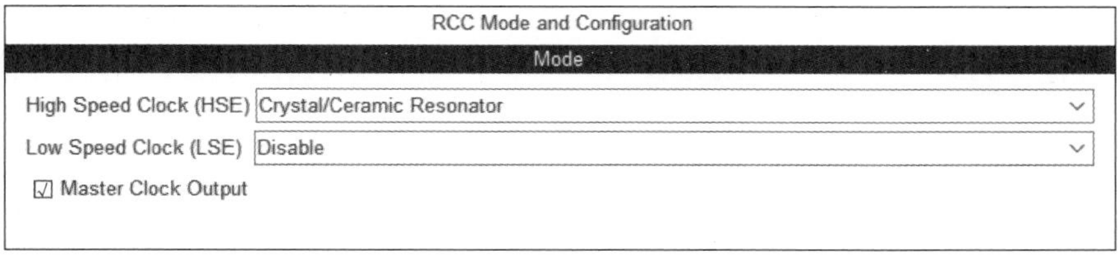

RCC Mode and Configuration	
Mode	
High Speed Clock (HSE)	Crystal/Ceramic Resonator ⌄
Low Speed Clock (LSE)	Disable ⌄
☑ Master Clock Output	

图 3-22　RCC 模式设置

MCO(Master Clock Output)是 MCU 向外部提供时钟信号的引脚,其中 MCO2 与音频时钟输入(Audio Clock Input,I2S_CKIN)共用 PC9 引脚,所以使用 MCO2 之后就不能再使用 I2S_CKIN 了。此外,我们需要启用 RTC,以便演示设置 RTC 的时钟源。

在 STM32CubeMX 的工作区单击 Clock Configuration 选项卡,它非常直观地显示了 MCU 的时钟树,使各种时钟信号的配置变得非常简单。

时钟源、时钟信号或选择器的作用如下。

(1) HSE(高速外部)时钟源。当设置 RCC 的 HSE 模式为 Crystal/Ceramic Resonator 时,用户可以设置外部振荡电路的晶振频率。例如,开发板上使用的是 8MHz 晶振,在其中输入 8 之后按 Enter 键,软件就会根据 HSE 的频率自动计算所有相关时钟频率并刷新显示。注意,HSE 的频率设置范围为 4～16MHz。

(2) HSI(高速内部)RC 振荡器。MCU 内部的高速 RC 振荡器,可产生频率为 8MHz 的时钟信号。

(3) PLL 时钟源选择器和主锁相环。锁相环(PLL)时钟源选择器可以选择 HSE 或 HSI 作为锁相环的时钟信号源,PLL 的作用是通过倍频和分频产生高频的时钟信号。在 Clock Configuration 选项卡中带有除号(/)的下拉列表框是分频器,用于将一个频率除以一个系数,产生分频的时钟信号;带有乘号(×)的下拉列表框是倍频器,用于将一个频率乘以一个系数,产生倍频的时钟信号。

主锁相环(Main PLL)输出两路时钟信号,一路是 PLLCLK,进入系统时钟选择器;另一路输出 48MHz 时钟信号,USB-OTG FS、USB-OTG HS、SDIO、RNG 都需要使用这个 48MHz 时钟信号。还有一个专用的锁相环 PLLI2S,用于产生精确时钟信号供 I2S 接口使用,以获得高品质的音效。

(4) 系统时钟选择器。系统时钟 SYSCLK 是直接或间接为 MCU 上的绝大部分组件提供时钟信号的时钟源,系统时钟选择器可以从 HSI、HSE、PLLCLK 这 3 个信号中选择一个作为 SYSCLK。

系统时钟选择器的下方有一个 Enable CSS 按钮,CSS(Clock Security System)是时钟安全系统,只有直接或间接使用 HSE 作为 SYSCLK 时,此按钮才有效。如果开启了 CSS,MCU 内部会对 HSE 时钟信号进行监测,当 HSE 时钟信号出现故障时,会发出一个 CSSI(Clock Security System Interrupt)信号,并自动切换到使用 HSI 作为系统时钟源。

(5)系统时钟 SYSCLK。STM32F407 的 SYSCLK 最高频率是 168MHz,但是在 Clock Configuration 选项卡中的 SYSCLK 文本框中不能直接修改 SYSCLK 的值。可以看出,SYSCLK 直接作为以太网精确时间协议(Precision Time Protocol,PTP)的时钟信号,经过 AHB Prescaler(AHB 预分频器)后生成 HCLK 时钟信号。

(6)HCLK 时钟。SYSCLK 经过 AHB 分频器后生成 HCLK 时钟,HCLK 就是 CPU 的时钟信号,CPU 的频率就由 HCLK 的频率决定。HCLK 还为 APB1 总线和 APB2 总线等提供时钟信号。HCLK 最高频率为 72MHz。用户可以在 HCLK 文本框中直接输入需要设置的 HCLK 频率,按 Enter 键后软件将自动配置计算。

可以看到,HCLK 为其右侧的多个部分直接或间接提供时钟信号。

① HCLK to AHB bus,core,memory and DMA:HCLK 直接为 AHB 总线、内核、存储器和 DMA 提供时钟信号。

② To Cortex System timer:HCLK 经过一个分频器后作为 Cortex 系统定时器(也就是 Systick 定时器)的时钟信号。

③ FCLK Cortex clock:直接作为 Cortex 的 FCLK(Free-Running Clock)时钟信号。

④ APB1 peripheral clocks:HCLK 经过 APB1 分频器后生成外设时钟信号 PCLK1,为外设总线 APB1 上的外设提供时钟信号。

⑤ APB1 Timer clocks:PCLK1 经过 2 倍频后生成 APB1 定时器时钟信号,为 APB1 总线上的定时器提供时钟信号。

⑥ APB2 peripheral clocks:HCLK 经过 APB2 分频器后生成外设时钟信号 PCLK2,为外设总线 APB2 上的外设提供时钟信号。

⑦ APB2 timer clocks:PCLK2 经过 2 倍频后生成 APB2 定时器时钟信号,为 APB2 总线上的定时器提供时钟信号。

(7)音频时钟输入。如果在 RCC 模式设置中勾选了 Audio Clock Input(I2S_CKIN)复选框,就可以在此输入一个外部的时钟源,作为 I2S 接口的时钟信号。

(8)MCO 时钟输出和选择器。MCO 是 MCU 为外部设备提供的时钟源,当勾选 Master Clock Output 复选框后,就可以在相应引脚输出时钟信号。

Clock Configuration 选项卡显示了 MCO2 的时钟源选择器和输出分频器,MCO1 的选择器和输出通道也与此类似,由于幅面限制没有显示出来。MCO2 的输出可以从 4 个时钟信号源中选择,还可以再分频后输出。

(9)LSE(低速外部)时钟源。如果在 RCC 模式设置中启用 LSE,就可以选择 LSE 作为 RTC 的时钟源。LSE 固定为 32.768kHz,因为经过多次分频后,可以得到精确的 1Hz 信号。

(10) LSI(低速内部)RC 振荡器。MCU 内部的 LSI RC 振荡器产生频率为 32kHz 的时钟信号,它可以作为 RTC 的时钟信号,也直接作为 IWDG(独立看门狗)的时钟信号。

(11) RTC 时钟选择器。如果启用 RTC,就可以通过 RTC 时钟选择器为 RTC 设置一个时钟源。RTC 时钟选择器有 3 个可选的时钟源:LSI、LSE 和 HSE 经分频后的时钟信号 HSE_RTC。要使 RTC 精确度高,应该使用 32.768kHz 的 LSE 作为时钟源,因为 LSE 经过多次分频后可以产生 1Hz 的精确时钟信号。

弄清楚 Clock Configuration 选项卡中的这些时钟源和时钟信号的作用后,进行 MCU 的各种时钟信号的配置就很简单了,因为都是图形化界面的操作,不用像传统编程那样必须弄清楚相关寄存器并计算寄存器的值了,这些底层的寄存器设置将由 STM32CubeMX 自动完成,并生成代码。

在 Clock Configuration 选项卡中可以进行以下操作。

(1) 直接在某个时钟信号的文本框中输入数值,按 Enter 键后由软件自动配置各个选择器、分频器、倍频器。例如,如果希望设置 HCLK 为 50MHz,在 HCLK 的文本框中输入 50 后按 Enter 键即可。

(2) 可以手动修改选择器、分频器、倍频器的设置,以便手动调节某个时钟信号的频率。

(3) 当某个时钟的频率设置错误时,其所在的文本框会以紫色底纹显示。

(4) 在某个时钟信号文本框上右击,会弹出一个快捷菜单,其中包含 Lock 和 Unlock 两个菜单项,用于对时钟频率进行锁定和解锁。如果一个时钟频率被锁定,其文本框会以灰色底纹显示。在软件自动计算频率时,系统尽量不会改变已锁定时钟信号的频率,如果必须改动,会弹出一个对话框提示解锁。

(5) 单击工具栏上的 Reset Clock Configuration 按钮,会将整棵时钟树复位到初始默认状态。

(6) 工具栏上的其他一些按钮可以进行撤销、重复、缩放等操作。

用户所做的这些时钟配置都涉及寄存器的底层操作,STM32CubeMX 在生成代码时会自动生成时钟初始化配置的程序。

3.3.6　项目管理

1. 功能概述

对 MCU 系统功能和各种外设的图形化配置,主要是在引脚配置和时钟配置两个工作界面完成的,完成这些工作后,一个 MCU 的配置就完成了。STM32CubeMX 的重要作用就是将这些图形化的配置结果导出为 C 语言代码。

STM32CubeMX 工作区的第 3 个工作界面是 Project Manager(项目管理器),如图 3-23 所示。这是一个多页界面,有以下 3 个工作界面。

(1) Project 界面:用于设置项目名称、保存路径、导出代码的 IDE 软件等。

(2) Code Generator 界面:用于设置生成 C 语言代码的一些选项。

图 3-23 项目管理器

（3）Advanced Settings 界面：生成 C 语言代码的一些高级设置，如外设初始化代码是使用 HAL 库还是 LL 库。

2. 项目基本信息设置

新建的 STM32CubeMX 项目首次保存时会弹出一个选择文件夹的对话框，用户选择一个文件夹后，项目会被保存到文件夹下，并且项目名称与最后一级文件夹的名称相同。

例如，保存项目时选择的文件夹是 D:/Demo/MDK/1-LED/，那么项目会被保存到此目录下，并且项目文件名为 LED. ioc。

对于保存过的项目，就不能再修改图 3-23 中的 Project Name 和 Project Location 两个文本框中的内容了。项目管理器中还有以下一些设置项。

（1）Application Structure(应用程序结构)，有 Basic 和 Advanced 两个选项。

① Basic：建议用于只使用一个中间件或者不使用中间件的项目。在这种结构中，IDE 配置文件夹与源代码文件夹同级，用子目录组织代码。

② Advanced：当项目里使用多个中间件时，建议使用这种结构，这样对于中间件的管理容易一些。

（2）Do not generate the main()复选框：如果勾选此项，导出的代码将不生成 main()函数。但是，C 语言的程序肯定是需要一个 main()函数的，所以不勾选此项。

（3）Toolchain Folder Location，也就是导出的 IDE 项目所在的文件夹，默认与STM32CubeMX 项目文件在同一个文件夹。

（4）Toolchain/IDE：从一个下拉列表框中选择导出 C 语言程序的工具链或 IDE 软件，如图 3-24 所示。

本书使用的 IDE 软件是 Keil MDK，Toolchain/IDE 选择MDK-ARM。

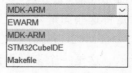

图 3-24 可选的工具链/IDE 软件列表

（5）Linker Settings(链接器设置)：用于设置应用程序的堆(Heap)的最小大小，默认值是 0x200 和 0x400。

（6）Mcu and Firmware Package(MCU 和固件包)：MCU 固件库默认使用已安装的最新固件库版本。如果系统中有一个 MCU 系列多个版本的固件库，就可以在此重选固件库。如果勾选 Use Default Firmware Location 复选框，则表示使用默认的固件库路径，也就是所设置的软件库目录下的相应固件库目录。

3. 代码生成器设置

Code Generator 界面如图 3-25 所示，用于设置生成代码时的一些特性。

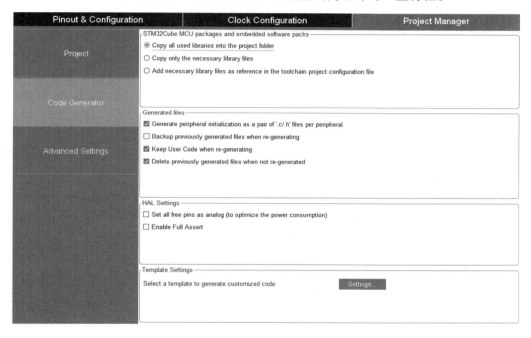

图 3-25　Code Generator 界面

（1）STM32Cube MCU packages and embedded software packs 选项：用于设置固件库和嵌入式软件库复制到 IDE 项目里的方式，有以下 3 种方式。

① Copy all used libraries into the project folder：将所有用到的库都复制到项目文件夹下。

② Copy only the necessary library files：只复制必要的库文件，即只复制与用户配置相关的库文件，默认选择这一项。

③ Add necessary library files as reference in the toolchain project configuration file：将必要的库文件以引用的方式添加到项目的配置文件中。

（2）Generated files 选项：生成 C 语言代码文件的一些选项。

① Generate peripheral initialization as a pair of '. c/. h' files per peripheral：勾选此项

后,为每种外设生成的初始化代码将会有.c和.h两个文件。例如,对于 GPIO 引脚的初始化程序,将有 gpio.h 和 gpio.c 两个文件,否则所有外设初始化代码存放在 main.c 文件里。虽然默认不勾选此项,但推荐勾选,特别是当项目用到的外设比较多时,而且使用.c和.h文件对更方便,也是更好的编程习惯。

② Backup previously generated files when re-generating:如果勾选此项,STM32CubeMX 在重新生成代码时,就会将前面生成的文件备份到一个名为 Backup 的子文件夹里,并在.c和.h文件名后面再添加一个.bak 扩展名。

③ Keep User Code when re-generating:重新生成代码时保留用户代码。这个选项只应用于 STM32CubeMX 自动生成文件中代码沙箱段(在后面会具体介绍此概念)的代码,不会影响用户自己创建的文件。

④ Delete previously generated files when not re-generated:删除那些以前生成的不需要再重新生成的文件。例如,前一次配置中用到了 SDIO,生成的代码中有 sdio.h 和 sdio.c 文件,而重新配置时取消了 SDIO,如果勾选了此项,重新生成代码时就会删除前面生成的 sdio.h 和 sdio.c 文件。

(3) HAL Settings 选项:用于设置 HAL。

① Set all free pins as analog(to optimize power consumption):设置所有自由引脚的类型为 Analog,这样可以优化功耗。

② Enable Full Assert:启用或禁用 Full Assert 功能。在生成的 stm32f4xx_hal_conf.h 文件中有一个宏定义 USE_FULL_ASSERT,如果禁用 Full Assert 功能,这行宏定义代码就会被注释掉:

```
#define  USE_FULL_ASSERT  1U
```

如果启用 Full Assert 功能,那么 HAL 库中每个函数都会对函数的输入参数进行检查,如果检查出错,会返回出错代码的文件名和所在行。

(4) Template Settings 选项:用于设置自定义代码模板。一般不用此功能,直接使用 STM32CubeMX 自己的代码模板就很好。

4. 高级设置

Advanced Settings 界面如图 3-26 所示,分为上、下两个列表。

(1) Driver Selector 列表:用于选择每个组件的驱动库类型。该列表列出了所有已配置的组件,如 USART、RCC 等,第 2 列是组件驱动库类型,有 HAL 和 LL 两种库可选。

HAL 是高级别的驱动程序,MCU 上所有组件都有 HAL 驱动程序。HAL 的代码与具体硬件的关联度低,易于在不同系列的器件之间移植。

LL 是进行寄存器级别操作的驱动程序,它的性能更加优化,但是需要对 MCU 的底层和外设比较熟悉,与具体硬件的关联度高,在不同系列之间进行移植时工作量大。并不是 MCU 上所有组件都有 LL 驱动程序,软件复杂度高的外设没有 LL 驱动程序,如 SDIO、USB-OTG 等。

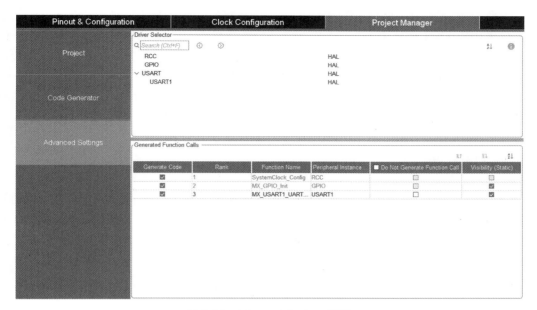

图 3-26 Advanced Settings 界面

本书完全使用 HAL 库进行示例程序设计,不会混合使用 LL 库,以保持总体统一。

(2) Generated Function Calls 列表:对生成函数的调用方法进行设置。图 3-26 下方的表格列出了 MCU 配置的系统功能和外设的初始化函数,列表中的各列如下。

① Function Name 列是生成代码时将要生成的函数名称,这些函数名称是自动确定的,不能修改。

② Do Not Generate Function Call 列:如果勾选了此项,在 main() 函数的外设初始化部分不会调用这个函数,但是函数的完整代码还是会生成的,如何调用由编程者自己处理。

③ Visibility(Static)列用于指定是否在函数原型前面加上 static 关键字,使函数变为文件内的私有函数。如果在图 3-25 中勾选了 Generate peripheral initialization as a pair of '.c/.h'files per peripheral 复选框,则无论是否勾选 Visibility(Static)复选框,外设的初始化函数原型前面都不会加 static 关键字,因为在.h 文件中声明的函数原型对外界就是可见的。

3.3.7 生成报告和代码

在对 MCU 进行各种配置以及对项目进行设置后,用户就可以生成报告和代码。

执行 File→Generate Report 菜单命令,会在 STM32CubeMX 项目文件目录下生成一个同名的 PDF 文件。这个 PDF 文件里有对项目的基本描述、MCU 型号描述、引脚配置图、引脚定义表格、时钟树、各种外设的配置信息等,是对 STM32CubeMX 项目的一个很好的总结性报告。

保存 STM32CubeMX 项目并在项目管理界面做好生成代码的设置后,用户随时可以单击导航栏右端的 GENERATE CODE 按钮,为选定的 MDK-Arm 软件生成代码。如果是首次生成代码,将自动生成 MDK-Arm 项目框架,生成项目所需的所有文件;如果 MDK-Arm 项目已经存在,再次生成代码时只会重新生成初始化代码,不会覆盖用户在沙箱段内编写的代码,也不会删除用户在项目中创建的程序文件。

STM32CubeMX 软件的工作区还有一个 Tools 选项卡,用于进行 MCU 的功耗计算,这会涉及 MCU 的低功耗模式。

3.4 HAL 库

最近兴起的 HAL 库就是 ST 公司目前主推的研发方式,其更新速度比较快,可以通过官方推出的 STM32CubeMX 工具一键生成代码,大大缩短开发周期。使用 HAL 库的优势主要就是不需要开发工程师再设计所用的 MCU 型号,只需要专注于功能的软件开发工作即可。

3.4.1 HAL 库简介

HAL 是 Hardware Abstraction Layer 的缩写,中文名称是硬件抽象层。HAL 库是 ST 公司 STM32 的 MCU 最新推出的抽象层嵌入式软件,为更方便地实现跨 STM32 产品的最大可移植性。和标准外设库(也称标准库)对比起来,STM32 的 HAL 库更加抽象,ST 公司最终的目的是要实现在 STM32 系列 MCU 之间无缝移植,甚至在其他 MCU 也能实现快速移植。

ST 公司为开发者提供了非常方便的开发库,有 SPL 库(标准外设库)、HAL 库、LL 库(Low-Layer,底层库)3 种。前者是 ST 的老库,已经停止更新了,后两者是 ST 现在主推的开发库。

相比于标准外设库,STM32Cube HAL 库表现出更高的抽象整合水平,HAL API 集中关注各外设的公共函数功能,这样便于定义一套通用的用户友好的 API,从而可以轻松实现从一个 STM32 产品移植到另一个不同的 STM32 系列产品。HAL 库是 ST 公司未来主推的库,ST 公司新出的芯片已经没有标准外设库了,如 F7 系列。目前,HAL 库已经支持 STM32 全线产品。

HAL 库的特点如下。

(1) 最大可移植性。

(2) 提供了一整套一致的中间件组件,如 RTOS、USB、TCP/IP 和图形等。

(3) 通用的用户友好的 API。

(4) ST 公司新出的芯片已经没有标准库。

(5) HAL 库已经支持 STM32 全线产品。

通常新手在入门 STM32 时,首先都要先选择一种开发方式,不同的开发方式会导致编程的架构完全不同。一般都会选用标准外设库和 HAL 库,而极少部分人会通过直接配置寄存器进行开发。

1．直接配置寄存器

不少先学习了 MCS-51 单片机的读者可能会知道，会有一小部分人是通过汇编语言直接操作寄存器实现功能的，这种方法到了 STM32 就变得不太容易行得通了，因为 STM32 的寄存器数量是 MCS-51 单片机的数十倍，如此多的寄存器根本无法全部记忆，开发时需要经常翻查芯片的数据手册，此时直接操作寄存器就变得非常费力了。但还是会有很小一部分人喜欢直接操作寄存器，因为这样更接近原理，知其然也知其所以然。

2．标准外设库

STM32 有非常多的寄存器，而导致了开发困难，为此 ST 公司就为每款芯片都编写了一份库文件。在这些 .c 和 .h 文件中，包括一些常用量的宏定义，把一些外设也通过结构体变量封装起来，如 GPIO 等。所以，只需要配置结构体变量成员就可以修改外设的配置寄存器，从而选择不同的功能。这也是目前最多人使用的方式，也是学习 STM32 接触最多的一种开发方式，这里就不再阐述了。

3．HAL 库

HAL 库是 ST 公司目前主推的开发方式，库如其名，很抽象，一眼看上去不太容易知道它的作用是什么。它的出现比标准外设库要晚，但其实和标准外设库一样，都是为了节省程序开发的时间，而且 HAL 库尤其有效，如果说标准外设库集成了实现功能需要配置的寄存器，那么 HAL 库的一些函数甚至可以做到某些特定功能的集成。也就是说，同样的功能，标准外设库可能要用几句话，HAL 库只需一句话就够了。并且，HAL 库也很好地解决了程序移植的问题，不同型号的 STM32 芯片的标准外设库是不一样的。例如，在 STM32F4 上开发的程序移植到 STM32F1 上是不通用的，而使用 HAL 库，只要使用的是相同的外设，程序基本可以完全复制粘贴。注意是相同外设，也就是不能无中生有，如 STM32F7 比 STM32F1 要多几个定时器，不能明明没有这个定时器却非要配置，但其实这种情况不多，一般都可以直接复制粘贴。使用 ST 公司研发的 STMCube 软件，可以通过图形化的配置功能，直接生成整个使用 HAL 库的工程文件。

4．HAL 库与标准外设库的区别

STM32 的开发中，可以这样操作寄存器：

```
GPIOF -> BSRR = 0x00000001;              //这里是针对 STM32F1 系列
```

这种方法当然可以，但是需要掌握每个寄存器的用法，才能正确使用 STM32，而对于 STM32 这种级别的 MCU，记忆数百个寄存器又谈何容易。于是 ST 公司推出了官方标准外设库，标准外设库将这些寄存器底层操作都封装起来，提供一整套 API 供开发者调用，大多数场合下，不需要知道操作的是哪个寄存器，只需要知道调用哪些函数即可。

例如，控制 BRR 寄存器实现电平控制，官方库封装了一个函数，如下。

```
void GPIO_ResetBits(GPIO_TypeDef * GPIOx,uint_t GPIO_Pin)
{
    GPIOx -> BRR = GPIO_Pin
}
```

这时不需要再直接操作 BRR 寄存器了,只需要知道怎么调用 GPIO_ResetBits()函数就可以了。在对外设的工作原理有一定的了解之后,再去看标准外设库函数,基本上由函数名称就能得知这个函数的功能是什么、该怎么使用,这样开发就方便很多。

标准外设库自推出以来受到广大工程师推崇,现在很多工程师和公司还在使用标准外设库函数开发。不过,ST 官方已经不再更新 STM32 标准外设库,而是力推新的 HAL 库。

例如,控制 BSRR 寄存器实现电平控制,官方 HAL 库封装了一个函数,如下。

```
void HAL_GPIO_WritePin(GPIO_TypeDef * GPIOx, uint16_t GPIO_Pin, GPIO_PinState PinState)
{
    /* Check the parameters */
    assert_param(IS_GPIO_PIN(GPIO_Pin));
    assert_param(IS_GPIO_PIN_ACTION(PinState));
    if (PinState != GPIO_PIN_RESET)
    {
        GPIOx -> BSRR = GPIO_Pin;
    }
    else
    {
        GPIOx -> BSRR = (uint32_t)GPIO_Pin << 16u;
    }
}
```

这时不需要再直接操作 BSRR 寄存器了,只需要知道怎么使用 HAL_GPIO_WritePin()这个函数就可以了。

HAL 库和标准外设库一样,都是固件库,是由 ST 官方硬件抽象层而设计的软件函数包,由程序、数据结构和宏组成,包括了 STM32 所有外设的性能特征。这些固件库为开发者底层硬件提供了中间 API,通过使用固件库,无须掌握底层细节,开发者就可以轻松应用每个外设。

HAL 库和标准外设库本质上是一样的,都是提供底层硬件操作 API,而且在使用上也是大同小异。有标准外设库基础的读者对 HAL 库的使用也很容易入手。ST 官方之所以这几年大力推广 HAL 库,是因为 HAL 的结构更加容易整合 STM32Cube,而 STM32CubeMX 是 ST 公司这几年极力推荐的程序生成开发工具。所以,这几年新出的 STM32 芯片,ST 公司直接只提供 HAL 库。

在 ST 公司的官方声明中,HAL 库是大势所趋。标准外设库和 HAL 库虽然都是对外设进行操作的函数库,但由于官方已经停止更新标准外设库,而且标准外设库在 STM32 创建工程和初始化时不能由 STM32CubeMX 软件代码生成使用,也就是说 STM32CubeMX 软件在生成代码时,工程项目和初始化代码就自动生成,这个工程项目和初始化代码里面使用的函数都是基于 HAL 库的。STM32CubeMX 是一个图形化的工具,也是配置和初始化 C 代码生成器,与 STM32CubeMX 配合使用的是 HAL 库。

1) 外设句柄定义

用户代码的第一大部分是对于外设句柄的处理。在结构上,HAL 库将每个外设抽象成一个名为 ppp_HandleTypeDef 的结构体,其中 ppp 就是每个外设的名字。所有函数都工作在 ppp_HandleTypeDef 指针之下。

(1) 多实例支持: 每个外设/模块实例都有自己的句柄,因此实例资源是独立的。

(2) 外围进程相互通信: 该句柄用于管理进程例程之间的共享数据资源。

2) 三种编程方式

HAL 库对所有函数模型也进行了统一。在 HAL 库中,支持 3 种编程模式:轮询模式、中断模式、DMA 模式(如果外设支持),分别对应以下 3 种类型的函数(以 ADC 为例)。

```
HAL_StatusTypeDef HAL_ADC_Start(ADC_HandleTypeDef * hadc);
HAL_StatusTypeDef HAL_ADC_Stop(ADC_HandleTypeDef * hadc);
HAL_StatusTypeDef HAL_ADC_Start_IT(ADC_HandleTypeDef * hadc);
HAL_StatusTypeDef HAL_ADC_Stop_IT(ADC_HandleTypeDef * hadc);
HAL_StatusTypeDef HAL_ADC_Start_DMA(ADC_HandleTypeDef * hadc,uint32_t * pData, uint32_t
Length);
HAL_StatusTypeDef HAL_ADC_Stop_DMA(ADC_HandleTypeDef * hadc);
```

其中,函数名中带_IT 的表示工作在中断模式下;带_DMA 的工作在 DMA 模式下(注意 DMA 模式下也是开启中断的);其他就是轮询模式(没有开启中断的)。至于使用何种方式,就看自己的选择了。此外,新的 HAL 库架构下统一采用宏的形式对各种中断等进行配置(原来标准外设库一般都是各种函数)。针对每种外设,主要有以下宏。

```
__HAL_PPP_ENABLE_IT(__HANDLE__, __INTERRUPT__)          //使能一个指定的外设中断
__HAL_PPP_DISABLE_IT(__HANDLE__, __INTERRUPT__)         //失能一个指定的外设中断
__HAL_PPP_GET_IT (__HANDLE__, __INTERRUPT__)            //获得一个指定的外设中断状态
__HAL_PPP_CLEAR_IT (__HANDLE__, __INTERRUPT__)          //清除一个指定的外设的中断状态
__HAL_PPP_GET_FLAG (__HANDLE__, __FLAG__)               //获取一个指定的外设的标志状态
__HAL_PPP_CLEAR_FLAG (__HANDLE__, __FLAG__)             //清除一个指定的外设的标志状态
__HAL_PPP_ENABLE(__HANDLE__)                            //使能外设
__HAL_PPP_DISABLE(__HANDLE__)                           //失能外设
__HAL_PPP_XXXX (__HANDLE__, __PARAM__)                  //指定外设的宏定义
__HAL_PPP_GET IT SOURCE (__HANDLE__, __INTERRUPT__)     //检查中断源
```

3) 三大回调函数

在 HAL 库的源代码中,到处可见一些以 __weak 开头的函数,而且这些函数有些已经被实现了,如

```
__weak HAL_Status TypeDef HAL_InitTick(uint32_t TickPriority)
{
    /* Configure the SysTick to have interrupt in 1ms time basis */
    HAL_SYSTICK_Config(SystemCoreClock/1000U);
    /* Configure the SysTick IRQ priority */
    HAL_NVIC_SetPriority(SysTick_IRQn, TickPriority ,OU);
    /* Return function status */
    return HAL_OK;
}
```

有些则没有被实现,如

```
__weak void HAL_SPI_TxCpltCallback(SPI_Handle TypeDef * hspi)
{
    /* Prevent unused argument(s) compilation warning */
    UNUSED(hspi);
    /* NOTE:This function should not be modified, when the callback is
    needed,the HAL_SPI_TxCpltCallback should be implemented in the
    user file */
}
```

在 HAL 库中,很多回调函数前面使用__weak 修饰符,这里有必要讲解__weak 修饰符的作用。

weak 顾名思义是“弱”的意思,所以如果函数名称前面加上__weak 修饰符,一般称这个函数为弱函数。加上了__weak 修饰符的函数,用户可以在用户文件中重新定义一个同名函数,最终编译器编译时,会选择用户定义的函数,如果用户没有重新定义这个函数,那么编译器就会执行__weak 声明的函数,并且编译器不会报错。

所有带有__weak 关键字的函数表示,都可以由用户自己实现。如果出现了同名函数,且不带__weak 关键字,那么连接器就会采用外部实现的同名函数。通常来说,HAL 库负责整体处理和 MCU 外设的处理逻辑,并将必要部分以回调函数的形式提供给用户,用户只需要在对应的回调函数中修改即可。

HAL 库包含以下 3 种用户级别回调函数(其中 PPP 为外设名)。

(1) 外设系统级初始化/解除初始化回调函数:HAL_PPP_MspInit()和 HAL_PPP_MspDeInit()。

例如,__weak void HAL_SPI_MspInit(SPI_HandleTypeDef * hspi),在 HAL_PPP_Init()函数中被调用,用来初始化底层相关的设备(GPIOs、Clock、DMA 和 Interrupt)

(2) 处理完成回调函数:HAL_PPP_ProcessCpltCallback(),其中 Process 指具体某种处理,如 UART 的 Tx。

例如,__weak void HAL_SPI_RxCpltCallback(SPI_HandleTypeDef * hspi),当外设或 DMA 工作完成时触发中断,该回调函数会在外设中断处理函数或 DMA 的中断处理函数中被调用。

(3) 错误处理回调函数:HAL_PPP_ErrorCallback()。

例如,__weak void HAL_SPI_ErrorCallback(SPI_HandleTypeDef * hspi),当外设或 DMA 出现错误时触发中断,该回调函数会在外设中断处理函数或 DMA 的中断处理函数中被调用。

绝大多数用户代码均在以上 3 种回调函数中实现。

HAL 库结构中,在每次初始化前(尤其是在多次调用初始化前),先调用对应的解除初始化(DeInit)函数是非常有必要的。某些外设多次初始化时不调用返回会导致初始化失败。完成回调函数有多种,如串口的完成回调函数有 HAL_UART_TxCpltCallback()和 HAL_UART_TxHalfCpltCallback()等。

5. HAL 库移植使用的基本步骤

HAL 库移植使用的基本步骤如下。

(1)复制 stm32f4xx_hal_msp_template.c 文件,参照该模板,依次实现用到的外设的 HAL_PPP_MspInit()和 HAL_PPP_MspDeInit()函数。

(2)复制 stm32f4xx_hal_conf_template.h 文件,用户可以在此文件中自由裁剪,配置 HAL 库。

(3)在使用 HAL 库时,必须先调用 HAL_StatusTypeDef HAL_Init(void)函数。该函数在 stm32f4xx_hal.c 文件中定义,也就意味着必须首先实现 HAL_MspInit(void)和 HAL_MspDeInit(void)函数。

(4) HAL 库与标准外设库不同,HAL 库使用 RCC 中的函数配置系统时钟,用户需要单独写时钟配置函数(标准外设库默认在 system_stm32f4xx.c 文件中)。

(5)关于中断,HAL 库提供了中断处理函数,只需要调用 HAL 库提供的中断处理函数。用户自己的代码,不建议先写到中断中,而应该写到 HAL 库提供的回调函数中。

(6)对于每个外设,HAL 库都提供了回调函数,回调函数用来实现用户自己的代码。整个调用结构由 HAL 库自己完成。

例如,UART 中,HAL 库提供了 void HAL_UART_IRQHandler(UART_HandleTypeDef * huart)函数,触发中断后,用户只需要调用该函数即可;同时,自己的代码写在对应的回调函数中即可,如下所示。

```
void HAL_UART_TxCpltCallback(UART_HandleTypeDef * huart);
void HAL_UART_TxHalfCpltCallback(UART_HandleTypeDef * huart);
void HAL_UART_RxCpltCallback(UART_HandleTypeDef * huart);
void HAL_UART_RxHalfCpltCallback(UART_HandleTypeDef * huart);
void HAL_UART_ErrorCallback(UART_HandleTypeDef * huart);
```

综上所述,使用 HAL 库编写程序(针对某个外设)的基本结构(以串口为例)如下。

(1)配置外设句柄。例如,建立 UartConfig.c 文件,在其中定义串口句柄 UART_HandleTypeDef huart,接着初始化句柄

```
HAL_StatusTypeDef HAL_UART_Init(UART_HandleTypeDef huart)
```

(2)编写 MSP 函数。例如,建立 UartMsp.c 文件,在其中实现 void HAL_UART_MspInit(UART_HandleTypeDef huart)和 void HAL_UART_MspDeInit(UART_HandleTypeDef * huart)函数。

(3)实现对应的回调函数。例如,建立 UartCallBack.c 文件,在其中实现三大回调函数中的完成回调函数和错误回调函数。

3.4.2　HAL 库与标准外设库和 LL 库的区别

ST 公司为开发者提供了非常方便的开发库。到目前为止，有标准外设库、HAL 库和 LL 库 3 种。其中，标准外设库与 HAL 库是最常用的库，LL 库只是最近新添加的库。

（1）标准外设库（Standard Peripherals Library）是对 STM32 芯片的一个完整的封装。以前对芯片外设的操作都是直接操作寄存器，这使得开发非常困难。ST 公司为了解决这个难题，给每款芯片都编写了一份库文件，也就是标准外设库。这也是目前使用最多的 ST 库，几乎均使用 C 语言实现。但是，标准外设库是针对某一系列芯片而言的，没有可移植性。

（2）HAL 库是 ST 公司目前主推的开发方式。它的出现比标准外设库要晚，但其实和标准外设库一样，都是为了节省程序开发的时间，而且 HAL 库更有效。如果说标准外设库为了实现对芯片外设的操作功能，集成了需要配置的寄存器，那么 HAL 库的一些函数甚至做到了某些特定功能的集成。也就是说，同样的功能，标准库可能要用几句话，HAL 库只需用一句话就够了，并且 HAL 库也很好地解决了程序移植的问题。

（3）LL（Low Layer）库是 ST 公司最近新增的库，与 HAL 库捆绑发布，文档也是和 HAL 库文档在一起的。例如，在 STM32F3x 的 HAL 库说明文档中，ST 公司新增了 LL 库这一章节，但是在 STM32F2x 的 HAL 库文档中就没有。

LL 库更接近硬件层，对需要复杂上层协议栈的外设不适用。LL 库直接操作寄存器，支持所有外设。使用方法如下。

① 独立使用。该库完全独立实现，可以完全抛开 HAL 库，只用 LL 库编程完成。在使用 STM32CubeMX 生成项目时，直接选 LL 库即可。如果使用了复杂的外设，如 USB，则会调用 HAL 库。

② 混合使用。与 HAL 库结合使用。

3.4.3　回调函数

下面介绍回调函数的含义、使用，以及回调函数与普通函数的调用区别。

1. 什么是回调函数

回调函数就是一个被作为参数传递的函数。在 C 语言中，回调函数只能使用函数指针实现，在 C++、Python、ECMAScript 等更现代的编程语言中还可以使用仿函数或匿名函数。回调函数的使用可以大大提升编程的效率，这使得它在现代编程中应用广泛。同时，有一些需求必须要使用回调函数实现。

函数指针的调用，即是一个通过函数指针调用函数。如果把函数的指针（地址）作为参数传递给另一个函数，当这个指针被用来调用其所指向的函数时，就说它是回调函数。

也就是说，把一段可执行的代码像传递参数那样传给其他代码，而这段代码会在某个时刻被调用执行，就叫作回调。如果代码立即被执行，就称为同步回调；如果在之后晚些的某个时间再执行，则称为异步回调。

2. 为什么要使用回调函数

回调函数的作用是"解耦",普通函数代替不了回调函数的这个作用,这是回调函数最大的特点。

```
#include<stdio.h>
#include<freeLib.h>
 //回调函数
int Callback()
{
    func();
    return 0;
}

//主程序
int main()
{
    Library(Callback);
    return 0;
}
```

3. 回调函数与普通函数的调用区别

(1)在主程序中,把回调函数像参数一样传入库函数。这样一来,只要改变传入库函数的参数,就可以实现不同的功能,且不需要修改库函数的实现,变得很灵活,这就是解耦。

(2)主函数和回调函数是在同一层的,而库函数在另外一层。如果库函数不可见,我们修改不了库函数的实现,也就是说,不能通过修改库函数让库函数调用普通函数,那么就只能通过传入不同的回调函数实现了,这也是在日常工作中常见的情况。

使用回调函数会有间接调用,因此会有一些额外的传参和访存开销,对于对时间要求较高的 MCU 代码要慎用。

回调函数的使用是对函数指针的应用,函数指针的概念本身很简单,但是把函数指针应用于回调函数就体现了一种解决问题的策略,一种设计系统的思想。

回调函数的缺点如下。

(1)回调函数固然能解决一部分系统架构问题,但是绝不能在系统内到处都是。如果用户发现系统内到处都是回调函数,那么一定要重构系统。

(2)回调函数本身是一种破坏系统结构的设计思路,回调函数会绝对地改变系统的运行轨迹、执行顺序和调用顺序。

3.4.4　MSP 的作用

MSP 全称为 MCU Support Package,即 MCU 支持包。名称中带有 MspInit 的函数,它们的作用是进行 MCU 级别硬件初始化设置,并且通常会被上一层的初始化函数所调用,这样做的目的是把 MCU 相关的硬件初始化剥夺出来,方便用户代码在不同型号的 MCU

上移植。stm32f4xx_hal_msp.c 文件定义了两个函数：HAL_MspInit( ) 和 HAL_MspDeInit( )。这两个函数分别被 stm32f4xx_hal.c 文件中的 HAL_Init()和 HAL_DeInit()函数调用。HAL_MspInit()函数的主要作用是进行 MCU 相关的硬件初始化操作。例如，要初始化某些硬件，可以将硬件相关的初始化配置写在 HAL_MspDeinit()函数中。这样的话，在系统启动调用了 HAL_Init()函数之后，会自动调用硬件初始化函数。

实际上，我们在工程模板中直接删掉 stm32f4xx_hal_msp.c 文件也不会对程序运行产生任何影响。

3.4.5　HAL 库的基本问题

下面介绍 HAL 库的基本数据类型和一些通用定义。

1. 基本数据类型

对 STM32 系列 MCU 编程使用的是 C 语言或 C++语言。C 语言整数类型的定义比较多，STM32 编程中一般使用简化的定义符号，如表 3-2 所示。

表 3-2　STM32 编程中的数据类型简化定义符号

数 据 类 型	C 语言等效定义	数据长度/B
int8_t	signed char	1
uint8_t	unsigned char	1
int16_t	signed short	2
uint16_t	unsigned short	2
int32_t	signed int	4
uint32_t	unsigned int	4
int64_t	long long int	8
uint64_t	unsigned long long int	8

2. 一些通用定义

在 HAL 库中，有一些类型或常量是经常用到的，具体如下。

（1）stm32f4xx_hal_def.h 文件中表示函数返回值类型的枚举类型 HAL_StatusTypeDef，定义如下。

```
typedef enum
{
    HAL_OK          = 0x000,
    HAL_ERROR       = 0x010,
    HAL_BUSY        = 0x02U,
    HAL_TIMEOUT     = 0x03U
}HAL_StatusTypeDef;
```

很多函数返回值的类型是 HAL_StatusTypeDef，以表示函数运行是否成功或处于其他状态。

(2) stm32f4xx. h 文件中几个通用的枚举类型和常量,定义如下。

```
typedef enum
{
    RESET  =  0U,
    RESET = 0U
    SET = ! RESET
}FlagStatus, ITStatus;                    //一般用于判断标志位是否置位
typedef enum
{
    DISABLE = 0U,
    ENABLE = ! DISABLE
}FunctionalState;                         //一般用于设置某个逻辑型参数的值
typedef enum
{
    SUCCESS = 0U,
    ERROR = ! SUCCESS
} ErrorStatus;                            //一般用于函数返回值,表示成功或失败两种状态
```

第 4 章

STM32CubeIDE 开发平台

本章讲述 STM32CubeIDE 开发平台,包括安装 STM32CubeIDE、STM32CubeIDE 的操作、STM32CubeProgrammer 软件、STM32CubeMonitor 软件、STM32F407 开发板的选择和 STM32 仿真器的选择。

4.1 安装 STM32CubeIDE

STM32CubeIDE 是 STM32Cube 生态系统中的一个重要软件工具,是 ST 官方免费提供的 STM32 MCU/MPU 程序开发 IDE 软件。ST 公司最初并没有自己的 STM32 开发 IDE 软件,为了完善 STM32Cube 生态系统中这重要一环,ST 公司在 2017 年年底收购了 Atollic 公司,将专业版 TrueSTUDIO 改为免费。2019 年 4 月,ST 公司正式推出了 STM32CubeIDE 1.0.0。

STM32CubeIDE 就是在 TrueSTUDIO 基础上改进和升级得来的,有以下一些特点。

(1) STM32CubeIDE 使用的是 Eclipse IDE,具有强大的编辑功能,其使用习惯与 TrueSTUDIO 相同。

(2) STM32CubeIDE 使用的是 GNU C/C++编译器,支持在 STM32 项目开发中使用 C++语言编程。

(3) STM32CubeIDE 内部集成了 STM32CubeMX,在 STM32CubeIDE 里就可以进行 MCU 图形化配置和代码生成,然后在初始代码基础上继续编程。当然,STM32CubeIDE 也可以和独立的 STM32CubeMX 配合使用。

正式推出 STM32 CubeIDE 后,ST 公司就不再更新 TrueSTUDIO 了,新的设计推荐使用 STM32CubeIDE。

用户可以从 ST 公司网站下载最新版 STM32CubeIDE 的安装文件。安装文件中只有一个可执行文件,双击运行就可以开始安装。

STM32CubeIDE 是 ST 官方提供的免费软件开发工具,也是 STM32Cube 生态系统的核心。它基于 Eclipse/CDT 框架、GCC 编译工具链和 GDB 调试工具,支持添加第三方功能插件。同时,STM32CubeIDE 还集成了部分 STM32CubeMX 和 STM32CubeProgrammer 的功能,是一个"多合一"的 STM32 开发工具。STM32CubeIDE 架构如图 4-1 所示。

图 4-1　STM32CubeIDE 架构

　　用户只需要 STM32CubeIDE 这一个工具,就可以完成从芯片选型、项目配置、代码生成、到代码编辑、编译、调试和烧录的所有工作。

　　STM32CubeIDE 基于 Eclipse 的框架,它继承了 Eclipse 特有的特性,如工作空间、透视图等。STM32CubeIDE 软件界面如图 4-2 所示。

图 4-2　STM32CubeIDE 软件界面

1. 工作空间(Workspace)

　　STM32CubeIDE 通过工作空间(Workspace)对工程进行管理,打开 STM32CubeIDE 时,会新建一个默认的工作空间,用户也可以通过 Browse 按钮另外选择一个文件夹作为工作空间,之后新建或导入的工程就都属于前面选择的这个工作空间。同一个工作空间下的工程具有相同的 IDE 层面的配置(执行 Window→Preferences 菜单命令进行设置),如显示和编辑的风格设置等。从文件系统的角度,工作空间就是一个文件夹,里面包含了多个工程的文件夹和一个名为. metadata 的文件夹，. metadata 文件夹中包含了该工作空间内的所有工程的信息。用户可以通过执行 File→Switch Workspace 菜单命令切换不同的工作空间。

2. 项目(Project)

一个 STM32CubeIDE 项目(Project)就是一个文件夹下的所有子目录和文件的集合，项目的名称就是文件夹的名称。一个项目包含很多文件和子目录。例如，项目 1-LED 根目录下的文件和子目录构成如图 4-3 所示，项目 1-LED/STM32CubeIDE 目录下的文件和子目录构成如图 4-4 所示。项目目录下的子目录/. settings 是自动生成的用于管理项目信息的子目录，几个没有名称只有扩展名的文件是项目管理的相关文件，如. cproject、. mxproject 和. project。LED. ioc 是 STM32CubeMX 项目文件。其他文件和子目录就是 STM32 编程相关的用户程序文件和驱动程序文件。

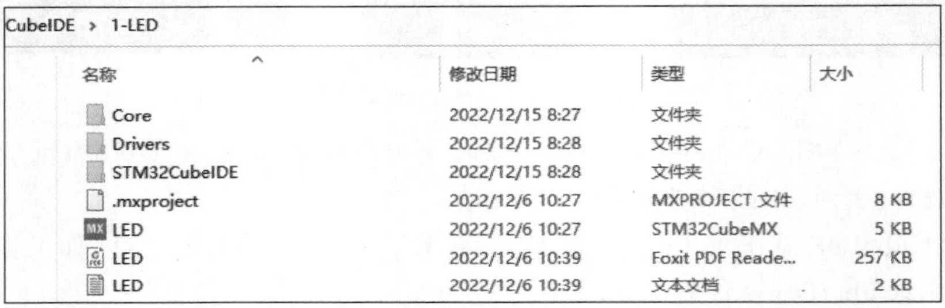
CubeIDE › 1-LED

名称	修改日期	类型	大小
Core	2022/12/15 8:27	文件夹	
Drivers	2022/12/15 8:28	文件夹	
STM32CubeIDE	2022/12/15 8:28	文件夹	
.mxproject	2022/12/6 10:27	MXPROJECT 文件	8 KB
LED	2022/12/6 10:27	STM32CubeMX	5 KB
LED	2022/12/6 10:39	Foxit PDF Reade...	257 KB
LED	2022/12/6 10:39	文本文档	2 KB

图 4-3　项目 1-LED 根目录下的文件和子目录构成

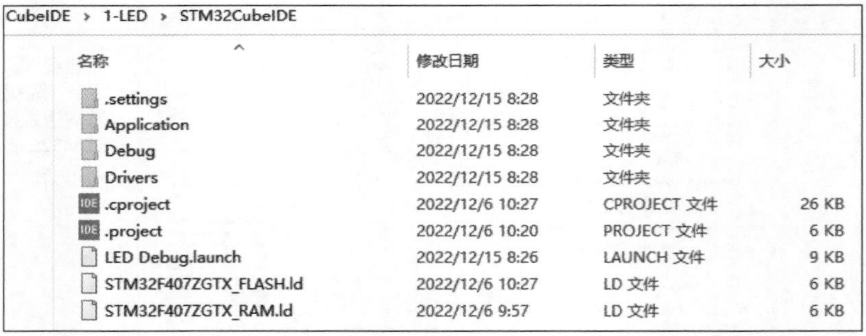
CubeIDE › 1-LED › STM32CubeIDE

名称	修改日期	类型	大小
.settings	2022/12/15 8:28	文件夹	
Application	2022/12/15 8:28	文件夹	
Debug	2022/12/15 8:28	文件夹	
Drivers	2022/12/15 8:28	文件夹	
.cproject	2022/12/6 10:27	CPROJECT 文件	26 KB
.project	2022/12/6 10:20	PROJECT 文件	6 KB
LED Debug.launch	2022/12/15 8:26	LAUNCH 文件	9 KB
STM32F407ZGTX_FLASH.ld	2022/12/6 10:27	LD 文件	6 KB
STM32F407ZGTX_RAM.ld	2022/12/6 9:57	LD 文件	6 KB

图 4-4　项目 1-LED/STM32CubeIDE 目录下的文件和子目录构成

3. 视图(View)

STM32CubeIDE 界面中有很多子界面，这些子界面称为视图(View)。例如，窗口左侧显示项目目录和文件组成的是 Project Explorer 视图，窗口右侧多页界面上显示文件概览的是 Outline 视图。一个视图就是实现一些功能的界面，通常显示在一个多页组件上，右上角有关闭视图的按钮。STM32CubeIDE 是功能强大的 IDE，有很多视图，可供用户根据需要选择显示各种视图。执行 Window→Show View→Other 菜单命令，会弹出如图 4-5 所示的 Show View 对话框，这个对话框里分类列出了所有视图。

4. 场景（Perspective）

STM32CubeIDE 的视图非常多，都显示出来会很杂乱，在工作状态切换时逐个打开或关闭视图又效率低下。例如，编程状态和调试状态要用到不同的视图。因此，使用场景（Perspective）管理视图。场景就是多个视图组成的一种工作界面，一个场景一般对应于一种工作需求，例如：

（1）C/C++场景，是最常用的场景，图 4-2 显示的就是这个场景；

（2）Debug 场景，用于程序调试时的工作场景。

执行 Window→Perspective 菜单命令，会显示如图 4-6 所示的子菜单。单击 Customize Perspective 菜单项，可以打开一个对话框对当前场景进行定制，定制内容包括工具栏按钮和菜单项的可见性，可以保存定制的场景并自定义场景名称。

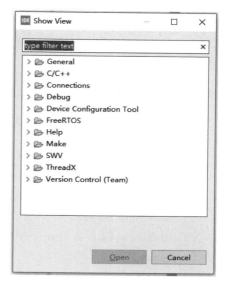

图 4-5　Show View 对话框

在图 4-6 中，单击 Other 菜单项，会弹出如图 4-7 所示的 Open Perspective 对话框，其中有 STM32CubeIDE 预定义的 3 个场景。在工作状态变化时，场景一般会自动切换。例如，STM32CubeIDE 启动后就处于 C/C++场景（见图 4-2），这是最常用的场景；如果在图 4-2 左侧的项目浏览器中双击 STM32CubeMX 文件 LED.ioc，会自动切换到 Device Configuration Tool 场景，也就是内置的 STM32CubeMX 操作界面；如果下载程序开始调试，会自动切换到 Debug 场景。

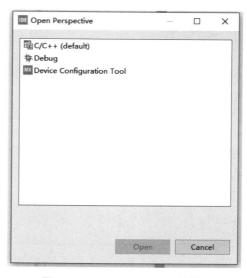

图 4-6　场景管理子菜单

图 4-7　Open Perspective 对话框

4.2 STM32CubeIDE 的操作

下面讲述 STM32CubeIDE 的操作,包括新建和导入工程、项目管理、打开/关闭/删除/切换/导出工程、固件库管理、代码编译、调试及运行配置和启动调试。

4.2.1 新建和导入工程

使用 STM32CubeIDE,可以通过 File→New/Import 菜单命令新建或导入一个项目。

启动 STM32CubeIDE 后,打开一个新的工作空间,会显示信息中心页面,如图 4-8 所示。这个页面中有创建 STM32CubeIDE 项目的 4 个快捷按钮。

(1) Start new STM32 project:开始创建一个新的 STM32 项目。

(2) Start new project from STM32CubeMX. ioc file(. ioc):从. ioc 文件开始创建一个项目。

(3) Import project:导入 STM32 工程项目。

(4) Import STM32Cube example:导入 STM32Cube 实例。

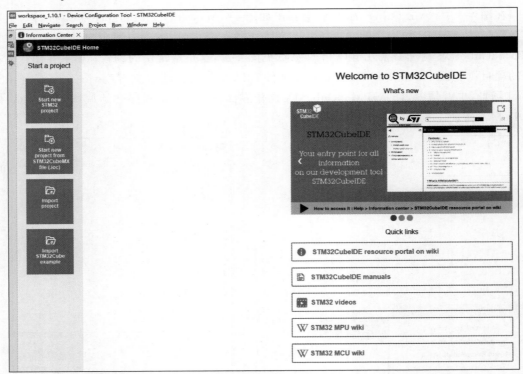

图 4-8　STM32CubeIDE 的信息中心页面

Quick links 下面是一些技术资料的 PDF 文档或 HTML 网页的链接,单击 STM32CubeIDE manuals 后会打开一个文档列表页面,有更多有用的技术文档,包括 CubeIDE 的用户手册、C 语言数学函数库手册、C 语言运行库手册等。用户在编程时可以查阅这些资料文档,如查阅某个数学函数的函数原型,或查找一个合适的字符串处理函数。

关闭信息中心页面,然后执行 File→Open Projects from File System 菜单命令,如图 4-9 所示。弹出如图 4-10 所示的窗口,这个窗口用于将一个项目导入当前工作空间中。

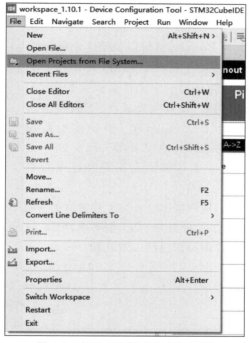

图 4-9　打开 STM32CubeIDE 工程

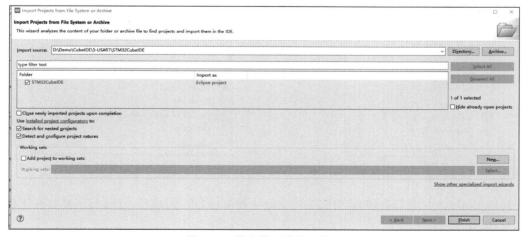

图 4-10　从文件系统导入项目

在图 4-10 所示的窗口中,首先单击 Directory 按钮,选择第 5 章示例目录下 LED 项目的根目录。选择后会在 Import source 文本框中显示此目录,并将项目名称显示在下方的列表中。其他设置保持默认设置,最后单击 Finish 按钮,就可以打开 LED 项目了。

4.2.2 项目管理

一个工作空间可以管理多个项目,工作空间里的项目有打开和关闭两种状态。图 4-11

所示为第 5 章的 GPIO 输出应用实例 LED 项目,在项目浏览器中双击一个项目的节点就可以打开项目,右击项目节点,在弹出的快捷菜单中选择 Close Project,就可以关闭这个项目。

当工作空间里有多个项目处于打开状态时,只有一个项目是当前项目,单击一个项目的任何一个文件夹或文件节点,这个项目就变成当前项目。构建、设置项目属性、下载和调试等项目操作都是针对当前项目的。所以,在工作空间中最好只打开一个当前需要处理的项目,其他项目都关闭。这样可以减少内存占用,并且可以避免未切换到真正需要处理的项目而导致操作失误。

图 4-11   STM32CubeIDE
项目工程结构

项目的管理可以通过主工具栏按钮、Project 主菜单下的菜单命令或项目浏览器中项目节点的快捷菜单实现。图 4-12 所示为 Project 主菜单,图 4-13 所示为项目节点快捷菜单中的部分菜单项。常用的项目管理操作包括以下几项。

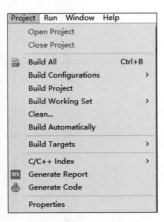

图 4-12   Project 主菜单

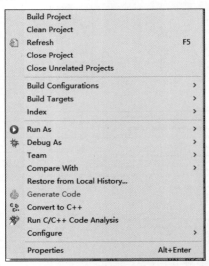

图 4-13   项目节点快捷菜单(部分项)

(1) Build All(全部构建):构建工作空间中所有已打开的项目。所以,不要打开工作空间中不需要处理的项目。

（2）Build Project（构建项目）：构建工作空间中的当前项目。构建后会在项目里生成
Debug 或 Release 目录（由项目当前配置决定）和一个虚拟文件夹 Binaries，这个虚拟文件夹
中是编译生成的二进制文件，如 LED.elf。

（3）Clean Project（清理项目）：清除项目构建生成的中间文件和二进制文件。

（4）Close Project（关闭项目）：关闭当前项目。

（5）Close Unreleated Projects（关闭不相关项目）：关闭工作空间中所有与本项目无关
的项目。

（6）Refresh（刷新）：在使用独立的 CubeMX 重新生成代码后，用户可能需要手动刷新
项目的文件。

（7）Build Automatically（自动构建）：这是一个复选项，如果打开这个选项，在项目程
序文件被修改或 CubeMX 重新生成代码后就会自动构建。一般应关闭此选项，自行控制构
建时机。

（8）Properties（属性）：项目属性设置，快捷键为 Alt＋Enter，可用于打开一个属性设置
对话框，对项目的很多属性进行设置。

4.2.3　打开/关闭/删除/切换/导出工程

在 Project Explorer 窗口中可以看到当前工作空间下的所有工程。用户可以对这其中的任意
工程进行打开/关闭/删除/切换/导出等操作。STM32CubeIDE
工程浏览器如图 4-14 所示。

4.2.4　固件库管理

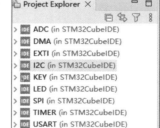

STM32CubeIDE 集成了 STM32CubeMX 的部分功能，可
以直接选择芯片/开发板型号，或者选择例程生成一个新工
程。STM32CubeIDE 生成工程所需要的驱动和例程代码都来
自各个 STM32 系列的固件库。

图 4-14　STM32CubeIDE
工程浏览器

执行 Help→Manage Embedded Software Packages 菜单
命令，可以对所有 STM32 固件库以及其他的插件进行管理
（安装/删除固件库）。STM32CubeIDE 固件库管理如图 4-15 所示。

用户可以单击 Install 按钮让 STM32CubeIDE 自动从网络进行下载安装，也可以单击
From Local 按钮安装已经预先下载好的固件库。

单击 Remove 按钮可以删除选中的固件库。

在 Window Preferences 窗口的 STM32Cube Firmware Updater 选项卡中可以设置固
件库安装的路径和更新的方式。

4.2.5　代码编译

用户可以通过以下 3 种方式启动编译。

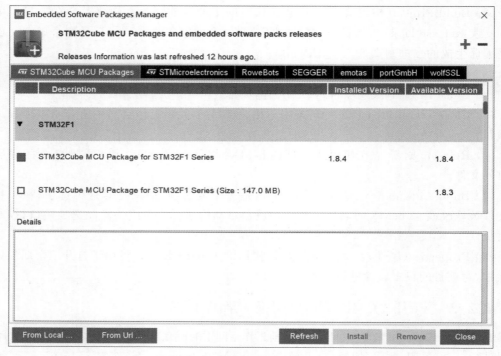

图 4-15　STM32CubeIDE 固件库管理

（1）右击工程，在弹出的快捷菜单中选择 Build Project。

（2）选中工程，执行 Project→Build Project 菜单命令。

（3）选中工程，直接单击工具栏中的 Build 按钮。

工程编译完成以后，在 Build Analyzer 窗口可以看到链接文件中定义的所有内存区域（Memory Region）和段（Section）的使用情况，包括加载地址、运行地址、有多少字节已经被占用、还剩余多少字节等。STM32CubeIDE 构建分析结果如图 4-16 所示。

Memory Regions	Memory Details				
Region	Start ad...	End add...	Size	Free	Used	Usage (%)
RAM	0x2000...	0x2001...	64 KB	62.45 KB	1.55 KB	2.42%
FLASH	0x0800...	0x0808...	512 KB	507.08 KB	4.92 KB	0.96%

图 4-16　STM32CubeIDE 构建分析结果

在 Static Stack Analyzer 窗口中显示了静态堆栈的使用情况。STM32CubeIDE 堆栈统计分析如图 4-17 所示。

4.2.6　调试及运行配置

STM32CubeIDE 工程编译完成且无任何错误，就可以进行调试和下载了。

在 C/C++透视图的工具栏中有 3 个和下载调试相关的按钮：调试、运行和外部工具，如图 4-18 所示。

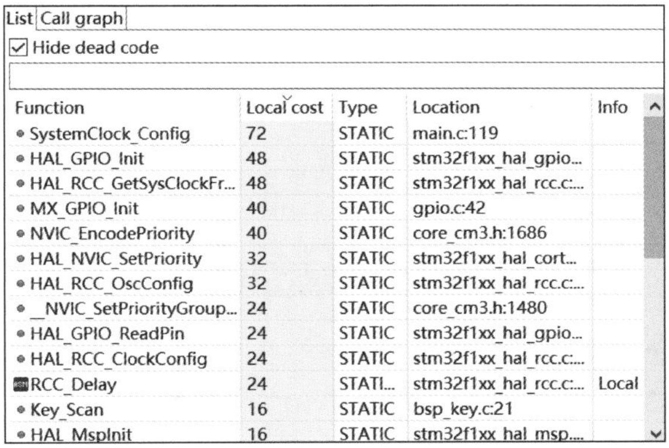

List | Call graph

☑ Hide dead code

Function	Local cost	Type	Location	Info
SystemClock_Config	72	STATIC	main.c:119	
HAL_GPIO_Init	48	STATIC	stm32f1xx_hal_gpio...	
HAL_RCC_GetSysClockFr...	48	STATIC	stm32f1xx_hal_rcc.c:...	
MX_GPIO_Init	40	STATIC	gpio.c:42	
NVIC_EncodePriority	40	STATIC	core_cm3.h:1686	
HAL_NVIC_SetPriority	32	STATIC	stm32f1xx_hal_cort...	
HAL_RCC_OscConfig	32	STATIC	stm32f1xx_hal_rcc.c:...	
__NVIC_SetPriorityGroup...	24	STATIC	core_cm3.h:1480	
HAL_GPIO_ReadPin	24	STATIC	stm32f1xx_hal_gpio...	
HAL_RCC_ClockConfig	24	STATIC	stm32f1xx_hal_rcc.c:...	
RCC_Delay	24	STATI...	stm32f1xx_hal_rcc.c:...	Local
Key_Scan	16	STATIC	bsp_key.c:21	
HAL_MspInit	16	STATIC	stm32f1xx_hal_msp....	

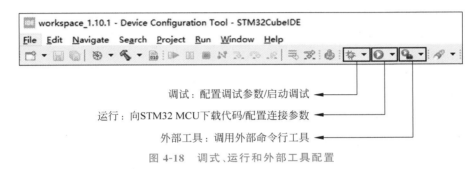

图 4-17 STM32CubeIDE 堆栈统计分析

图 4-18 调试、运行和外部工具配置

单击“调试”按钮旁边的下三角，可以打开 Debug Configurations 菜单，进行调试参数的配置，如调试器的选择、GDB 连接的设置、ST-Link 的设置、外部 Flash Loader 的设定等，并启动调试。

单击“运行”按钮，可以仅下载程序，不启动调试。

单击“外部工具”按钮，可以调用外部的命令行工具。

4.2.7 启动调试

STM32CubeIDE 使用 GDB 进行调试，支持 ST-Link 和 SEGGER J-Link 调试器，支持通过 SWD 或 JTAG 接口连接目标 MCU。

STM32CubeIDE 工程编译完成之后，直接单击工具栏的“调试”按钮 或执行 Run→Debug 菜单命令，可以启动调试。

如果是第 1 次对当前工程进行调试，STM32CubeIDE 会先编译工程，然后打开调试配置窗口，其中包含调试接口的选择、ST-Link 的设置、复位设置和外部 Flash Loader 的设置等选项，用户可以检查或修改各项配置。确认所有配置都正确无误，就可以单击 OK 按钮，启动调试。

STM32CubeIDE 会先将程序下载到 MCU，然后从链接文件（*.ld）中指定的程序入口开始执行。程序默认从 Reset_Handler 开始执行，并暂停在 main() 函数的第 1 行，等待接下来的调试指令。

启动调试后，STM32CubeIDE 将自动切换到调试透视图，在调试工具栏中列出了调试操作按钮，如图 4-19 所示。

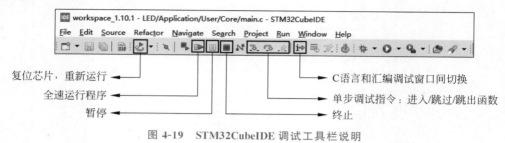

图 4-19　STM32CubeIDE 调试工具栏说明

4.3　STM32CubeProgrammer 软件

ST 公司近期推出新版本的 STM32CubeProgrammer 和 STM32CubeMonitor 软件。许多 STM32 开发人员通过使用它们更快地将产品推向市场。所有嵌入式系统工程师都需要面对这样的挑战，为选用的微控制器或微处理器寻找功能全面的开发平台。一个设备可能有很多特性需求，设计人员如何有效地实现这些性能非常关键。因此，泛生态软件工具对于推动基于 STM32 的嵌入式系统开发至关重要。

STM32Cube 软件家族中的 STM32CubeProgrammer 是 STM32 MCU 专用编程工具。它支持通过 ST-Link 的 SWD/JTAG 调试接口对 STM32 MCU 的片上存储器进行擦除和读写操作；或者通过 UART、USB、I2C、SPI 和 CAN 等通信接口，利用出厂时固化在芯片内部的系统 Bootloader，对 STM32 MCU 的片上存储器进行擦除和读写操作。需要说明的是，ST-Link v2 仅支持通过 UART 和 USB 通信接口对片上存储器进行操作，而 ST-Link v3 增加了对 SPI、I2C 和 CAN 通信接口的支持。除此之外，STM32CubeProgrammer 还可以操作 STM32 MCU 的选项字节和一次性可编程字节。通过 STM32CubeProgrammer 提供的或自己编写的外部加载器（External Loader），还可以对外部存储器进行编程。

STM32CubeProgrammer 是针对 STM32 的一款多功能的编程下载工具，提供图形用户界面（GUI）和命令行界面（CLI）版本。STM32CubeProgrammer 还允许通过脚本编写选项、编程和上传、编程内容验证以及编程自动化。

STM32CubeProgrammer 软件特色如下。

（1）可对片内 Flash 进行擦除或编程以及查看 Flash 内容。

（2）支持 S19、HEX、ELF 和 BIN 等格式的文件。

（3）支持调试接口或 Bootloader 接口。

① ST-Link 调试接口（JTAG/SWD）。

② UART 或 USB DFU Bootloader 接口。

（4）支持对外部存储器的擦除或编程。

（5）支持 STM32 芯片的自动编程（擦除、校验、编程、选项字配置）。

（6）支持对 STM32 片内 OTP 区域的编程。

（7）既支持图形化界面操作，也支持命令行操作。

（8）支持对 ST-Link 调试器的在线固件升级。

（9）配合 STM32 Trusted Package Creator Tool 实现固件加密操作。

（10）支持 Windows、Linux 和 macOS 多种操作系统。

STM32CubeProgrammer 提供了图形化和命令行两种用户界面。此外，STM32Cube-Programmer 还提供了 C++ API，用户可以将 STM32CubeProgrammer 的功能集成到自己所开发的 PC 端应用中。

STM32CubeProgrammer 图形化用户界面如图 4-20 所示。

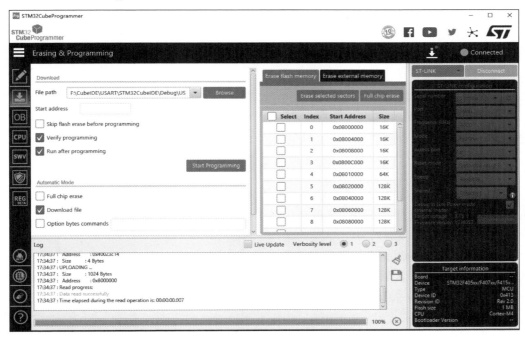

图 4-20　STM32CubeProgrammer 图形化用户界面

在右侧的配置区域，用户可以选择通过 ST-Link 调试接口，或者 UART、USB 等通信接口连接到 STM32 微控制器。连接到 STM32 微控制器后，在 Target information 区域可以看到当前 MCU 的型号、版本和 Flash 大小等信息。如果连接的是 ST 公司官方的开发板，还会显示该开发板的名称。

那么，这里显示的信息都是来自哪里呢？其中，CPU 型号，也就是内核型号，从内核的 CPUID 只读寄存器读得，该寄存器的说明在各个芯片系列对应的编程手册中可以查到，芯片型号（Device ID）和芯片版本（Revision ID）分别来自 STM32 MCU 的 DBGMCU_IDC 只读寄存器中的 Device ID 字段和 Revision 字段。Flash 大小(Flash size)的值可以从系统 Flash 的 Flash size 只读寄存器中读到。这些寄存器的说明都可以在各个芯片系列对应的参考手册中的"调试支持"和"设备电子签名"章节找到。开发板名称(Board)对应的信息存储在板载的 ST-Link 中,所以只有用 ST 开发板自身板载的 ST-Link 进行连接时才能看到这个信息。

1. STM32CubeProgrammer 的主要功能

在 STM32CubeProgrammer 最左侧一栏,可以在不同的功能界面之间切换,进行不同的操作。接下来,我们会对 STM32CubeProgrammer 的主要功能进行介绍。

1) 片上擦除和读写

STM32CubeProgrammer 支持按扇区对 Flash 进行擦除和全片擦除。可以导入多种格式的执行文件进行烧录,支持的文件格式有二进制文件(.bin)、ELF 文件(.elf、.axf、.out)、HEX 文件(.hex)和摩托罗拉的 S-record 文件(.srec)。

2) 擦除操作

通过 ST-Link 与目标 MCU 建立连接后,在 Erasing&Programming 界面可以按扇区对 Flash 进行擦除,或者单击 Fullchiperase 按钮进行全片擦除。

3) 烧录操作

在 Erasing&Programming 界面单击 Browse 按钮导入可执行文件,然后单击 Start Programming 按钮进行烧录。

也可以在 Memory& Fileedition 界面打开要烧录的可执行文件,然后单击 Download 按钮进行烧录。

在 Memory& Fileedition 界面的 Device Memory 区域还可以读出当前指定地址范围的 MCU 存储器值,并通过 Save As 菜单命令将读出的内容保存为二进制文件(.bin)、HEX 文件(.hex)或 S-record 文件(.srec)。

除了前面介绍的烧录整个可执行文件的方式以外,还可以在 Memory&Fileedition 界面的 Device Memory 区域直接修改某个地址的值,按 Enter 键后 STM32CubeProgrammer 会自动完成读出-修改-擦除-回写的操作。对于一次性可编程(OTP)字节就可以通过这种方式进行编程。

4) 选项字读写

进入 OB 界面后,可以看到当前所连接 MCU 的选项字的设定情况。用户可以在这里修改选项字的值。具体选项字的说明,可参考对应 MCU 的参考手册。

5) "二合一"烧录

使用 Erasing&Programming 界面的"二合一"烧录模式,可以在一次操作中完成 Flash 和选项字的烧录工作。选项字的配置使用 STM32CubeProgrammer 命令行的 -ob 命令。

举例说明,现在要在烧写完 Flash 后,设置读保护为 Level1。可以按以下步骤先进行设置。

(1) 设置好要下载的可执行文件路径。

（2）勾选 Automatic Mode 下的 Full chip erase 和 Download file 复选框。

（3）在 Option bytes commands 文本框中输入-ob rdp＝0xBB；。

然后单击 Start Programming 按钮，STM32CubeProgrammer 就会开始按顺序执行上述的操作，同时在 Log 窗口显示整个执行的过程和进度。

关于选项字命令 -ob 的格式说明，可以参考 UM2237（STM32CubeProgrammer 用户手册）软件工具介绍。但-ob 命令中 OptByte 字段的定义在 UM2237 中没有说明，可以有两种方法查询：通过 STM32CubeProgrammer 图形用户界面 Optionbytes 选项卡中的 Name 一栏的名称，因为-ob 命令中 OptByte 字段的定义与这里是一致的；还可以通过-ob displ 命令显示当前所有选项字配置，也就可以知道各个 OptByte 字段的定义了。

6）外部存储器读写

如果想要对通过 SPI、FSMC 和 QSPI 等接口连接到 STM32 的外部存储器进行读写操作，就需要一个 External Loader。

2．STM32CubeProgrammer 的关键技术

STM32CubeProgrammer 的关键技术如下。

1）统一的体验

STM32CubeProgrammer 旨在统一用户体验。ST 公司将 ST-Link 等实用程序的所有功能引入 STM32CubeProgrammer，使其成为嵌入式系统开发人员的一站式解决方案。ST 公司还将它设计为适用于所有主要操作系统，甚至集成 OpenJDK8-Liberica，以方便安装。在体验 STM32CubeProgrammer 之前，用户无须自己安装 Java，也不用为兼容性问题烦恼。该实用程序有两个关键组件：图形用户界面和命令行界面。用户既可以选择直观的图形用户界面进行工作，也可以选择使用命令行界面编写脚本文件。

2）STM32 Flasher 和调试器

STM32CubeProgrammer 的核心是帮助调试和烧写 STM32 微控制器。因此，它也包括优化这两个过程的功能。例如，STM32CubeProgrammer 2.6 引入了导出整个寄存器内容和动态编辑任何寄存器的功能。以往更改寄存器的值意味着更改源代码，重新编译并刷新固件，如今测试新参数或确定某个值是否导致错误要简单得多。同样，工程师现在可以使用 STM32CubeProgrammer 一次烧写所有外部存储器。但在以前，烧写外部嵌入式存储器和 SD 卡需要开发人员单独启动每个进程，而 STM32CubeProgrammer 可以一步完成。

开发人员面临的另一个挑战是，解析通过 STM32CubeProgrammer 传递的大量信息。刷过固件的人都知道，跟踪所有日志有多么困难。因此，STM32CubeProgrammer 提供了自定义跟踪功能，允许开发人员为不同的日志信息设置不同的颜色。它确保开发人员可以快速将特定输出与日志的其余部分区分开来，从而使调试变得更加直接和直观。此外，它可以帮助开发人员使用与 STM32CubeIDE 一致的配色方案（STM32CubeIDE 是独特的生态系统的另一个成员，旨在为开发者提供支持）。

3）STM32 的安全门户

STM32CubeProgrammer 是 STM32Cube 生态系统中安全解决方案的核心部分。该实

用程序附带 Trusted Package Creator,它使开发人员能够将 OEM 密钥上传到硬件安全模块并使用相同的密钥加密他们的固件。然后,OEM 使用 STM32CubeProgrammer 将固件安全地安装到支持 SFI 的 STM32 微控制器上。开发人员甚至可以使用 I2C 和 SPI,这为他们提供了更大的灵活性。此外,STM32L5 和 STM32U5 还支持外部安全固件安装(SFIx),使 OEM 可以在微控制器外部的内存模块上刷新加密的二进制文件。

4) Sigfox 规定

使用 STM32WL 微控制器时,开发人员可以使用 STM32CubeProgrammer 提取嵌入 MCU 中的 Sigfox 证书。首先,开发人员将这个 136B 的字符串复制到剪贴板或将其保存在二进制文件中。其次,访问 my. st. com/sfxp,在那里粘贴证书并立即以 ZIP 文件的形式下载 Sigfox 凭据。接着,通过 STM32CubeProgrammer 将下载包的内容加载到 MCU,并使用 AT 命令获取 MCU 的 Sigfox ID 和 PAC。最后,开发者在 https://buy. sigfox. com/activate/进行注册。激活后两年有效,开发者在一年内可每天免费发送 140 条消息。

4.4　STM32CubeMonitor 软件

STM32CubeMonitor 1. 0. 0 是 ST 公司在 2020 年 2 月发布的一款软件,通过 ST-Link 仿真器连接 STM32 系统,它能在 STM32 系统全速运行时连续监测其内部变量的值,并通过曲线等方式显示变量的变化过程。用户通过 STM32CubeMonitor 可以修改 STM32 系统内变量的值,还可以在局域网内其他计算机、手机或移动设备上通过浏览器访问监测结果界面。STM32CubeMonitor 是一款非常实用的调试工具软件,可以实现断点调试无法实现的一些功能,如用作一个简单的数字示波器,只不过监测的是 STM32 内部的变量。

STM32CubeMonitor 是基于 Node-RED 开发的一款软件,而 Node-RED 是 IBM 公司在 2013 年年末开发的一个开源项目,用于实现硬件设备与 Web 服务或其他软件的快速连接。Node-RED 已经发展成为一种通用的物联网编程开发工具,用户数迅速增长,具有活跃的开发人员社区。

Node-RED 是一种基于流程(Flow)的图形化编程工具,类似于 LabView 或 MATLAB 中的 Simulink。Node-RED 中的功能模块称为节点(Node),通过节点之间的连接构成流程。Node-RED 有一些预定义的节点,也可以导入别人开发的一些节点。

STM32CubeMonitor 是基于 Node-RED 开发的,它增加了一些专用节点,用于 STM32 运行时数据监测和可视化。STM32CubeMonitor 具有以下功能和特性。

(1) 基于流程的图形化编辑器,无须编程就可创建监测程序,设计显示面板。

(2) 通过 ST-Link 仿真器与 STM32 系统连接,可使用 SWD 或 JTAG 调试接口。

(3) 在 STM32 上的程序全速运行时,STM32CubeMonitor 可以即时(On-the-Fly)读取或修改 STM32 内存中的变量或外设寄存器的值。

(4) 可以解读 STM32 应用程序文件中的调试信息。

(5) 具有两种读取数据的模式:直接(Direct)模式和快照(Snapshot)模式。

（6）可以设置触发条件触发数据采集。

（7）可以将监测的数据存储到文件中，以便后期分析。

（8）具有可定制的数据可视化显示组件，如曲线、仪表板（Gauge）、柱状图等。

（9）支持多个 ST-Link 仿真器同步监测多个 STM32 设备。

（10）在同一个局域网内的其他计算机、手机或移动设备上通过浏览器就可以实现远程监测。

（11）可以通过公用云平台和消息队列遥测传输（Message Queuing Telemetry Transport，MQTT）协议实现远程网络监测。

（12）支持多种操作系统，包括 Windows、Linux 和 macOS。

图 4-21 所示为 STM32CubeMonitor 的图形化编辑器界面，用户可使用各种节点连接组成流程，实现变量监测和显示的程序。

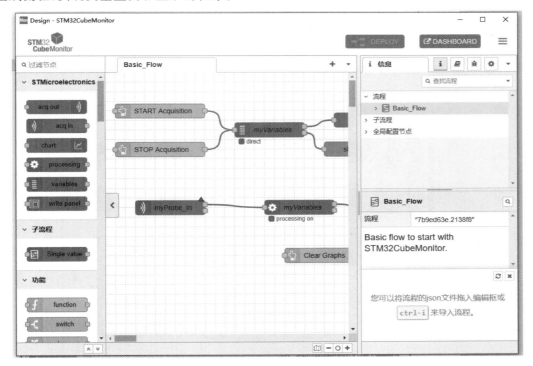

图 4-21　STM32CubeMonitor 的图形化编辑器界面

完成图形化程序设计后，单击右上角的 DEPLOY 按钮就可以部署程序，然后单击 DASHBOARD 按钮，可以打开 Dashboard 窗口，也就是监测结果显示图形界面。使用 STM32CubeMonitor，用户可以实现断点调试无法实现的一些功能，可以将 STM32CubeMonitor 当作一个简单的示波器使用，只不过它监测的是 STM32 内存中的变量或外设寄存器的值。监测采样频率不能太高，一般不超过 1000Hz。

STM32CubeMonitor 目前只支持 ST-Link 仿真器，不支持其他的仿真器。

从 ST 官网可以下载 STM32CubeMonitor 的最新版安装文件。STM32CubeMonitor 有多个平台的版本,在 Windows 上的安装过程与一般软件的安装过程一样,没有什么特殊 的设置,用户自行下载安装即可。

限于篇幅,本书并没有使用 STM32CubeMonitor 软件,若读者需要,可以从 ST 官网上 下载安装后自学。

4.5 STM32F407 开发板的选择

本书应用实例是在野火 F407-霸天虎开发板上调试通过的,该开发板购买方便,价格因 模块配置的区别而不同,价格在 500~700 元。

野火 F407-霸天虎开发板使用 STM32F407ZGT6 作为主控芯片,使用 4.3 英寸液晶屏 进行交互,可通过 Wi-Fi 的形式接入互联网,支持使用串口(TTL)、485、CAN、USB 协议与 其他设备通信,板载 Flash、EEPROM、全彩 RGB LED,还提供了各式通用接口,能满足各种 各样的学习需求。

野火 F407-霸天虎开发板如图 4-22 所示。

图 4-22　野火 F407-霸天虎开发板(带 TFT LCD)

4.6 STM32 仿真器的选择

开发板可以采用 ST-Link、J-Link 或野火 fireDAP 下载器(符合 CMSIS-DAP Debugger 规范)下载程序。

1. CMSIS-DAP 仿真器

CMSIS-DAP 是支持访问 CoreSight 调试访问端口(DAP)的固件规范和实现,以及为各种 Cortex 处理器提供 CoreSight 调试和跟踪。

如今众多 Cortex-M 处理器能这么方便地调试,在于一项基于 Arm Cortex-M 处理器设备的 CoreSight 技术,该技术引入了强大的调试(Debug)和跟踪(Trace)功能。

CoreSight 的两个主要功能就是调试和跟踪功能。

1) 调试功能

(1) 运行处理器的控制,允许启动和停止程序。

(2) 单步调试源代码和汇编代码。

(3) 在处理器运行时设置断点。

(4) 即时读取/写入存储器内容和外设寄存器。

(5) 编程内部和外部 Flash。

2) 跟踪功能

(1) 串行线查看器(SWV)提供程序计数器(PC)采样、数据跟踪、事件跟踪和仪器跟踪信息。

(2) 指令(ETM)跟踪直接流式传输到 PC,从而实现历史序列的调试、软件性能分析和代码覆盖率分析。

野火 fireDAP 高速仿真器如图 4-23 所示。

2. J-Link

J-Link 是 SEGGER 公司为支持仿真 Arm 内核芯片推出的 JTAG 仿真器。它是通用的开发工具,配合 MDK-Arm、IAR EWArm 等开发平台,可以实现对 Arm7、Arm9、Arm11、Cortex-M0/M1/M3/M4、Cortex-A5/A8/A9 等大多数 Arm 内核芯片的仿真。J-Link 需要安装驱动程序,才能配合开发平台使用。J-Link 仿真器有 J-Link Plus、J-Link Ultra、J-Link Ultra+、J-Link Pro、J-Link EDU、J-Trace 等多个版本,可以根据不同的需求选择不同的产品。

J-Link 仿真器如图 4-24 所示。

图 4-23　野火 fireDAP 高速仿真器

图 4-24　J-Link 仿真器

J-Link 仿真器具有以下特点。

（1）JTAG 最高时钟频率可达 15MHz。

（2）目标板电压范围为 1.2～3.3V，5V 兼容。

（3）具有自动速度识别功能。

（4）支持编辑状态的断点设置，并在仿真状态下有效。可快速查看寄存器，方便配置外设。

（5）带 J-Link TCP/IP Server，允许通过 TCP/IP 网络使用 J-Link。

3．ST-Link

ST-Link 是 ST 公司为 STM8 系列和 STM32 系列微控制器设计的仿真器。ST-Link V2 仿真器如图 4-25 所示。

ST-Link 仿真器具有以下特点。

（1）编程功能：可烧写 Flash ROM、EEPROM 等，需要安装驱动程序才能使用。

（2）仿真功能：支持全速运行、单步调试、断点调试等调试方法。

（3）可查看 I/O 状态、变量数据等。

（4）仿真性能：采用 USB 2.0 接口进行仿真调试、单步调试、断点调试，反应速度快。

（5）编程性能：采用 USB 2.0 接口，进行 SWIM/JTAG/SWD 下载，下载速度快。

4．微控制器调试接口

STM32 系列微控制器调试接口引脚如图 4-26 所示。为了减少 PCB 的占用空间，JTAG 调试接口可用双排 10 引脚接口，SWD 调试接口只需要 SWDIO、SWCLK、RESET 和 GND 这 4 根线。

图 4-25　ST-Link V2 仿真器

JTAG

VCC	1	2	VCC
TRST	3	4	GND
TDI	5	6	GND
TMS	7	8	GND
TCLK	9	10	GND
RTCK	11	12	GND
TDO	13	14	GND
RESET	15	16	GND
N/C	17	18	GND
N/C	19	20	GND

SWD

VCC	1	2	VCC
N/C	3	4	**GND**
N/C	5	6	GND
SWDIO	7	8	GND
SWCLK	9	10	GND
N/C	11	12	GND
SWO	13	14	GND
RESET	15	16	GND
N/C	17	18	GND
N/C	19	20	GND

图 4-26　STM32 系列微控制器调试接口引脚

第 5 章

STM32 GPIO

本章讲述 STM32 GPIO 接口,包括 GPIO 接口概述、GPIO 功能、GPIO 的 HAL 驱动程序、GPIO 使用流程、采用 STM32CubeMX 和 HAL 库的 GPIO 输出应用实例、采用 STM32CubeMX 和 HAL 库的 GPIO 输入应用实例。

5.1 STM32 GPIO 接口概述

通用输入输出(GPIO)接口的功能是让嵌入式处理器能够通过软件灵活地读出或控制单个物理引脚上的高、低电平,实现内核和外部系统之间的信息交换。GPIO 是嵌入式处理器使用最多的外设,能够充分利用其通用性和灵活性,是嵌入式开发者必须掌握的内容。作为输入时,GPIO 可以接收来自外部的开关量信号、脉冲信号等,如来自键盘、拨码开关的信号;作为输出时,GPIO 可以将内部的数据传输给外部设备或模块,如输出到 LED、数码管、控制继电器等。另外,从理论上讲,当嵌入式处理器上没有足够的外设时,可以通过软件控制 GPIO 模拟 UART、SPI、I2C、FSMC 等各种外设的功能。

正因为 GPIO 作为外设具有无与伦比的重要性,STM32 上除特殊功能的引脚外,所有引脚都可以作为 GPIO 使用。以常见的 LQFP144 封装的 STM32F407ZGT6 为例,有 112 个引脚可以作为双向 I/O 使用。为便于使用和记忆,STM32 将它们分配到不同的"组"中,在每个组中再对其进行编号。具体来讲,每个组称为一个端口,端口号通常以大写字母命名,从 A 开始,依次简写为 PA、PB 或 PC 等。每个端口中最多有 16 个 GPIO,软件既可以读写单个 GPIO,也可以通过指令一次读写端口中全部 16 个 GPIO。每个端口内部的 16 个 GPIO 又被分别标以 0~15 的编号,从而可以通过 PA0、PB5 或 PC10 等方式指代单个的 GPIO。以 STM32F407ZGT6 为例,它共有 7 个端口(PA、PB、PC、PD、PE、PF 和 PG),每个端口有 16 个 GPIO,共有 $7×16=112$ 个 GPIO。

几乎在所有嵌入式系统应用中,都涉及开关量的输入和输出功能,如状态指示、报警输出、继电器闭合和断开、按钮状态读入、开关量报警信息的输入等。这些开关量的输入和控制输出都可以通过 GPIO 实现。

GPIO 的每个位都可以由软件分别配置成以下模式。

（1）输入浮空：浮空（Floating）就是逻辑器件的输入引脚既不接高电平，也不接低电平。由于逻辑器件的内部结构，当引脚输入浮空时，相当于该引脚接了高电平。一般实际运用时，引脚不建议浮空，易受干扰。

（2）输入上拉：上拉就是把电压拉高，如拉到V_{CC}。上拉就是将不确定的信号通过一个电阻钳位在高电平。电阻同时起限流作用。弱强只是上拉电阻的阻值不同，没有什么严格区分。

（3）输入下拉：下拉就是把电压拉低，拉到 GND。与上拉原理相似。

（4）模拟输入：模拟输入是指传统方式的模拟量输入。数字输入是输入数字信号，即 0 和 1 的二进制数字信号。

（5）具有上拉/下拉功能的开漏输出模式：输出端相当于三极管的集电极。要得到高电平状态，需要上拉电阻才行。该模式适用于电流型的驱动，其吸收电流的能力相对较强（一般 20mA 以内）。

（6）具有上拉/下拉功能的推挽输出模式：可以输出高低电平，连接数字器件。推挽结构一般是指两个三极管分别受两个互补信号的控制，总是在一个三极管导通时另一个截止。

（7）具有上拉/下拉功能的复用功能推挽模式：复用功能可以理解为 GPIO 被用作第二功能时的配置情况（并非作为通用 I/O 接口使用）。STM32 GPIO 的推挽复用模式中输出使能、输出速度可配置。这种复用模式可工作在开漏及推挽模式，但是输出信号是源于其他外设的，这时的输出数据寄存器 GPIOx_ODR 是无效的；而且输入可用，通过输入数据寄存器可获取 I/O 接口实际状态，但一般直接用外设的寄存器获取该数据信号。

（8）具有上拉/下拉功能的复用功能开漏模式：复用功能可以理解为 GPIO 被用作第二功能时的配置情况（并非作为通用 I/O 接口使用）。每个 I/O 接口可以自由编程，而 I/O 接口寄存器必须按 32 位字访问（不允许半字或字节访问）。GPIOx_BSRR 和 GPIOx_BRR 寄存器允许对任何 GPIO 寄存器的读/更改的独立访问，这样，在读和更改访问之间产生中断时不会发生危险。

每个 GPIO 端口包括 4 个 32 位配置寄存器（GPIOx_MODER、GPIOx_OTYPER、GPIOx_OSPEEDR 和 GPIOx_PUPDR）、两个 32 位数据寄存器（GPIOx_IDR 和 GPIOx_ODR）、一个 32 位置位/复位寄存器（GPIOx_BSRR）、一个 32 位配置锁存寄存器（GPIOx_LCKR）和两个 32 位复用功能选择寄存器（GPIOx_AFRH 和 GPIOx_AFRL）。应用程序通过对这些寄存器的操作实现 GPIO 的配置和应用。

一个 I/O 端口的基本结构如图 5-1 所示。

STM32 的 GPIO 资源非常丰富，包括 26、37、51、80、112 个多功能双向 5V 兼容的快速 I/O 接口，而且所有 I/O 接口可以映射到 16 个外部中断，对于 STM32 的学习，应该从最基本的 GPIO 开始学习。

GPIO 端口的每个位可以由软件分别配置成多种模式。常用的 I/O 寄存器只有 4 个：

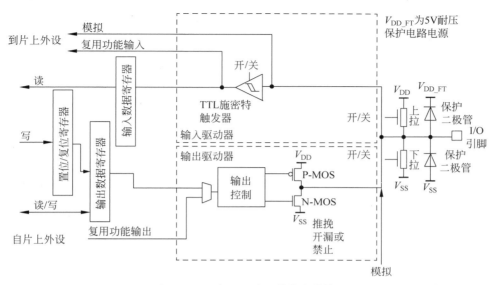

图 5-1 一个 I/O 端口的基本结构

CRL、CRH、IDR、ODR。CRL 和 CRH 控制着每个 I/O 的模式及输出速率。

每个 GPIO 引脚都可以由软件配置成输出（推挽或开漏）、输入（带或不带上拉或下拉）或复用的外设功能。多数 GPIO 引脚都与数字或模拟的复用外设共用。除了具有模拟输入功能的端口，所有 GPIO 引脚都有大电流通过能力。

根据数据手册中列出的每个 I/O 端口的特定硬件特征，GPIO 端口的每个位可以由软件分别配置成多种模式：输入浮空、输入上拉、输入下拉、模拟输入、开漏输出、推挽式输出、推挽式复用功能、开漏复用功能。

I/O 端口的基本结构包括以下几部分。

5.1.1 输入通道

输入通道包括输入数据寄存器和输入驱动器。在接近 I/O 引脚处连接了两只保护二极管，假设保护二极管的导通电压降为 V_d，则输入输入驱动器的信号 V_{in} 电压范围被钳位在

$$V_{SS} - V_d < V_{in} < V_{DD} + V_d$$

由于 V_d 的导通压降不会超过 0.7V，若电源电压 V_{DD} 为 3.3V，则输入输入驱动器的信号不会低于 -0.7V，不会高于 4V，起到了保护作用。在实际工程设计中，一般都将输入信号尽可能调理到 0~3.3V，也就是说，一般情况下，两个保护二极管都不会导通，输入驱动器中包括了两个电阻，分别通过开关接电源 V_{DD}（该电阻称为上拉电阻）和地 V_{SS}（该电阻称为下拉电阻）。开关受软件的控制，用来设置当 I/O 用作输入时，选择使用上拉电阻或下拉电阻。

输入驱动器中的另一个部件是 TTL 施密特触发器，当 I/O 用于开关量输入或复用功

能输入时,TTL施密特触发器用于对输入波形进行整形。

GPIO的输入驱动器主要由TTL肖特基触发器、带开关的上拉电阻电路和带开关的下拉电阻电路组成。值得注意的是,与输出驱动器不同,GPIO的输入驱动器没有多路选择开关,输入信号送到GPIO输入数据寄存器的同时也送给片上外设,所以GPIO的输入没有复用功能选项。

根据TTL肖特基触发器、上拉电阻端和下拉电阻端两个开关的状态,GPIO的输入可分为以下4种。

(1) 模拟输入:TTL肖特基触发器关闭。

(2) 上拉输入:GPIO内置上拉电阻,此时GPIO内部上拉电阻端的开关闭合,GPIO内部下拉电阻端的开关打开。该模式下,引脚在默认情况下输入为高电平。

(3) 下拉输入:GPIO内置下拉电阻,此时GPIO内部下拉电阻端的开关闭合,GPIO内部上拉电阻端的开关打开。该模式下,引脚在默认情况下输入为低电平。

(4) 浮空输入:GPIO内部既无上拉电阻也无下拉电阻,此时GPIO内部上拉电阻端和下拉电阻端的开关都处于打开状态。该模式下,引脚在默认情况下为高阻态(即浮空),其电平高低完全由外部电路决定。

5.1.2　输出通道

输出通道包括置位/清除寄存器、输出数据寄存器、输出驱动器。

要输出的开关量数据首先写入置位/清除寄存器,通过读写命令进入输出数据寄存器,然后进入输出驱动器的输出控制模块。输出控制模块可以接收开关量的输出和复用功能输出。输出的信号通过由P-MOS和N-MOS场效应管电路输出到引脚。通过软件设置,由P-MOS和N-MOS场效应管电路可以构成推挽方式、开漏方式或关闭。

GPIO的输出驱动器主要由多路选择器、输出控制逻辑和一对互补的MOS晶体管组成。

1) 多路选择器

多路选择器根据用户设置决定该引脚是GPIO普通输出还是复用功能输出。

(1) 普通输出:该引脚的输出来自GPIO的输出数据寄存器。

(2) 复用功能(Alternate Function,AF)输出:该引脚的输出来自片上外设,并且一个STM32微控制器引脚输出可能来自多个不同外设,即一个引脚可以对应多个复用功能输出。但同一时刻,一个引脚只能使用一个复用功能,而这个引脚对应的其他复用功能都处于禁止状态。

2) 输出控制逻辑和一对互补的MOS晶体管

输出控制逻辑根据用户设置通过控制P-MOS和N-MOS场效应管的状态(导通/关闭)决定GPIO输出模式(推挽、开漏或关闭)。

(1) 推挽(Push-Pull,PP)输出:可以输出高电平和低电平。当内部输出1时,P-MOS

管导通,N-MOS 管截止,外部输出高电平(输出电压为 V_{DD});当内部输出 0 时,N-MOS 管导通,P-MOS 管截止,外部输出低电平(输出电压为 0V)。

由此可见,相比于普通输出方式,推挽输出既提高了负载能力,又提高了开关速度,适用于输出 0V 和 V_{DD} 的场合。

(2) 开漏(Open-Drain,OD)输出:与推挽输出相比,开漏输出中连接 V_{DD} 的 P-MOS 管始终处于截止状态。这种情况与三极管的集电极开路非常类似。在开漏输出模式下,当内部输出 0 时,N-MOS 管导通,外部输出低电平(输出电压为 0V);当内部输出 1 时,N-MOS 管截止,由于此时 P-MOS 管也处于截止状态,外部输出既不是高电平,也是不是低电平,而是高阻态(浮空)。如果想要外部输出高电平,必须在 I/O 引脚外接一个上拉电阻。

这样,通过开漏输出,可以提供灵活的电平输出方式——改变外接上拉电源的电压,便可以改变传输电平电压的高低。例如,如果 STM32 微控制器想要输出 5V 高电平,只需要在外部接一个上拉电阻且上拉电源为 5V,并把 STM32 微控制器对应的 I/O 引脚设置为开漏输出模式,当内部输出 1 时,由上拉电阻和上拉电源向外输出 5V 电平。需要注意的是,上拉电阻的阻值决定逻辑电平电压转换的速度。阻值越大,速度越低,功耗越小,所以上拉电阻的选择应兼顾功耗和速度。

由此可见,开漏输出可以匹配电平,一般适用于电平不匹配的场合,而且开漏输出吸收电流的能力相对较强,适合作为电流型的驱动。

5.2 STM32 的 GPIO 功能

下面讲述 STM32 的 GPIO 功能。

5.2.1 普通 I/O 功能

复位期间和刚复位后,复用功能未开启,I/O 端口被配置成浮空输入模式。

复位后,JTAG 引脚被置于输入上拉或下拉模式。

(1) PA13:JTMS 置于上拉模式。

(2) PA14:JTCK 置于下拉模式。

(3) PA15:JTDI 置于上拉模式。

(4) PB4:JNTRST 置于上拉模式。

当作为输出配置时,写到输出数据寄存器(GPIOx_ODR)的值输出到相应的 I/O 引脚。可以以推挽模式或开漏模式(当输出 0 时,只有 N-MOS 管被打开)使用输出驱动器。

输入数据寄存器(GPIOx_IDR)在每个 APB2 时钟周期捕捉 I/O 引脚上的数据。

所有 GPIO 引脚有一个内部弱上拉和弱下拉,当配置为输入时,它们可以被激活,也可以被断开。

5.2.2 单独的位设置或位清除

当对 GPIOx_ODR 的个别位编程时,软件不需要禁止中断;在单次 APB2 写操作中,可以只更改一个或多个位。这是通过对置位/复位寄存器中想要更改的位写 1 实现的。没被选择的位将不被更改。

5.2.3 外部中断/唤醒线

所有端口都有外部中断能力。为了使用外部中断线,端口必须配置成输入模式。

5.2.4 复用功能

使用默认复用功能(AF)前必须对端口位配置寄存器编程。

(1)对于复用输入功能,端口必须配置成输入模式(浮空、上拉或下拉)且输入引脚必须由外部驱动。

(2)对于复用输出功能,端口必须配置成复用功能输出模式(推挽或开漏)。

(3)对于双向复用功能,端口必须配置成复用功能输出模式(推挽或开漏)。此时,输入驱动器被配置成浮空输入模式。

如果把端口配置成复用输出功能,则引脚和输出寄存器断开,并和片上外设的输出信号连接。

如果软件把一个 GPIO 引脚配置成复用输出功能,但是外设没有被激活,那么它的输出将不确定。

5.2.5 软件重新映射 I/O 复用功能

STM32F407 微控制器的 I/O 引脚除了通用功能外,还可以设置为一些片上外设的复用功能。而且,一个 I/O 引脚除了可以作为某个默认外设的复用引脚外,还可以作为其他多个不同外设的复用引脚。类似地,一个片上外设,除了默认的复用引脚,还可以有多个备用的复用引脚。在基于 STM32 微控制器的应用开发中,用户根据实际需要可以把某些外设的复用功能从默认引脚转移到备用引脚上,这就是外设复用功能的 I/O 引脚重映射。

为了使不同封装器件的外设 I/O 功能的数量达到最优,可以把一些复用功能重新映射到其他一些引脚上。这可以通过软件配置 AFIO 寄存器完成,这时,复用功能就不再映射到它们的原始引脚上了。

5.2.6 GPIO 锁定机制

锁定机制允许冻结 I/O 配置。当在一个端口位上执行了锁定(LOCK)程序,在下一次复位之前,将不能再更改端口位的配置。这个功能主要用于一些关键引脚的配置,防止程序跑飞引起灾难性后果。

5.2.7 输入配置

当I/O配置为输入时：

(1) 输出缓冲器被禁止；

(2) 施密特触发输入被激活；

(3) 根据输入配置(上拉、下拉或浮动)的不同,弱上拉和下拉电阻被连接；

(4) 出现在I/O引脚上的数据在每个APB2时钟被采样到输入数据寄存器；

(5) 对输入数据寄存器的读访问可得到I/O状态。

I/O输入配置如图5-2所示。

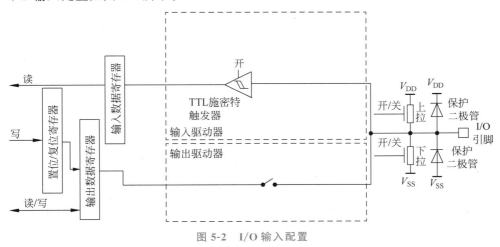

图5-2 I/O输入配置

5.2.8 输出配置

当I/O被配置为输出时：

(1) 输出缓冲器被激活,开漏模式下,输出寄存器上的0激活N-MOS管,而输出寄存器上的1将端口置于高阻状态(P-MOS管从不被激活)；推挽模式下,输出寄存器上的0激活N-MOS管,而输出寄存器上的1将激活P-MOS管；

(2) 施密特触发输入被激活；

(3) 弱上拉和下拉电阻被禁止；

(4) 出现在I/O引脚上的数据在每个APB2时钟被采样到输入数据寄存器；

(5) 开漏模式下,对输入数据寄存器的读访问可得到I/O状态；

(6) 推挽式模式下,对输出数据寄存器的读访问得到最后一次写的值。

I/O的输出配置如图5-3所示。

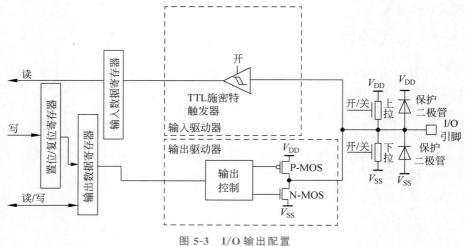

图 5-3 I/O 输出配置

5.2.9 复用功能配置

当 I/O 被配置为复用功能时：

(1) 在开漏或推挽式配置中，输出缓冲器被打开；

(2) 内置外设的信号驱动输出缓冲器（复用功能输出）；

(3) 施密特触发输入被激活；

(4) 弱上拉和下拉电阻被禁止；

(5) 在每个 APB2 时钟周期，出现在 I/O 引脚上的数据被采样到输入数据寄存器；

(6) 开漏模式时，读输入数据寄存器时可得到 I/O 状态；

(7) 在推挽模式时，读输出数据寄存器时可得到最后一次写的值。

一组复用功能 I/O 寄存器允许用户把一些复用功能重新映像到不同的引脚。

I/O 复用功能配置如图 5-4 所示。

5.2.10 模拟输入配置

当 I/O 被配置为模拟输入配置时：

(1) 输出缓冲器被禁止；

(2) 禁止施密特触发输入，实现了每个模拟 I/O 引脚上的零消耗，施密特触发输出值被强置为 0；

(3) 弱上拉和下拉电阻被禁止；

(4) 读取输入数据寄存器时数值为 0。

I/O 高阻抗模拟输入配置如图 5-5 所示。

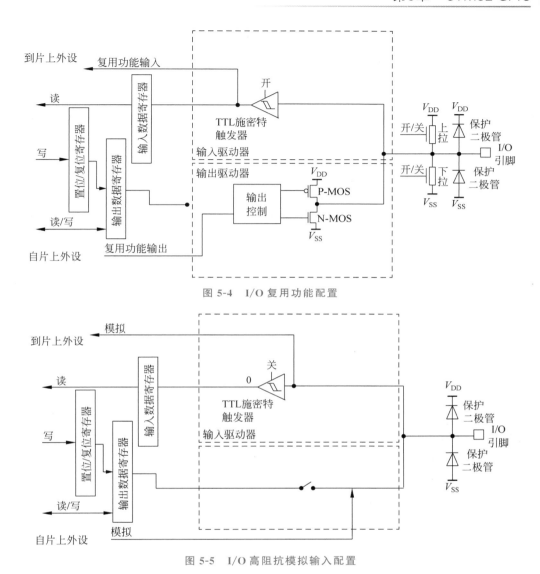

图 5-4 I/O 复用功能配置

图 5-5 I/O 高阻抗模拟输入配置

5.2.11 STM32 的 GPIO 操作

下面讲述 STM32 的 GPIO 操作方法。

1. 复位后的 GPIO

为防止复位后 GPIO 引脚与片外电路的输出冲突,复位期间和刚复位后,所有 GPIO 引脚复用功能都不开启。被配置成浮空输入模式。

为了节约电能,只有被开启的 GPIO 端口才会被提供时钟。因此,复位后所有 GPIO 端口的时钟都是关断的,使用之前必须逐一开启。

2. GPIO 工作模式的配置

每个 GPIO 引脚都拥有自己的端口配置位 MODERy[1:0]（模式寄存器，其中 y 代表 GPIO 引脚在端口中的编号）和 OTy[1:0]（输出类型寄存器），用于选择该引脚是处于输入模式中的浮空输入模式、上位/下拉输入模式或模拟输入模式，还是输出模式中的输出推挽模式、开漏输出模式或复用功能推挽/开漏输出模式。每个 GPIO 引脚还拥有自己的端口模式位 OSPEEDRy[1:0]，用于选择该引脚是处于输入模式，或是输出模式中的输出带宽（2MHz、25MHz、50MHz 和 100MHz）。

每个端口拥有 16 个引脚，而每个引脚又拥有 4 个控制位，因此需要 64 位才能实现对一个端口所有引脚的配置，它们被分置在两个字（Word）中。如果是输出模式，还需要 16 位输出类型寄存器。各种工作模式下的硬件配置总结如下。

（1）输入模式的硬件配置：输出缓冲器被禁止；施密特触发器输入被激活；根据输入配置（上拉、下拉或浮空）的不同，弱上拉和下拉电阻被连接；出现在 I/O 引脚上的数据在每个 APB2 时钟被采样到输入数据寄存器；对输入数据寄存器的读访问可得到 I/O 状态。

（2）输出模式的硬件配置：输出缓冲器被激活；施密特触发器输入被激活；弱上拉和下拉电阻被禁止；出现在 I/O 引脚上的数据在每个 APB2 时钟被采样到输入数据寄存器；对输入数据寄存器的读访问可得到 I/O 状态；对输出数据寄存器的读访问得到最后一次写的值；在推挽模式下，互补 MOS 管对都能被打开；在开漏模式下，只有 N-MOS 管可以被打开。

（3）复用功能的硬件配置：在开漏或推挽式配置中，输出缓冲器被打开；片上外设的信号驱动输出缓冲器；施密特触发器输入被激活；弱上拉和下拉电阻被禁止；在每个 APB2 时钟周期，出现在 I/O 引脚上的数据被采样到输入数据寄存器；对输出数据寄存器的读访问得到最后一次写的值；在推挽模式下，互补 MOS 管对都能被打开；在开漏模式下，只有 N-MOS 管可以被打开。

3. GPIO 输入的读取

每个端口都有自己对应的输入数据寄存器 GPIOx_IDR（其中 x 代表端口号，如 GPIOA_IDR），它在每个 APB2 时钟周期捕捉 I/O 引脚上的数据。软件可以通过直接读取 GPIOx_IDR 寄存器某个位或读取位带别名区中对应字得到 GPIO 引脚状态对应的值。

4. GPIO 输出的控制

STM32 为每组 16 引脚的端口提供了 3 个 32 位的控制寄存器：GPIOx_ODR、GPIOx_BSRR 和 GPIOx_BRR（其中 x 指代 A、B、C 等端口号）。其中，GPIOx_ODR 寄存器的功能比较容易理解，它的低 16 位直接对应了端口的 16 个引脚，软件可以通过直接对这个寄存器的置位或清零，让对应引脚输出高电平或低电平。也可以利用位带操作原理，对 GPIOx_ODR 寄存器中某个位对应的位带别名区字地址执行写入操作以实现对单个位的简化操作。利用 GPIOx_ODR 寄存器的位带操作功能可以有效地避免端口中其他引脚的"读-修-写"问题，但位带操作的缺点是每次只能操作一位，对于某些需要同时操作多个引脚的应用，位带操作就显得力不从心了。STM32 的解决方案是使用 GPIOx_BSRR 和 GPIOx_BRR 两个寄存器解决多个引脚同时改变电平的问题。

5. 输出速度

如果 STM32F407 的 I/O 引脚工作在某个输出模式下,通常还需设置其输出速度,这个输出速度指的是 I/O 驱动电路的响应速度,而不是输出信号的速度。输出信号的速度取决于软件程序。

STM32F407 的芯片内部在 I/O 的输出部分安排了多个响应速度不同的输出驱动电路,用户可以根据自己的需要,通过选择响应速度选择合适的输出驱动模块,以达到最佳噪声控制和降低功耗的目的。众所周知,高频的驱动电路噪声也高。当不需要高输出频率时,尽量选用低频响应速度的驱动电路,这样非常有利于提高系统的电磁干扰(Electro Magnetic Interference,EMI)性能。当然,如果要输出较高频率的信号,但却选用了较低频率的驱动模块,很可能会得到失真的输出信号。一般推荐 I/O 引脚的输出速度是其输出信号速度的 5~10 倍。

STM32F407 的 I/O 引脚的输出速度有 4 种选择:2MHz、25MHz、50MHz 和 100MHz。下面根据一些常见的应用,给读者一些选用参考。

(1) 连接 LED、蜂鸣器等外部设备的普通输出引脚:一般设置为 2MHz。

(2) 用作 USART 复用功能输出引脚:假设 USART 工作时最大比特率为 115.2kb/s,选用 2MHz 的响应速度也足够了,既省电,噪声又小。

(3) 用作 I2C 复用功能的输出引脚:假设 I2C 工作时最大比特率为 400kb/s,那么 2MHz 的引脚速度或许不够,这时可以选用 10MHz 的 I/O 引脚速度。

(4) 用作 SPI 复用功能的输出引脚:假设 SPI 工作时比特率为 18Mb/s 或 9Mb/s,那么 10MHz 的引脚速度显然不够,这时需要选用 50MHz 的 I/O 引脚速度。

(5) 用作 FSMC 复用功能连接存储器的输出引脚:一般设置为 50MHz 或 100MHz 的 I/O 引脚速度。

5.2.12　外部中断映射和事件输出

借助 AFIO,STM32F407 微控制器的 I/O 引脚不仅可以实现外设复用功能的重映射,而且可以实现外部中断映射和事件输出。需要注意的是,如需使用 STM32F407 控制器 I/O 引脚的以上功能,必须先打开 APB2 总线上的 AFIO 时钟。

1. 外部中断映射

当 STM32 微控制器的某个 I/O 引脚被映射为外部中断线后,该 I/O 引脚就可以成为一个外部中断源,可以在这个 I/O 引脚上产生外部中断,实现对用户 STM32 运行程序的交互。

STM32 微控制器的所有 I/O 引脚都具有外部中断能力。每根外部中断线 EXTI LineXX 和所有的 GPIO 端口 GPIO[A..G].XX 共享。为了使用外部中断线,该 I/O 引脚必须配置成输入模式。

2. 事件输出

STM32 微控制器几乎每个 I/O 引脚(除端口 F 和 G 的引脚外)都可用作事件输出。例如,使用 SEV 指令产生脉冲,通过事件输出信号将 STM32 从低功耗模式唤醒。

5.2.13 GPIO 的主要特性

综上所述,STM32F407 微控制器的 GPIO 主要具有以下特性。

(1) 提供最多 112 个多功能双向 I/O 引脚,80% 的引脚利用率。

(2) 几乎每个 I/O 引脚(除 ADC 外)都兼容 5V,每个 I/O 引脚具有 20mA 驱动能力。

(3) 每个 I/O 引脚最高具有 84MHz 的翻转速度,30 pF 时为 100 MHz 输出,15 pF 时为 80MHz 输出。

(4) 每个 I/O 引脚有 8 种工作模式,在复位时和刚复位后,复用功能未开启,I/O 引脚被配置成浮空输入模式。

(5) 所有 I/O 引脚都具备复用功能,包括 JTAG/SWD、Timer、USART、I2C、SPI 等。

(6) 某些复用功能引脚可通过复用功能重映射用作另一个复用功能,方便 PCB 设计。

(7) 所有 I/O 引脚都可作为外部中断输入,同时可以有 16 个中断输入。

(8) 几乎每个 I/O 引脚(除端口 F 和 G 外)都可用作事件输出。

(9) PA0 可作为从待机模式唤醒的引脚,PC13 可作为入侵检测的引脚。

5.3 GPIO 的 HAL 驱动程序

GPIO 引脚的操作主要包括初始化、读取引脚输入和设置引脚输出,相关的 HAL 驱动程序定义在 stm32f4xx_hal_gpio.h 文件中。GPIO 操作相关函数如表 5-1 所示,表中只列出了函数名,省略了函数参数。

表 5-1 GPIO 操作相关函数

函 数 名	功 能 描 述
HAL_GPIO_Init()	GPIO 引脚初始化
HAL_GPIO_DeInit()	GPIO 引脚解除初始化,恢复为复位后的状态
HAL_GPIO_WritePin()	使引脚输出 0 或 1
HAL_GPIO_ReadPin()	读取引脚的输入电平
HAL_GPIO_TogglePin()	翻转引脚的输出
HAL_GPIO_LockPin()	锁定引脚配置,而不是锁定引脚的输入或输出状态

使用 STM32CubeMX 生成代码时,GPIO 引脚初始化的代码会自动生成,用户常用的 GPIO 操作函数是进行引脚状态读写的函数。

1. 初始化函数 HAL_GPIO_Init()

HAL_GPIO_Init()函数用于对一个端口的一个或多个相同功能的引脚进行初始化设置,包括输入/输出模式、上拉或下拉等。原型定义如下。

```
void  HAL_GPIO_Init(GPIO_TypeDef * GPIOx,GPIO_InitTypeDef * GPIO_Init);
```

其中,第 1 个参数 GPIOx 是 GPIO_TypeDef 类型的结构体指针,它定义了端口的各个寄存
器的偏移地址,实际调用 HAL_GPIO_Init()函数时使用端口的基地址作为 GPIOx 的值,在
stm32f407xx.h 文件中定义了各个端口的基地址,如

```
# define   GPIOA      ((GPIO_TypeDef * )GPIOA_BASE)
# define   GPIOB      ((GPIO_TypeDef * )GPIOB_BASE)
# define   GPIOC      ((GPIO_TypeDef * )GPIOC_BASE)
# define   GPIOD      ((GPIO_TypeDef * )GPIOD_BASE)
```

第 2 个参数 GPIO_Init 是一个 GPIO InitTypeDef 类型的结构体指针,它定义了 GPIO
引脚的属性,这个结构体的定义如下。

```
typedef   struct
{
    uint32_t  Pin;                  //要配置的引脚,可以是多个引脚
    uint32_t  Mode;                 //引脚功能模式
    uint32_t  Pull;                 //上拉或下拉
    uint32_t  Speed;                //引脚最高输出频率
    uint32_t  Alternate;            //复用功能选择
}GPIO_InitTypeDef;
```

这个结构体的各个成员变量的意义及取值如下。
(1) Pin 是需要配置的 GPIO 引脚,在 stm32f4xx hal_gpio.h 文件中定义了 16 个引脚
的宏。如果需要同时定义多个引脚的功能,就用这些宏的或运算进行组合。

```
# define   GPIO_PIN_0    ((uint16_t)0x0001)   /*  Pin  0  selected  */
# define   GPIO_PIN_1    ((uint16_t)0x0002)   /*  Pin  1  selected  */
# define   GPIO_PIN_2    ((uint16_t)0x0004)   /*  Pin  2  selected  */
# define   GPIO_PIN_3    ((uint16_t)0x0008)   /*  Pin  3  selected  */
# define   GPIO_PIN_4    ((uint16_t)0x0010)   /*  Pin  4  selected  */
# define   GPIO_PIN_5    ((uint16_t)0x0020)   /*  Pin  5  selected  */
# define   GPIO_PIN_6    ((uint16_t)0x0040)   /*  Pin  6  selected  */
# define   GPIO_PIN_7    ((uint16_t)0x0080)   /*  Pin  7  selected  */
# define   GPIO_PIN_8    ((uint16_t)0x0100)   /*  Pin  8  selected  */
# define   GPIO_PIN_9    ((uint16_t)0x0200)   /*  Pin  9  selected  */
# define   GPIO_PIN_10   ((uint16_t)0x0400)   /*  Pin  10  selected  */
# define   GPIO_PIN_11   ((uint16_t)0x0800)   /*  Pin  11  selected  */
# define   GPIO_PIN_12   ((uint16_t)0x1000)   /*  Pin  12  selected  */
# define   GPIO_PIN_13   ((uint16_t)0x2000)   /*  Pin  13  selected  */
# define   GPIO_PIN_14   ((uint16_t)0x4000)   /*  Pin  14  selected  */
# define   GPIO_PIN_15   ((uint16_t)0x8000)   /*  Pin  15  selected  */
# define   GPIO_PIN_All  ((uint16_t)0xFFFF)   /*  All  pins  selected  */
```

（2）Mode 是引脚功能模式设置，其可用常量定义如下。

```
#define  GPIO_MODE_INPUT                 0x00000000U      //输入浮空模式
#define  GPIO_MODE_OUTPUT_PP             0x00000001U      //推挽输出模式
#define  GPIO_MODE_OUTPUT_OD             0x000000110      //开漏输出模式
#define  GPIO_MODE_AF_PP                 0x00000002U      //复用功能推挽模式
#define  GPIO_MODE_AF_OD                 0x00000012U      //复用功能开漏模式
#define  GPIO_MODE_ANALOG                0x000000030      //模拟信号模式
#define  GPIO_MODE_IT_RISING             0x10110000U      //外部中断,上升沿触发
#define  GPIO_MODE_IT_FALLING            0x10210000U      //外部中断,下降沿触发
#define  GPIO_MODE_IT_RISING_FALLING     0x10310000U      //上升、下降沿触发
```

（3）Pull 定义是否使用内部上拉或下拉电阻，其可用常量定义如下。

```
#define  GPIO_NOPULL     0x00000000U              //无上拉或下拉
#define  GPIO_PULLUP     0x00000001U              //上拉
#define  GPIO_PULLDOWN   0x00000002U              //下拉
```

（4）Speed 定义输出模式引脚的最高输出频率，其可用常量定义如下。

```
#define  GPIO_SPEED_FREQ_LOW        0x00000000U      //2MHz
#define  GPIO_SPEED_FREQ_MEDIUM     0x00000001U      //12.5~50MHz
#define  GPIO_SPEED_FREQ_HIGH       0x00000002U      //25~100MHz
#define  GPIO_SPEED_FREQ_VERY_HIGH  0x000000030      //50~200MHz
```

（5）Alternate 定义引脚的复用功能，在 stm32f4xx hal gpio_ex.h 文件中定义了这个参数的可用宏定义，这些复用功能的宏定义与具体的 MCU 型号有关，部分定义示例如下。

```
#define  GPIO_AF1_TIM1     ((uint8_t)0x01)      // TIM1 复用功能映射
#define  GPIO_AF1_TIM2     ((uint8_t)0x01)      // TIM2 复用功能映射
#define  GPIO_AF5_SPI1     ((uint8_t)0x05)      // SPI1 复用功能映射
#define  GPIO_AF5_SPI2     ((uint8_t)0x05)      // SPI2 复用功能映射
#define  GPIO_AF7_USART1   ((uint8_t)0x07)      // USART1 复用功能映射
#define  GPIO_AF7_USART2   ((uint8_t)0x07)      // USART2 复用功能映射
#define  GPIO_AF7_USART3   ((uint8_t)0x07)      // USART3 复用功能映射
```

2. 设置引脚输出的 HAL GPIO_WritePin() 函数

使用 HAL_GPIO_WritePin() 函数向一个或多个引脚输出高电平或低电平。原型定义如下。

```
void HAL_GPIO_WritePin(GPIO_TypeDef * GPIOx, uint16_t GPIO_Pin,GPIO_PinState PinState);
```

其中，参数 GPIOx 是具体的端口基地址；GPIO_Pin 是引脚号；PinState 是引脚输出电平，它是 GPIO_PinState 枚举类型，在 stm32f4xx_hal_gpio.h 文件中的定义如下。

```
typedef enum
{
```

```
    GPIO_PIN_RESET = 0,
    GPIO_PIN_SET
}GPIO_PinState;
```

GPIO_PIN_RESET 表示低电平,GPIO_PIN_SET 表示高电平。例如,要使 PF9 和 PF10 输出低电平,可使用如下代码。

```
HAL_GPIO_WritePin (GPIOF,GPIO_PIN_9|GPIO_PIN_10,GPIO_PIN_RESET);
```

若要输出高电平,只需修改为如下代码。

```
HAL_GPIO_WritePin(GPIOF,GPIO_PIN_9|GPIO_PIN_10,GPIO_PIN_SET);
```

3. 读取引脚输入的 HAL_GPIO_ReadPin() 函数

HAL_GPIO_ReadPin() 函数用于读取一个引脚的输入状态。原型定义如下。

```
GPIO_PinState HAL_GPIO_ReadPin(GPIO_TypeDef * GPIOx,uint16_t  GPIO_Pin);
```

函数的返回值是 GPIO_PinState 枚举类型。GPIO_PIN_RESET 表示输入为 0(低电平),GPIO_PIN SET 表示输入为 1(高电平)。

4. 翻转引脚输出的 HAL_GPIO_TogglePin() 函数

HAL_GPIO_TogglePin() 函数用于翻转引脚的输出状态。例如,引脚当前输出为高电平,执行此函数后,引脚输出为低电平。原型定义如下,只需传递端口号和引脚号。

```
void  HAL_GPIO_TogglePin (GPIO_TypeDef * GPIOx,uint16_t  GPIO_Pin)
```

5.4　STM32 的 GPIO 使用流程

根据 I/O 端口的特定硬件特征,I/O 端口的每个引脚都可以由软件配置成多种工作模式。在运行程序之前,必须对每个用到的引脚功能进行配置。

(1) 如果某些引脚的复用功能没有使用,可以先配置为 GPIO。

(2) 如果某些引脚的复用功能被使用,需要对复用的 I/O 端口进行配置。

(3) I/O 端口具有锁定机制,允许冻结 I/O 端口。当在一个端口位上执行了锁定(LOCK)程序后,在下一次复位之前,将不能再更改端口位的配置。

5.4.1　普通 GPIO 配置

GPIO 是最基本的应用,其基本配置方法如下。

(1) 配置 GPIO 时钟,完成初始化。

(2) 利用 HAL_GPIO_Init() 函数配置引脚,包括引脚名称、引脚传输速率、引脚工作模式。

（3）完成 HAL_GPIO_Init()函数的设置。

5.4.2　I/O 复用功能 AFIO 配置

I/O 复用功能 AFIO 常对应到外设的输入输出功能。使用时,需要先配置 I/O 为复用功能,打开 AFIO 时钟,然后再根据不同的复用功能进行配置。对应外设的输入输出功能有以下 3 种情况。

（1）外设对应的引脚为输出：需要根据外围电路的配置选择对应的引脚为复用功能的推挽输出或复用功能的开漏输出。

（2）外设对应的引脚为输入：根据外围电路的配置可以选择浮空输入、带上拉输入或带下拉输入。

（3）ADC 对应的引脚：配置引脚为模拟输入。

5.5　采用 STM32CubeMX 和 HAL 库的 GPIO 输出应用实例

本 GPIO 输出应用实例是使用固件库点亮 LED。

5.5.1　STM32 的 GPIO 输出应用硬件设计

STM32F407 与 LED 的连接如图 5-6 所示。这是一个 RGB LED 灯,由红、蓝、绿 3 个 LED 构成,使用 PWM 控制时可以混合成不同的颜色。

这些 LED 的阴极都连接到 STM32F407 的 GPIO 引脚,只要控制 GPIO 引脚的电平输出状态,即可控制 LED 的亮灭。如果使用的开发板中 LED 的连接方式或引脚不一样,只需修改程序的相关引脚即可,程序的控制原理相同。

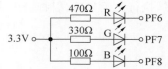

图 5-6　STM32F407 与 LED 的连接

LED 电路是由外接 3.3V 电源驱动的。当 GPIO 引脚输出为 0 时,LED 点亮；输出为 1 时,LED 熄灭。

在本实例中,根据图 5-6 的电路设计一个示例,使 LED 循环显示如下。

（1）红灯亮 1s,灭 1s；

（2）绿灯亮 1s,灭 1s；

（3）蓝灯亮 1s,灭 1s；

（4）红灯亮 1s,灭 1s；

（5）轮流显示,红、绿、蓝、黄、紫、青、白各亮 1s；

（6）关灯 1s。

5.5.2　STM32 的 GPIO 输出应用软件设计

1. 通过 STM32CubeMX 新建工程

通过 STM32CubeMX 新建工程的步骤如下。

1）新建文件夹

在 D 盘根目录下新建 Demo 文件夹,这是保存所有工程的地方,在该目录下新建 LED 文件夹,这是保存本实例新建工程的文件夹。

2）新建 STM32CubeMX 工程

如图 5-7 所示,在 STM32CubeMX 开发环境中执行 File→New Project 菜单命令或通过 STM32CubeMX 启动界面中的 New Project 提示窗口新建工程。

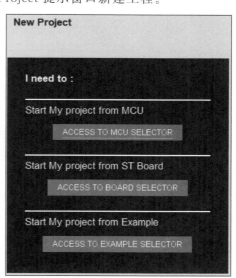

图 5-7　STM32CubeMX 新建工程

3）选择 MCU 或开发板

以 MCU 为例,Commercial Part Number 选择 STM32F407ZGT6,如图 5-8 所示。

单击 Start Project 按钮,启动工程后的界面如图 5-9 所示。

4）保存 STM32Cube MX 工程

执行 File→Save Project 菜单命令,保存工程到 LED 文件夹,如图 5-10 所示。生成的 STM32CubeMX 文件为 LED.ioc。

此处直接配置工程名称和保存位置,后续生成的工程应用结构(Application Structure)为 Advanced 模式,即 Inc、Src 文件夹存放于 Core 文件夹下,如图 5-11 所示。

5）生成工程报告

执行 File→Generate Report 菜单命令生成当前工程的报告文件 LED.pdf,如图 5-12 所示。

6）配置 MCU 时钟树

在 Pinout & Configuration 工作页面下,选择 System Core→RCC,根据开发板实际情况,High Speed Clock(HSE)选择为 Crystal/Ceramic Resonator(晶体/陶瓷晶振),如图 5-13 所示。

图 5-8　选择 STM32F407ZGT6

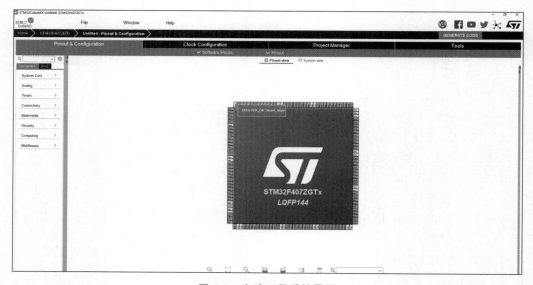

图 5-9　启动工程后的界面

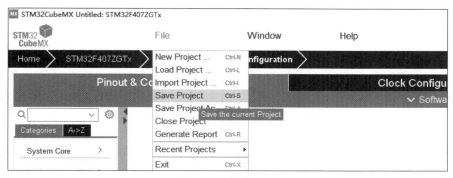

图 5-10　保存工程

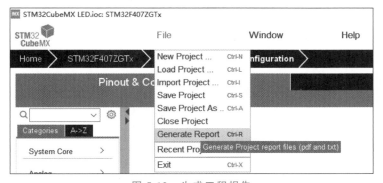

图 5-11　工程应用结构

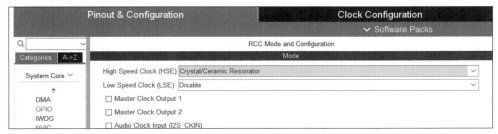

图 5-12　生成工程报告

图 5-13　HSE 选择 Crystal/Ceramic Resonator

切换到 Clock Configuration 工作页面。根据开发板外设情况配置总线时钟。此处配置 Input frequency 为 25MHz, PLL Source Mux 为 HSE, 分频系数为 25, PLLMul 倍频为 336MHz, PLLCLK 2 分频后为 168MHz, System Clock Mux 为 PLLCLK, APB1 Prescaler 为/4, APB2 Prescaler 为/2, 其余默认设置即可。配置完成的时钟树如图 5-14 所示。

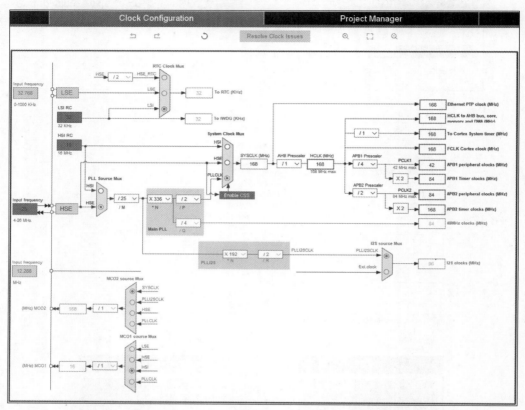

图 5-14   配置完成的时钟树

7) 配置 MCU 外设

根据 LED 电路, 整理出 MCU 连接的 GPIO 引脚的输入/输出配置, 如表 5-2 所示。

表 5-2   MCU 引脚配置

用户标签	引脚名称	引脚功能	GPIO 模式	上拉或下拉	端口速率
LED1_RED	PF6	GPIO_Output	推挽输出	上拉	高
LED2_GREEN	PF7	GPIO_Output	推挽输出	上拉	高
LED3_BLUE	PF8	GPIO_Output	推挽输出	上拉	高

根据表 5-2 进行 GPIO 引脚配置。在引脚视图上, 单击相应的引脚, 在弹出的菜单中选择引脚功能。与 LED 连接的引脚是输出引脚, 设置引脚功能为 GPIO_Output, 具体步骤如下。

在 Pinout & Configuration 工作页面选择 System Core→GPIO，此时可以看到与 RCC 相关的两个 GPIO 已自动配置完成，如图 5-15 所示。

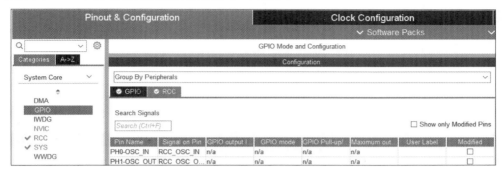

图 5-15 RCC 相关 GPIO 配置

以控制红色 LED 的 PF6 引脚为例，通过搜索框搜索可以定位 I/O 的引脚位置或在引脚视图上选择 PF6，视图中会闪烁显示，配置 PF6 引脚属性为 GPIO_Output，如图 5-16 所示。

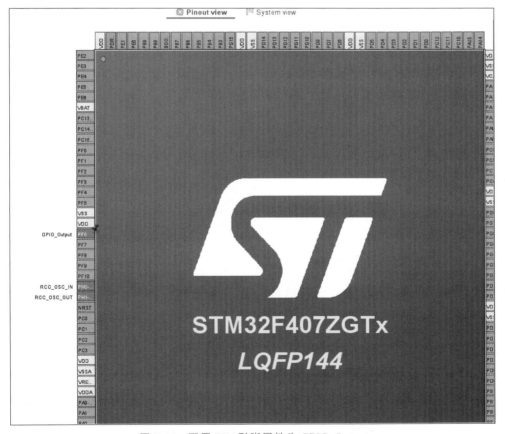

图 5-16 配置 PF6 引脚属性为 GPIO_Output

在 GPIO 组件的模式和配置(GPIO Mode and Configuration)界面对每个 GPIO 引脚进行更多的设置。例如,GPIO 输入引脚是上拉还是下拉,GPIO 输出引脚是推挽输出还是开漏输出,按照表 5-2 的内容设置引脚的用户标签。所有设置是通过下拉列表选择的。GPIO 输出引脚的最高输出速率指的是引脚输出变化的最高频率。初始输出设置根据电路功能确定,此工程 LED 默认输出高电平,即灯不亮状态。具体步骤如下。

如图 5-17 所示,配置 PF6 引脚属性,GPIO output level 选择 High,GPIO mode 选择 Output Push Pull,GPIO Pull-up/Pull-down 选择 Pull-up,Maximum output speed 选择 High,User Label 定义为 LED1_RED。

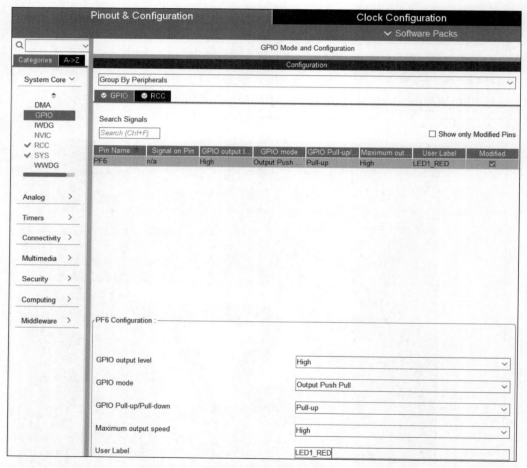

图 5-17　PF6 引脚配置

用同样方法配置 LED2_GREEN(PF7)和 LED3_BLUE(PF8)。

我们为引脚设置了用户标签,在生成代码时,STM32CubeMX 会在 main.h 文件中为这些引脚定义宏定义符号,然后在 GPIO 初始化函数中使用这些符号。

配置完成后的 GPIO 引脚如图 5-18 所示。

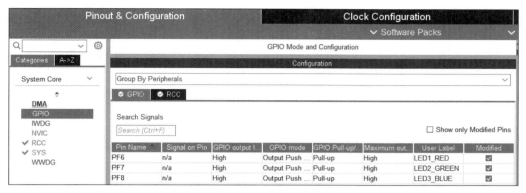

图 5-18　配置完成后的 GPIO 引脚

8）配置工程

在 Project Manager 工作页面 Project 栏，选择 Toolchain/IDE 为 MDK-ARM，Min Version 选择 V5，可生成 Keil MDK 工程；选择 STM32CubeIDE，可生成 STM32CubeIDE 工程。其余配置保持默认即可，如图 5-19 所示。

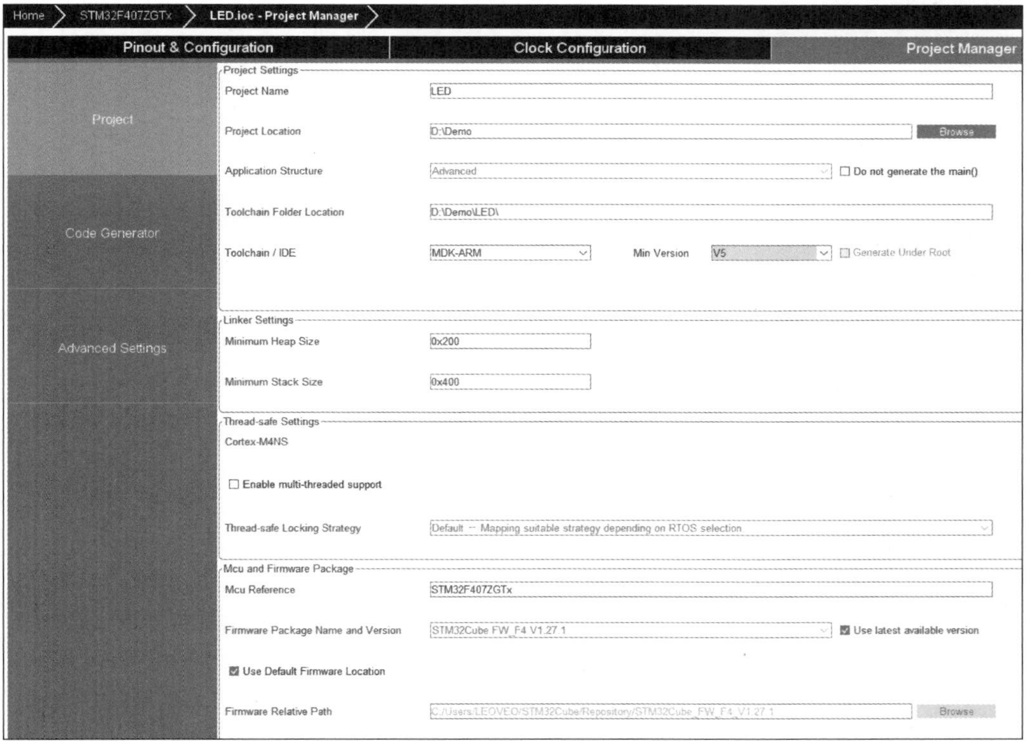

图 5-19　配置工程

　　若前面已经保存过工程,生成的工程应用结构默认为 Advanced 模式,此处不可再次修改;若前面未保存过工程,此处可修改工程名,存放位置等信息,生成的工程应用结构为 Basic 模式,即 Inc、Src 为单独的文件夹,不存放于 Core 文件夹内,如图 5-20 所示。

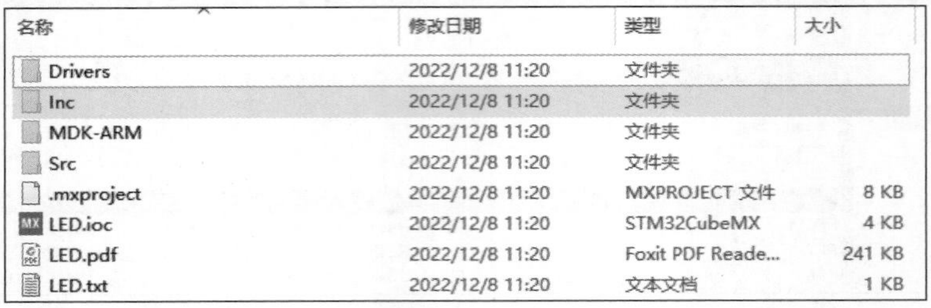

名称	修改日期	类型	大小
Drivers	2022/12/8 11:20	文件夹	
Inc	2022/12/8 11:20	文件夹	
MDK-ARM	2022/12/8 11:20	文件夹	
Src	2022/12/8 11:20	文件夹	
.mxproject	2022/12/8 11:20	MXPROJECT 文件	8 KB
LED.ioc	2022/12/8 11:20	STM32CubeMX	4 KB
LED.pdf	2022/12/8 11:20	Foxit PDF Reade...	241 KB
LED.txt	2022/12/8 11:20	文本文档	1 KB

图 5-20　Basic 模式工程应用结构

在 Project Manager 工作页面 Code Generator 栏,按图 5-21 勾选 Generated files 选项。

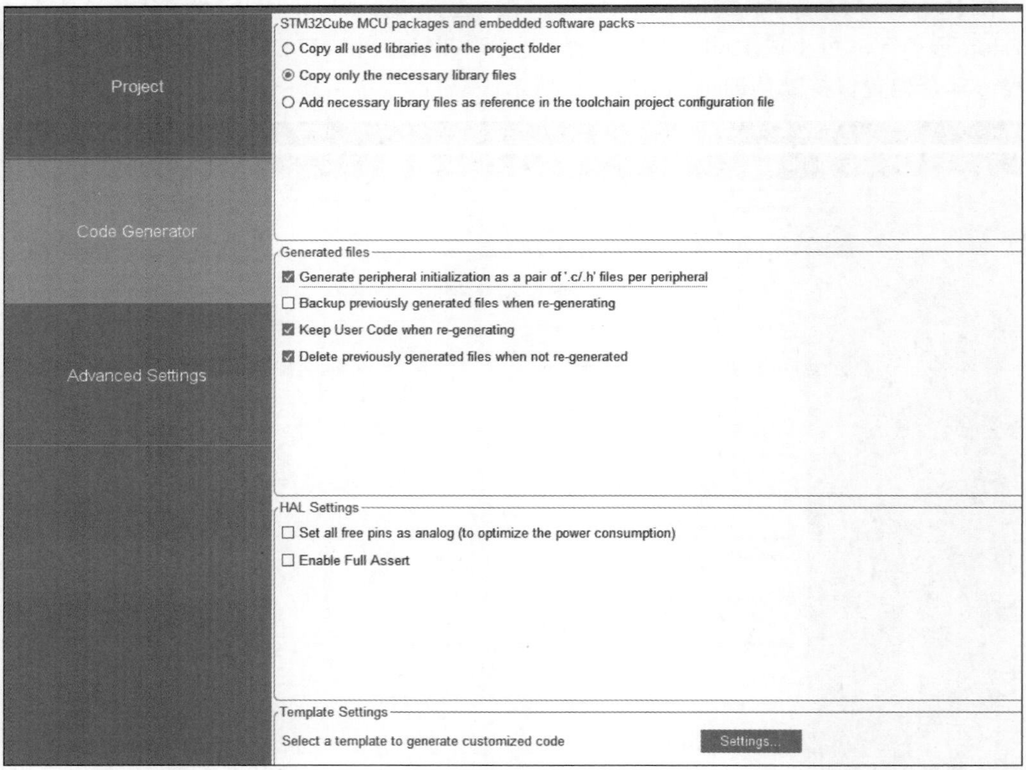

图 5-21　Generated files 配置

9) 生成 C 代码工程

　　返回 STM32CubeMX 主页面,单击 GENERATE CODE 按钮生成 C 代码工程,分别生成 MDK-ARM 和 STM32CubeIDE 工程。

2. 通过 Keil MDK 实现工程

通过 Keil MDK 实现工程的步骤如下。

1) 打开工程

打开 LED/MDK-ARM 文件夹下的工程文件 LED.uvprojx,如图 5-22 所示。

名称 ^	修改日期	类型	大小
LED.uvoptx	2022/12/8 11:20	UVOPTX 文件	4 KB
LED.uvprojx	2022/12/8 11:20	礴ision5 Project	20 KB
startup_stm32f407xx.s	2022/12/8 11:20	S 文件	29 KB

图 5-22　MDK-ARM 文件夹内容

2) 编译 STM32CubeMX 自动生成的 MDK 工程

在 MDK 开发环境中执行 Project→Rebuild all target files 菜单命令或单击工具栏 Rebuild 按钮 🔨 编译工程。

3) STM32CubeMX 自动生成的 MDK 工程

main.c 文件中 main()函数依次调用了以下 3 个函数。

(1) HAL_Init()函数：HAL 库的初始化函数,用于复位所有外设、初始化 Flash 接口和 SysTick 定时器。HAL_Init()函数是在 stm32f4xx_hal.c 文件中定义的函数,它的代码调用了 MSP 函数 HAL_MspInit(),用于对具体 MCU 进行初始化处理。HAL_MspInit()函数在项目的用户程序文件 stm32f4xx_hal_msp.c 中重新实现,实现的代码举例如下,功能是开启各个时钟系统。

```
void HAL_MspInit(void)
{
    __HAL_RCC_SYSCFG_CLK_ENABLE();
    __HAL_RCC_PWR_CLK_ENABLE();
    /* System interrupt init */
}
```

(2) SystemClock_Config()函数：在 main.c 文件中定义和实现,它是根据 STM32CubeMX 里的 RCC 和时钟树的配置自动生成的代码,用于配置各种时钟信号频率。

```
void SystemClock_Config(void)
{
    RCC_OscInitTypeDef RCC_OscInitStruct = {0};
    RCC_ClkInitTypeDef RCC_ClkInitStruct = {0};

    /** Configure the main internal regulator output voltage
     */
    __HAL_RCC_PWR_CLK_ENABLE();
    __HAL_PWR_VOLTAGESCALING_CONFIG(PWR_REGULATOR_VOLTAGE_SCALE1);

    /** Initializes the RCC Oscillators according to the specified parameters
```

```
 * in the RCC_OscInitTypeDef structure
 */
RCC_OscInitStruct.OscillatorType = RCC_OSCILLATORTYPE_HSI;
RCC_OscInitStruct.HSIState = RCC_HSI_ON;
RCC_OscInitStruct.HSICalibrationValue = RCC_HSICALIBRATION_DEFAULT;
RCC_OscInitStruct.PLL.PLLState = RCC_PLL_NONE;
if (HAL_RCC_OscConfig(&RCC_OscInitStruct) != HAL_OK)
{
  Error_Handler();
}

/** Initializes the CPU, AHB and APB buses clocks
 */
RCC_ClkInitStruct.ClockType = RCC_CLOCKTYPE_HCLK|RCC_CLOCKTYPE_SYSCLK
                             |RCC_CLOCKTYPE_PCLK1|RCC_CLOCKTYPE_PCLK2;
RCC_ClkInitStruct.SYSCLKSource = RCC_SYSCLKSOURCE_HSI;
RCC_ClkInitStruct.AHBCLKDivider = RCC_SYSCLK_DIV1;
RCC_ClkInitStruct.APB1CLKDivider = RCC_HCLK_DIV1;
RCC_ClkInitStruct.APB2CLKDivider = RCC_HCLK_DIV1;

if (HAL_RCC_ClockConfig(&RCC_ClkInitStruct, Flash_LATENCY_0) != HAL_OK)
{
  Error_Handler();
}
}
```

(3) GPIO 端口初始化函数 MX_GPIO_Init()：在 gpio.h 文件中定义的 GPIO 引脚初始化函数，它是 STM32CubeMX 中 GPIO 引脚图形化配置的实现代码。

在 main()函数中，HAL_Init()和 SystemClock_Config()是必然调用的两个函数，再根据使用的外设情况，调用各个外设的初始化函数，然后进入 while 死循环。

在 STM32CubeMX 中，为 LED 连接的 GPIO 引脚设置了用户标签，这些用户标签的宏定义在 main.h 文件中。代码如下。

```
/* Private defines -----------------------------------------------------*/
#define LED1_RED_Pin GPIO_PIN_6
#define LED1_RED_GPIO_Port GPIOF
#define LED2_GREEN_Pin GPIO_PIN_7
#define LED2_GREEN_GPIO_Port GPIOF
#define LED3_BLUE_Pin GPIO_PIN_8
#define LED3_BLUE_GPIO_Port GPIOF
/* USER CODE BEGIN Private defines */
```

在 STM32CubeMX 中设置的一个 GPIO 引脚用户标签，会在此生成两个宏定义，分别是端口宏定义和引脚号宏定义，如 PF6 引脚设置的用户标签为 LED1_RED，就生成了 LED1_RED_Pin 和 LED1_RED_GPIO_Port 两个宏定义。

GPIO 引脚初始化文件 gpio.c 和 gpio.h 是 STM32CubeMX 生成代码时自动生成的用

户程序文件。注意,必须在 STM32CubeMX Project Manager 工作界面 Code Generator 栏中勾选"生成.c/.h 文件对"选项,才会为一个外设生成.c/.h 文件对,如图 5-23 所示。

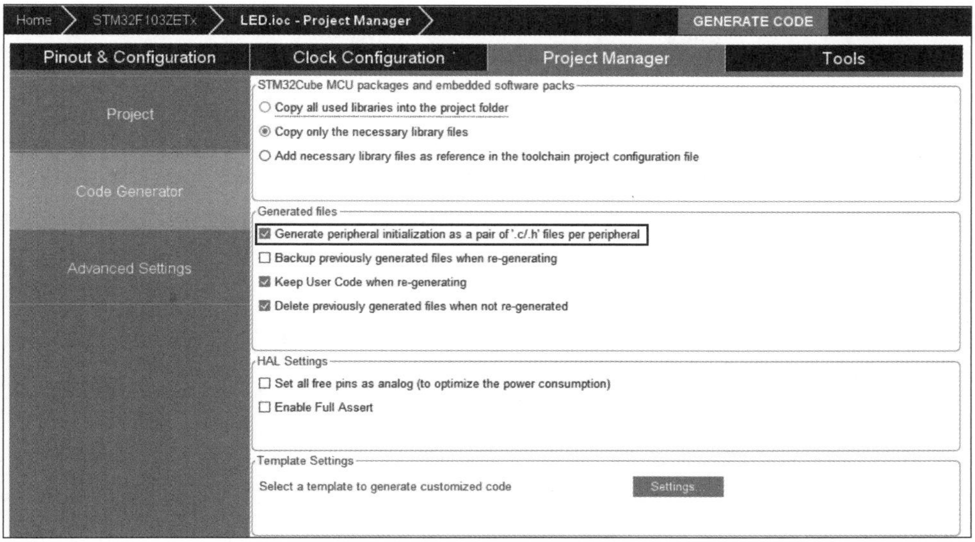

图 5-23　生成.c/.h 文件对配置项

gpio.h 文件定义了一个 MX_GPIO_Init()函数,这是在 STM32CubeMX 中图形化设置的 GPIO 引脚的初始化函数。

gpio.h 文件的代码如下,定义了 MX_GPIO_Init()函数原型。

```
#include "main.h"
void MX_GPIO_Init(void);
```

gpio.c 文件包含了 MX_GPIO_Init()函数的实现代码,具体如下。

```
#include "gpio.h"
void MX_GPIO_Init(void)
{
    GPIO_InitTypeDef GPIO_InitStruct = {0};
    /* GPIO Ports Clock Enable */
    __HAL_RCC_GPIOF_CLK_ENABLE();
    __HAL_RCC_GPIOH_CLK_ENABLE();
    /* Configure GPIO pin Output Level */
    HAL_GPIO_WritePin(GPIOF, LED1_RED_Pin|LED2_GREEN_Pin|LED3_BLUE_Pin, GPIO_PIN_SET);
    /* Configure GPIO pins : PFPin PFPin PFPin */
    GPIO_InitStruct.Pin = LED1_RED_Pin|LED2_GREEN_Pin|LED3_BLUE_Pin;
    GPIO_InitStruct.Mode = GPIO_MODE_OUTPUT_PP;
    GPIO_InitStruct.Pull = GPIO_PULLUP;
    GPIO_InitStruct.Speed = GPIO_SPEED_FREQ_HIGH;
    HAL_GPIO_Init(GPIOF, &GPIO_InitStruct);
}
```

GPIO 引脚初始化需要开启引脚所在端口的时钟,然后使用一个 GPIO_InitTypeDef 结构体变量设置引脚的各种 GPIO 参数,再调用 HAL_GPIO_Init() 函数进行 GPIO 引脚初始化配置。使用 HAL_GPIO_Init() 函数可以对一个端口的多个相同配置的引脚进行初始化,而不同端口或不同功能的引脚需要分别调用 HAL_GPIO_Init() 函数进行初始化。在 MX_GPIO_Init() 函数的代码中,使用了 main.h 文件中为各个 GPIO 引脚定义的宏。这样编写代码的好处是程序可以很方便地移植到其他开发板上。

4)新建用户文件

在 LED/Core/Src 文件夹下新建 bsp_led.c 文件,在 LED/Core/Inc 文件夹下新建 bsp_led.h 文件。将 bsp_led.c 文件添加到 Application/User/Core 文件夹下,如图 5-24 所示。

5)编写用户代码

如果用户想在生成的初始项目的基础上添加自己的应用程序代码,只需把用户代码写在代码沙箱段内,就可以在 STM32CubeMX 中修改 MCU 设置,重新生成代码,而不会影响用户已经添加的程序代码。沙箱段一般以 USER CODE BEGIN 和 USER CODE END 标识。此外,用户自定义的文件不受 STM32CubeMX 生成代码影响。

图 5-24　添加文件到 MDK 工程

```
/* USER CODE BEGIN */
用户自定义代码
/* USER CODE END */
```

为了方便控制 LED,把 LED 常用的亮、灭及状态翻转的控制也直接定义成宏,定义在 bsp_led.h 文件中。

```
/** 控制 LED 灯亮灭的宏
 * LED 低电平亮,设置 ON = 0,OFF = 1
 * 若 LED 高电平亮,把宏设置成 ON = 1 ,OFF = 0 即可
 */
#define ON   GPIO_PIN_RESET
#define OFF  GPIO_PIN_SET

/* 带参宏,可以像内联函数一样使用 */
#define LED1(a)   HAL_GPIO_WritePin(LED1_GPIO_PORT,LED1_PIN,a)
#define LED2(a)   HAL_GPIO_WritePin(LED2_GPIO_PORT,LED2_PIN,a)
#define LED3(a)   HAL_GPIO_WritePin(LED2_GPIO_PORT,LED3_PIN,a)

/* 直接操作寄存器的方法控制 I/O */
#define digitalHi(p,i)      {p->BSRR = i;}               //设置为高电平
#define digitalLo(p,i)      {p->BSRR = (uint32_t)i << 16;}  //输出低电平
#define digitalToggle(p,i)  {p->ODR ^= i;}               //输出翻转状态
```

```
/* 定义控制 I/O 的宏 */
#define LED1_TOGGLE         digitalToggle(LED1_GPIO_PORT,LED1_PIN)
#define LED1_OFF            digitalHi(LED1_GPIO_PORT,LED1_PIN)
#define LED1_ON             digitalLo(LED1_GPIO_PORT,LED1_PIN)

#define LED2_TOGGLE         digitalToggle(LED2_GPIO_PORT,LED2_PIN)
#define LED2_OFF            digitalHi(LED2_GPIO_PORT,LED2_PIN)
#define LED2_ON             digitalLo(LED2_GPIO_PORT,LED2_PIN)

#define LED3_TOGGLE         digitalToggle(LED3_GPIO_PORT,LED3_PIN)
#define LED3_OFF            digitalHi(LED3_GPIO_PORT,LED3_PIN)
#define LED3_ON             digitalLo(LED3_GPIO_PORT,LED3_PIN)

/* 基本混色,后面高级用法使用 PWM 可混出全彩颜色,且效果更好 */

//红
#define LED_RED     \
                    LED1_ON;\
                    LED2_OFF\
                    LED3_OFF
//绿
#define LED_GREEN   \
                    LED1_OFF;\
                    LED2_ON\
                    LED3_OFF
//蓝
#define LED_BLUE\
                    LED1_OFF;\
                    LED2_OFF\
                    LED3_ON
//黄(红+绿)
#define LED_YELLOW  \
                    LED1_ON;\
                    LED2_ON\
                    LED3_OFF
//紫(红+蓝)
#define LED_PURPLE  \
                    LED1_ON;\
                    LED2_OFF\
                    LED3_ON
//青(绿+蓝)
#define LED_CYAN    \
                    LED1_OFF;\
                    LED2_ON\
                    LED3_ON
//白(红+绿+蓝)
#define LED_WHITE   \
                    LED1_ON;\
                    LED2_ON\
```

```
                              LED3_ON
//黑(全部关闭)
#define LED_RGBOFF   \
                         LED1_OFF;\
                         LED2_OFF\
                         LED3_OFF
```

这部分宏控制 LED 亮灭的操作是通过直接向 BSRR 寄存器写入控制指令实现的，对 BSRR 寄存器低 16 位写 1 输出高电平，对 BSRR 寄存器高 16 位写 1 输出低电平，对 ODR 寄存器某位进行异或操作可翻转位的状态。

利用上面的宏，bsp_led.c 文件实现 LED 的初始化函数 LED_GPIO_Config()。此处仅关闭 RGB 灯，用户可根据需要初始化 RGB 灯的状态。

```
void LED_GPIO_Config(void)
{
    /* 关闭 RGB 灯 */
    LED_RGBOFF;
}
```

在 main.c 文件中添加对 bsp_led.h 文件的引用。

```
/* Private includes ----------------------------------------------------- */
/* USER CODE BEGIN Includes */
#include "bsp_led.h"
/* USER CODE END Includes */
```

在 main() 函数中添加对 LED 的控制。调用前面定义的 LED_GPIO_Config() 函数初始化 LED，然后直接调用各种控制 LED 灯亮灭的宏实现 LED 灯的控制，延时采用库自带的基于滴答时钟延时函数 HAL_Delay()，单位为 ms，直接调用即可，这里 HAL_Delay(1000) 表示延时 1s。

```
int main(void)
{
    /* MCU Configuration-------------------------------------------------- */
    /* Reset of all peripherals, initializes the Flash interface and the Systick */
    HAL_Init();
    /* Configure the system clock */
    SystemClock_Config();
    /* Initialize all configured peripherals */
    MX_GPIO_Init();
    /* USER CODE BEGIN 2 */
    /* LED 端口初始化 */
    LED_GPIO_Config();
    /* USER CODE END 2 */
    /* Infinite loop */
    /* USER CODE BEGIN WHILE */
```

```
    while (1)
    {
        LED1( ON );                     // 亮
        HAL_Delay(1000);
        LED1( OFF );                    // 灭
        HAL_Delay(1000);

        LED2( ON );                     // 亮
        HAL_Delay(1000);
        LED2( OFF );                    // 灭

        LED3( ON );                     // 亮
        HAL_Delay(1000);
        LED3( OFF );                    // 灭

        /* 轮流显示红绿蓝黄紫青白 */
        LED_RED;
        HAL_Delay(1000);

        LED_GREEN;
        HAL_Delay(1000);

        LED_BLUE;
        HAL_Delay(1000);

        LED_YELLOW;
        HAL_Delay(1000);

        LED_PURPLE;
        HAL_Delay(1000);

        LED_CYAN;
        HAL_Delay(1000);

        LED_WHITE;
        HAL_Delay(1000);

        LED_RGBOFF;
        HAL_Delay(1000);
      /* USER CODE END WHILE */

      /* USER CODE BEGIN 3 */
    }
    /* USER CODE END 3 */
}
```

开发板上的 RGB LED 可以实现混色,最后一段代码控制各种颜色的实现。

6) 重新编译工程

重新编译添加代码后的 MDK 工程,如图 5-25 所示。

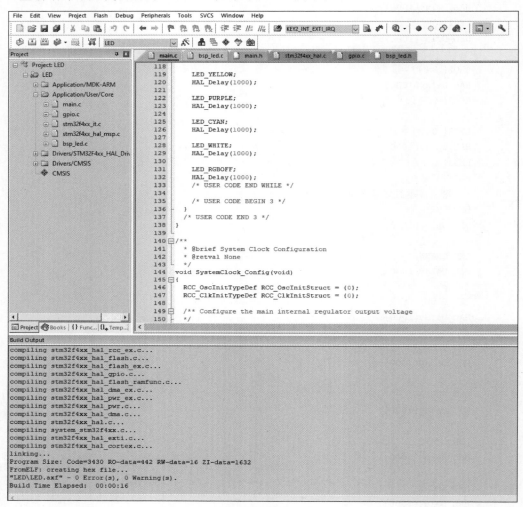

图 5-25　重新编译 MDK 工程

7) 配置工程仿真与下载项

在 MDK 开发环境中执行 Project→Options for Target 菜单命令或单击工具栏 ☜ 按钮配置工程,如图 5-26 所示。

切换至 Debug 选项卡,选择使用的仿真下载器 ST-Link Debugger。配置 Flash Download,勾选 Reset and Run 复选框,单击"确定"按钮,如图 5-27 所示。

8) 下载工程

连接好仿真下载器,开发板上电。

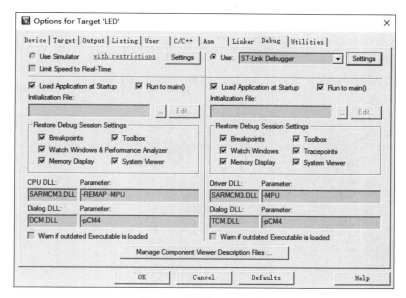

图 5-26　配置 MDK 工程

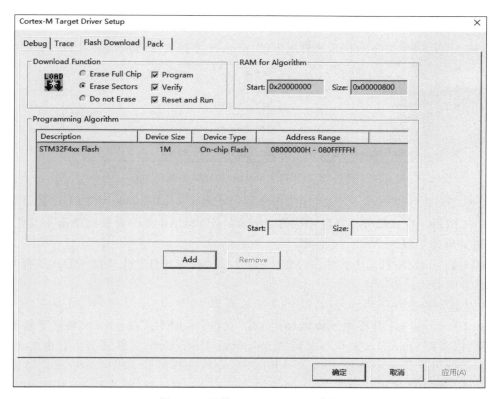

图 5-27　配置 Flash Download 选项

在 MDK 开发环境中执行 Flash→Download 菜单命令或单击
工具栏 ▦ 按钮下载工程,如图 5-28 所示。

工程下载成功提示如图 5-29 所示。

工程下载完成后,观察开发板上 LED 的闪烁状态,RGB 彩灯轮
流显示不同的颜色。

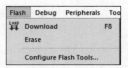

图 5-28　下载工程

```
Build Output
Build started: Project: LED
*** Using Compiler 'V5.06 update 7 (build 960)', folder: 'C:\Keil_v5\ARM\ARMCC\Bin'
Build target 'LED'
"LED\LED.axf" - 0 Error(s), 0 Warning(s).
Build Time Elapsed:  00:00:00
Load "LED\\LED.axf"
Erase Done.
Programming Done.
Verify OK.
Application running ...
Flash Load finished at 11:43:53
```

图 5-29　工程下载成功提示

3. 通过 STM32CubeIDE 实现工程

通过 STM32CubeIDE 实现工程的步骤如下。

1) 打开工程

打开 LED/STM32CubeIDE 文件夹下的 .project 工程文件,如图 5-30 所示。

名称 ^	修改日期	类型	大小
▣ Application	2022/12/8 11:45	文件夹	
▣ Drivers	2022/12/8 11:45	文件夹	
IDE .cproject	2022/12/8 11:45	CPROJECT 文件	24 KB
IDE .project	2022/12/8 11:45	PROJECT 文件	6 KB
▭ STM32F407ZGTX_FLASH.ld	2022/12/8 11:45	LD 文件	6 KB
▭ STM32F407ZGTX_RAM.ld	2022/12/8 11:45	LD 文件	6 KB

图 5-30　STM32CubeIDE 工程文件夹内容

2) 编译工程

在 STM32CubeIDE 开发环境中执行 Project→Build All 菜单命令或单击工具栏 Build
All 按钮 ▥ 编译工程。

STM32CubeMX 自动生成的 STM32CubeIDE 工程与其自动生成的 MDK 工程是一样
的,可参考前面的代码讲述。

3) 新建用户文件

在 LED/Core/Src 文件夹下新建 bsp_led.c 文件,在 LED/Core/Inc 文件夹下新建 bsp_
led.h 文件。将 bsp_led.c 文件添加到 Application/User/Core 文件夹下。右击 Core 文件
夹,在弹出的快捷菜单中选择 Import→File System,选择路径 LED/Core/Src,勾选 bsp_
led.c 文件。作为链接形式勾选 Create links in workspace 复选项,单击 Finish 按钮,如图 5-31
所示。然后添加文件到 STM32CubeIDE 工程,如图 5-32 所示。

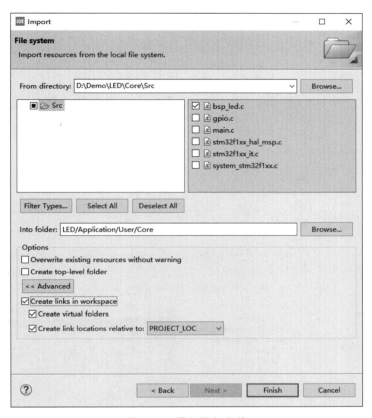

图 5-31　导入添加文件

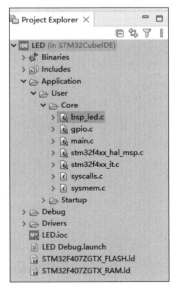

图 5-32　添加文件到 STM32CubeIDE 工程

4）配置文件编码格式

为了防止 STM32CubeIDE 代码编辑器中文显示乱码或串口输出乱码的问题，进行如下操作。

执行 Project→Properties 菜单命令，弹出 Properties for LED 对话框，依次单击 C/C++ Build→Settings→MCU GCC Compiler→Miscellaneous，单击 图 按钮新建 GCC 编译指令，如图 5-33 所示。

$- \mathrm{fexec - charset = GBK}$
$- \mathrm{finput - charset = UTF - 8}$

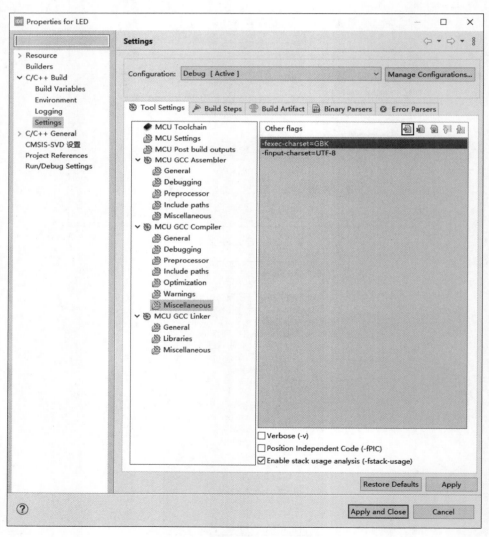

图 5-33　配置编译 GCC 编译指令

执行 Edit→Set Encoding 菜单命令,在 Other 下拉列表中选择 GBK(如果没有,手动输入),如图 5-34 所示。

当.c 文件中用到中文(非注释部分)时,需要设置编码格式为 UTF-8,且 STM32CubeIDE 重新生成代码后,需注意中文是否乱码。STM32CubeIDE 对中文的支持不友好,当显示乱码时,需进行相应编码格式的切换。

图 5-34　配置编码

5)编写用户代码

如果用户想在生成的初始项目的基础上添加自己的应用程序代码,只需把用户代码写在代码沙箱段内,就可以在 STM32CubeMX 中修改 MCU 设置,重新生成代码,而不会影响用户已经添加的程序代码。沙箱段一般以 USER CODE BEGIN 和 USER CODE END 标识。此外,用户自定义的文件不受 STM32CubeMX 生成代码影响。可参考通过 Keil MDK 实现工程的编写用户代码。

6)重新编译工程

重新编译添加代码后的 STM32CubeIDE 工程,如图 5-35 所示。

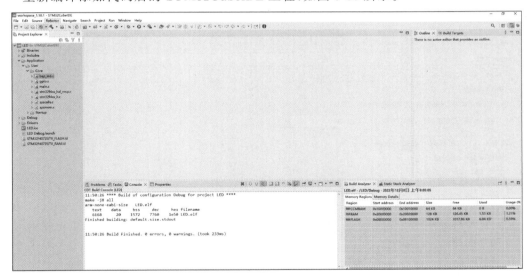

图 5-35　重新编译 STM32CubeIDE 工程

如果在编译 STM32CubeIDE 工程时,出现如图 5-36 所示的路径错误,则执行 Project→Clean 菜单命令,如图 5-37 所示,可以解决编译 STM32CubeIDE 工程时出现的路径错误。

产生这种错误的原因是:如果将在 D 盘建立的 STM32CubeIDE 工程复制到其他盘,如 F 盘,再次编译 STM32CubeIDE 工程会出现路径错误。

图 5-36　编译 STM32CubeIDE 工程时出现的路径错误

7）下载工程

连接好仿真下载器，开发板上电。

执行 Run→Run 菜单命令或单击工具栏 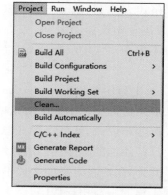 按钮，首次运行时会弹出配置对话框，选择调试探头为 ST-LINK，接口为 JTAG，其余选项采用默认设置，如图 5-38 所示。

工程下载完成后，观察开发板上 LED 的闪烁状态，RGB 彩灯轮流显示不同的颜色。下载 STM32CubeIDE 工程后提示信息如图 5-39 所示。

4. 通过 STM32CubeProgrammer 下载工程

也可以使用 STM32CubeProgrammer 下载工程，步骤如下。

图 5-37　执行 Project→Clean 菜单命令

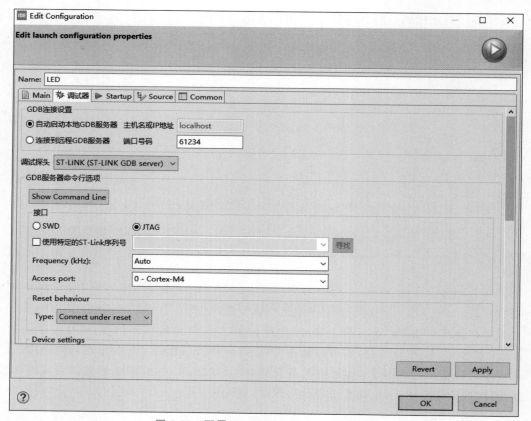

图 5-38　配置 STM32CubeIDE 工程调试器

图 5-39　下载 STM32CubeIDE 工程后提示信息

（1）连接好仿真下载器，开发板上电。

（2）打开 STM32CubeProgrammer，配置工具为 ST-LINK，选择 Port 为 JTAG，如图 5-40 所示。

（3）单击 Connect 按钮，STM32CubeProgrammer 连接 ST-LINK，如图 5-41 所示。

（4）单击左边栏 ■ 图标进入 Erasing & Programming 页面，单击 Browse 按钮选择 LED/STM32CubeIDE/Debug 文件夹下的 LED.elf 文件，如图 5-42 所示。

图 5-40　STM32CubeProgrammer 配置 ST-LINK

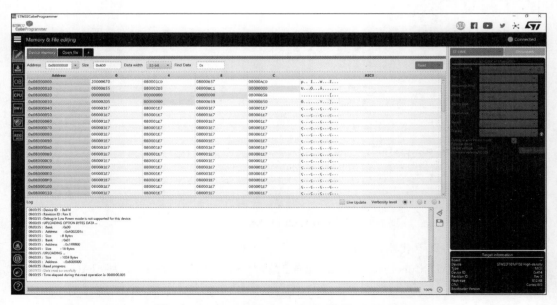

图 5-41　STM32CubeProgrammer 连接 ST-LINK

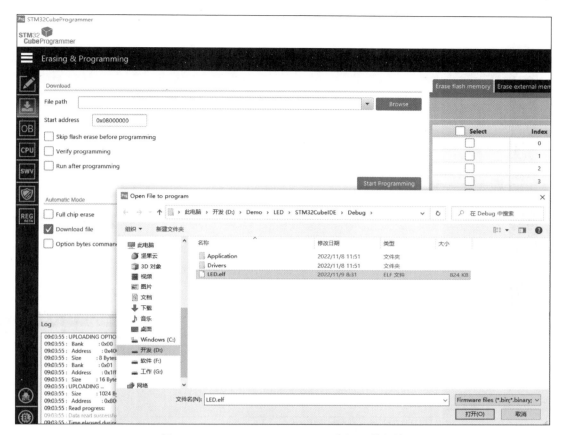

图 5-42　STM32CubeProgrammer 选择下载文件

（5）勾选 Verify programming 和 Run after programming 复选框，单击 Start Programming 按钮，开始下载工程，如图 5-43 所示。

工程下载成功提示如图 5-44 所示。

工程下载完成后，观察开发板上 LED 的闪烁状态，RGB 彩灯轮流显示不同的颜色。

特别提示：如果 STM32 的外设（如 SPI1）与 JTAG 程序下载接口共用了引脚，则单击 ▶ ▾ 按钮下载工程后执行程序，会出现如图 5-45 所示的"Target is not responding，retrying…"的问题。

产生该问题的原因是 JTAG 引脚与 SPI1 引脚复用了，在下载程序时 JTAG 正常连接，下载完成后程序运行，端口作为 SPI 复用功能，STM32CubeIDE 原先建立的 JTAG 连接失效，因此有对应的"Target is not responding，retrying…"提示。解决的办法是 STM32 的外设（如 SPI1）不与 JTAG 程序下载接口复用。

该问题不影响程序的运行，可以忽略。

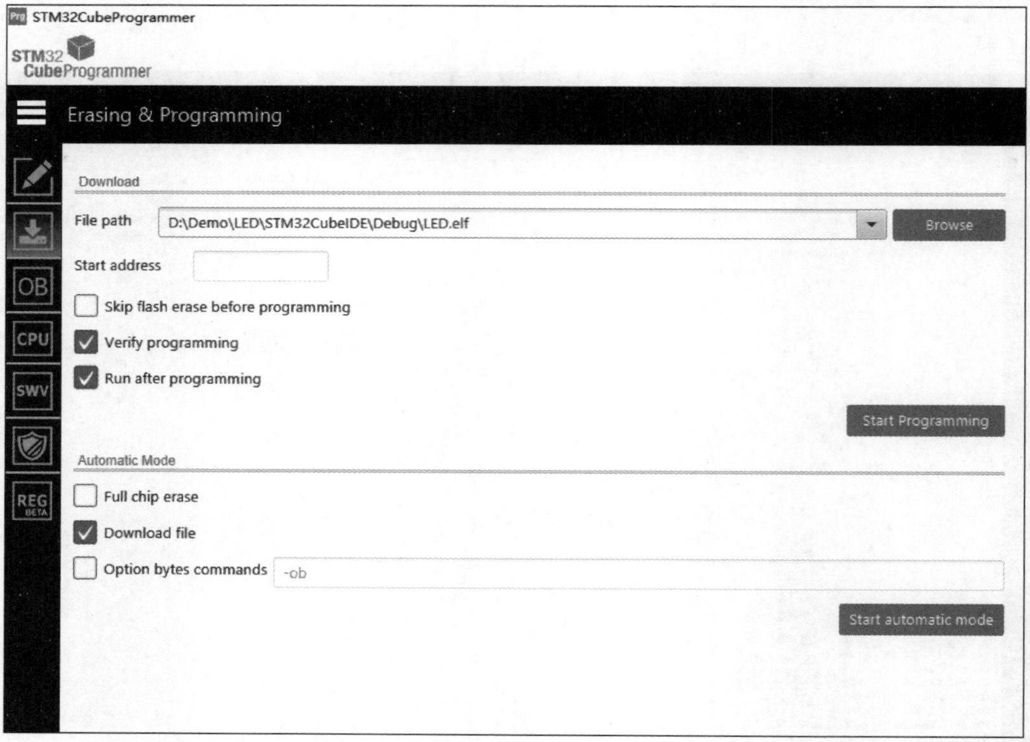

图 5-43　STM32CubeProgrammer 下载工程

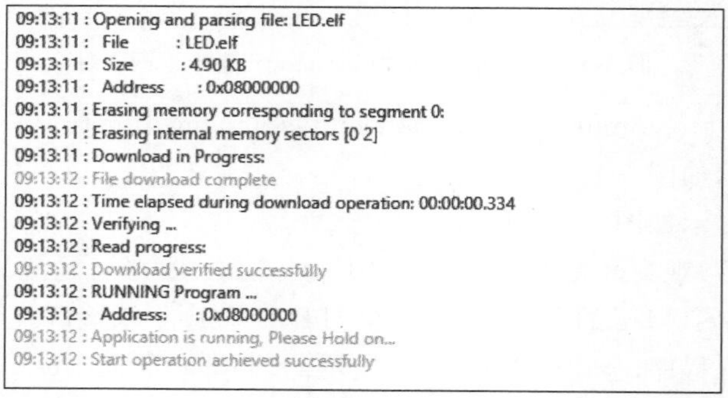

图 5-44　STM32CubeProgrammer 工程下载成功提示

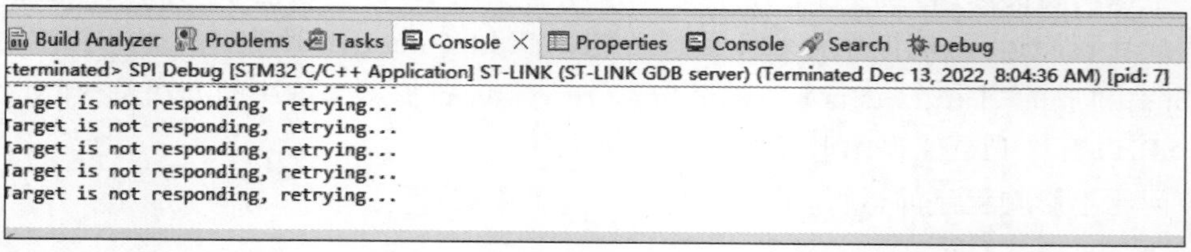

图 5-45　"Target is not responding，retrying..."问题提示

5.6　采用 STM32CubeMX 和 HAL 库的 GPIO 输入应用实例

本 GPIO 输入应用实例是使用固件库的按键检测。

5.6.1　STM32 的 GPIO 输入应用硬件设计

按键机械触点断开、闭合时,由于触点的弹性作用,按键开关不会马上稳定接通或立即断开,使用按键时会产生抖动信号,需要用软件消抖处理滤波,不方便输入检测。本实例开发板连接的按键附带硬件消抖功能,如图 5-46 所示。它利用电容充放电的延时消除了波纹,从而简化软件的处理,软件只需要直接检测引脚的电平即可。

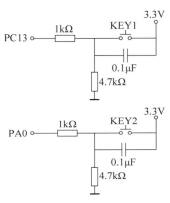

图 5-46　按键检测电路

由按键检测电路可知,当按键没有被按下时,GPIO 引脚的输入状态为低电平(按键所在的电路不通,引脚接地);当按键按下时,GPIO 引脚的输入状态为高电平(按键所在的电路导通,引脚接到电源)。只要检测按键引脚的输入电平,即可判断按键是否被按下。

若使用的开发板按键的连接方式或引脚不一样,只需根据工程修改引脚即可,程序的控制原理相同。

在本实例中,根据图 5-46 的电路设计一个实例,通过按键控制 LED,功能如下。

(1) 按下 KEY1,红灯翻转。

(2) 按下 KEY2,绿灯翻转。

5.6.2　STM32 的 GPIO 输入应用软件设计

编程要点如下。

(1) 使能 GPIO 端口时钟。

(2) 初始化 GPIO 目标引脚为输入模式(浮空输入)。

(3) 编写简单测试程序,检测按键的状态,实现按键控制 LED。

1. 通过 STM32CubeMX 新建工程

(1) 在 Demo 目录下新建 KEY 文件夹,这是保存本实例新建工程的文件夹。

(2) 在 STM32CubeMX 开发环境中新建工程。

(3) 选择 MCU 或开发板。选择 STM32F407ZGT6 型号,启动工程。

(4) 执行 File→Save Project 菜单命令,保存工程。

(5) 执行 File→Generate Report 菜单命令生成当前工程的报告文件。

(6) 配置 MCU 时钟树。在 Pinout & Configuration 工作页面,选择 System Core→RCC,根据开发板实际情况,High Speed Clock(HSE)选择为 Crystal/Ceramic Resonator

（晶体/陶瓷晶振）。

切换到 Clock Configuration 工作页面，根据开发板外设情况配置总线时钟。此处配置 Input frequency 为 25MHz，PLL Source Mux 为 HSE，分配系数为 25，PLLMul 倍频为 336MHz，PLLCLK 2 分频后为 168MHz，System Clock Mux 为 PLLCLK，APB1 Prescaler 为/4，APB2 Prescaler 为/2，其余采用默认设置即可。

（7）配置 MCU 外设

根据 LED 和 KEY 电路，整理出 MCU 连接的 GPIO 引脚的输入/输出配置，如表 5-3 所示。

表 5-3　MCU 引脚的配置

用户标签	引脚名称	引脚功能	GPIO 模式	上拉或下拉	端口速率
LED1_RED	PF6	GPIO_Output	推挽输出	上拉	最高
LED2_GREEN	PF7	GPIO_Output	推挽输出	上拉	最高
LED3_BLUE	PF8	GPIO_Output	推挽输出	上拉	最高
KEY1	PA0	GPIO_Input	浮空输入	无	—
KEY2	PC13	GPIO_Input	浮空输入	无	—

再根据表 5-3 进行 GPIO 引脚配置。在引脚视图上单击相应的引脚，在弹出的菜单中选择引脚功能。与 LED 连接的引脚是输出引脚，设置引脚功能为 GPIO_Output；与 KEY 连接的引脚是输入引脚，设置引脚功能为 GPIO_Input，具体步骤如下。

在 Pinout & Configuration 工作页面选择 System Core→GPIO，对使用的 GPIO 进行设置。LED 输出引脚：LED1_RED（PF6）、LED2_GREEN（PF7）和 LED3_BLUE（PF8）；按键输入引脚：KEY1（PA0）和 KEY2（PC13）。配置完成后的 GPIO 引脚页面如图 5-47 所示。

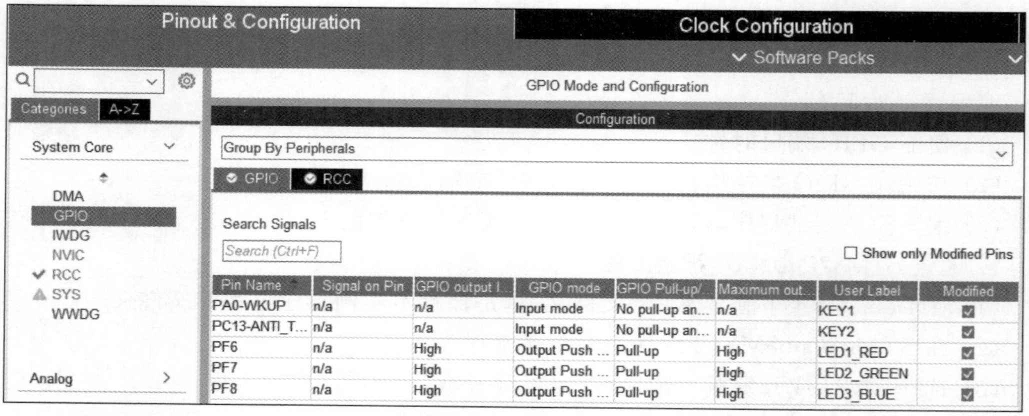

图 5-47　配置完成后的 GPIO 引脚页面

（8）配置工程。

在 Project Manager 工作页面 Project 栏，Toolchain/IDE 选择为 MDK-ARM，Min Version 选择为 V5，可生成 Keil MDK 工程；选择为 STM32CubeIDE，可生成 STM32CubeIDE 工程。

（9）生成 C 代码工程。

返回 STM32CubeMX 主页面单击 GENERATE CODE 按钮生成 C 代码工程。

2．通过 Keil MDK 实现工程

通过 Keil MDK 实现工程的步骤如下。

（1）打开 KEY/MDK-ARM 文件夹下的工程文件。

（2）编译 STM32CubeMX 自动生成的 MDK 工程。

在 MDK 开发环境中执行 Project→Rebuild all target files 菜单命令或单击工具栏 Rebuild 按钮 🔳 编译工程。

（3）STM32CubeMX 自动生成的 MDK 工程如下。

main.c 文件中 main()函数依次调用了：HAL_Init()函数，用于复位所有外设，初始化 Flash 接口和 SysTick 定时器；SystemClock_Config()函数，用于配置各种时钟信号频率；MX_GPIO_Init()函数，用于初始化 GPIO 引脚。

在 STM32CubeMX 中，为 LED 和按键连接的 GPIO 引脚设置了用户标签，这些用户标签的宏定义在 main.h 文件里。代码如下。

```
/* Private defines ------------------------------------------------------ */
#define KEY2_Pin GPIO_PIN_13
#define KEY2_GPIO_Port GPIOC
#define LED1_RED_Pin GPIO_PIN_6
#define LED1_RED_GPIO_Port GPIOF
#define LED2_GREEN_Pin GPIO_PIN_7
#define LED2_GREEN_GPIO_Port GPIOF
#define LED3_BLUE_Pin GPIO_PIN_8
#define LED3_BLUE_GPIO_Port GPIOF
#define KEY1_Pin GPIO_PIN_0
#define KEY1_GPIO_Port GPIOA
/* USER CODE BEGIN Private defines */
```

gpio.c 文件包含了 MX_GPIO_Init()函数的实现代码，具体如下。

```
void MX_GPIO_Init(void)
{
  GPIO_InitTypeDef GPIO_InitStruct = {0};
  /* GPIO Ports Clock Enable */
  __HAL_RCC_GPIOC_CLK_ENABLE();
  __HAL_RCC_GPIOF_CLK_ENABLE();
  __HAL_RCC_GPIOH_CLK_ENABLE();
  __HAL_RCC_GPIOA_CLK_ENABLE();
```

```
/* Configure GPIO pin Output Level */
HAL_GPIO_WritePin(GPIOF, LED1_RED_Pin|LED2_GREEN_Pin|LED3_BLUE_Pin, GPIO_PIN_SET);

/* Configure GPIO pin : PtPin */
GPIO_InitStruct.Pin = KEY2_Pin;
GPIO_InitStruct.Mode = GPIO_MODE_INPUT;
GPIO_InitStruct.Pull = GPIO_NOPULL;
HAL_GPIO_Init(KEY2_GPIO_Port, &GPIO_InitStruct);

/* Configure GPIO pins : PFPin PFPin PFPin */
GPIO_InitStruct.Pin = LED1_RED_Pin|LED2_GREEN_Pin|LED3_BLUE_Pin;
GPIO_InitStruct.Mode = GPIO_MODE_OUTPUT_PP;
GPIO_InitStruct.Pull = GPIO_PULLUP;
GPIO_InitStruct.Speed = GPIO_SPEED_FREQ_HIGH;
HAL_GPIO_Init(GPIOF, &GPIO_InitStruct);

/* Configure GPIO pin : PtPin */
GPIO_InitStruct.Pin = KEY1_Pin;
GPIO_InitStruct.Mode = GPIO_MODE_INPUT;
GPIO_InitStruct.Pull = GPIO_NOPULL;
HAL_GPIO_Init(KEY1_GPIO_Port, &GPIO_InitStruct);
}
```

（4）新建用户文件。

在 KEY/Core/Src 文件夹下新建 bsp_led. c、bsp_key. c 文件，在 KEY/Core/Inc 文件夹下新建 bsp_led. h、bsp_key. h 文件。将 bsp_led. c 和 bsp_key. c 文件添加到 Application/User/Core 文件夹下。

（5）编写用户代码。

bsp_led. h 和 bsp_led. c 文件实现 LED 操作的宏定义和 LED 初始化。

bsp_key. h 文件实现按键检测引脚相关的宏定义。

```
/** 按键按下标志宏
  * 若按键按下为高电平,设置 KEY_ON = 1, KEY_OFF = 0
  * 若按键按下为低电平,把宏设置成 KEY_ON = 0 ,KEY_OFF = 1 即可
  */
#define KEY_ON  1
#define KEY_OFF 0
```

bsp_key. c 文件实现按键扫描函数 Key_Scan()。GPIO 引脚的输入电平可通过读取 IDR 寄存器对应的数据位感知,而 STM32HAL 库提供了库函数 HAL_GPIO_ReadPin()获取位状态,该函数输入 GPIO 端口及引脚号,返回该引脚的电平状态,高电平返回 1,低电平返回 0。Key_Scan()函数中将 HAL_GPIO_ReadPin()函数的返回值与自定义的宏 KEY_ON 进行对比,若检测到按键按下,则使用 while 循环持续检测按键状态,直到按键释放,按键释放后 Key_Scan()函数返回一个 KEY_ON 值;若没有检测到按键按下,则函数直接返

回 KEY_OFF。若按键的硬件没有做消抖处理，需要在这个 Key_Scan()函数中做软件滤波，防止波纹抖动引起误触发。

```
uint8_t Key_Scan(GPIO_TypeDef * GPIOx,uint16_t GPIO_Pin)
{
    /* 检测是否有按键按下 */
    if(HAL_GPIO_ReadPin(GPIOx,GPIO_Pin) == KEY_ON )
    {
        /* 等待按键释放 */
        while(HAL_GPIO_ReadPin(GPIOx,GPIO_Pin) == KEY_ON);
        return KEY_ON;
    }
    else
        return KEY_OFF;
}
```

在 main.c 文件中添加对用户自定义头文件的引用。

```
/* Private includes -------------------------------------------------- */
/* USER CODE BEGIN Includes */
# include " bsp_led.h"
# include "bsp_key.h"
/* USER CODE END Includes */
```

在 main.c 文件中添加对 LED 的初始化和对按键的控制。KEY1 控制 LED1_RED，KEY2 控制 LED2_GREEN。按一次按键，LED 状态就翻转一次。

```
/* USER CODE BEGIN 2 */
/* LED 端口初始化 */
LED_GPIO_Config();
/* USER CODE END 2 */

/* Infinite loop */
/* USER CODE BEGIN WHILE */
while (1)
{
    if( Key_Scan(KEY1_GPIO_PORT,KEY1_PIN) == KEY_ON  )
    {
        /* LED1 翻转 */
        LED1_TOGGLE;
    }

    if( Key_Scan(KEY2_GPIO_PORT,KEY2_PIN) == KEY_ON  )
    {
        /* LED2 翻转 */
        LED2_TOGGLE;
    }
    /* USER CODE END WHILE */
```

初始化 LED 及按键后,在 while 循环里不断调用 Key_Scan()函数,并判断其返回值,若返回值表示按键按下,则翻转 LED 的状态。

(6) 重新编译添加代码后的工程。

(7) 配置工程仿真与下载项。

在 MDK 开发环境中执行 Project→Options for Target 菜单命令或单击工具栏 ⚒ 按钮配置工程。

切换至 Debug 选项卡中选择使用的仿真下载器 ST-Link Debugger。配置 Flash Download,勾选 Reset and Run 复选框。

(8) 下载工程。

连接好仿真下载器,开发板上电。

在 MDK 开发环境中执行 Flash→Download 菜单命令或单击工具栏 ⚒ 按钮下载工程。

工程下载完成后,操作按键,观察开发板上 LED 的状态。

第6章

STM32 中断

本章讲述 STM32 中断,包括中断概述、STM32F4 中断系统、STM32F4 外部中断/事件控制器、STM32F4 中断 HAL 驱动程序、STM32 外部中断设计流程和采用 STM32CubeMX 和 HAL 库的外部中断设计实例。

6.1 中断概述

中断是计算机系统的一种处理异步事件的重要方法。它的作用是在计算机的 CPU 运行软件的同时,监测系统内外有没有发生需要 CPU 处理的"紧急事件"。当需要处理的事件发生时,中断控制器会打断 CPU 正在处理的常规事务,转而插入一段处理该紧急事件的代码;而该事务处理完成之后,CPU 又能正确地返回刚才被打断的地方,以继续运行原来的代码。中断可以分为中断响应、中断处理和中断返回 3 个阶段。

中断处理事件的异步性是指紧急事件在什么时候发生与 CPU 正在运行的程序完全没有关系,是无法预测的。既然无法预测,只能随时查看这些"紧急事件"是否发生,而中断机制最重要的作用,是将 CPU 从不断监测紧急事件是否发生这类繁重工作中解放出来,将这项"相对简单"的繁重工作交给中断控制器这个硬件完成。中断机制的第 2 个重要作用是判断哪个或哪些中断请求更紧急,应该优先被响应和处理,并且寻找不同中断请求所对应的中断处理代码所在的位置。中断机制的第 3 个作用是帮助 CPU 在运行完处理紧急事务的代码后,正确地返回之前运行被打断的地方。根据上述中断处理的过程及其作用,读者会发现中断机制既提高了 CPU 正常运行常规程序的效率,又提高了响应中断的速度,是几乎现代计算机都会配备的一种重要机制。

嵌入式系统是嵌入宿主对象中,帮助宿主对象完成特定任务的计算机系统,其主要工作就是和真实世界打交道。能够快速、高效地处理来自真实世界的异步事件成为嵌入式系统的重要标志,因此中断对于嵌入式系统而言显得尤其重要,是学习嵌入式系统的难点和重点。

在实际的应用系统中,嵌入式单片机 STM32 可能与各种各样的外部设备相连接。这些外设的结构形式、信号种类与大小、工作速度等差异很大,因此,需要有效的方法使单片机与外部设备协调工作。通常单片机与外设交换数据有 3 种方式：无条件传输方式、程序查询方式以及中断方式。

1．无条件传输方式

单片机无须了解外部设备状态，当执行传输数据指令时直接向外部设备发送数据，因此适用于快速设备或状态明确的外部设备。

2．程序查询方式

控制器主动对外部设备的状态进行查询，依据查询状态传输数据。查询方式常常使单片机处于等待状态，同时也不能作出快速响应。因此，在单片机任务不太繁忙，对外部设备响应速度要求不高的情况下常采用这种方式。

3．中断方式

外部设备主动向单片机发送请求，单片机接到请求后立即中断当前工作，处理外部设备的请求，处理完毕后继续处理未完成的工作。这种传输方式提高了 STM32 微处理器的利用率，并且对外部设备有较快的响应速度。因此，中断方式更加适应实时控制的需要。

6.1.1 中断

为了更好地描述中断，我们用日常生活中常见的例子作比喻。假如你有朋友下午要来拜访，可又不知道他具体什么时候到，为了提高效率，你就边看书边等。在看书的过程中，门铃响了，这时，你先在书签上记下当前阅读的页码，然后暂停阅读，放下手中的书，开门接待朋友。等接待完毕后，再从书签上找到阅读进度，从刚才暂停的页码处继续看书。这个例子很好地表现了日常生活中的中断及其处理过程：门铃的铃声让你暂时中止当前的工作（看书），而去处理更紧急的事情（朋友来访），把急需处理的事情（接待朋友）处理完毕之后，再回过头来继续做原来的事情（看书）。显然，这样的处理方式比你一个下午不做任何事情，一直站在门口傻等要高效多了。

类似地，在计算机执行程序的过程中，CPU 暂时中止其正在执行的程序，转去执行请求中断的那个外设或事件的服务程序，等处理完毕后再返回执行原来中止的程序，叫作中断。

6.1.2 中断的功能

1．提高 CPU 工作效率

在早期的计算机系统中，CPU 工作速度快，外设工作速度慢，形成 CPU 等待，效率降低。设置中断后，CPU 不必花费大量的时间等待和查询外设工作。例如，计算机和打印机连接，计算机可以快速地传输一行字符给打印机（由于打印机存储容量有限，一次不能传输很多），打印机开始打印字符，CPU 可以不理会打印机，处理自己的工作，待打印机打印该行字符完毕，发给 CPU 一个信号，CPU 产生中断，中断正在处理的工作，转而再传输一行字符给打印机，这样在打印机打印字符期间（外设慢速工作），CPU 可以不必等待或查询，自行处理自己的工作，从而大大提高了 CPU 工作效率。

2. 具有实时处理功能

实时控制是微型计算机系统特别是单片机系统应用领域的一个重要任务。在实时控制系统中,现场各种参数和状态的变化是随机发生的,要求 CPU 能作出快速响应,及时处理。有了中断系统,这些参数和状态的变化可以作为中断信号,使 CPU 中断,在相应的中断服务程序中及时处理这些参数和状态的变化。

3. 具有故障处理功能

微控制器在实际运行中,常会出现一些故障,如电源突然掉电、硬件自检出错、运算溢出等。利用中断,就可执行处理故障的中断服务程序。例如,电源突然掉电,由于稳压电源输出端接有大电容,从电源掉电至大电容的电压下降到正常工作电压之下,一般有几毫秒至几百毫秒的时间。这段时间内,若使 CPU 产生中断,在处理掉电的中断服务程序中将需要保存的数据和信息及时转移到具有备用电源的存储器中,待电源恢复正常时再将这些数据和信息送回到原存储单元,返回中断点继续执行原程序。

4. 实现分时操作

微控制器通常需要控制多个外设同时工作。例如,键盘、打印机、显示器、ADC、DAC等,这些设备的工作有些是随机的,有些是定时的,对于一些定时工作的外设,可以利用定时器,到一定时间产生中断,在中断服务程序中控制这些外设工作。例如,动态扫描显示,每隔一定时间会更换显示字位码和字段码。

此外,中断系统还能用于程序调试、多机连接等。因此,中断系统是计算机中重要的组成部分。可以说,有了中断系统后,计算机才能比原来无中断系统的早期计算机演绎出多姿多彩的功能。

6.1.3　中断源与中断屏蔽

1. 中断源

中断源是指能引发中断的事件。通常,中断源都与外设有关。在前面讲述的朋友来访的例子中,门铃的铃声是一个中断源,它由门铃这个外设发出,告诉主人(CPU)有客来访(事件),并等待主人(CPU)响应和处理(开门接待客人)。计算机系统中,常见的中断源有按键、定时器溢出、串口收到数据等,与此相关的外设有键盘、定时器和串口等。

每个中断源都有它对应的中断标志位,一旦该中断发生,它的中断标志位就会被置位。如果中断标志位被清除,那么它所对应的中断便不会再被响应。所以,一般在中断服务程序最后要将对应的中断标志位清零,否则将始终响应该中断,不断执行该中断服务程序。

Cortex-M4 处理器支持 256 个中断(16 个内核中断＋240 外部中断)和可编程 256 级中断优先级的设置,与其相关的中断控制和中断优先级控制寄存器(NVIC、SYSTICK 等)也都属于 Cortex-M4 内核的部分。Cortex-M4 是一个 32 位的核,在传统的单片机领域中,有一些不同于通用 32 位 CPU 应用的要求。例如,在工控领域,用户要求具有更快的中断速度,Cortex-M4 采用了 Tail-Chaining 中断技术,完全基于硬件进行中断处理,最多可减少 12个时钟周期,在实际应用中可减少 70% 中断。

STM32F407ZGT6没有使用Cortex-M4内核全部的东西(如内存保护单元等),因此它的嵌套向量中断控制器是Cortex-M4内核的嵌套向量中断控制器的子集。中断事件的异常处理通常被称作中断服务程序(ISR),中断一般由片上外设或I/O口的外部输入产生。

当异常发生时,Cortex-M4通过硬件自动将程序计数器(PC)、程序状态寄存器(xPSR)、链接寄存器(LR)和R0~R3、R12等寄存器压进堆栈。在D-Bus(数据总线)保存处理器状态的同时,处理器通过I-Bus(指令总线)从一个可以重新定位的向量表中识别出异常向量,并获取ISR函数的地址,也就是保护现场与取异常向量是并行处理的。一旦压栈和取指令完成,中断服务程序或故障处理程序就开始执行。执行完ISR,硬件进行出栈操作,中断前的程序恢复正常执行。

STM32F407ZGT6支持的中断共有82个,共有16级可编程中断优先级的设置(仅使用中断优先级设置8位中的高4位)。它的嵌套向量中断控制器和处理器核的接口紧密相连,可以实现低延迟的中断处理和有效地处理晚到的中断。

2. 中断屏蔽

中断屏蔽是中断系统一个十分重要的功能。在计算机系统中,程序设计人员可以通过设置相应的中断屏蔽位,禁止CPU响应某个中断,从而实现中断屏蔽。在微控制器的中断控制系统中,对一个中断源能否响应,一般由中断允许总控制位和该中断自身的中断允许控制位共同决定。这两个中断控制位中的任何一个被关闭,该中断就无法响应。

中断屏蔽的目的是保证在执行一些关键程序时不响应中断,以免造成延迟而引起错误。如在系统启动执行初始化程序时屏蔽键盘中断,能够使初始化程序顺利进行,这时,按任何按键都不会响应。当然,对于一些重要的中断请求是不能屏蔽的,如系统重启、电源故障、内存出错等影响整个系统工作的中断请求。因此,按照中断是否可以被屏蔽划分,中断可分为可屏蔽中断和不可屏蔽中断两类。

值得注意的是,尽管某个中断源可以被屏蔽,但一旦该中断发生,不管该中断屏蔽与否,它的中断标志位都会被置位,而且只要该中断标志位不被软件清除,它就一直有效。等待该中断重新被使用时,它即允许被CPU响应。

6.1.4 中断处理过程

在中断系统中,通常将CPU处在正常情况下运行的程序称为主程序;把产生申请中断信号的事件称为中断源;由中断源向CPU所发出的申请中断信号称为中断请求信号;CPU接收中断请求信号停止现行程序的运行而转向为中断服务称为中断响应;为中断服务的程序称为中断服务程序或中断处理程序。现行程序被打断的地方称为断点,执行完中断服务程序后返回断点处继续执行主程序称为中断返回。这个处理过程称为中断处理过程,中断处理过程如图6-1所示,大致可以分为4步:中断请求、中断响应、中断服务和中断返回。

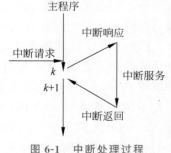

图6-1 中断处理过程

在整个中断处理过程中,由于 CPU 执行完中断处理程序之后仍然要返回主程序,因此在执行中断处理程序之前,要将主程序中断处的地址,即断点处(主程序下一条指令地址,即图 6-1 中的 $k+1$ 点)保存起来,称为保护断点。又由于 CPU 在执行中断处理程序时,可能会使用和改变主程序使用过的寄存器、标志位,甚至内存单元,因此在执行中断服务程序前,还要把有关的数据保护起来,称为保护现场。在 CPU 执行完中断处理程序后,则要恢复原来的数据,并返回主程序的断点处继续执行,称为恢复现场和恢复断点。

1. 中断响应

当某个中断请求产生后,CPU 进行识别并根据中断屏蔽位判断该中断是否被屏蔽。若该中断请求已被屏蔽,仅将中断寄存器中该中断的标志位置位,CPU 不作任何响应,继续执行当前程序;若该中断请求未被屏蔽,不仅中断寄存器中该中断的标志位将置位,CPU 还执行以下步骤响应异常。

1) 保护现场

保护现场是为了在中断处理完成后可以返回断点处继续执行下去而在中断处理前必须做的操作。在计算机系统中,保护现场通常是通过将 CPU 关键寄存器进栈实现的。

2) 找到该中断对应的中断服务程序的地址

中断发生后,CPU 是如何准确地找到这个中断对应的处理程序的呢? 就像在前面讲述的朋友来访的例子中,当门铃响起,你会去开门(执行门铃响对应的处理程序),而不是去接电话(执行电话铃响对应的处理程序)。当然,对于具有正常思维能力的人,以上的判断和响应是逻辑常识。但是,对于不具备人类思考和推理能力的 CPU,这点又是如何保证的呢?

答案就是中断向量表。中断向量表是中断系统中非常重要的概念。它是一块存储区域,通常位于存储器的零地址处,在这块区域中按中断号从小到大依次存放着所有中断处理程序的入口地址。当某个中断产生且经判断其未被屏蔽后,CPU 会根据识别到的中断号到中断向量表中找到该中断号所在的表项,取出该中断对应的中断服务程序的入口地址,然后跳转到该地址执行。就像在前面讲述的朋友来访的例子中,假设主人是一个尚不具备逻辑常识但非常听家长话的小孩(CPU),家长(程序员)写了一本生活指南(中断服务程序文件)留给他。这本生活指南记录了家长离开期间所有可能发生事件的应对措施,并配有以这些事件号排序的目录(中断向量表)。当门铃声响起时,小孩先根据发生的事件(门铃响)在目录中找到该事件的应对措施在生活指南中的页码,然后翻到该页码处就能准确无误地找到该事件应对措施的具体内容了。与实际生活相比,这种目录查找方式更适用于计算机系统。在计算机系统中,中断向量表就相当于目录,CPU 在响应中断时使用这种类似查字典的方法通过中断向量表找到每个中断对应的处理方式。

2. 执行中断服务程序

每个中断都有自己对应的中断服务程序,用来处理中断。CPU 响应中断后,转而执行对应的中断服务程序。通常,中断服务程序又称为中断服务函数(Interrupt Service Routine),由用户根据具体的应用使用汇编语言或 C 语言编写,用来实现对该中断真正的处理操作。

中断服务程序具有以下特点。

(1) 中断服务程序是一种特殊的函数(Function),既没有参数,也没有返回值,更不由用户调用,而是当某个事件产生一个中断时由硬件自动调用。

(2) 在中断服务程序中修改在其他程序中访问的变量,在其定义和声明时要在前面加上 volatile 修饰词。

(3) 中断服务程序要求尽量简短,这样才能够充分利用 CPU 的高速性能和满足实时操作的要求。

3. 中断返回

CPU 执行中断服务程序完毕后,通过恢复现场(CPU 关键寄存器出栈)实现中断返回,从断点处继续执行原程序。

6.1.5 中断优先级与中断嵌套

1. 中断优先级

计算机系统中的中断往往不止一个,那么,对于多个同时发生的中断或嵌套发生的中断,CPU 又该如何处理? 应该先响应哪个中断? 为什么? 答案就是设定中断优先级。

为了更形象地说明中断优先级的概念,还是从生活中的实例开始讲起。生活中的突发事件很多,为了便于快速处理,通常把这些事件按重要性或紧急程度从高到低依次排列。这种分级就称为优先级。如果多个事件同时发生,根据它们的优先级从高到低依次响应。例如,在前面讲述的朋友来访的例子中,如果门铃响的同时,电话铃也响了,那么你将在这两个中断请求中选择先响应哪个请求? 这里就有一个优先的问题。如果开门比接电话更重要(即门铃响的优先级比电话响的优先级高),那么就应该先开门(处理门铃中断),然后再接电话(处理电话中断),接完电话后再回来继续看书(回到原程序)。

类似地,计算机系中的中断源众多,它们也有轻重缓急之分,这种分级就称为中断优先级。一般来说,各个中断源的优先级都有事先规定。通常,中断的优先级是根据中断的实时性、重要性和软件处理的方便性预先设定的。当同时有多个中断请求产生时,CPU 会先响应优先级较高的中断请求。由此可见,优先级是中断响应的重要标准,也是区分中断的重要标志。

2. 中断嵌套

中断优先级除了用于并发中断,还用于嵌套中断。

还是回到前面讲述的朋友来访的例子,在你看书时电话铃响了,你去接电话,在通话的过程中门铃又响了。这时,门铃中断和电话中断形成了嵌套。由于门铃响的优先级比电话响的优先级高,你只能让电话的对方稍等,放下电话去开门。开门之后再回头继续接电话,通话完毕再回去继续看书。当然,如果门铃响的优先级比电话响的优先级低,那么在通话的过程中门铃响了也不予理睬,继续接听电话(处理电话中断),通话结束后再去开门迎客(处理门铃中断)。

类似地,在计算机系统中,中断嵌套是指当系统正在执行一个中断服务程序时又有新的中断事件发生而产生了新的中断请求。此时,CPU如何处理取决于新、旧两个中断的优先级。当新发生的中断的优先级高于正在处理的中断时,CPU将终止执行优先级较低的当前中断处理程序,转去处理新发生的优先级较高的中断,处理完毕才返回原来的中断处理程序继续执行。通俗地说,中断嵌套其实就是更高一级的中断"插队",当CPU正在处理中断时,又接收了更紧急的另一件"急件",转而处理更高一级的中断的行为。

6.2　STM32F4 中断系统

在了解了中断相关基础知识后,本节从中断控制器、中断优先级、中断向量表和中断服务程序4方面分析STM32F4微控制器的中断系统,然后介绍设置和使用STM32F4中断系统的全过程。

6.2.1　STM32F4 嵌套向量中断控制器

嵌套向量中断控制器(Nested Vectored Interrupt Controller,NVIC)是Cortex-M4不可分离的一部分。NVIC与Cortex-M4内核相辅相成,共同完成对中断的响应。NVIC的寄存器以存储器映射的方式访问,除了包含控制寄存器和中断处理的控制逻辑之外,NVIC还包含了MPU、SysTick定时器及调试控制相关的寄存器。

Arm Cortex-M4内核共支持256个中断(16个内部中断+240个外部中断)和可编程的256级中断优先级的设置。STM32目前支持的中断共84个(16个内部中断+68个外部中断),还有16级可编程的中断优先级。

STM32可支持68个中断通道,已经固定分配给相应的外部设备,每个中断通道都具备自己的中断优先级控制字节(8位,但是STM32中只使用高4位),每4个通道的8位中断优先级控制字构成一个32位的优先级寄存器。68个通道的优先级控制字至少构成17个32位的优先级寄存器。

每个外部中断与NVIC中的以下寄存器中有关。

(1) 使能与除能寄存器(除能也就是平常所说的屏蔽)。

(2) 挂起与解挂寄存器。

(3) 优先级寄存器。

(4) 活动状态寄存器。

另外,以下寄存器也对中断处理有重大影响。

(1) 异常屏蔽寄存器(PRIMASK、FAULTMASK和BASEPRI)。

(2) 向量表偏移量寄存器。

(3) 软件触发中断寄存器。

(4) 优先级分组段位。

传统的中断使能或除能是通过设置中断控制寄存器中的一个相应位为1或0实现的,而Cortex-M4的中断使能与除能分别使用各自的寄存器控制。Cortex-M4中有240对使能/除能位(SETENA/CLRENA),每个中断拥有一对,它们分布在 8 对 32 位寄存器中(最后一对没有用完)。要使能一个中断,需要写 1 到对应的 SETENA 位中;要除能一个中断,需要写 1 到对应的 CLRENA 位中。如果写 0,则不会有任何效果。写 0 无效是一个很关键的设计理念,通过这种方式,使能/除能中断时只需向需要设置的位写 1,其他的位可以全部为零。再也不用像以前那样,害怕有些位被写 0 而破坏其对应的中断设置(反正现在写 0 没有效果了),从而实现每个中断都可以单独地设置,而互不影响——只需单一地写指令,不再需要"读-改-写"三部曲。

如果中断发生时,正在处理同级或高优先级异常,或者中断被屏蔽,则中断不能立即得到响应,此时中断被挂起。中断的挂起状态可以通过设置中断挂起寄存器(SETPEND)和中断挂起清除寄存器(CLRPEND)读取。还可以向它们写入值实现手工挂起中断或清除挂起,清除挂起简称为解挂。

6.2.2 STM32F4 中断优先级

中断优先级决定了一个中断是否能被屏蔽,以及在未屏蔽的情况下何时可以响应。优先级的数值越小,则优先级越高。

STM32(Cortex-M4)中有两个优先级的概念:抢占式优先级(Preemption Priority)和响应优先级(Subpriority),也把响应优先级称作亚优先级或副优先级,每个中断源都需要指定这两种优先级。

1. 抢占式优先级

高抢占式优先级的中断事件会打断当前的主程序/中断程序运行,俗称中断嵌套。

2. 响应优先级

在抢占式优先级相同的情况下,高响应优先级的中断优先被响应。

在抢占式优先级相同的情况下,如果有低响应优先级中断正在执行,高响应优先级的中断要等待已被响应的低响应优先级中断执行结束后才能得到响应(不能嵌套)。

3. 判断中断是否会被响应的依据

首先是抢占式优先级,其次是响应优先级。抢占式优先级决定是否有中断嵌套。

4. 优先级冲突的处理

具有高抢占式优先级的中断可以在具有低抢占式优先级的中断处理过程中被响应,即中断的嵌套,或者说高抢占式优先级的中断可以嵌套低抢占式优先级的中断。

当两个中断源的抢占式优先级相同时,这两个中断将没有嵌套关系,当一个中断到来后,如果正在处理另一个中断,这个后到来的中断就要等前一个中断处理完之后才能被处理。如果这两个中断同时到达,则中断控制器根据它们的响应优先级高低决定先处理哪一个;如果它们的抢占式优先级和响应优先级都相等,则根据它们在中断表中的排位顺序决定先处理哪一个。

5. STM32 对中断优先级的定义

STM32 中指定中断优先级的寄存器位有 4 位,这 4 个寄存器位的分组方式如下。

第 0 组：所有 4 位用于指定响应优先级。

第 1 组：最高 1 位用于指定抢占式优先级，最低 3 位用于指定响应优先级。

第 2 组：最高 2 位用于指定抢占式优先级，最低 2 位用于指定响应优先级。

第 3 组：最高 3 位用于指定抢占式优先级，最低 1 位用于指定响应优先级。

第 4 组：所有 4 位用于指定抢占式优先级。

优先级分组方式所对应的抢占式优先级和响应优先级寄存器位数和所表示的优先级数如图 6-2 所示。

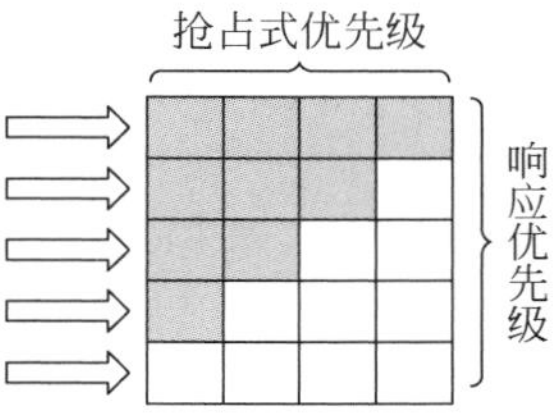

图 6-2 优先级位数和级数分配

6.2.3 STM32F4 中断向量表

中断向量表是中断系统中非常重要的概念。它是一块存储区域，通常位于存储器的地址处，在这块区域中按中断号从小到大依次存放着所有中断处理程序的入口地址。当某中断产生且经判断其未被屏蔽，CPU 会根据识别到的中断号到中断向量表中找到该中断的所在表项，取出该中断对应的中断服务程序的入口地址，然后跳转到该地址执行。STM32F4 中断向量表(部分)如表 6-1 所示。

表 6-1 STM32F4 中断向量表(部分)

位 置	优先级	优先级类型	名 称	说 明	地 址
—	—	—	—	保留	0x0000 0000
	−3	固定	Reset	复位	0x0000 0004
	−2	固定	NMI	不可屏蔽中断 RCC 时钟安全系统(CSS)连接到 NMI 向量	0x0000 0008
	−1	固定	硬件失效		0x0000 000C
	0	可设置	存储管理	存储器管理	0x0000 0010
	1	可设置	总线错误	预取指失败，存储器访问失败	0x0000 0014
	2	可设置	错误应用	未定义的指令或非法状态	0x0000 0018
	—	—	—	保留	0x0000 001C
	—	—	—	保留	0x0000 0020
	—	—	—	保留	0x0000 0024
	—	—	—	保留	0x0000 0028

续表

位置	优先级	优先级 类型	名　称	说　明	地　址
	3	可设置	SVCall	通过 SWI 指令的系统服务调用	0x0000 002C
	4	可设置	调试监控 (Debug Monitor)	调试监控器	0x0000 0030
	—	—	—	保留	0x0000 0034
	5	可设置	PendSV	可挂起的系统服务	0x0000 0038
	6	可设置	SysTick	系统嘀嗒定时器	0x0000 003C
0	7	可设置	WWDG	窗口定时器中断	0x0000 0040
1	8	可设置	PVD	连到 EXTI 的电源电压检测(PVD)中断	0x0000 0044
2	9	可设置	TAMPER	侵入检测中断	0x0000 0048
3	10	可设置	RTC	实时时钟(RTC)全局中断	0x0000 004C
4	11	可设置	Flash	Flash 全局中断	0x0000 0050
5	12	可设置	RCC	复位和时钟控制(RCC)中断	0x0000 0054
6′	13	可设置	EXTI0	EXTI 线 0 中断	0x0000 0058
7	14	可设置	EXTI1	EXTI 线 1 中断	0x0000 005C
8	15	可设置	EXTI2	EXTI 线 2 中断	0x0000 0060
9	16	可设置	EXTI3	EXTI 线 3 中断	0x0000 0064
10	17	可设置	EXTI4	EXTI 线 4 中断	0x0000 0068
11	18	可设置	DMA1 通道 1	DMA1 通道 1 全局中断	0x0000 006C
12	19	可设置	DMA1 通道 2	DMA1 通道 2 全局中断	0x0000 0070
13	20	可设置	DMA1 通道 3	DMA1 通道 3 全局中断	0x0000 0074
14	21	可设置	DMA1 通道 4	DMA1 通道 4 全局中断	0x0000 0078
15	22	可设置	DMA1 通道 5	DMA1 通道 5 全局中断	0x0000 007C
16	23	可设置	DMA1 通道 6	DMA1 通道 6 全局中断	0x0000 0080
17	24	可设置	DMA1 通道 7	DMA1 通道 7 全局中断	0x0000 0084
18	25	可设置	ADC1_2	ADC1 和 ADC2 的全局中断	0x0000 0088
19	26	可设置	USB_HP_CAN_TX	USB 高优先级或 CAN 发送中断	0x0000 008C
20	27	可设置	USB_LP_CAN_RX0	USB 低优先级或 CAN 接收 0 中断	0x0000 0090
21	28	可设置	CAN_RX1	CAN 接收 1 中断	0x0000 0094
22	29	可设置	CAN_SCE	CAN SCE 中断	0x0000 0098
23	30	可设置	EXTI9_5	EXTI 线[9:5]中断	0x0000 009C
24	31	可设置	TIM1_BRK	TIM1 刹车中断	0x0000 00A0
25	32	可设置	TIM1_UP	TIM1 更新中断	0x0000 00A4
26	33	可设置	TIM1_TRG_COM	TIM1 触发和通信中断	0x0000 00A8
27	34	可设置	TIM1_CC	TIM1 捕获比较中断	0x0000 00AC
28	35	可设置	TIM2	TIM2 全局中断	0x0000 00B0
29	36	可设置	TIM3	TIM3 全局中断	0x0000 00B4
30	37	可设置	TIM4	TIM4 全局中断	0x0000 00B8

续表

位置	优先级	优先级类型	名　称	说　明	地　址
31	38	可设置	I2C1_EV	I2C1 事件中断	0x0000 00BC
32	39	可设置	I2C1_ER	I2C1 错误中断	0x0000 00C0
33	40	可设置	I2C2_EV	I2C2 事件中断	0x0000 00C4
34	41	可设置	I2C2_ER	I2C2 错误中断	0x0000 00C8
35	42	可设置	SPI1	SPI1 全局中断	0x0000 00CC
36	43	可设置	SPI2	SPI2 全局中断	0x0000 00D0
37	44	可设置	USART1	USART1 全局中断	0x0000 00D4
38	45	可设置	USART2	USART2 全局中断	0x0000 00D8
39	46	可设置	USART3	USART3 全局中断	0x0000 00DC
40	47	可设置	EXTI15_10	EXTI 线[15:10]中断	0x0000 00E0
41	48	可设置	RTCAlArm	连接 EXTI 的 RTC 闹钟中断	0x0000 00E4
42	49	可设置	USB 唤醒	连接 EXTI 的从 USB 待机唤醒中断	0x0000 00E8
43	50	可设置	TIM8_BRK	TIM8 刹车中断	0x0000 00EC
44	51	可设置	TIM8_UP	TIM8 更新中断	0x0000 00F0
45	52	可设置	TIM8_TRG_COM	TIM8 触发和通信中断	0x0000 00F4
46	53	可设置	TIM8_CC	TIM8 捕获比较中断	0x0000 00F8
47	54	可设置	ADC3	ADC3 全局中断	0x0000 00FC
48	55	可设置	FSMC	FSMC 全局中断	0x0000 0100
49	56	可设置	SDIO	SDIO 全局中断	0x0000 0104
50	57	可设置	TIM5	TIM5 全局中断	0x0000 0108
51	58	可设置	SPI3	SPI3 全局中断	0x0000 010C
52	59	可设置	UART4	UART4 全局中断	0x0000 0110
53	60	可设置	UART5	UART5 全局中断	0x0000 0114
54	61	可设置	TIM6	TIM6 全局中断	0x0000 0118
55	62	可设置	TIM7	TIM7 全局中断	0x0000 011C
56	63	可设置	DMA2 通道 1	DMA2 通道 1 全局中断	0x0000 0120
57	64	可设置	DMA2 通道 2	DMA2 通道 2 全局中断	0x0000 0124
58	65	可设置	DMA2 通道 3	DMA2 通道 3 全局中断	0x0000 0128
59	66	可设置	DMA2 通道 4_5	DMA2 通道 4 和 DMA2 通道 5 全局中断	0x0000 012C

STM32F4 系列微控制器不同产品支持可屏蔽中断的数量略有不同。

6.2.4　STM32F4 中断服务程序

中断服务程序在结构上与函数非常相似,但不同的是,函数一般有参数,有返回值,并在应用程序中被人为显式地调用执行,而中断服务程序一般没有参数,也没有返回值,并只有中断发生时才会被自动隐式地调用执行。每个中断都有自己的中断服务程序,用来记录中断发生后要执行的真正意义上的处理操作。

STM32F407 所有中断服务程序在该微控制器所属产品系列的启动代码文件 startup_stm32f40x_xx.s 中都有预定义,通常以 PPP_IRQHandler 命名,其中 PPP 是对应的外设名。用户开发自己的 STM32F407 应用时可在 stm32f40x_it.c 文件中使用 C 语言编写函数重新定义。程序在编译、链接生成可执行程序阶段,会使用用户自定义的同名中断服务程序替代启动代码中原来默认的中断服务程序。

尤其需要注意的是,在更新 STM32F407 中断服务程序时,必须确保 STM32F407 中断服务程序文件(stm32f40x_it.c)中的中断服务程序名和启动代码文件(startup_stm32f40x_xx.s)中的中断服务程序名相同,否则在生成可执行文件时无法使用用户自定义的中断服务程序替换原来默认的中断服务程序。

STM32F407 的中断服务程序具有以下特点。

(1) 预置弱定义属性。除了复位程序以外,STM32F407 其他所有中断服务程序都在启动代码中预设了弱定义(WEAK)属性。用户可以在其他文件中编写同名的中断服务程序替代在启动代码中默认的中断服务程序。

(2) 全 C 语言实现。STM32F407 中断服务程序可以全部使用 C 语言编程实现,无须像以前 Arm7 或 Arm9 处理器那样要在中断服务程序的首尾加上汇编语言"封皮"以保护和恢复现场(寄存器)。STM32F407 的中断处理过程中,保护和恢复现场的工作由硬件自动完成,无须用户操心。用户只需集中精力编写中断服务程序即可。

6.3 STM32F4 外部中断/事件控制器

STM32F407 微控制器的外部中断/事件控制器(EXTI)由 23 个产生事件/中断请求边沿检测器组成,每根输入线可以独立地配置输入类型(脉冲或挂起)和对应的触发事件(上升沿、下降沿或双边沿都触发)。每根输入线都可以独立地被屏蔽。挂起寄存器保持状态线的中断请求。

EXTI 控制器的主要特性如下。

(1) 每个中断/事件都有独立的触发和屏蔽。

(2) 每根中断线都有专用的状态位。

(3) 支持多达 23 个软件的中断/事件请求。

(4) 检测脉冲宽度低于 APB2 时钟宽度的外部信号。

6.3.1 STM32F4 的 EXTI 内部结构

外部中断/事件控制器由中断屏蔽寄存器、请求挂起寄存器、软件中断/事件寄存器、上升沿触发选择寄存器、下降沿触发选择寄存器、事件屏蔽寄存器、边沿检测电路和脉冲发生器等部分构成。STM32F407 外部中断/事件控制器内部结构如图 6-3 所示。其中,信号线上画有一条斜线,旁边标有 23 字样的注释,表示这样的线路共有 23 套。每个功能模块都通过外设总线接口和 APB 总线连接,进而和 Cortex-M4 内核(CPU)连接到一起,CPU 通过这样的接口访问各个功能模块。中断屏蔽寄存器和请求挂起寄存器的信号经过与门后送到 NVIC 中断控制器,由 NVIC 进行中断信号的处理。

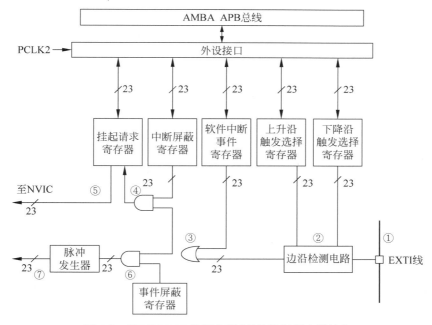

图 6-3　STM32F407 外部中断/事件控制器内部结构

EXTI 有两种功能:产生中断请求和触发事件。

(1) 中断请求。请求信号通过图 6-3 中①②③④⑤的路径向 NVIC 产生中断请求。其中,①是 EXTI 线;②是边沿检测电路,可以通过上升沿触发选择寄存器(EXTI_RTSR)和下降沿触发选择寄存器(EXTI_FTSR)选择输入信号检测的方式:上升沿触发、下降沿触发和双边沿都能触发;③是一个或门,它的输入是边沿检测电路输出和软件中断事件寄存器(EXTI_SWIER),也就是说外部信号或人为的软件设置都能产生一个有效的请求;④是一个与门,它的作用是一个控制开关,只有中断屏蔽寄存器(EXTI_IMR)相应位被置位,才能允许请求信号进入下一步;⑤在中断被允许的情况下,请求信号将挂起请求寄存器(EXTI_PR)相应位置位,表示有外部中断请求信号。之后,挂起请求寄存器相应位置位,在条件允许的情况下,将通知 NVIC 产生相应中断通道的激活标志。

(2) 触发事件。请求信号通过图 6-3 中①②③⑥⑦的路径产生触发事件。其中,⑥是一个与门,它是触发事件的控制开关,当事件屏蔽寄存器(EXTI_EMR)相应位被置位时,它将向脉冲发生器输出一个信号,使脉冲发生器产生一个脉冲,触发某个事件。例如,可以将 EXTI 线 11 和 EXTI 线 15 分别作为 ADC 的注入通道和规则通道的启动触发信号。

STM32 可以处理外部或内部事件唤醒内核(WFE)。唤醒事件可以通过以下配置产生。

(1) 在外设的控制寄存器使能一个中断,但不在 NVIC 中使能,同时在 Cortex-M4 的系统控制寄存器中使能 SEVONPEND 位。当 CPU 从 WFE 恢复后,需要清除相应外设的中断挂起位和外设 NVIC 中断通道挂起位(在 NVIC 中断清除挂起寄存器中)。

(2) 配置一根外部或内部 EXTI 线为事件模式,当 CPU 从 WFE 恢复后,因为对应事件线的挂起位没有被置位,不必清除相应外设的中断挂起位或 NVIC 中断通道挂起位。

要产生中断,必须先配置好并使能中断线。根据需要的边沿检测设置两个触发寄存器,同时在中断屏蔽寄存器的相应位写 1 允许中断请求。当外部中断线上发生了需要的边沿时,将产生一个中断请求,对应的挂起位也随之被置 1。在挂起寄存器的对应位写 1,将清除该中断请求。

如果需要产生事件,必须先配置好并使能事件线。根据需要的边沿检测通过设置两个触发寄存器,同时在事件屏蔽寄存器的相应位写 1 允许事件请求。当事件线上发生了需要的边沿时,将产生一个事件请求脉冲,对应的挂起位不被置 1。

通过在软件中断/事件寄存器写 1,也可以产生中断/事件请求。

(1) 硬件中断选择。通过以下过程配置 23 个线路作为中断源。

① 配置 23 根中断线的屏蔽位(EXTI_IMR)。

② 配置所选中断线的触发选择位(EXTI_RTSR 和 EXTI_FTSR)。

③ 配置对应到外部中断控制器(EXTI)的 NVIC 中断通道的使能和屏蔽位,使 23 根中断线中的请求可以被正确地响应。

(2) 硬件事件选择。通过以下过程配置 23 个线路作为事件源。

① 配置 23 根事件线的屏蔽位(EXTI_EMR)。

② 配置事件线的触发选择位(EXTI_RTSR 和 EXTI_FTSR)。

(3) 软件中断/事件的选择。23 个线路可以被配置成软件中断/事件线。产生软件中断的过程如下。

① 配置 23 个中断/事件线屏蔽位(EXTI_IMR,EXTI_EMR)。

② 设置软件中断寄存器的请求位(EXTISWIER)。

1. 外部中断与事件输入

从图 6-3 可以看出,STM32F407 外部中断/事件控制器 EXTI 内部信号线线路共有 23 套。与此对应,EXTI 的外部中断/事件输入线也有 23 根,分别是 EXTI0、EXTI1～EXTI22。除了 EXTI16(PVD 输出)、EXTI17(RTC 闹钟)和 EXTI18(USB 唤醒)外,其他 16 根外部信号输入线(EXTI0、EXTI1,…,EXTI15)可以分别对应于 STM32F407 微控制器的 16 个引脚(Px0,Px1,…,Px15,其中 x 为 A、B、C、D、E、F、G、H、I)。

STM32F407 微控制器最多有 112 个引脚,可以以下方式连接到 16 根外部中断/事件输入线上,如图 6-4 所示,任意端口的 0 号引脚(如 PA0,PB0,…,PI0)映射到 EXTI 的外部中断/事件输入线 EXTI0 上,任意端口的 1 号引脚(如 PA1,PB1,…,PII1)映射到 EXTI 的外部中断/事件输入线 EXTI1 上,以此类推。需要注意的是,在同一时刻,只能有一个端口的 n 号引脚映射到 EXTI 对应的外部中断/事件输入线 EXTIn 上,n 取 0～15。

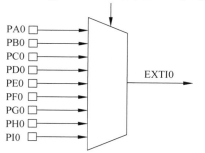

SYSCFG_EXTICR1寄存器中的EXTI0[3:0]位

PA0
PB0
PC0
PD0
PE0
PF0
PG0
PH0
PI0

EXTI0

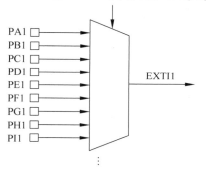

SYSCFG_EXTICR1寄存器中的EXTI1[3:0]位

PA1
PB1
PC1
PD1
PE1
PF1
PG1
PH1
PI1

EXTI1

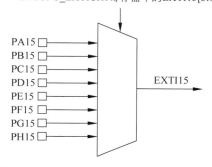

SYSCFG_EXTICR1寄存器中的EXTI15[3:0]位

PA15
PB15
PC15
PD15
PE15
PF15
PG15
PH15

EXTI15

图 6-4　STM32F407 外部中断/事件输入线映像

另外,如果将 STM32F407 的 I/O 引脚映射为 EXTI 的外部中断/事件输入线,必须将该引脚设置为输入模式。

2. APB 外设接口

图 6-3 上部的 APB 外设模块接口是 STM32F407 微控制器每个功能模块都有的部分,CPU 通过这样的接口访问各个功能模块。

尤其需要注意的是,如果使用 STM32F407 引脚的外部中断/事件映射功能,必须打开 APB2 总线上该引脚对应端口的时钟以及 AFIO 功能时钟。

3. 边沿检测器

EXTI中的边沿检测器共有23个,用来连接23根外部中断/事件输入线,是EXTI的主体部分。每个边沿检测器由边沿检测电路、控制寄存器、门电路和脉冲发生器等部分组成。

6.3.2 STM32F4 的 EXTI 主要特性

STM32F407微控制器的外部中断/事件控制器EXTI具有以下主要特性。

(1) 每根外部中断/事件输入线都可以独立地配置它的触发事件(上升沿、下降沿或双边沿触发),并能够单独地被屏蔽。

(2) 每根外部中断都有专用的标志位(请求挂起寄存器),保持它的中断请求。

(3) 可以将多达140个通用I/O引脚映射到16根外部中断/事件输入线上。

(4) 可以检测脉冲宽度低于APB2时钟宽度的外部信号。

6.4 STM32F4 中断 HAL 驱动程序

6.4.1 中断设置相关 HAL 驱动函数

STM32中断系统是通过一个嵌套向量中断控制器(NVIC)进行中断控制的,使用中断要先对NVIC进行配置。STM32的HAL库提供了NVIC相关操作函数。

STM32F4中断管理相关驱动程序的头文件是stm32f4xx_hal_cortex.h,常用函数如表6-2所示。

表6-2　中断管理常用函数

函 数 名	功 能 描 述
HAL_NVIC_SetPriorityGrouping()	设置4位二进制数的优先级分组策略
HAL_NVIC_SetPriority()	设置某个中断的抢占式优先级和响应优先级
HAL_NVIC_EnableIRQ()	启用某个中断
HAL_NVIC_DisableIRQ()	禁用某个中断
HAL_NVIC_GetPriorityGrouping()	返回当前的优先级分组策略
HAL_NVIC_GetPriority()	返回某个中断的抢占式优先级、响应优先级数值
HAL_NVIC_GetPendingIRQ()	检查某个中断是否被挂起
HAL_NVIC_SetPendingIRQ()	设置某个中断的挂起标志位,表示发生了中断
HAL_NVIC_ClearPendingIRQ()	清除某个中断的挂起标志位

表6-2中的前3个函数用于STM32CubeMX自动生成的代码,其他函数用于用户代码。几个常用的函数详细介绍如下。

1. HAL_NVIC_SetPriorityGrouping()函数

HAL_NVIC_SetPriorityGrouping()函数用于设置优先级分组策略。原型定义如下。

```
void HAL_NVIC_SetPriorityGrouping(uint32_t  Priority Group);
```

其中,参数 PriorityGroup 是优先级分组策略,可使用 stm32f4xx_hal_cortex.h 文件中定义
的几个宏定义常量,如下所示,它们表示不同的分组策略。

```
#define   NVIC_PRIORITYGROUP_0    0x00000007U   //0 位用于抢占式优先级,4 位用于响应优先级
#define   NVIC_PRIORITYGROUP_1    0x00000006U   //1 位用于抢占式优先级,3 位用于响应优先级
#define   NVIC_PRIORITYGROUP_2    0x00000005U   //2 位用于抢占式优先级,2 位用于响应优先级
#define   NVIC_PRIORITYGROUP_3    0x00000004U   //3 位用于抢占式优先级,1 位用于响应优先级
#define   NVIC_PRIORITYGROUP_4    0x00000003U   //4 位用于抢占式优先级,0 位用于响应优先级
```

2. HAL_NVIC_SetPriority()函数

HAL_NVIC_SetPriority()函数用于设置某个中断的抢占式优先级和响应优先级。原
型定义如下。

```
void HAL_NVIC_SetPriority(IRQn_Type IRQn, uint32_t  PreemptPriority,uint32_t SubPriority);
```

其中,参数 IRQn 是中断的中断号,为 IRQn_Type 枚举类型。IROn_Type 枚举类型的定义
在 stm32F407xe.h 文件中,它定义了表 6-1 中所有中断的中断号枚举值。在中断操作的相
关函数中,都用 IRQn_Type 类型的中断号表示中断,这个枚举类型的部分定义如下。

```
typedef enum
{
    /****** Cortex - M4 Processor Exceptions Numbers ****************************** /
    NonMaskableInt_IRQn         = - 14,              // Non Maskable Interrupt
    MemoryManagement_IRQn       = - 12,              // Cortex - M4 Memory Management Interrupt
    BusFault_IRQn               = - 11,              // Cortex - M4 Bus Fault Interrupt
    UsageFault_IRQn             = - 10,              // Cortex - M4 Usage Fault Interrupt
    SVCa11_IRQn                 = - 5,               // Cortex - M4 SV Call Interrupt
    DebugMonitor_IRQn           = - 4,               // Cortex - M4 Debug Monitor Interrupt
    PendSV_IRQn                 = - 2,               // Cortex - M4 Pend SV Interrupt
    SysTick_IRQn                = - 1,               // Cortex - M4 System Tick Interrupt
    /****** STM32 specific Interrupt Numbers ****************************** /
    WWDG_IRQn                   = 0,                 // Window Watchdog Interrupt
    PVD_IRQn                    = 1,                 // PVD through EXTI Line detection Interrupt
    EXTI0_IRQn                  = 6,                 // EXTI Line0 Interrupt
    EXTI1_IRQn                  = 7,                 // EXTI Line1 Interrupt
    EXTI2_IRQn                  = 8,                 // EXTI Line2 Interrupt
    RNG_IRQn                    = 80,                // RNG global Interrupt
    FPU_IRQn                    = 81                 // FPU global interrupt
} IRQn_Type:
```

由这个枚举类型的定义代码可以看到,中断号枚举值就是在中断名称后面加了_IRQn。
例如,中断号为 0 的窗口看门狗中断 WWDG,其中断号枚举值就是 WWDG_IRQ0。

函数中的另外两个参数,PreemptPriority 是抢占式优先级数值,SubPriority 是响应优
先级数值。这两个优先级的数值范围需要在优先级分组策略的可设置范围之内。例如,假

设使用了分组策略 2,对于中断号为 6 的外部中断 EXTI0,设置其抢占式优先级为 1,响应优先级为 0,则执行的代码如下。

```
HAL_NVIC_SetPriority (EXTI0_IRQ6, 1,0);
```

3. HAL_NVIC_EnableIRQ()函数

HAL_NVIC_EnableIRQ()函数的功能是在 NVIC 控制器中开启某个中断,只有在 NVIC 中开启某个中断后,NVIC 才会对这个中断请求做出响应,执行相应的 ISR。原型定义如下。

```
void HAL_NVIC_EnableIRQ (IRQn_Type IRQn):
```

其中,IRQn_Type 枚举类型的参数 IRQn 是中断号的枚举值。

6.4.2　外部中断相关 HAL 函数

外部中断相关函数的定义在 stm32f4xx_hal_gpio.h 文件中,如表 6-3 所示。

表 6-3　外部中断相关函数

函　数　名	功　能　描　述
__HAL_GPIO_EXTI_GET_IT()	检查某根外部中断线是否有挂起(Pending)的中断
__HAL_GPIO_EXTI_CLEAR_IT()	清除某根外部中断线的挂起标志位
__HAL_GPIO_EXTI_GET_FLAG()	与__HAL_GPIO_EXTI_GET_IT()函数的代码和功能完全相同
__HAL_GPIO_EXTI_CLEAR_FLAG()	与__HAL_GPIO_EXTI_CLEAR_IT()函数的代码和功能完全相同
__HAL_GPIO_EXTI_GENERATE_SWIT()	在某根外部中断线上产生软中断
HAL_GPIO_EXTI_IRQHandler()	外部中断 ISR 中调用的通用处理函数
HAL_GPIO_EXTI_Callback()	外部中断处理的回调函数,需要用户重新实现

1. 读取和清除中断标志

在 HAL 库中,以__HAL 为前缀的都是宏函数。例如,__HAL_GPIO_EXTI_GET_IT()函数的定义如下。

```
#define __HAL_GPIO_EXTI_GET_IT(_EXTI_LINE_) (EXTI->PR  &(_EXTI_LINE_))
```

它的功能就是检查外部中断挂起寄存器(EXTI_PR)中某根中断线的挂起标志位是否置位。参数_EXTI_LINE_是某根外部中断线,用 GPIO_PIN_0、GPIO_PIN_1 等宏定义常量表示。

返回值只要不等于 0(用 RESET 宏表示 0),就表示外部中断线挂起标志位被置位,有未处理的中断事件。

__HAL_GPIO_EXTI_CLEAR_IT()函数用于清除某根中断线的中断挂起标志位。原型定义如下。

```
#define __HAL_GPIO_EXTI_CLEAR_IT(_EXTI_LINE_)(EXTI-> PR = (_EXTI_LINE_))
```

　　向外部中断挂起寄存器(EXTI_PR)的某个中断线位写1,就可以清除该中断线的挂起标志。在外部中断的 ISR 中处理完中断后,我们需要调用这个函数清除挂起标志位,以便再次响应下一次中断。

　　2. 在某根外部中断线上产生软中断

　　__HAL_GPIO_EXTI_GENERATE_SWIT()函数的功能是在某根中断线上产生软中断。原型定义如下。

```
#define __HAL_GPIO_EXTI_GENERATE_SWIT(_EXTI_LINE_)(EXTI-> SWIER |= (_EXTI_LINE_))
```

　　它实际上就是将外部中断的软件中断事件寄存器(EXTI_SWIER)中对应于中断线_EXTI_LINE_的位置1,通过软件的方式产生某个外部中断。

　　3. 外部中断 ISR 以及中断处理回调函数

　　对于0~15线的外部中断,EXTI0 至 EXTI4 有独立的 ISR,EXTI[9:5]共用一个 ISR,EXTI[15:10]共用一个 ISR。在启用某个中断后,在 STM32CubeMX 自动生成的中断处理程序文件 stm32f4xx_it.c 中会生成 ISR 的代码框架。这些外部中断 ISR 的代码都是一样的,下面是几个外部中断的 ISR 代码框架,只保留了其中一个 ISR 的完整代码,其他的删除了代码沙箱注释。

```
void EXTI0_IRQHandler(void)              //EXTI0 的 ISR
{
    /* USER CODE BEGIN EXTI0_IRQn 0 */
    /* USER CODE END EXTI0_IRQn 0 */
    HAL_GPIO_EXTI_IRQHandler(GPIO_PIN_0);
    /* USER CODE BEGIN EXTI0_IRQn 1 */
    /* USER CODE END EXTI0_IRQn 1 */
}
    void EXTI9_5_IRQHandler(void)        //EXTI[9:5]的 ISR
{
    HAL_GPIO_EXTI_IRQHandler(GPIO_PIN_5);
}
void EXTI15_10_IRQHandler(void)          //EXTI[15:10]的 ISR
{
    HAL_GPIO_EXTI_IRQHandler(GPIO_PIN_11);
}
```

　　可以看到,这些 ISR 都调用了 HAL_GPIO_EXTI_IRQHandler()函数,并以中断线作为函数参数。所以,HAL_GPIO_EXTI_IRQHandler()函数是外部中断处理通用函数,这个函数的代码如下。

```
void HAL_GPIO_EXTI_IRQHandler(uint16_t  GPIO_Pin)
{
```

```
    /* EXTI line interrupt detected */
    If(__HAL_GPIO_EXTI_GET_IT(GPIO_Pin)!= RESET)        //检测中断挂起标志
    {
        __HAL_GPIO_EXTI_CLEAR_IT(GPIO_Pin);             //清除中断挂起标志
        HAL_GPIO_EXTI_Callback(GPIO_Pin);               //执行回调函数
    }
}
```

这个函数的代码很简单,如果检测到中断线 GPIO_Pin 的中断挂起标志不为 0,就清除中断挂起标志位,然后执行 HAL_GPIO_EXTI_Callback()函数。这个函数是对中断进行响应处理的回调函数,定义在 stm32f4xx_hal_gpio.c 文件中,代码如下(原来的英文注释已译为中文)。

```
__weak  void  HAL_GPIO_EXTI_Callback(uint16_t  GPIO_Pin)
{
    /* 使用 UNUSED()函数避免编译时出现未使用变量的警告 */
    UNUSED(GPIO_Pin);
    /* 注意:不要直接修改这个函数,若使用回调函数,可以在用户文件中重新实现这个函数 */
}
```

这个函数的前面有一个 __weak 修饰符,这是用来定义弱函数的。所谓弱函数,就是 HAL 库中预先定义的带有 __weak 修饰符的函数,如果用户没有重新实现这些函数,编译时就编译这些弱函数;如果在用户程序文件中重新实现了这些函数,就编译用户重新实现的函数。用户重新实现一个弱函数时,要舍弃 __weak 修饰符。

弱函数一般用作中断处理的回调函数,如这里的 HAL_GPIO_EXTI_Callback()函数。如果用户重新实现了这个函数,对某个外部中断作出具体的处理,用户代码就会被编译进去。

在 STM32CubeMX 生成的代码中,所有中断 ISR 采用下面的处理框架。

(1) 在 stm32f4xx_it.c 文件中,自动生成已启用中断的 ISR 代码框架。例如,为 EXTI0 中断生成 ISR 函数 EXTI0_IRQHandler()的代码框架。

(2) 在中断的 ISR 里,执行 HAL 库中为该中断定义的通用处理函数。例如,外部中断的通用处理函数是 HAL_GPIO_EXTI_IRQHandler()。通常,一个外设只有一个中断号,一个 ISR 有一个通用处理函数,也可能多个中断号共用一个通用处理函数。例如,外部中断有多个中断号,但是 ISR 调用的通用处理函数都是 HAL_GPIO_EXTI_IRQHandler()。

(3) ISR 调用的中断通用处理函数是在 HAL 库中定义的。例如,HAL_GPIO_EXTI_IRQHandler()函数是外部中断的通用处理函数。在中断的通用处理函数中会自动进行中断事件来源的判断(一个中断号一般有多个中断事件源)、中断标志位的判断和清除,并调用与中断事件源对应的回调函数。

(4) 一个中断号一般有多个中断事件源,HAL 库会为一个中断号的常用中断事件定义回调函数,在中断的通用处理函数中判断中断事件源并调用相应的回调函数。外部中断只有一个中断事件源,所有只有一个回调函数 HAL_GPIO_EXTI_Callback()。定时器就有多个中断事件源,所以定时器的 HAL 驱动程序中,针对不同的中断事件源,定义了不同的回调函数。

(5) HAL 库定义的中断事件处理的回调函数都是弱函数,需要用户重新实现回调函数,从而实现对中断的具体处理。

在 STM32CubeMX 编程方式中,用户只须搞清楚与中断事件对应的回调函数,然后重新实现回调函数即可。对于外部中断,只有一个中断事件源,所以只有一个回调函数 HAL_GPIO_EXTI_Callback()。在对外部中断进行处理时,只须重新实现这个函数即可。

6.5　STM32F4 外部中断设计流程

STM32F4 中断设计包括 3 部分,即 NVIC 设置、中断端口配置、中断处理。

使用库函数配置外部中断的步骤如下。

(1) 使能 GPIO 时钟,初始化 GPIO 为输入。

首先,要使用 GPIO 作为中断输入,所以要使能相应的 GPIO 时钟。

(2) 设置 GPIO 模式、触发条件,开启 SYSCFG 时钟,设置 GPIO 与中断线的映射关系。

该步骤如果使用标准库,那么需要多个函数分步实现。而当使用 HAL 库时,则都是在 HAL_GPIO_Init() 函数中一次性完成的。例如,要设置 PA0 连接中断线 0,并且为上升沿触发,代码为

```
GPIO_InitTypeDef GPIO_Initure;
GPIO_Initure.Pin = GPIO_PIN_0;                   //PA0
GPIO_Initure.Mode = GPIO_MODE_IT_RISING;         //外部中断,上升沿触发
GPIO_Initure.Pull = GPIO_PULLDOWN;               //默认下拉
HAL_GPIO_Init(GPIOA,&GPIO_Initure);
```

当调用 HAL_GPIO_Init() 函数设置 GPIO 的 Mode 值为 GPIO_MODE_IT_RISING (外部中断上升沿触发)、GPIO_MODE_IT_FALLING(外部中断下降沿触发)或 GPIO_MODE_IT_RISING_FALLING(外部中断双边沿触发)时,该函数内部会通过判断 Mode 的值开启 SYSCFG 时钟,并且设置 GPIO 和中断线的映射关系。

因为这里初始化的是 PA0,调用该函数后中断线 0 会自动连接到 PA0。如果某个时间,用同样的方式初始化了 PB0,那么 PA0 与中断线的连接将被清除,而直接连接 PB0 到中断线 0。

(3) 配置中断优先级(NVIC),并使能中断。

设置好中断线和 GPIO 映射关系,以及中断的触发模式等初始化参数。既然是外部中断,涉及中断当然还要设置 NVIC 中断优先级。设置中断线 0 的中断优先级并使能外部中断线 0 的方法为

```
HAL_NVIC_SetPriority(EXTI0_IRQn,2,0);            //抢占式优先级为 2,响应优先级为 0
HAL_NVIC_EnableIRQ(EXTI0_IRQn);                  //使能中断线 0
```

（4）编写中断服务函数。

配置完中断优先级之后，接下来要做的就是编写中断服务函数。中断服务函数的名字是在 HAL 库中事先有定义的。这里需要说明一下，STM32F14 的 I/O 外部中断函数只有 7 个，分别为

```
void EXTI0_IRQHandler();
void EXTI1_IRQHandler();
void EXTI2_IRQHandler();
void EXTI3_IRQHandler();
void EXTI4_IRQHandler();
void EXTI9_5_IRQHandler();
void EXTI15_10_IRQHandler();
```

中断线 0~4 中每根中断线对应一个中断函数，中断线 5~9 共用中断函数 EXTI9_5_IRQHandler()，中断线 10~15 共用中断函数 EXTI15_10_IRQHandler()。一般情况下，可以把中断控制逻辑直接编写在中断服务函数中，但是 HAL 库把中断处理过程进行了简单封装。

（5）编写中断处理回调函数 HAL_GPIO_EXTI_Callback()。

在使用 HAL 库时，也可以像使用标准库一样，在中断服务函数中编写控制逻辑。

但是，HAL 库为了用户使用方便，提供了一个中断通用入口函数 HAL_GPIO_EXTI_IRQHandler()，在该函数内部直接调用回调函数 HAL_GPIO_EXTI_Callback()。

HAL_GPIO_EXTI_IRQHandler()函数定义如下。

```
void HAL_GPIO_EXTI_IRQHandler(uint16_t GPIO_Pin)
{
    if(__HAL_GPIO_EXTI_GET_IT(GPIO_Pin) != 0x00u)
    {
        __HAL_GPIO_EXTI_CLEAR_IT(GPIO_Pin);
        __HAL_GPIO_EXTI_Callback(GPIO_Pin);
    }
}
```

该函数实现的作用非常简单，就是清除中断标志位，然后调用回调函数 HAL_GPIO_EXTI_Callback()实现控制逻辑。在中断服务函数中直接调用外部中断共用处理函数 HAL_GPIO_EXTI_IRQHandler()，然后在回调函数 HAL_GPIO_EXTI_Callback()中通过判断中断是来自哪个 GPIO 编写相应的中断服务控制逻辑。

下面再总结一下配置 GPIO 外部中断的一般步骤。

（1）使能 GPIO 时钟。

（2）调用 HAL_GPIO_Init()函数设置 GPIO 模式、触发条件，使能 SYSCFG 时钟，以及设置 GPIO 与中断线的映射关系。

（3）配置中断优先级（NVIC），并使能中断。

（4）在中断服务函数中调用外部中断共用入口函数 HAL_GPIO_EXTI_IRQHandler()。

（5）编写外部中断回调函数 HAL_GPIO_EXTI_Callback()。

通过以上几个步骤的设置,就可以正常使用外部中断了。

6.6　采用 STM32CubeMX 和 HAL 库的外部中断设计实例

中断在嵌入式应用中占有非常重要的地位,几乎每个控制器都有中断功能。中断对保证紧急事件在第一时间处理是非常重要的。

设计使用外接的按键作为触发源,使控制器产生中断,并在中断服务函数中实现控制LED的任务。

6.6.1　STM32F4 外部中断的硬件设计

外部中断设计实例的硬件设计同按键的硬件设计,如图 5-46 所示。

由按键的原理图可知,这些按键在没有按下时,GPIO 引脚的输入状态为低电平(按键所在的电路不通,引脚接地),当按键按下时,GPIO 引脚的输入状态为高电平(按键所在的电路导通,引脚接到电源)。按下按键时会使引脚接通,通过电路设计可以使按下时产生电平变化。

本实例中,根据图示的电路进行设计,通过按键控制 LED,具体如下。

(1) 按下 KEY1,LED 亮; 抬起后再按下 KEY1,LED 灭。

(2) 按下并抬起 KEY2,LED 亮; 再按下并抬起 KEY2,LED 灭。

6.6.2　STM32F4 外部中断的软件设计

1. 通过 STM32CubeMX 新建工程

通过 STM32CubeMX 新建工程的步骤如下。

(1) 在 Demo 目录下新建 EXTI 文件夹,这是保存本章新建工程的文件夹。

(2) 在 STM32CubeMX 开发环境中新建工程。

(3) 选择 MCU 或开发板。选择 STM32F407ZGT6 型号,并启动工程。

(4) 执行 File→Save Project 菜单命令,保存工程。

(5) 执行 File→Generate Report 菜单命令生成当前工程的报告文件。

(6) 配置 MCU 时钟树。

在 STM32CubeMXPinout & Configuration 工作页面,选择 System Core→RCC,根据开发板实际情况,High Speed Clock(HSE)选择为 Crystal/Ceramic Resonator(晶体/陶瓷晶振)。

切换到 Clock Configuration 工作页面,根据开发板外设情况配置总线时钟。此处配置Input frequency 为 25MHz,PLL Source Mux 为 HSE,分配系数为 25,PLLMul 倍频为336MHz,PLLCLK 2 分频后为 168MHz,System Clock Mux 为 PLLCLK,APB1 Prescaler为/4,APB2 Prescaler 为/2,其余保持默认设置即可。

（7）配置 MCU 外设。

根据 LED 和 KEY 电路，整理出 MCU 连接的 GPIO 引脚的输入/输出配置，如表 6-4 所示。

表 6-4　MCU 引脚配置

用户标签	引脚名称	引脚功能	GPIO 模式	上拉或下拉	端口速率
LED1_RED	PF6	GPIO_Output	推挽输出	上拉	最高
LED2_GREEN	PF7	GPIO_Output	推挽输出	上拉	最高
LED3_BLUE	PF8	GPIO_Output	推挽输出	上拉	最高
KEY1	PA0	GPIO_EXTI	下降沿中断	无	—
KEY2	PC13	GPIO_EXTI	上升沿中断	无	—

再根据表 6-4 进行 GPIO 引脚配置，具体步骤如下。

在 Pinout & Configuration 工作页面选择 System Core→GPIO，对使用的 GPIO 引脚进行设置。LED 输出端口：LED1_RED（PF6）、LED2_GREEN（PF7）和 LED3_BLUE（PF8）。按键输入端口：KEY1（PA0）和 KEY2（PC13），配置为 GPIO_EXTI 模式。

作为中断/时间输入线，把 GPIO 配置为中断上升沿触发模式，这里不使用上拉或下拉，由外部电路完全决定引脚的状态。KEY1 使用下降沿触发模式，KEY2 为上升沿触发模式。

PA0 配置为下降沿触发方式和不使用上拉或下拉，PC13 配置为上升沿触发方式和不使用上拉或下拉，如图 6-5 所示。

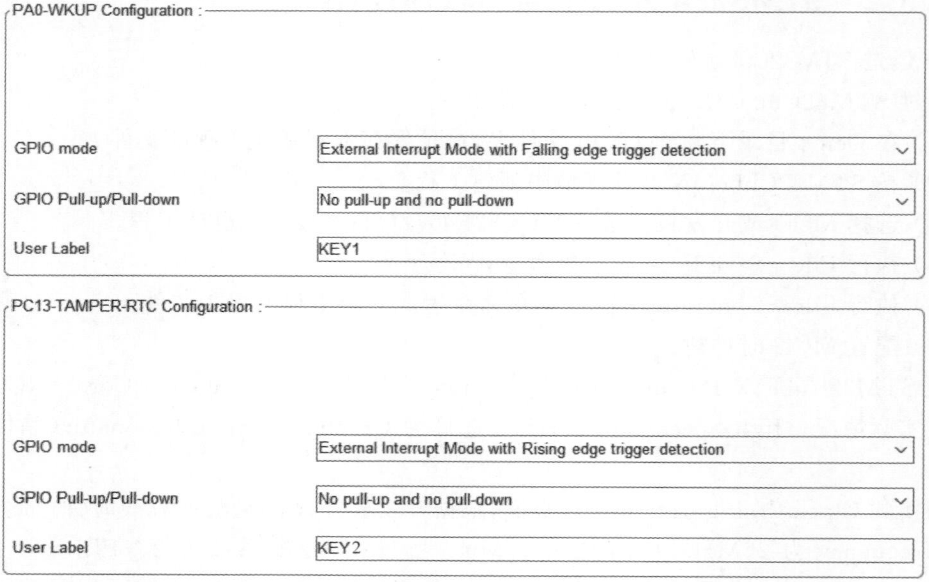

图 6-5　配置 GPIO 为 EXTI 模式

配置完成后的 GPIO 端口页面如图 6-6 所示。

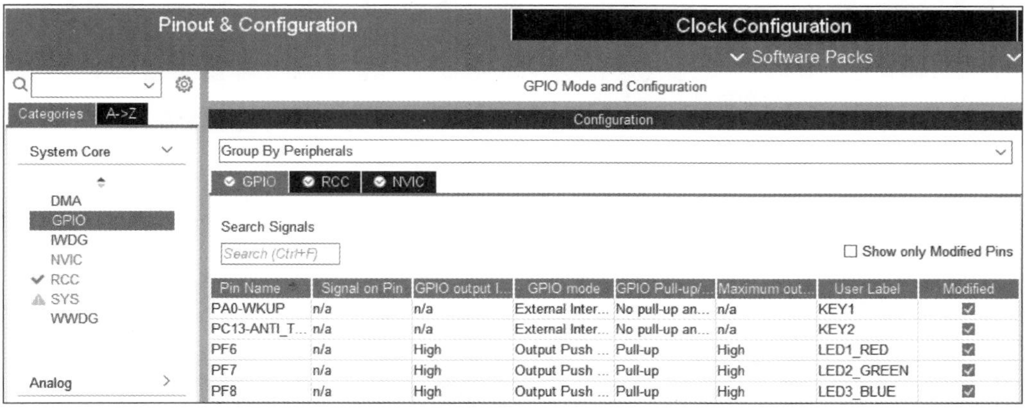

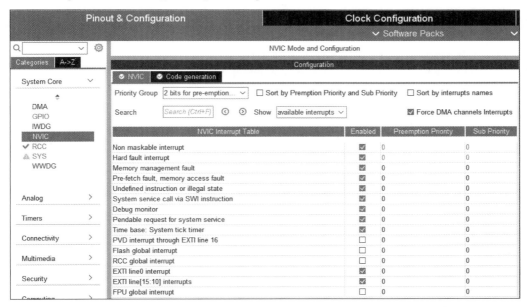

图 6-6 配置完成后的 GPIO 端口页面

切换到 Pinout & Configuration 工作页面,选择 System Core→NVIC,修改 Priority Group 为 2 bits for pre-emption priority(2 位抢占式优先级),Enabled 一栏中勾选 EXTI line0 interrupt 和 EXTI line[15:10] interrupts,如图 6-7 所示。

图 6-7 NVIC 配置页面

切换到 Code generation 选项卡,Select for init sequence ordering 一栏中勾选 EXTI line0 interrupt 和 EXTI line[15:10] interrupts,如图 6-8 所示。

(8) 配置工程。

在 Project Manager 工作页面的 Project 栏下,Toolchain/IDE 选择为 MDK-ARM,Min

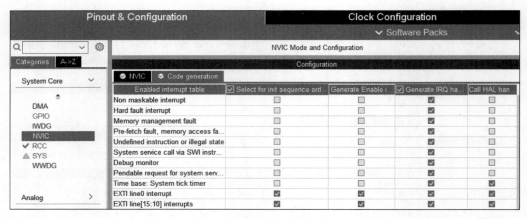

图 6-8　Code generation 配置页面

Version 选择为 V5,可生成 Keil MDK 工程；选择为 STM32CubeIDE,可生成 STM32CubeIDE 工程。

（9）生成 C 代码工程。

回到 STM32CubeMX 主页面,单击 GENERATE CODE 按钮生成 C 代码工程。

2. 通过 Keil MDK 实现工程

通过 Keil MDK 实现工程的步骤如下。

（1）打开 EXTI/MDK-Arm 文件夹下的工程文件。

（2）编译 STM32CubeMX 自动生成的 MDK 工程。

在 MDK 开发环境中通过执行 Project→Rebuild all target files 菜单命令或单击工具栏 Rebuild 按钮 █ 编译工程。

（3）STM32CubeMX 自动生成的 MDK 工程如下。

main.c 文件中的 main()函数依次调用了：HAL_Init()函数,用于复位所有外设,初始化 Flash 接口和 SysTick 定时器；SystemClock_Config()函数,用于配置各种时钟信号频率；MX_GPIO_Init()函数,用于初始化 GPIO 引脚。

在 STM32CubeMX 中,为 LED 和 KEY 连接的 GPIO 引脚设置了用户标签,这些用户标签的宏定义在 main.h 文件中。代码如下。

```
/* Private defines -----------------------------------------------------------*/
#define KEY2_Pin GPIO_PIN_13
#define KEY2_GPIO_Port GPIOC
#define KEY2_EXTI_IRQn EXTI15_10_IRQn
#define LED1_RED_Pin GPIO_PIN_6
#define LED1_RED_GPIO_Port GPIOF
#define LED2_GREEN_Pin GPIO_PIN_7
#define LED2_GREEN_GPIO_Port GPIOF
#define LED3_BLUE_Pin GPIO_PIN_8
```

```
#define LED3_BLUE_GPIO_Port GPIOF
#define KEY1_Pin GPIO_PIN_0
#define KEY1_GPIO_Port GPIOA
#define KEY1_EXTI_IRQn EXTI0_IRQn
/* USER CODE BEGIN Private defines */
```

gpio.c 文件包含了 MX_GPIO_Init() 函数的实现代码,具体如下。

```
void MX_GPIO_Init(void)
{
  GPIO_InitTypeDef GPIO_InitStruct = {0};

  /* GPIO Ports Clock Enable */
  __HAL_RCC_GPIOC_CLK_ENABLE();
  __HAL_RCC_GPIOF_CLK_ENABLE();
  __HAL_RCC_GPIOH_CLK_ENABLE();
  __HAL_RCC_GPIOA_CLK_ENABLE();

  /* Configure GPIO pin Output Level */
  HAL_GPIO_WritePin(GPIOF, LED1_RED_Pin|LED2_GREEN_Pin|LED3_BLUE_Pin, GPIO_PIN_SET);

  /* Configure GPIO pin : PtPin */
  GPIO_InitStruct.Pin = KEY2_Pin;
  GPIO_InitStruct.Mode = GPIO_MODE_IT_RISING;
  GPIO_InitStruct.Pull = GPIO_NOPULL;
  HAL_GPIO_Init(KEY2_GPIO_Port, &GPIO_InitStruct);

  /* Configure GPIO pins : PFPin PFPin PFPin */
  GPIO_InitStruct.Pin = LED1_RED_Pin|LED2_GREEN_Pin|LED3_BLUE_Pin;
  GPIO_InitStruct.Mode = GPIO_MODE_OUTPUT_PP;
  GPIO_InitStruct.Pull = GPIO_PULLUP;
  GPIO_InitStruct.Speed = GPIO_SPEED_FREQ_HIGH;
  HAL_GPIO_Init(GPIOF, &GPIO_InitStruct);

  /* Configure GPIO pin : PtPin */
  GPIO_InitStruct.Pin = KEY1_Pin;
  GPIO_InitStruct.Mode = GPIO_MODE_IT_FALLING;
  GPIO_InitStruct.Pull = GPIO_NOPULL;
  HAL_GPIO_Init(KEY1_GPIO_Port, &GPIO_InitStruct);

}
```

本实例使用了中断,因此 main() 函数调用中断初始化函数 MX_NVIC_Init()。MX_NVIC_Init() 函数在 main.c 文件中定义,它的代码中调用了 HAL_NVIC_SetPriority() 和 HAL_NVIC_EnableIRQ() 函数,用于设置中断的优先级和使能中断。MX_NVIC_Init() 函数实现代码如下。

```
static void MX_NVIC_Init(void)
{
  /* EXTI0_IRQn interrupt configuration */
  HAL_NVIC_SetPriority(EXTI0_IRQn, 0, 0);
  HAL_NVIC_EnableIRQ(EXTI0_IRQn);
  /* EXTI15_10_IRQn interrupt configuration */
  HAL_NVIC_SetPriority(EXTI15_10_IRQn, 0, 0);
  HAL_NVIC_EnableIRQ(EXTI15_10_IRQn);
}
```

（4）新建用户文件。

在 EXTI/Core/Src 文件夹下新建 bsp_led.c 和 bsp_exti.c 文件，在 EXTI/Core/Inc 文件夹下新建 bsp_led.h 和 bsp_exti.h 文件。将 bsp_led.c 和 bsp_exti.c 文件添加到工程 Application/User/Core 文件夹下。

（5）编写用户代码。

bsp_led.h 和 bsp_led.c 文件实现 LED 操作的宏定义和 LED 初始化。

stm32f4xx_it.c 文件中根据 STM32CubeMX 的 NVIC 配置，自动生成相应的中断函数。本实例自动生成的外部中断函数如下。

```
void EXTI0_IRQHandler(void)
{
    HAL_GPIO_EXTI_IRQHandler(KEY1_Pin);
}
void EXTI15_10_IRQHandler(void)
{
    HAL_GPIO_EXTI_IRQHandler(KEY2_Pin);
}
```

在 bsp_exti.h 和 bsp_exti.c 文件中添加外部中断的回调函数 HAL_GPIO_EXTI_Callback()的处理。KEY1 让 LED1 翻转其状态，KEY2 让 LED2 翻转其状态。

```
void HAL_GPIO_EXTI_Callback(uint16_t GPIO_Pin)
{
    if(GPIO_Pin == KEY1_Pin)
    {
        // LED1 翻转
        LED1_TOGGLE;
    }
    else if(GPIO_Pin == KEY2_Pin)
    {
        // LED2 翻转
        LED2_TOGGLE;
    }

}
```

在 main.c 文件中添加对用户自定义头文件的引用。

```
/* Private includes ------------------------------------------------ */
/* USER CODE BEGIN Includes */
# include "bsp_led.h"
# include "bsp_exti.h"
/* USER CODE END Includes */
```

在 main.c 文件中添加对 LED 的初始化代码,按键的处理在中断服务程序中已完成,主
函数不再操作。

```
/* USER CODE BEGIN 2 */
/* LED 初始化 */
LED_GPIO_Config();
/* USER CODE END 2 */
/* Infinite loop */
/* USER CODE BEGIN WHILE */
while (1)
{
  /* USER CODE END WHILE */
  /* USER CODE BEGIN 3 */
}
```

(6) 重新编译添加代码后的工程。

(7) 配置工程仿真与下载项。

在 MDK 开发环境中通过执行 Project→Options for Target 菜单命令或单击工具栏 按钮配置工程。

切换至 Debug 选项卡,选择使用的仿真下载器 ST-Link Debugger。配置 Flash Download,勾选 Reset and Run 复选框。单击"确定"按钮。

(8) 下载工程。

连接好仿真下载器,开发板上电。

在 MDK 开发环境中通过执行 Flash→Download 菜单命令或单击工具栏 按钮下载工程。

工程下载完成后,此时 LED 是灭的。按下开发板上的按键 1(KEY1),LED 亮,抬起后再按下按键 1,LED 灭;按下开发板上的按键 2(KEY2)并抬起,LED 亮,再按下开发板上的按键 2 并抬起,LED 灭。按键按下表示上升沿,按键抬起表示下降沿,与软件设置是一样的。

第 7 章

STM32 定时器

本章讲述 STM32 定时器,包括 STM32 定时器概述、基本定时器、通用定时器、定时器 HAL 库函数、采用 STM32CubeMX 和 HAL 库的定时器应用实例。

7.1 STM32 定时器概述

从本质上讲,定时器就是"数字电路"课程中学过的计数器(Counter),它像"闹钟"一样忠实地为处理器完成定时或计数任务,几乎是现代微处理器必备的一种片上外设。很多读者在初次接触定时器时,都会提出这样一个问题:既然 Arm 内核每条指令的执行时间都是固定的,且大多数是相等的,那么我们可以用软件的方法实现定时吗?例如,在 168MHz 系统时钟下要实现 $1\mu s$ 的定时,完全可以通过执行 168 条不影响状态的"无关指令"实现。既然这样,STM32 中为什么还要有定时/计数器这样一个完成定时工作的硬件结构呢?其实,这种看法一点也没有错。确实可以通过插入若干条不产生影响的"无关指令"实现固定时间的定时,但这会带来两个问题。其一,在这段时间中,STM32 不能做其他任何事情,否则定时将不再准确;其二,这些"无关指令"会占据大量程序空间。而当嵌入式处理器中集成了硬件的定时以后,它就可以在内核运行执行其他任务的同时完成精确的定时,并在定时结束后通过中断/事件等方法通知内核或相关外设。简单地说,定时器最重要的作用就是将内核从简单、重复的延时工作中解放出来。

当然,定时器的核心电路结构是计数器。当它对 STM32 内部固定频率的信号进行计数时,只要指定计数器的计数值,就相当于固定了从定时器启动到溢出的时间长度。这种对内部已知频率计数的工作方式称为"定时方式"。定时器还可以对外部管脚输入的未知频率信号进行计数,此时由于外部输入时钟频率可能改变,从定时器启动到溢出的时间长度是无法预测的,软件所能判断的仅仅是外部脉冲的个数。因此,这种计数时钟来自外部的工作方式只能称为"计数方式"。在这两种基本工作方式的基础上,STM32 定时器又衍生出了输入捕获、输出比较、PWM、脉冲计数、编码器接口等多种工作模式。

定时与计数的应用十分广泛。在实际生产过程中,许多场合都需要定时或计数操作,如产生精确的时间、对流水线上的产品进行计数等。因此,定时/计数器在嵌入式单片机应用系统中十分重要。定时和计数可以通过以下方式实现。

1．软件延时

单片机是在一定时钟下运行的，可以根据代码所需的时钟周期完成延时操作，软件延时会导致 CPU 利用率低。因此，软件延时主要用于短时间延时，如高速 ADC。

延时的纯软件方式实现起来非常简单，但具有以下缺点。

（1）对于不同的微控制器，每条指令的执行时间不同，很难做到精确延时。例如，在前面讲到的 LED 闪烁实例中，如果要使 LED 亮和灭的时间精确到各为 500ms，对应软件实现的循环语句中决定延时时间的变量 nCount 的具体取值很难通过计算准确得出。

（2）延时过程中 CPU 始终被占用，CPU 利用率不高。

虽然纯软件定时/计数方式有以上缺点，但由于其简单方便、易于实现等优点，在当今的嵌入式应用尤其在短延时和不精确延时应用中被频繁地使用。例如，高速 ADC 的转换时间可能只需要几个时钟周期，这种情况下，使用软件延时反而效率更高。

2．可编程定时/计数器

微控制器中的可编程定时/计数器可以实现定时和计数操作，定时/计数器功能由程序灵活设置，重复利用。设置好定时/计数器后由硬件与 CPU 并行工作，不占用 CPU 时间，这样在软件的控制下，可以实现多个精密定时/计数。嵌入式处理器为了适应多种应用，通常集成多个高性能的定时/计数器。

微控制器中的定时器本质上是一个计数器，可以对内部脉冲或外部输入进行计数，不仅具有基本的延时/计数功能，还具有输入捕获、输出比较和 PWM 波形输出等高级功能。在嵌入式开发中，充分利用定时器的强大功能，可以显著提高外设驱动的编程效率和 CPU 利用率，增强系统的实时性。

STM32 内部集成了多个定时/计数器。根据型号不同，STM32F1 系列芯片最多包含 8 个定时/计数器。其中，TIM6 和 TIM7 为基本定时器；TIM2～TIM5 为通用定时器；TIM1 和 TIM8 为高级控制定时器，功能最强。3 种定时器的功能如表 7-1 所示。此外，在 STM32 中还有两个看门狗定时器和一个系统滴答定时器。

表 7-1　STM32 定时器的功能

主 要 功 能	高级控制定时器	通用定时器	基本定时器
内部时钟源（8MHz）	√	√	√
带 16 位分频的计数单元	√	√	√
更新中断和 DMA	√	√	√
计数方向	向上、向下、双向	向上、向下、双向	向上
外部事件计数	√	√	×
其他定时器触发或级联	√	√	×
4 个独立输入捕获、输出比较通道	√	√	×
单脉冲输出方式	√	√	×

主 要 功 能	高级控制定时器	通用定时器	基本定时器
正交编码器输入	√	√	×
霍尔传感器输入	√	√	×
输出比较信号死区产生	√	×	×
制动信号输入	√	×	×

可编程定时/计数器(简称定时器)是当代微控制器标配的片上外设和功能模块。它不仅可以实现延时,而且还完成以下其他功能。

(1) 如果时钟源来自内部系统时钟,那么可编程定时/计数器可以实现精确的定时。此时的定时器工作于普通模式、比较输出或 PWM 输出模式,通常用于延时、输出指定波形、驱动电机等应用。

(2) 如果时钟源来自外部输入信号,那么可编程定时/计数器可以完成对外部信号的计数。此时的定时器工作于输入捕获模式,通常用于测量输入信号的频率和占空比、测量外部事件的发生次数和时间间隔等应用。

在嵌入式系统应用中,使用定时器可以完成以下功能。

(1) 在多任务的分时系统中用作中断实现任务的切换。

(2) 周期性执行某个任务,如每隔固定时间完成一次 A/D 采集。

(3) 延时一定时间执行某个任务,如交通灯信号变化。

(4) 显示实时时间,如万年历。

(5) 产生不同频率的波形,如 MP3 播放器。

(6) 产生不同脉宽的波形,如驱动伺服电机。

(7) 测量脉冲的个数,如测量转速。

(8) 测量脉冲的宽度,如测量频率。

STM32F407 相比于传统的 51 单片机要完善和复杂得多,它是专为工业控制应用量身定做的,定时器有很多用途,包括基本定时功能、生成输出波形(比较输出、PWM 和带死区插入的互补 PWM)和测量输入信号的脉冲宽度(输入捕获)等。

STM32F407 微控制器共有 17 个定时器,包括两个基本定时器(TIM6 和 TIM7)、10 个通用定时器(TIM2～TIM5 和 TIM9～TIM14)、两个高级定时器(TIM1 和 TIM8)、两个看门狗定时器和一个系统嘀嗒定时器(SysTick)。

7.2 STM32 基本定时器

7.2.1 基本定时器介绍

STM32F407 基本定时器 TIM6 和 TIM7 各包含一个 16 位自动重装载计数器,由各自的可编程预分频器驱动。它们可以作为通用定时器提供时间基准,特别是可以为数模转换器(DAC)提供时钟。实际上,它们在芯片内部直接连接到 DAC 并通过触发输出直接驱动 DAC,这两个定时器是互相独立的,不共享任何资源。

TIM6 和 TIM7 定时器的主要功能如下。

(1) 16 位自动重装载累加计数器。

(2) 16 位可编程(可实时修改)预分频器,用于对输入的时钟按 1～65536 的任意系数进行分频。

(3) 触发 DAC 的同步电路。

(4) 在更新事件(计数器溢出)时产生中断/DMA 请求。

基本定时器内部结构如图 7-1 所示。

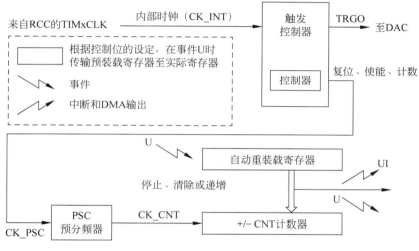

图 7-1 基本定时器内部结构

7.2.2 基本定时器的功能

1. 时基单元

可编程通用定时器的主要部分是一个 16 位计数器和与其相关的自动重装载寄存器。这个计数器可以向上计数、向下计数或双向计数。此计数器时钟由预分频器分频得到。计数器、自动重装载寄存器和预分频器寄存器可以由软件读写,在计数器运行时仍可以读写。时基单元包含计数器寄存器(TIMx_CNT)、预分频寄存器(TIMx_PSC)和自动重装载寄存器(TIMx_ARR)。

自动重装载寄存器是预先装载的,写或读自动重装载寄存器将访问预装载寄存器,根据在 TIMx_CR1 寄存器中的自动重装载预装载使能位(ARPE)的设置,预装载寄存器的内容被立即或在每次的更新事件 UEV 时传输到影子寄存器,当计数器达到溢出条件(向下计数时的下溢条件)并且 TIMx_CR1 寄存器中的 UDIS 位等于 0 时,产生更新事件。更新事件也可以由软件产生。

计数器由预分频器的时钟输出 CK_CNT 驱动,仅当设置了计数器 TIMx_CR1 寄存器中的计数器使能位(CEN)时,CK_CNT 才有效。真正的计数器使能信号 CNT_EN 在 CEN 的一个时钟周期后被设置。

预分频器可以将计数器的时钟频率按 $1\sim65536$ 的任意值分频。它是基于一个(在 TIMx_PSC 寄存器中的)16 位寄存器控制的 16 位计数器。这个控制寄存器带有缓冲器,能够在工作时被改变。新的预分频器参数在下一次更新事件到来时被采用。

2. 时钟源

从 STM32F407 定时器内部结构图可以看出,基本定时器 TIM6 和 TIM7 只有一个时钟源,即内部时钟 CK_INT。对于 STM32F407 的所有定时器,内部时钟 CK_INT 都来自 RCC 的 TIMxCLK,但对于不同的定时器,TIMxCLK 的来源不同。基本定时器 TIM6 和 TIM7 的 TIMxCLK 来源于 APB1 预分频器的输出,系统默认情况下,APB1 的时钟频率为 72MHz。

3. 预分频器

预分频器可以以 $1\sim65536$ 的任意系数对计数器时钟进行分频。它是通过一个 16 位寄存器(TIMx_PSC)的计数实现分频。因为 TIMx_PSC 控制寄存器具有缓冲作用,可以在运行过程中改变它的数值,新的预分频数值将在下一个更新事件时起作用。

图 7-2 所示为在运行过程中改变预分频系数的例子,预分频系数从 1 变为 2。

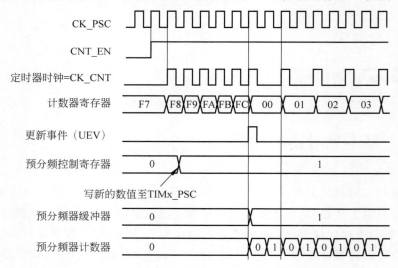

图 7-2　预分频系数从 1 变为 2 的计数器时序图

4. 计数模式

STM32F407 基本定时器只有向上计数模式,如图 7-3 所示,其中 ↑ 表示产生溢出事件。

基本定时器工作时,脉冲计数器 TIMx_CNT 从 0 累加计数到自动重装载数值(TIMx_ARR 寄存器),然后重新从 0 开始计数并产生一个计数器溢出事件。由此可见,如果使用基

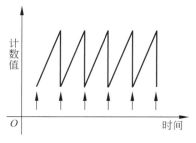

本定时器进行延时,延时可以计算为

延时＝(TIMx_ARR＋1)×(TIMx_PSC＋1)/TIMxCLK

当发生一次更新事件时,所有寄存器会被更新并设置更新标志:传输预装载值(TIMx_PSC)至预分频器的缓冲区,自动重装载影子寄存器被更新为预装载值(TIMx_ARR)。给出一些 TIMx_ARR＝0x36 时不同时钟频率下计数器工作的图示,图 7-4 所示为内部时钟分频系数为 1,图 7-5 所示为内部时钟分频系数为 2。

图 7-3　向上计数模式

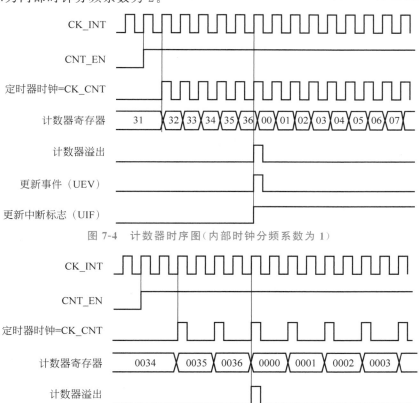

图 7-4　计数器时序图(内部时钟分频系数为 1)

图 7-5　计数器时序图(内部时钟分频系数为 2)

7.2.3　STM32 基本定时器的寄存器

本节介绍 STM32F407 基本定时器相关寄存器名称,可以用半字(16 位)或字(32 位)的方式操作这些外设寄存器,由于是采用库函数方式编程,故不作进一步探讨。

（1）TIM6 和 TIM7 控制寄存器 1(TIMx_CR1)。

（2）TIM6 和 TIM7 控制寄存器 2(TIMx_CR2)。

（3）TIM6 和 TIM7 DMA/中断使能寄存器(TIMx_DIER)。

（4）TIM6 和 TIM7 状态寄存器(TIMx_SR)。

（5）TIM6 和 TIM7 事件产生寄存器(TIMx_EGR)。

（6）TIM6 和 TIM7 计数器(TIMx_CNT)。

（7）TIM6 和 TIM7 预分频器(TIMx_PSC)。

（8）TIM6 和 TIM7 自动重装载寄存器(TIMx_ARR)。

7.3 STM32 通用定时器

7.3.1 通用定时器介绍

STM32 内置 10 个可同步运行的通用定时器(TIM2、TIM3、TIM4、TIM5、TIM9、TIM10、TIM11、TIM12、TIM13、TIM14)，TIM2 和 TIM5 定时器的计数长度为 32 位，其余定时器的计数长度为 16 位，每个通道都可用于输入捕获、输出比较、PWM 和单脉冲模式输出。任意标准定时器都能用于产生 PWM 输出。每个定时器都有独立的 DMA 请求机制。通过定时器链接功能与高级控制定时器共同工作，提供同步或事件链接功能。

通用定时器 TIMx 功能如下。

（1）16 位或 32 位向上、向下、向上/向下自动装载计数器。

（2）16 位或 32 位可编程（可以实时修改）预分频器，计数器时钟频率的分频系数为1～65536。

（3）4 个独立通道：输入捕获；输出比较；PWM 生成（边缘或中间对齐模式）；单脉冲模式输出。

（4）使用外部信号控制定时器和定时器互连的同步电路。

（5）以下事件发生时产生中断/DMA：

① 更新、计数器向上溢出/向下溢出、计数器初始化（通过软件或者内部/外部触发）；

② 触发事件（计数器启动、停止、初始化或由内部/外部触发计数）；

③ 输入捕获；

④ 输出比较。

（6）支持针对定位的增量（正交）编码器和霍尔传感器电路。

（7）触发输入作为外部时钟或按周期的电流管理。

7.3.2 通用定时器的功能

通用定时器内部结构如图 7-6 所示，相比于基本定时器其内部结构要复杂得多，其中最显著的地方就是增加了 4 个捕获/比较寄存器 TIMx_CCR，这也是通用定时器拥有许多强大功能的原因。

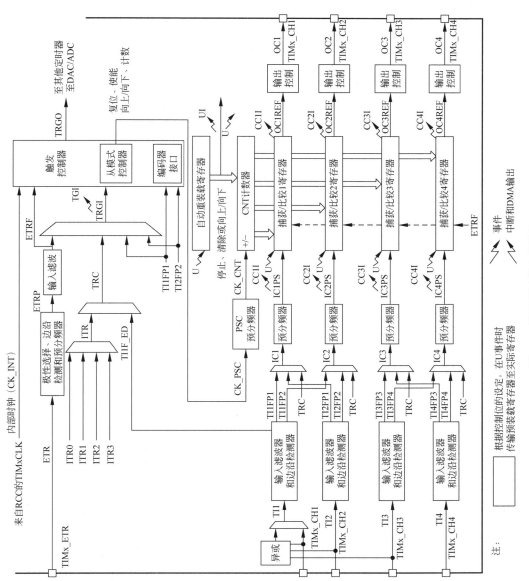

图 7-6 通用定时器内部结构

1. 时基单元

可编程通用定时器的主要部分是一个 16 位计数器和与其相关的自动重装载寄存器。这个计数器可以向上计数、向下计数或双向计数。此计数器时钟由预分频器分频得到。计数器、自动重装载寄存器和预分频寄存器可以由软件读写,在计数器运行时仍可以读写。时基单元包含计数器寄存器(TIMx_CNT)、预分频寄存器(TIMx_PSC)和自动重装载寄存器(TIMx_ARR)。

自动重装载寄存器是预先装载的,写或读自动重装载寄存器将访问预装载寄存器。根据在 TIMx_CR1 寄存器中的自动重装载预装载使能位(ARPE)的设置,预装载寄存器的内容被立即或在每次的更新事件 UEV 时传输到影子寄存器。当计数器达到溢出条件(向下计数时的下溢条件)并且 TIMx_CR1 寄存器中的 UDIS 位等于 0 时,产生更新事件。更新事件也可以由软件产生。

计数器由预分频器的时钟输出 CK_CNT 驱动,仅当设置了计数器 TIMx_CR1 寄存器中的计数器使能位(CEN)时,CK_CNT 才有效。真正的计数器使能信号 CNT_EN 在 CEN 的一个时钟周期后被设置。

预分频器可以将计数器的时钟频率按 1~65536 的任意系数分频。它是基于一个(在 TIMx_PSC 寄存器中的)16 位寄存器控制的 16 位计数器。这个控制寄存器带有缓冲器,能够在工作时被改变。新的预分频器参数在下一次更新事件到来时被采用。

2. 计数模式

TIM2~TIM5 可以向上计数、向下计数或双向计数。

1) 向上计数模式

向上计数模式工作过程同基本定时器向上计数模式,如图 7-4 所示。在向上计数模式中,计数器在时钟 CK_CNT 的驱动下从 0 计数到自动重装载寄存器 TIMx_ARR 的预设值,然后重新从 0 开始计数,并产生一个计数器溢出事件,可触发中断或 DMA 请求。当发生一个更新事件时,所有寄存器都被更新,硬件同时设置更新标志位。

对于一个工作在向上计数模式的通用定时器,自动重装载寄存器 TIMx_ARR 的值为 0x36,内部预分频系数为 4(预分频寄存器 TIMx_PSC 的值为 3)的计数器时序图如图 7-7 所示。

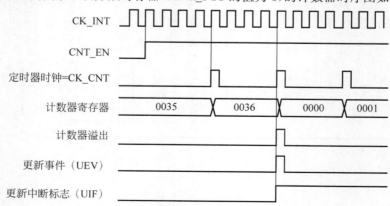

图 7-7 计数器时序图(内部预分频系数为 4)

2) 向下计数模式

通用定时器向下计数模式工作过程如图 7-8 所示。在向下计数模式中,计数器在时钟 CK_CNT 的驱动下从自动重装载寄存器 TIMx_ARR 的预设值开始向下计数到 0,然后从自动重装载寄存器 TIMx_ARR 的预设值重新开始计数,并产生一个计数器溢出事件,可触发中断或 DMA 请求。当发生一个更新事件时,所有寄存器都被更新,硬件同时设置更新标志位。

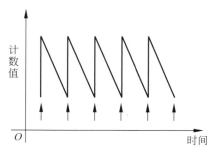

图 7-8 向下计数模式

对于一个工作在向下计数模式下的通用定时器,自动重装载寄存器 TIMx_ARR 的值为 0x36,内部预分频系数为 2(预分频寄存器 TIMx_PSC 的值为 1)的计数器时序图如图 7-9 所示。

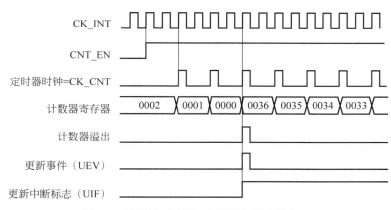

图 7-9 计数器时序图(内部预分频系数为 2)

3) 双向计数模式

双向计数模式又称为中央对齐模式或向上/向下计数模式,工作过程如图 7-10 所示,计数器从 0 开始计数到自动重装载寄存器 TIMx_ARR 的预设值－1,产生一个计数器溢出事件,然后向下计数到 1 并且产生一个计数器下溢事件;然后再从 0 开始重新计数。在这个模式下,不能写入 TIMx_CR1 的 DIR 方向位。它由硬件更新并指示当前的计数方向。可以在每次计数上溢和每次计数下溢时产生更新事件,触发中断或 DMA 请求。

对于一个工作在双向计数模式下的通用定时器,自动重装载寄存器 TIMx_ARR 的值为 0x06,内部预分频系数为 1(预分频寄存器 TIMx_PSC 的值为 0)的计数器时序图如图 7-11 所示。

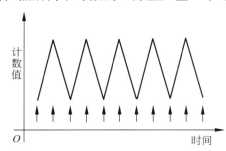

图 7-10 双向计数模式

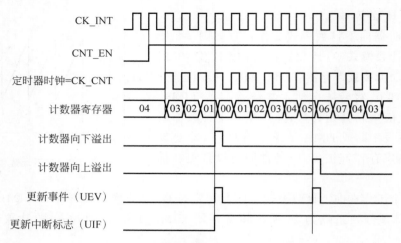

图 7-11　计数器时序图(内部预分频系数为 1)

3. 时钟选择

相比于基本定时器单一的内部时钟源,STM32F407 通用定时器的 16 位计数器的时钟源有多种选择,可由以下时钟源提供。

1) 内部时钟 CK_INT

内部时钟 CK_INT 来自 RCC 的 TIMxCLK,根据 STM32F407 时钟树,通用定时器 TIM2~TIM5 内部时钟 CK_INT 的来源为 TIM_CLK,与基本定时器相同,都是来自 APB1 预分频器的输出,通常情况下,其时钟频率为 168MHz。

2) 外部输入捕获引脚 TIx(外部时钟模式 1)

外部输入捕获引脚 TIx(外部时钟模式 1)来自外部输入捕获引脚上的边沿信号。计数器可以在选定的输入端(引脚 1：TI1FP1 或 TI1F_ED,引脚 2：TI2FP2)的每个上升沿或下降沿计数。

3) 外部触发输入引脚 ETR(外部时钟模式 2)

外部触发输入引脚 ETR(外部时钟模式 2)来自外部引脚 ETR。计数器能在外部触发输入 ETR 的每个上升沿或下降沿计数。

4) 内部触发器输入 ITRx

内部触发输入 ITRx 来自芯片内部其他定时器的触发输入,使用一个定时器作为另一个定时器的预分频器。例如,可以配置 TIM1 作为 TIM2 的预分频器。

4. 捕获/比较通道

每个捕获/比较通道都是围绕一个捕获/比较寄存器(包括影子寄存器),包括捕获的输入部分(数字滤波、多路复用和预分频器)和输出部分(比较器和输出控制)。输入部分对相应的 TIx 输入信号采样,并产生一个滤波后的 TIxF 信号。然后,一个带极性选择的边缘检测器产生一个信号(TIxFPx),它可以作为从模式控制器的输入触发或作为捕获控制。该信号通过预分频进入捕获寄存器(ICxPS)。输出部分产生一个中间波形 OCxRef(高有效)作为基准,链的末端决定最终输出信号的极性。

7.3.3 通用定时器的工作模式

1. 输入捕获模式

在输入捕获模式下,检测到 ICx 信号上相应的边沿后,计数器的当前值被锁存到捕获/比较寄存器(TIMx_CCRx)中。当捕获事件发生时,相应的 CCxIF 标志(TIMx_SR 寄存器)被置 1,如果使能了中断或 DMA 操作,则将产生中断或 DMA 操作。如果捕获事件发生时 CCxIF 标志已经为高,那么重复捕获标志 CCxOF(TIMx_SR 寄存器)被置 1。写 CCxIF=0 可清除 CCxIF,或读取存储在 TIMx_CCRx 寄存器中的捕获数据也可清除 CCxIF。写 CCxOF=0 可清除 CCxOF。

2. PWM 输入模式

该模式是输入捕获模式的一个特例,除以下区别外,操作与输入捕获模式相同。

(1) 两个 ICx 信号被映射至同一个 TIx 输入。

(2) 这两个 ICx 信号为边沿有效,但是极性相反。

(3) 其中一个 TIxFP 信号被作为触发输入信号,而从模式控制器被配置成复位模式。例如,需要测量输入 TI1 的 PWM 信号的长度(TIMx_CCR1 寄存器)和占空比(TIMx_CCR2 寄存器),具体步骤如下(取决于 CK_INT 的频率和预分频器的值)。

① 选择 TIMx_CCR1 的有效输入:置 TIMx_CCMR1 寄存器的 CC1S=01(选择 TI1)。

② 选择 TI1FP1 的有效极性(用来捕获数据到 TIMx_CCR1 中和清除计数器):置 CC1P=0(上升沿有效)。

③ 选择 TIMx_CCR2 的有效输入:置 TIMx_CCMR1 寄存器的 CC2S=10(选择 14478)。

④ 选择 TI1FP2 的有效极性(捕获数据到 TIMx_CCR2):置 CC2P=1(下降沿有效)。

⑤ 选择有效的触发输入信号:置 TIMx_SMCR 寄存器中的 TS=101(选择 TI1FP1)。

⑥ 配置从模式控制器为复位模式:置 TIMx_SMCR 中的 SMS=100。

⑦ 使能捕获:置 TIMx_CCER 寄存器中 CC1E=1 且 CC2E=1。

3. 强置输出模式

在输出模式(TIMx_CCMRx 寄存器中 CCxS=00)下,输出比较信号(OCxREF 和相应的 OCx)能够直接由软件强置为有效或无效状态,而不依赖于输出比较寄存器和计数器间的比较结果。置 TIMx_CCMRx 寄存器中相应的 OCxM=101,即可强置输出比较信号(OCxREF/OCx)为有效状态。这样 OCxREF 被强置为高电平(OCxREF 始终为高电平有效),同时 OCx 得到 CCxP 极性位相反的值。

例如,CCxP=0(OCx 高电平有效),则 OCx 被强置为高电平。置 TIMx_CCMRx 寄存器中的 OCxM=100,可强置 OCxREF 信号为低。该模式下,在 TIMx_CCRx 影子寄存器和计数器之间的比较仍然在进行,相应的标志也会被修改,因此仍然会产生相应的中断和 DMA 请求。

4. 输出比较模式

此项功能用来控制一个输出波形，或者指示一段给定的时间已经到时。

当计数器与捕获/比较寄存器的内容相同时，进行如下操作。

(1) 将输出比较模式(TIMx_CCMRx 寄存器中的 OCxM 位)和输出极性(TIMx_CCER 寄存器中的 CCxP 位)定义的值输出到对应的引脚上。在比较匹配时，输出引脚可以保持它的电平(OCxM＝000)、被设置成有效电平(OCxM＝001)、被设置成无效电平 OCxM＝010)或进行翻转(OCxM＝011)。

(2) 设置中断状态寄存器中的标志位(TIMx_SR 寄存器中的 CCxIF 位)。

(3) 若设置了相应的中断屏蔽(TIMx_DIER 寄存器中的 CCxIE 位)，则产生一个中断。

(4) 若设置了相应的使能位(TIMx_DIER 寄存器中的 CCxDE 位，TIMx_CR2 寄存器中的 CCDS 位选择 DMA 请求功能)，则产生一个 DMA 请求。

输出比较模式的配置步骤如下。

(1) 选择计数器时钟(内部、外部、预分频器)。

(2) 将相应的数据写入 TIMx_ARR 和 TIMx_CCRx 寄存器中。

(3) 如果要产生一个中断请求和/或一个 DMA 请求，设置 CCxIE 位和/或 CCxDE 位。

(4) 选择输出模式。例如，当计数器 CNT 与 CCRx 匹配时翻转 OCx 的输出引脚，CCRx 预装载未用，开启 OCx 输出且高电平有效，则必须设置 OCxM＝011，OCxPE＝0，CCxP＝0 和 CCxE＝1。

(5) 设置 TIMx_CR1 寄存器的 CEN 位启动计数器。

TIMx_CCRx 寄存器能够在任何时候通过软件进行更新以控制输出波形，条件是未使用预装载寄存器(OCxPE＝0，否则 TIMx_CCRx 影子寄存器只能在发生下一次更新事件时被更新)。

5. PWM 输出模式

PWM 输出模式是一种特殊的输出模式，在电力、电子和电机控制领域得到广泛应用。

1) PWM 简介

PWM 是 Pulse Width Modulation 的缩写，中文意思就是脉冲宽度调制，简称脉宽调制。它是利用微处理器的数字输出对模拟电路进行控制的一种非常有效的技术，因控制简单、灵活和动态响应好等优点而成为电力、电子技术最广泛应用的控制方式，其应用领域包括测量、通信、功率控制与变换、电动机控制、伺服控制、调光、开关电源，甚至某些音频放大器，因此研究基于 PWM 技术的正负脉宽数控调制信号发生器具有十分重要的现实意义。PWM 是一种对模拟信号电平进行数字编码的方法。通过高分辨率计数器的使用，方波的占空比被调制用来对一个具体模拟信号的电平进行编码。PWM 信号仍然是数字的，因为在给定的任何时刻，满幅值的直流供电要么完全有(ON)，要么完全无(OFF)，电压或电流源是以一种通(ON)或断(OFF)的重复脉冲序列被加载到模拟负载上去的。通时即是直流供电被加到负载上，断时即是供电被断开。只要带宽足够，任何模拟值都可以使用 PWM 进行编码。

2）PWM 实现

目前，在运动控制系统或电动机控制系统中实现 PWM 主要有传统的数字电路、微控制器普通 I/O 模拟和微控制器的 PWM 直接输出等方式。

（1）传统的数字电路方式：用传统的数字电路实现 PWM（如 555 定时器），电路设计较复杂，体积大，抗干扰能力差，系统的研发周期较长。

（2）微控制器普通 I/O 模拟方式：对于微控制器中无 PWM 输出功能的情况（如 51 单片机），可以通过 CPU 操控普通 I/O 接口实现 PWM 输出。这样实现 PWM 将消耗大量的时间，大大降低 CPU 的效率，而且得到的 PWM 信号精度不太高。

（3）微控制器的 PWM 直接输出方式：对于具有 PWM 输出功能的微控制器，在进行简单的配置后即可在微控制器的指定引脚输出 PWM 脉冲。这也是目前使用最多的 PWM 实现方式。

STM32F407 就是这样一款具有 PWM 输出功能的微控制器，除了基本定时器 TIM6 和 TIM7，其他的定时器都可以用来产生 PWM 输出。其中，高级定时器 TIM1 和 TIM8 可以同时产生多达 7 路的 PWM 输出，而通用定时器也能同时产生多达 4 路的 PWM 输出，STM32 最多可以同时产生 30 路 PWM 输出。

3）PWM 输出模式的工作过程

STM32F407 微控制器 PWM 输出模式可以产生一个由 TIMx_ARR 寄存器确定频率、由 TIMx_CCRx 寄存器确定占空比的信号，原理如图 7-12 所示。

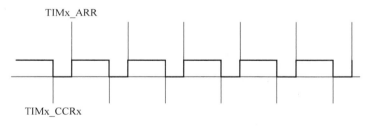

图 7-12　STM32F407 微控制器 PWM 产生原理

通用定时器 PWM 输出模式的工作过程如下。

（1）若配置脉冲计数器 TIMx_CNT 为向上计数模式，自动重装载寄存器 TIMx_ARR 的预设为 N，则脉冲计数器 TIMx_CNT 的当前计数值 X 在 CK_CNT 时钟（通常由 TIMACLK 经 TIMx_PSC 分频而得）的驱动下从 0 开始不断累加计数。

（2）在脉冲计数器 TIMx_CNT 随着 CK_CNT 时钟触发进行累加计数的同时，脉冲计数 M_CNT 的当前计数值 X 与捕获/比较寄存器 TIMx_CCR 的预设值 A 进行比较。如果 $X<A$，输出高电平（或低电平）；如果 $X\geqslant A$，输出低电平（或高电平）。

（3）当脉冲计数器 TIMx_CNT 的计数值 X 大于自动重装载寄存器 TIMx_ARR 的预设值 N 时，脉冲计数器 TIMx_CNT 的计数值清零并重新开始计数。如此循环往复，得到的 PWM 输出信号周期为 $(N+1)\times$ TCK_CNT，其中 TCK_CNT 为 CK_CNT 时钟的周期。PWM 输出信号脉冲宽度为 $A\times$ TCK_CNT。PWM 输出信号的占空比为 $A/(N+1)$。

下面举例具体说明,当通用定时器设置为向上计数模式,自动重装载寄存器 TIMx_ARR 的预设值为 8,4 个捕获/比较寄存器 TIMx_CCRx 分别设为 0、4、8 和大于 8 时,通过用定时器的 4 个 PWM 通道的输出时序 OCxREF 和触发中断时序 CCxIF 如图 7-13 所示。例如,在 TIMx_CCR=4 情况下,当 TIMx_CNT<4 时,OCxREF 输出高电平;当 TIMx_CNT≥4 时,OCxREF 输出低电平,并在比较结果改变时触发 CCxIF 中断标志。此 PWM 输出信号的占空比为 4/(8+1)。

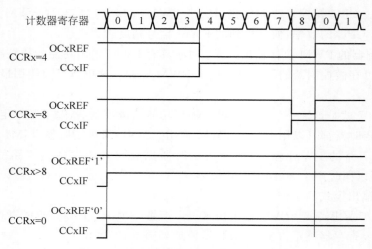

图 7-13　向上计数模式 PWM 输出时序图

需要注意的是,在 PWM 输出模式下,脉冲计数器 TIMx_CNT 的计数模式有向上计数、向下计数和双向计数(中央对齐)3 种。以上仅介绍其中的向上计数模式,读者在掌握了通用定时器向上计数模式的 PWM 输出原理后,由此及彼,通用定时器的其他两种计数模式的 PWM 输出也就容易推出了。

7.3.4　通用定时器的寄存器

现将 STM32F407 通用定时器相关寄存器名称介绍如下,可以用半字(16 位)或字(32 位)的方式操作这些外设寄存器,由于是采用库函数方式编程,故不作进一步探讨。

(1) 控制寄存器 1(TIMx_CR1)。

(2) 控制寄存器 2(TIMx_CR2)。

(3) 从模式控制寄存器(TIMx_SMCR)。

(4) DMA/中断使能寄存器(TIMx_DIER)。

(5) 状态寄存器(TIMx_SR)。

(6) 事件产生寄存器(TIMx_EGR)。

(7) 捕获/比较模式寄存器 1(TIMx_CCMR1)。

(8) 捕获/比较模式寄存器 2(TIMx_CCMR2)。

(9) 捕获/比较使能寄存器(TIMx_CCER)。

（10）计数器（TIMx_CNT）。

（11）预分频器（TIMx_PSC）。

（12）自动重装载寄存器（TIMx_ARR）。

（13）捕获/比较寄存器 1（TIMx_CCR1）。

（14）捕获/比较寄存器 2（TIMx_CCR2）。

（15）捕获/比较寄存器 3（TIMx_CCR3）。

（16）捕获/比较寄存器 4（TIMx_CCR4）。

（17）DMA 控制寄存器（TIMx_DCR）。

（18）连续模式的 DMA 地址（TIMx_DMAR）。

综上所述，与基本定时器相比，STM32F407 通用定时器具有以下不同特性。

（1）具有自动重装载功能的 16 位递增/递减计数器，其内部时钟 CK_CNT 的来源 TIMxCLK 来自 APB1 预分频器的输出。

（2）具有 4 个独立的通道，每个通道都可用于输入捕获、输出比较、PWM 输入和输出以及单脉冲模式输出等。

（3）在更新（向上溢出/向下溢出）、触发（计数器启动/停止）、输入捕获以及输出比较事件时，可产生中断/DMA 请求。

（4）支持针对定位的增量（正交）编码器和霍尔传感器电路。

（5）使用外部信号控制定时器和定时器互连的同步电路。

7.4　STM32 定时器 HAL 库函数

7.4.1　基础定时器 HAL 驱动程序

基础定时器只有定时这一个基本功能，在计数溢出时产生的 UEV 事件是基础定时器中断的唯一事件源。根据控制寄存器 TIMx_CR1 中 OPM（One Pulse Mode）位的设定值不同，基础定时器有两种定时模式：连续定时模式和单次定时模式。

（1）当 OPM 位为 0 时，定时器是连续定时模式，也就是计数器在发生 UEV 事件时不停止计数。所以，在连续定时模式下，可以产生连续的 UEV 事件，也就可以产生连续、周期性的定时中断，这是定时器默认的工作模式。

（2）当 OPM 位为 1 时，定时器是单次定时模式，也就是计数器在发生下一次 UEV 事件时会停止计数。所以，在单次定时模式下，如果启用了 UEV 事件中断，在产生一次定时中断后，定时器就停止计数了。

1. 基础定时器主要函数

基础定时器的一些主要 HAL 驱动函数如表 7-2 所示，所有定时器具有定时功能，所以这些函数对于通用定时器、高级控制定时器也是适用的。

表 7-2　基础定时器的一些主要 HAL 驱动函数

分　组	函　数　名	功　能　描　述
初始化	HAL_TIM_Base_Init()	定时器初始化,设置各种参数和连续定时模式
	HAL_TIM_OnePulse_Init()	将定时器配置为单次定时模式,需要先执行 HAL_TIM_Base_Init()函数
	HAL_TIM_Base_MspInit()	MSP 弱函数,在 HAL_TIM_Base_Init()函数里被调用,重新实现的这个函数一般用于定时器时钟使能和中断设置
启动和停止	HAL_TIM_Base_Start()	以轮询工作方式启动定时器,不会产生中断
	HAL_TIM_Base_Stop()	停止轮询工作方式的定时器
	HAL_TIM_Base_Start_IT()	以中断工作方式启动定时器,发生 UEV 事件时产生中断
	HAL_TIM_Base_Stop_IT()	停止中断工作方式的定时器
	HAL_TIM_Base_Start_DMA()	以 DMA 工作方式启动定时器
	HAL_TIM_Base_Stop_DMA()	停止 DMA 工作方式的定时器
获取状态	HAL_TIM_Base_GetState()	获取基础定时器的当前状态

1) 定时器初始化

HAL_TIM_Base_Init()函数对定时器的连续定时工作模式和参数进行初始化设置,原型定义如下。

```
HAL_StatusTypeDef  HAL_TIM_Base_Init(TIM_HandleTypeDef * htim);
```

其中,参数 htim 是定时器外设对象指针,是 TIM_HandleTypeDef 结构体类型指针,这个结构体类型的定义在 stm32f4xx_hal_tim.h 文件中,具体定义如下。

```
typedef struct
{
    TIM_Typedef                 * Instance;      //定时器的寄存器基址
    TIM_Base_InitTypeDef        Init;            //定时器参数
    HAL_TIM_ActiveChannel       Channel;         //当前通道
    DMA_HandleTypeDef           * hdma[7];        //DMA 处理相关数组
    HAL_LockTypeDef             Lock;            //是否锁定
    __IO HAL_TIM_StateTypeDef   State;           //定时器的工作状态
} TIM_HandleTypeDef;
```

其中,Instance 是定时器的寄存器基址,用于表示具体是哪个定时器;Init 是定时器的各种参数,是一个 TIM_Base_InitTypeDef 结构体类型,这个结构体的定义如下。

```
typedef struct
{
    uint32_t  Prescaler;                 //预分频系数
    uint32_t  CounterMode;               //计数模式,递增、递减、递增/递减
    uint32_t  Period;                    //计数周期
```

```
    uint32_t  ClockDivision;           //内部时钟分频,基本定时器无此参数
    uint32_t  RepetitionCounter;       //重复计数器值,用于 PWM 模式
    uint32_t  AutoReloadPreload;       //是否开启寄存器 TIMx_ARR 的缓存功能
}TIM_Base_InitTypeDef;
```

　　要初始化定时器,一般是先定义一个 TIM_HandleTypeDef 类型的变量表示定时器,对其各个成员变量赋值,然后调用 HAL_TIM_Base_Init()函数进行初始化。定时器的初始化设置可以在 STM32CubeMX 里可视化完成,从而自动生成初始化函数代码。

　　HAL_TIM_Base_Init()函数会调用 MSP 函数 HAL_TIM_Base_MspInit(),这是一个弱函数,在 STM32CubeMX 生成的定时器初始化程序文件中会重新实现这个函数,用于开启定时器的时钟,设置定时器的中断优先级。

　　2) 配置为单次定时模式

　　定时器默认工作于连续定时模式,如果要配置定时器工作于单次定时模式,在调用定时器初始化函数 HAL_TIM_Base_Init()之后,还需要调用 HAL_TIM_OnePulse_Init()函数将定时器配置为单次模式。原型定义如下。

```
HAL_StatusTypeDef  HAL_TIM_OnePulse_Init(TIM_HandleTypeDef * htim,uint32_t  OnePulseMode)
```

其中,参数 htim 是定时器对象指针;参数 OnePulseMode 是产生脉冲的方式,有两种宏定义常量可作为该参数的取值:TIM_OPMODE_SINGLE,单次模式,就是将控制寄存器 TIMx_CR1 中的 OPM 位置 1;TIM_OPMODE_REPETITIVE,重复模式,就是将控制寄存器 TIMx_CR1 中的 OPM 位置 0。

　　HAL_TIM_OnePulse_Init()函数其实是用于定时器单脉冲模式的一个函数,单脉冲模式是定时器输出比较功能的一种特殊模式,在定时器的 HAL 驱动程序中,有一组以 HAL_TIM_OnePulse 为前缀的函数,它们是专门用于定时器输出比较的单脉冲模式的。

　　在配置定时器的定时工作模式时,只是为了使用 HAL_TIM_OnePulse_Init()函数将控制寄存器 TIMx_CR1 中的 OPM 位置 1,从而将定时器配置为单次定时模式。

　　3) 启动和停止定时器

　　定时器有 3 种启动和停止方式,对应于表 7-2 中的 3 组函数。

　　(1) 轮询方式。以 HAL_TIM_Base_Start()函数启动定时器后,定时器会开始计数,计数溢出时会产生 UEV 事件标志,但是不会触发中断。用户程序需要不断地查询计数值或 UEV 事件标志,判断是否发生了计数溢出。

　　(2) 中断方式。以 HAL_TIM_Base_Start_IT()函数启动定时器后,定时器会开始计数,计数溢出时会产生 UEV 事件,并触发中断。用户在中断服务程序中进行处理即可,这是定时器最常用的处理方式。

　　(3) DMA 方式。以 HAL_TIM_Base_Start_DMA()函数启动定时器后,定时器会开始计数,计数溢出时会产生 UEV 事件,并产生 DMA 请求。DMA 会在第 12 章专门介绍,一般用于需要进行高速数据传输的场合,定时器一般不需要 DMA 功能。

实际使用定时器的周期性连续定时功能时,一般使用中断方式。HAL_TIM_Base_Start_IT()函数的原型定义如下。

```
HAL_StatusTypeDef  HAL_TIM_Base_Start_IT(TIM_HandleTypeDef * htim);
```

其中,参数 htim 是定时器对象指针。其他几个启动和停止定时器的函数参数与此相同。

4)获取定时器运行状态

HAL_TIM_Base_GetState()函数用于获取定时器的运行状态,原型定义如下。

```
HAL_TIM_StateTypeDef  HAL_TIM_Base_GetState(TIM_HandleTypeDef * htim);
```

函数返回值是枚举类型 HAL_TIM_StateTypeDef,表示定时器的当前状态。这个枚举类型的定义如下。

```
typedef enum
{
    HAL_TIM_STATE_RESET       = 0x00U,        // 定时器还未被初始化,或被禁用了
    HAL_TIM_STATE_READY       = 0x01U,        // 定时器已经初始化,可以使用了
    HAL_TIM_STATE_BUSY        = 0x02U,        // 一个内部处理过程正在执行
    HAL_TIM_STATE_TIMEOUT     = 0x03U,        // 定时到期(Timeout)状态
    HAL_TIM_STATE_ERROR       = 0x04U         // 发生错误,Reception 过程正在运行
}HAL_TIM_StateTypeDef;
```

2. 其他通用操作函数

stm32f4xx_hal_tim.h 文件还定义了一些定时器操作的通用函数,这些函数都是宏函数,直接操作寄存器,所以主要用于在定时器运行时直接读取或修改某些寄存器的值,如修改定时周期、重新设置预分频系数等,如表 7-3 所示。表中寄存器名称用了前缀 TIMx_,其中 x 可以用具体的定时器编号替换,如 TIMx_CR1 表示 TIM6_CR1、TIM7_CR1 或 TIM9_CR1 等。

表 7-3 定时器操作部分通用函数

函 数 名	功 能 描 述
__HAL_TIM_ENABLE()	启用某个定时器,就是将定时器控制寄存器 TIMx_CR1 的 CEN 位置 1
__HAL_TIM_DISABLE()	禁用某个定时器
__HAL_TIM_GET_COUNTER()	在运行时读取定时器的当前计数值,就是读取 TIMx_CNT 寄存器的值
__HAL_TIM_SET_COUNTER()	在运行时设置定时器的计数值,就是设置 TIMx_CNT 寄存器的值
__HAL_TIM_GET_AUTORELOAD()	在运行时读取自动重装载寄存器 TIMx_ARR 的值
__HAL_TIM_SET_AUTORELOAD()	在运行时设置自动重装载寄存器 TIMx_ARR 的值,并改变定时的周期
__HAL_TIM_SET_PRESCALER()	在运行时设置预分频系数,就是设置预分频寄存器 TIMx_PSC 的值

这些函数都需要一个定时器对象指针作为参数。例如,启用定时器的函数定义如下。

```
#define __HAL_TIM_ENABLE(_HANDLE_) ((_HANDLE_) -> Intendance -> CR1| = (TIMx_CR1 CR1_CEN))
```

其中,参数_HANDLE_是表示定时器对象的指针,即 TIM_HandleTypeDef 类型的指针。

函数的功能就是将定时器的 TIMx_CR1 寄存器的 CEN 位置 1。这个函数的使用示例代码如下。

```
TIM_HandleTypeDef  htim6;                      //定时器 TIM6 的外设对象变量
__HAL_TIM_ENABLE(&htim6);
```

读取寄存器的函数会返回一个数值。例如,读取当前计数值的函数定义如下。

```
#define __HAL_TIM_GET_COUNTER(_HANDLE_) ((_HANDLE_) -> Instance -> CNT)
```

其返回值就是寄存器 TIMx_CNT 的值。有的定时器是 32 位的,有的是 16 位的,实际使用时用 uint32_t 类型的变量存储函数返回值即可。

设置某个寄存器的值的函数有两个参数。例如,设置当前计数值的函数的定义如下。

```
#define __HAL_TIM_SET_COUNTER(_HANDLE_,_COUNTER_)((_HANDLE_) -> Instance -> CNT = (_COUNTER_))
```

其中,参数_HANDLE_是定时器的指针;参数_COUNTER_是需要设置的值。

3. 中断处理

定时器中断处理相关函数如表 7-4 所示,这些函数对所有定时器都是适用的。

表 7-4　定时器中断处理相关函数

函 数 名	函数功能描述
__HAL_TIM_ENABLE_IT()	启用某个事件的中断,就是将中断使能寄存器 TIMx_DIER 中相应事件位置 1
__HAL_TIM_DISABLE_IT()	禁用某个事件的中断,就是将中断使能寄存器 TIMx_DIER 中相应事件位置 0
__HAL_TIM_GET_FLAG()	判断某个中断事件源的中断挂起标志位是否被置位,就是读取状态寄存器 TIMx_SR 中相应的中断事件位是否置 1,返回值为 TRUE 或 FALSE
__HAL_TIM_CLEAR_FLAG()	清除某个中断事件源的中断挂起标志位,就是将状态寄存器 TIMx_SR 中相应的中断事件位清零
__HAL_TIM_CLEAR_IT()	与__HAL_TIM_CLEAR_FLAG()函数的代码和功能完全相同
__HAL_TIM_GET_IT_SOURCE()	查询是否允许某个中断事件源产生中断,就是检查中断使能寄存器 TIMx_DIER 中相应事件位是否置 1,返回值为 SET 或 RESET
HAL_TIM_IRQHandler()	定时器中断的 ISR 调用的定时器中断通用处理函数
HAL_TIM_PeriodElapsedCallback()	弱函数,UEV 事件中断的回调函数

每个定时器都只有一个中断号,也就是只有一个 ISR。基础定时器只有一个中断事件源,即 UEV 事件,但是通用定时器和高级控制定时器有多个中断事件源。在定时器的

HAL 驱动程序中,每种中断事件对应一个回调函数,HAL 驱动程序会自动判断中断事件源,清除中断事件挂起标志,然后调用相应的回调函数。

1)中断事件类型

stm32f4xx_hal_tim.h 文件中定义了表示定时器中断事件类型的宏,定义如下。

```
# define   TIM_IT_UPDATE      TIM_DIER_UIE           //更新中断
# define   TIM_IT_CC1         TIM_DIER_CC1IE         //捕获/比较 1 中断
# define   TIM_IT_CC2         TIM_DIER_CC2IE         //捕获/比较 2 中断
# define   TIM_IT_CC3         TIM_DIER_CC3IE         //捕获/比较 3 中断
# define   TIM_IT_CC4         TIM_DIER_CC4IE         //捕获/比较 4 中断
# define   TIM_IT_COM         TIM_DIER_COMIE         //换相中断
# define   TIM_IT_TRIGGER     TIM_DIER_TIE           //触发中断
# define   TIM_IT_BREAK       TIM_DIER_BIE           //断路中断
```

这些宏定义实际上是定时器的中断使能寄存器(TIMx_DIER)中相应位的掩码。基础定时器只有一个中断事件源,即 TIM_IT_UPDATE,其他中断事件源是通用定时器或高级控制定时器才有的。

表 7-4 中的一些宏函数需要以中断事件类型作为输入参数,就是用以上的中断事件类型的宏定义。例如,__ HAL_TIM_ENABLE_IT()函数的功能是开启某个中断事件源,也就是在发生这个事件时允许产生定时器中断,否则只是发生事件而不会产生中断。原型定义如下。

```
# define __HAL_TIM_ENABLE_IT(_HANDLE_,_INTERRUPT_) ((_HANDLE_) -> Instance -> DIER| =
(_INTERRUPT_))
```

其中,参数_HANDLE_是定时器对象指针;_INTERRUPT_就是某个中断类型的宏定义。这个函数的功能就是将中断使能寄存器(TIMx_DIER)中对应于中断事件_INTERRUPT_的位置 1,从而开启该中断事件源。

2)定时器中断处理流程

每个定时器都只有一个中断号,也就是只有一个 ISR。STM32CubeMX 生成代码时,会在 stm32f4xx_it.c 文件中生成定时器中断 ISR 的代码框架。例如,TIM6 的 ISR 代码如下。

```
void TIM6_DAC_IRQHandler(void)
{
    /* USER CODE BEGIN TIM6_DAC_IRQn 0 */
    /* USER CODE END TIM6_DAC_IRQn 0 */
    HAL_TIM_IRQHandler(&htim6);
    /* USER CODE BEGIN TIM6_DAC_IRQn 1 */
    /* USER CODE END TIM6_DAC_IRQn 1 */
}
```

其实,所有定时器的 ISR 代码与此类似,都是调用 HAL_TIM_IRQHandler( )函数,只是传递了各自的定时器对象指针,这与第 6 章的 EXTI 的 ISR 的处理方式类似。

所以,HAL_TIM_IRQHandler( )函数是定时器中断通用处理函数。跟踪分析这个函数的源代码,发现它的功能就是判断中断事件源、清除中断挂起标志位、调用相应的回调函数。例如,这个函数中判断中断事件是否是 UEV 事件的代码如下。

```
if(__HAL_TIM_GET_FLAG(htim,TIM_FLAG_UPDATE)!= RESET)    //事件的中断挂起标志位是否置位
{
    if(__HAL_TIM_GET_IT_SOURCE(htim,TIM_IT_UPDATE)!= RESET)    //事件的中断是否已开启
    {
        __HAL_TIM_CLEAR_IT(htim, TIM_IT_UPDATE);            //清除中断挂起标志位
        HAL_TIM_PeriodElapsedCallback(htim);               //执行事件的中断回调函数
    }
}
```

可以看到,先调用__HAL_TIM_GET_FLAG( )函数判断 UEV 事件的中断挂起标志位是否被置位,再调用__HAL_TIM_GET_IT_SOURCE( )函数判断是否已开启了 UEV 事件源中断。如果这两个条件都成立,说明发生了 UEV 事件中断,就调用__HAL_TIM_CLEAR_IT( )函数清除 UEV 事件的中断挂起标志位,再调用 UEV 事件中断对应的回调函数 HAL_TIM_PeriodElapsedCallback( )。

所以,用户要做的事情就是重新实现回调函数 HAL_TIM_PeriodElapsedCallback( ),在定时器发生 UEV 事件中断时进行相应的处理。判断中断是否发生、清除中断挂起标志位等操作都由 HAL 库函数完成了。这大大简化了中断处理的复杂度,特别是在一个中断号有多个中断事件源时。

基础定时器只有一个 UEV 中断事件源,只需重新实现回调函数 HAL_TIM_PeriodElapsedCallback( )。通用定时器和高级控制定时器有多个中断事件源,对应不同的回调函数。

7.4.2　外设的中断处理概念小结

第 6 章介绍了外部中断处理的相关函数和流程,本章又介绍了基础定时器中断处理的相关函数和流程,从中可以发现一个外设的中断处理所涉及的一些概念、寄存器和常用的HAL 函数。

每种外设的 HAL 驱动程序头文件中都定义了一些以__HAL 开头的宏函数,这些宏函数直接操作寄存器,几乎每种外设都有表 7-5 中的宏函数。这些函数分为 3 组,操作 3 个寄存器。一般的外设都有这样 3 个独立的寄存器,也有将功能合并的寄存器,所以,这里的 3 个寄存器是概念上的。在表 7-5 中,用 XXX 表示某种外设。

掌握表 7-5 中涉及的寄存器和宏函数的作用,对于理解 HAL 库的代码和运行原理,从而灵活使用 HAL 库是很有帮助的。

表 7-5　一般外设通用定义的宏函数及其作用

寄 存 器	宏 函 数	功 能 描 述	示 例 函 数
外设控制寄存器	__HAL_XXX_ENABLE()	启用某个外设	__HAL_TIM_ENABLE()
	__HAL_XXX_DISABLE()	禁用某个外设	__HAL_TIM_DISABLE()
中断使能寄存器	__HAL_XXX_ENABLE_IT()	允许某个事件触发硬件中断,就是将中断使能寄存器中对应的事件使能控制位置1	__HAL_TIM_ENABLE_IT()
	__HAL_XXX_DISABLE_IT()	允许某个事件触发硬件中断,就是将中断使能寄存器中对应的事件使能控制位置0	__HAL_TIM_DISABLE_IT()
	__HAL_XXX_GET_IT_SOURCE()	判断某个事件的中断是否开启,就是检查中断使能寄存器中相应事件使能控制位是否置1,返回值为 SET 或 RESET	__HAL_TIM_GET_IT_SOURCE()
状态寄存器	__HAL_XXX_GET_FLAG()	判断某个事件的挂起标志位是否被置位,返回值为 TRUE 或 FALSE	__HAL_TIM_GET_FLAG()
	__HAL_XXX_CLEAR_FLAG()	清除某个事件的挂起标志位	__HAL_TIM_CLEAR_FLAG()
	__HAL_XXX_CLEAR_IT()	与__HAL_XXX_CLEAR_FLAG()的代码和功能相同	__HAL_TIM_CLEAR_IT()

1. 外设控制寄存器

外设控制寄存器中有用于控制外设使能或禁用的位,通过__HAL_XXX_ENABLE()函数启用外设,通过__HAL_XXX_DISABLE()函数禁用外设。一个外设被禁用后就停止工作了,也就不会产生中断了。例如,TIM6 定时器的控制寄存器 TIM6_CR1 的 CEN 位就是控制 TIM6 定时器是否工作的位。通过 __HAL_TIM_DISABLE()和 __HAL_TIM_ENABLE()函数就可以操作这个位,从而停止或启用 TIM6。

2. 外设全局中断管理

NVIC 管理硬件中断,一个外设一般有一个中断号,称为外设的全局中断。一个中断号对应一个 ISR,发生硬件中断时自动执行中断的 ISR。

NVIC 管理中断的相关函数详见第 6 章,主要功能包括启用或禁用硬件中断,设置中断优先级等。使用 HAL_NVIC_EnableIRQ()函数启用一个硬件中断,启用外设的中断且启用外设后,发生中断事件时才会触发硬件中断。使用 HAL_NVIC_DisableIRQ()函数禁用一个硬件中断,禁用中断后即使发生事件,也不会触发中断的 ISR。

3. 中断使能寄存器

外设的一个硬件中断号可能有多个中断事件源,如通用定时器的硬件中断就有多个中断事件源。外设有一个中断使能控制寄存器,用于控制每个事件发生时是否触发硬件中断。

一般情况下,每个中断事件源在中断使能寄存器中都有一个对应的事件中断使能控制位。

例如,TIM6 定时器的中断使能寄存器 TIM6_DIER 的 UIE 位是 UEV 事件的中断使能控制位。如果 UIE 位被置1,定时溢出时产生 UEV 事件会触发 TIM6 的硬件中断,执行硬件中断的 ISR。如果 UIE 位被置0,定时溢出时仍然会产生 UEV 事件(也可通过寄存器配置是否产生 UEV 事件,这里假设配置为允许产生 UEV 事件),但是不会触发 TIM6 的硬件中断,也就不会执行 ISR。

对于每种外设,HAL 驱动程序都为其中断使能寄存器中的事件中断使能控制位定义了宏,实际上就是这些位的掩码。

__HAL_XXX_ENABLE_IT() 和 __HAL_XXX_DISABLE_IT() 函数用于将中断使能寄存器中的事件中断使能控制位置位或复位,从而允许或禁止某个事件源产生硬件中断。

__HAL_XXX_GET_IT_SOURCE() 函数用于判断中断使能寄存器中某个事件使能控制位是否被置位,也就是判断这个事件源是否被允许产生硬件中断。

当一个外设有多个中断事件源时,将外设的中断使能寄存器中的事件中断使能控制位的宏定义作为中断事件类型定义。例如,定时器的中断事件类型就是前面定义的宏 TIM_IT_UPDATE、TIM_IT_CC1、TIM_IT_CC2 等。这些宏可以作为 __HAL_XXX_ENABLE_IT(_HANDLE_,_INTERRUPT_) 等宏函数中参数_INTERRUPT_的取值。

4. 状态寄存器

状态寄存器中有表示事件是否发生的事件更新标志位,当事件发生时,标志位被硬件置1,需要软件清零。例如,定时器 TIM6 的状态寄存器 TIM6_SR 中有一个 UIF 位,当定时溢出发生 UEV 事件时,UIF 位被硬件置1。

注意,即使外设的中断使能寄存器中某个事件的中断使能控制位被置0,当事件发生时也会使状态寄存器中的事件更新标志位置1,只是不会产生硬件中断。例如,用 HAL_TIM_Base_Start() 函数以轮询方式启动定时器 TIM6 之后,发生 UEV 事件时状态寄存器 TIM6_SR 中的 UIF 位会被硬件置1,但是不会产生硬件中断,用户程序需要不断地查询状态寄存器 TIM6_SR 中的 UIF 位是否被置1。

如果在中断使能寄存器中允许事件产生硬件中断,当事件发生时,状态寄存器中的事件更新标志位会被硬件置1,并且触发硬件中断,系统会执行硬件中断的 ISR。所以,一般将状态寄存器中的事件更新标志位称为事件中断标志位(Interrupt Flag),在响应完事件中断后,用户需要用软件将事件中断标志位清零。例如,用 HAL_TIM_Base_Start_IT() 函数以中断方式启动定时器 TIM6 之后,当发生 UEV 事件时,状态寄存器 TIM6_SR 中的 UIF 位会被硬件置1,并触发硬件中断,执行 TIM6 硬件中断的 ISR。在 ISR 里处理完中断后,用户需要调用__HAL_TIM_CLEAR_FLAG() 函数将 UEV 事件中断标志位清零。

一般情况下,一个中断事件类型对应一个事件中断标志位,但也有一个事件类型对应多个事件中断标志位的情况。例如,下面是定时器的事件中断标志位宏定义,它们可以作为宏函数 __HAL_TIM_CLEAR_FLAG(_HANDLE_,_FLAG_) 中参数_FLAG_的取值。

```
#define TIM_FLAG_UPDATE          TIM_SR_UIF          // 更新中断标志
#define TIM_FLAG_CC1             TIM_SR_CC1IF        // 捕获/比较器 1 中断标志
#define TIM_FLAG_CC2             TIM_SR_CC2IF        // 捕获/比较器 2 中断标志
#define TIM_FLAG_CC3             TIM_SR_CC3IF        // 捕获/比较器 3 中断标志
#define TIM_FLAG_CC4             TIM_SR_CC4IF        // 捕获/比较器 4 中断标志
#define TIM_FLAG_COM             TIM_SR_COMIF        // 换向中断标志
#define TIM_FLAG_TRIGGER         TIM_SR_TIF          // 触发中断标志
#define TIM_FLAG_BREAK           TIM_SR_BIF          // 刹车中断标志
#define TIM_FLAG_CC1OF           TIM_SR_CC1OF        // 捕获器 1 过捕获标志
#define TIM_FLAG_CC2OF           TIM_SR_CC2OF        // 捕获器 2 过捕获标志
#define TIM_FLAG_CC3OF           TIM_SR_CC3OF        // 捕获器 3 过捕获标志
#define TIM_FLAG_CC4OF           TIM_SR_CC4OF        // 捕获器 4 过捕获标志
```

当一个硬件中断有多个中断事件源时,在中断响应 ISR 中,用户需要先判断具体是哪个事件引发了中断,再调用相应的回调函数进行处理。一般用__HAL_XXX_GET_FLAG()函数判断某个事件中断标志位是否被置位,调用中断处理回调函数之前或之后要调用__HAL_XXX_CLEAR_FLAG()函数清除中断标志位,这样硬件才能响应下次的中断。

5. 中断事件对应的回调函数

在 STM32Cube 编程方式中,STM32CubeMX 为每个启用的硬件中断号生成 ISR 代码框架,ISR 里调用 HAL 库中外设的中断处理通用函数。例如,定时器的中断处理通用函数是 HAL_TIM_IRQHandler()。在中断处理通用函数中再判断引发中断的事件源、清除事件的中断标志位、调用事件处理回调函数。例如,HAL_TIM_IRQHandler()函数中判断是否由 UEV 事件(中断事件类型宏 TIM_IT_UPDATE,事件中断标志位宏 TIM_FLAG_UPDATE)引发中断并进行处理的代码如下。

```
void HAL_TIM_IRQHandler(TIM_HandleTypeDef * htim)
{
    /*   省略其他代码   */
    /*   TIM Update event   */
    if(__HAL_TIM_GET_FLAG(htim,TIM_FLAG_UPDATE)! = RESET)        //事件的中断标志是否置位
    {
        if(__HAL_TIM_GET_IT_SOURCE(htim,TIM_IT_UPDATE)!= RESET)  //是否允许该事件中断
        {
            __HAL_TIM_CLEAR_IT(htim,TIM_IT_UPDATE);              //清除中断标志位
            HAL_TIM_PeriodElapsedCallback(htim);                //执行事件的中断回调函数
        }
    }
    /*   省略其他代码   */
}
```

当一个外设的硬件中断有多个中断事件源时,主要的中断事件源一般对应一个中断处理回调函数。用户要对某个中断事件进行处理,只需要重新实现对应的回调函数就可以了。在后面介绍各种外设时,我们会具体介绍外设的中断事件源和对应的回调函数。

但要注意,不一定外设的所有中断事件源有对应的回调函数。例如,USART 接口的某

些中断事件源就没有对应的回调函数。另外,HAL 库中的回调函数也不全都是用于中断处理的,也有一些其他用途的回调函数。

7.5　采用 STM32CubeMX 和 HAL 库的定时器应用实例

7.5.1　STM32 的通用定时器配置流程

通用定时器具有多种功能,原理大致相同,但流程有所区别,以使用中断方式为例,主要包括 3 部分,即 NVIC 设置、TIM 中断配置、定时器中断服务程序。

对每个步骤通过库函数的实现方式描述。定时器相关的库函数主要中在 HAL 库文件 stm32f4xx_hal_tim.h 和 stm32f4xx_hal_tim.c 中。

定时器配置步骤如下。

(1) TIM3 时钟使能。

HAL 中定时器使能是通过宏定义标识符实现对相关寄存器操作的,方法如下。

```
__HAL_RCC_TIM3_CLK_ENABLE();          //使能 TIM3 时钟
```

(2) 初始化定时器参数,设置自动重装载值、分频系数、计数方式等。

在 HAL 库中,定时器的初始化参数是通过定时器初始化函数 HAL_TIM_Base_Init() 实现的,即

```
HAL_StatusTypeDef HAL_TIM_Base_Init(TIM_HandleTypeDef * htim);
```

该函数只有一个入口参数,就是 TIM_HandleTypeDef 类型结构体指针,定义如下。

```
typedef struct
{
    TIM_TypeDef              * Instance;
    TIM_Base_InitTypeDef     Init;
    HAL_TIM_ActiveChannel    Channel;
    DMA_HandleTypeDef        * hdma[7];
    HAL_LockTypeDef          Lock;
    __IO HAL_TIM_StateTypeDef  State;
}TIM_HandleTypeDef;
```

第 1 个参数 Instance 是寄存器基地址。和串口、看门狗等外设一样,一般外设的初始化结构体定义的第 1 个成员变量都是寄存器基地址。这在 HAL 库中都定义好了,如要初始化串口 1,那么 Instance 的值设置为 TIM1 即可。

第 2 个参数 Init 为真正的初始化 TIM_Base_InitTypeDef 结构体类型。该结构体定义如下。

```
    typedef struct
    {
```

```
    uint32_t Prescaler;                    //预分频系数
    uint32_t CounterMode;                  //计数模式
    uint32_t Period;                       //自动重装载计数周期值
    uint32_t ClockDivision;                //时钟分频因子
    uint32_t RepetitionCounter;
} TIM_Base_InitTypeDef;
```

该初始化结构体中,参数 Prescaler 用于设置分频系数;参数 CounterMode 用于设置计数模式,可以设置为向上计数、向下计数或双向计数模式,比较常用的是向上计数模式 TIM_CounterMode_Up 和向下计数模式 TIM_CounterMode_Down;参数 Period 用于设置自动重装载计数周期值;参数 ClockDivision 用于设置时钟分频因子,也就是定时器时钟频率 CK_INT 与数字滤波器所使用的采样时钟之间的分频比;参数 RepetitionCounter 用于设置重复计数器寄存器的值,用在高级定时器中。

第 3 个参数 Channel 用于设置活跃通道。每个定时器最多有 4 个通道可以用来做输出比较、输入捕获等功能之用。这里的 Channel 就是用来设置活跃通道的,取值范围为 HAL_TIM_ACTIVE_CHANNEL_1~ HAL_TIM_ACTIVE_CHANNEL_4。

第 4 个参数 hdma 在使用定时器的 DMA 功能时用到,为了简单起见,暂时不讲解。

Lock 和 State 参数是状态过程标识符,是 HAL 库用来记录和标志定时器处理过程的。定时器初始化范例如下。

```
TIM_HandleTypeDef TIM3_Handler;                              //定时器句柄
TIM3_Handler.Instance = TIM3;                                //通用定时器 3
TIM3_Handler.Init.Prescaler = 7199;                          //分频系数
TIM3_Handler.Init.CounterMode = TIM_COUNTERMODE_UP;          //向上计数器
TIM3_Handler.Init.Period = 4999;                             //自动装载值
TIM3_Handler.Init.ClockDivision = TIM_CLOCKDIVISION_DIV1;    //时钟分频因子
HAL_TIM_Base_Init(&TIM3_Handler);
```

(3) 使能定时器更新中断,使能定时器。

HAL 库中,使能定时器更新中断和使能定时器两个操作可以在 HAL_TIM_Base_Start_IT()函数中一次完成,该函数声明如下。

```
HAL_StatusTypeDef HAL_TIM_Base_Start_IT(TIM_HandleTypeDef * htim);
```

该函数非常好理解,只有一个入口参数。调用该定时器之后,会首先调用__HAL_TIM_ENABLE_IT 宏定义使能更新中断,然后调用宏定义__HAL_TIM_ENABLE 使能相应的定时器。下面分别列出单独使能/关闭定时器中断和使能/关闭定时器的方法。

```
__HAL_TIM_ENABLE_IT(htim, TIM_IT_UPDATE);      //使能句柄 htim 指定的定时器更新中断
__HAL_TIM_DISABLE_IT (htim, TIM_IT_UPDATE);    //关闭句柄 htim 指定的定时器更新中断
__HAL_TIM_ENABLE(htim);                        //使能句柄 htim 指定的定时器
__HAL_TIM_DISABLE(htim);                       //关闭句柄 htim 指定的定时器
```

（4）TIM3 中断优先级设置。

在定时器中断使能之后，因为要产生中断，必须设置 NVIC 相关寄存器，设置中断优先级。之前多次讲解到中断优先级的设置，这里就不重复讲解。

和串口等其他外设一样，HAL 库为定时器初始化定义了回调函数 HAL_TIM_Base_MspInit()。一般情况下，与 MCU 有关的时钟使能以及中断优先级配置都会放在该回调函数内部。函数声明如下。

```
void HAL_TIM_Base_MspInit(TIM_HandleTypeDef * htim);
```

对于回调函数，这里不做过多讲解，只需要重写这个函数即可。

（5）编写中断服务函数。

在最后，还是要编写定时器中断服务函数，通过该函数处理定时器产生的相关中断。通常情况下，在中断产生后，通过状态寄存器的值判断此次产生的中断属于什么类型。然后执行相关的操作，这里使用的是更新（溢出）中断，所以在状态寄存器 SR 的最低位。在处理完中断之后应该向 TIM3_SR 的最低位写 0，清除该中断标志。

与串口一样，对于定时器中断，HAL 库同样封装了处理过程。这里以 TIM3 的更新中断为例讲解。

首先，中断服务函数是不变的，TIM3 的中断服务函数为

```
TIM3_IRQHandler();
```

一般情况下是在中断服务函数内部编写中断控制逻辑。但是，HAL 库定义了新的定时器中断共用处理函数 HAL_TIM_IRQHandler()，在每个定时器的中断服务函数内部会调用该函数。该函数声明如下。

```
void HAL_TIM_IRQHandler(TIM_HandleTypeDef * htim);
```

而在 HAL_TIM_IRQHandler() 函数内部，会对相应的中断标志位进行详细判断，判断确定中断来源后，会自动清掉该中断标志位，同时调用不同类型中断的回调函数。所以，中断控制逻辑只用编写在中断回调函数中，并且中断回调函数中不需要清除中断标志位。

例如，定时器更新中断回调函数为

```
void HAL_TIM_PeriodElapsedCallback(TIM_HandleTypeDef * htim);
```

与串口中断回调函数一样，只需要重写该函数即可。对于其他类型中断，HAL 库同样提供了几个不同的回调函数，下面列出常用的几个回调函数。

```
void HAL_TIM_PeriodElapsedCallback(TIM_HandleTypeDef * htim);    //更新中断
void HAL_TIM_OC_DelayElapsedCallback(TIM_HandleTypeDef * htim);  //输出比较
void HAL_TIM_IC_CaptureCallback(TIM_HandleTypeDef * htim);       //输入捕获
void HAL_TIM_TriggerCallback(TIM_HandleTypeDef * htim);          //触发中断
```

7.5.2 定时器应用的硬件设计

本实例利用基本定时器 TIM6 和 TIM7 定时 0.5s,0.5s 时间到 LED 翻转一次。基本定时器是单片机内部的资源,没有外部 I/O,不需要接外部电路,只需要一个 LED 即可。

7.5.3 定时器应用的软件设计

在 HAL 库函数头文件 stm32f4xx_hal_tim.h 中对定时器外设建立了 4 个初始化结构体,基本定时器只用到其中一个,即 TIM_TimeBaseInitTypeDef,其实现如下。

```
typedef struct {
    uint32_t Prescaler;                // 预分频器
    uint32_t CounterMode;              // 计数模式
    uint32_t Period;                   // 定时器周期
    uint32_t ClockDivision;            // 时钟分频
    uint32_t RepetitionCounter;        // 重复计算器
    uint32_t AutoReloadPreload;        // 自动重装载预装载
} TIM_TimeBaseInitTypeDef;
```

结构体成员说明如下。

(1) Prescaler:定时器预分频器设置,时钟源经该预分频器才是定时器时钟,它设定 TIMx_PSC 寄存器的值。可设置范围为 0~65535,实现 1~65536 分频。

(2) CounterMode:定时器计数模式,可设置为向上计数、向下计数以及双向计数模式。基本定时器只能是向上计数,即 TIMx_CNT 只能从 0 开始递增,并且无须初始化。

(3) Period:定时器周期,实际就是设定自动重装载寄存器的值,在事件生成时更新到影子寄存器。可设置范围为 0~65535。

(4) ClockDivision:时钟分频,设置定时器时钟 CK_INT 频率与数字滤波器采样时钟频率分频比,基本定时器没有此功能,不用设置。

(5) RepetitionCounter:重复计数器,属于高级控制寄存器专用寄存器,利用它可以非常容易地控制输出 PWM 的个数。这里不用设置。

(6) AutoReloadPreload:计数器在计满一个周期之后会自动重新计数,也就是默认会连续运行。连续运行过程中如果修改了 Period,那么根据当前状态的不同有可能发生超出预料的过程。如果使能了 AutoReloadPreload,那么对 Period 的修改将会在完成当前计数周期后才更新。这里不用设置。

1. 通过 STM32CubeMX 新建工程

通过 STM32CubeMX 新建工程的步骤如下。

(1) 在 Demo 目录下新建 TIMER 文件夹,这是保存本章新建工程的文件夹。

(2) 新建 STM32CubeMX 工程。

(3) 选择 MCU 或开发板。选择 STM32F407ZGT6 型号,启动工程。

(4) 执行 File→Save Project 菜单命令保存工程。

（5）执行 File→Generate Report 菜单命令生成当前工程的报告文件。

（6）配置 MCU 时钟树。在 STM32CubeMX Pinout & Configuration 工作页面下，选择 System Core→RCC，根据开发板实际情况，High Speed Clock（HSE）选择为 Crystal/Ceramic Resonator（晶体/陶瓷晶振）。

切换到 Clock Configuration 工作页面，根据开发板外设情况配置总线时钟。此处配置 Input frequency 为 25MHz，PLL Source Mux 为 HSE，分配系数为 25，PLLMul 倍频为 336MHz，PLLCLK 2 分频后为 168MHz，System Clock Mux 为 PLLCLK，APB1 Prescaler 为/4，APB2 Prescaler 为/2，其余保持默认设置即可。

（7）配置 MCU 外设。根据 LED 电路，整理出 MCU 连接的 GPIO 引脚的输入/输出配置，如表 7-6 所示。

表 7-6　MCU 引脚的配置

用户标签	引脚名称	引脚功能	GPIO 模式	上拉或下拉	端口速率
LED1_RED	PF6	GPIO_Output	推挽输出	上拉	最高
LED2_GREEN	PF7	GPIO_Output	推挽输出	上拉	最高
LED3_BLUE	PF8	GPIO_Output	推挽输出	上拉	最高

再根据表 7-6 进行 GPIO 引脚配置，具体步骤如下。

在 Pinout & Configuration 工作页面下选择 System Core→GPIO，对使用的 GPIO 进行设置。LED 输出端口为 LED1_RED（PF6）、LED2_GREEN（PF7）和 LED3_BLUE（PF8），配置完成后的 GPIO 端口页面如图 7-14 所示。

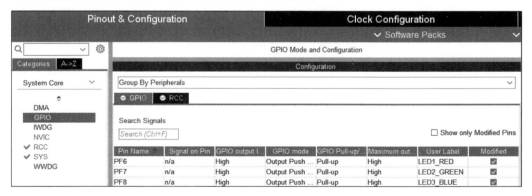

图 7-14　配置完成后的 GPIO 端口页面

在 Pinout & Configuration 工作页面下选择 Timers→TIM6，对 TIM6 进行设置。Mode 选择为 Activated，TIM6 所在的 APB1 总线时钟为 84MHz，设置定时器预分频器为 8400－1，经过预分频器后得到 10kHz 的频率。设置定时器周期数为 4999，即计数 5000 次生成事件，这样定时器的周期为 0.5s。TIM6 配置页面如图 7-15 所示。

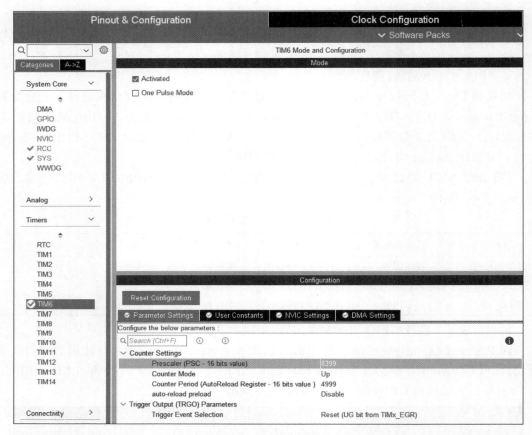

图 7-15　TIM6 配置页面

切换到 Pinout & Configuration 工作页面,选择 System Core→NVIC,修改 Priority Group 为 2 bits for pre-emption priority(2 位抢占式优先级),勾选 TIM6 global interrupt, DAC1 and DAC2 underrun error interrupts 的 Enabled 复选框,修改 Preemption Priority (抢占式优先级)为 0,Sub Priority(响应优先级)为 3。TIM6 NVIC 配置页面如图 7-16 所示。

切换至 Code generation 选项卡,NVIC Code generation 配置页面如图 7-17 所示。

(8) 配置工程。在 Project Manager 子页面 Project 栏下,Toolchain/IDE 选择为 MDK-ARM, Min Version 选择 V5,可生成 Keil MDK 工程;选择 STM32CubeIDE,可生成 STM32CubeIDE 工程。

(9) 生成 C 代码工程。返回 STM32CubeMX 主页面,单击 GENERATE CODE 按钮生成 C 代码工程。

2. 通过 Keil MDK 实现工程

通过 Keil MDK 实现工程的步骤如下。

(1) 打开 TIMER/MDK-Arm 文件夹下的工程文件。

(2) 编译 STM32CubeMX 自动生成的 MDK 工程。在 MDK 开发环境中通过执行

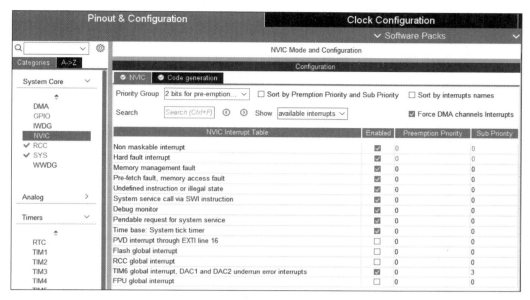

图 7-16 TIM6 NVIC 配置页面

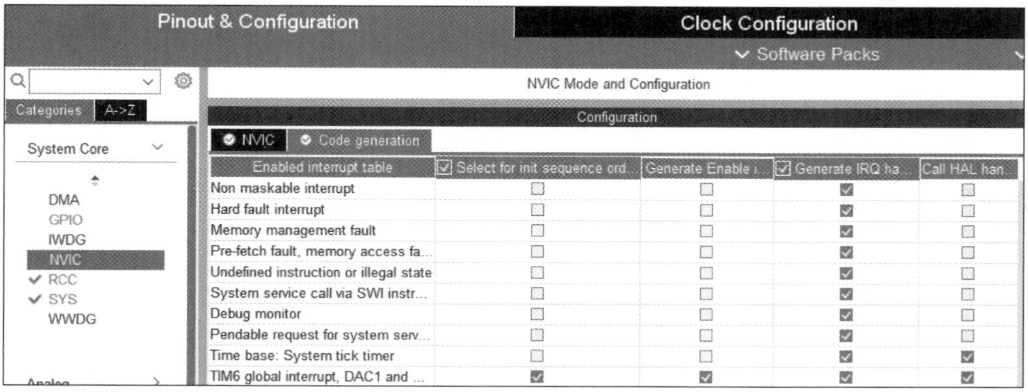

图 7-17 NVIC Code generation 配置页面

Project→Rebuild all target files 菜单命令或单击工具栏 Rebuild 按钮 🔛 编译工程。

（3）STM32CubeMX 自动生成的 MDK 工程如下。

main.c 文件中 main()函数依次调用了：HAL_Init()函数，用于复位所有外设、初始化 Flash 接口和 SysTick 定时器；SystemClock_Config()函数，用于配置各种时钟信号频率；MX_GPIO_Init()函数，用于初始化 GPIO 引脚。

gpio.c 文件包含了 MX_GPIO_Init()函数的实现代码，具体如下。

```
void MX_GPIO_Init(void)
{
    GPIO_InitTypeDef GPIO_InitStruct = {0};
```

```
    /* GPIO Ports Clock Enable */
    __HAL_RCC_GPIOF_CLK_ENABLE();
    __HAL_RCC_GPIOH_CLK_ENABLE();
    /* Configure GPIO pin Output Level */
    HAL_GPIO_WritePin(GPIOF, LED1_RED_Pin|LED2_GREEN_Pin|LED3_BLUE_Pin, GPIO_PIN_SET);
    /* Configure GPIO pins : PFPin PFPin PFPin */
    GPIO_InitStruct.Pin = LED1_RED_Pin|LED2_GREEN_Pin|LED3_BLUE_Pin;
    GPIO_InitStruct.Mode = GPIO_MODE_OUTPUT_PP;
    GPIO_InitStruct.Pull = GPIO_PULLUP;
    GPIO_InitStruct.Speed = GPIO_SPEED_FREQ_HIGH;
    HAL_GPIO_Init(GPIOF, &GPIO_InitStruct);
}
```

main()函数外设初始化函数 MX_TIM6_Init()是 TIM6 的初始化函数,定义在 time.c 文件中,它的代码里调用了 HAL_TIM_Base_Init()函数实现 STM32CubeMX 配置的定时器设置。MX_TIM6_Init()函数实现代码如下。

```
void MX_TIM6_Init(void)
{
    TIM_MasterConfigTypeDef sMasterConfig = {0};
    htim6.Instance = TIM6;
    htim6.Init.Prescaler = 8399;
    htim6.Init.CounterMode = TIM_COUNTERMODE_UP;
    htim6.Init.Period = 4999;
    htim6.Init.AutoReloadPreload = TIM_AUTORELOAD_PRELOAD_DISABLE;
    if (HAL_TIM_Base_Init(&htim6) != HAL_OK)
    {
        Error_Handler();
    }
    sMasterConfig.MasterOutputTrigger = TIM_TRGO_RESET;
    sMasterConfig.MasterSlaveMode = TIM_MASTERSLAVEMODE_DISABLE;
    if (HAL_TIMEx_MasterConfigSynchronization(&htim6, &sMasterConfig) != HAL_OK)
    {
        Error_Handler();
    }
    /* USER CODE BEGIN TIM6_Init 2 */
    HAL_TIM_Base_Start_IT(&htim6);
    /* USER CODE END TIM6_Init 2 */
}
```

MX_NVIC_Init()函数实现中断的初始化,代码如下。

```
static void MX_NVIC_Init(void)
{
    /* TIM6_DAC_IRQn interrupt configuration */
    HAL_NVIC_SetPriority(TIM6_DAC_IRQn, 0, 3);
    HAL_NVIC_EnableIRQ(TIM6_DAC_IRQn);
}
```

（4）新建用户文件。在 TIMER/Core/Src 文件夹下新建 bsp_led.c 文件，在 TIMER/Core/Inc 文件夹下新建 bsp_led.h 文件。将 bsp_led.c 文件添加到工程 Application/User/Core 文件夹下。

（5）编写用户代码。

bsp_led.h 和 bsp_led.c 文件实现 LED 操作的宏定义和 LED 初始化。

timer.c 文件 MX_TIM6_Init()函数使能 TIM6 和更新中断。

```
/* USER CODE BEGIN TIM6_Init 2 */
HAL_TIM_Base_Start_IT(&htim6);
/* USER CODE END TIM6_Init 2 */
```

timer.c 文件添加中断回调函数 HAL_TIM_PeriodElapsedCallback()，翻转 LED1。

```
void HAL_TIM_PeriodElapsedCallback(TIM_HandleTypeDef * htim)
{
        if(htim == (&htim6))
        LED1_TOGGLE;                //LED1 翻转
}
```

在 main.c 文件中添加对用户自定义头文件的引用。

```
/* Private includes ----------------------------------------------------- */
/* USER CODE BEGIN Includes */
#include "bsp_led.h"
/* USER CODE END Includes */
```

在 main.c 文件中添加对 LED1 的取反操作。

```
/* USER CODE BEGIN 2 */
LED_GPIO_Config();
/* USER CODE END 2 */

/* Infinite loop */
/* USER CODE BEGIN WHILE */
while (1)
{

  /* USER CODE END WHILE */

  /* USER CODE BEGIN 3 */
}
/* USER CODE END 3 */
```

（6）重新编译添加代码后的工程。

（7）配置工程仿真与下载项。

在 MDK 开发环境中通过执行 Project→Options for Target 菜单命令或单击工具栏

按钮配置工程。

切换至 Debug 选项卡,选择使用的仿真下载器 ST-Link Debugger。配置 Flash Download,勾选 Reset and Run 复选框。单击"确定"按钮。

(8) 下载工程。

连接好仿真下载器,开发板上电。

在 MDK 开发环境中通过执行 Flash→Download 菜单命令或单击工具栏 🐾 按钮下载工程。

工程下载完成后,可以看到 LED1 以 1s 的频率闪烁(每 0.5s 翻转一次)。

第 8 章

STM32 通用同步/异步收发器

本章讲述 STM32 通用同步/异步收发器,包括串行通信基础、STM32 的 USART 工作原理、USART 的 HAL 驱动程序、采用 STM32CubeMX 和 HAL 库的 USART 串行通信应用实例。

8.1 串行通信基础

在串行通信中,参与通信的两台或多台设备通常共享一条物理通路。发送者依次逐位发送一串数据信号,按一定的约定规则被接收者接收。由于串行端口通常只是规定了物理层的接口规范,所以为确保每次传输的数据报文能准确到达目的地,使每个接收者能够接收到所有发向它的数据,必须在通信连接上采取相应的措施。

由于借助串行端口所连接的设备在功能、型号上往往互不相同,其中大多数设备除了等待接收数据之外还会有其他任务。例如,一个数据采集单元需要周期性地收集和存储数据;一个控制器需要负责控制计算或向其他设备发送报文;一台设备可能会在接收方正在进行其他任务时向它发送信息。必须有能应对多种不同工作状态的一系列规则保证通信的有效性。这里所讲的保证串行通信有效性的方法包括:使用轮询或中断检测、接收信息;设置通信帧的起始位和停止位;建立连接握手;实行对接收数据的确认、数据缓存以及错误检查等。

8.1.1 串行异步通信数据格式

无论是 RS-232 还是 RS-485,均可采用通用异步收发数据格式。

在串行端口的异步传输中,接收方一般事先并不知道数据会在什么时候到达,在它检测到数据并作出响应之前,第 1 个数据位就已经过去了。因此,每次异步传输都应该在发送的数据之前设置至少一个起始位,以通知接收方有数据到达,给接收方一个准备接收数据、缓存数据和作出其他响应所需要的时间。而在传输过程结束时,则应有一个停止位通知接收方本次传输过程已终止,以便接收方正常终止本次通信而转入其他工作程序。

通用异步收发器(Universal Asynchronous Receiver/Transmitter,UART)通信的数据

格式如图 8-1 所示。

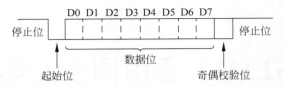

图 8-1　通用异步收发器(UART)通信的数据格式

若通信线上无数据发送,该线路应处于逻辑 1 状态(高电平)。当计算机向外发送一个字符数据时,应先送出起始位(逻辑 0,低电平),随后紧跟着数据位,这些数据构成要发送的字符信息。有效数据位的个数可以规定为 5、6、7 或 8。奇偶校验位视需要设定,紧跟其后的是停止位(逻辑 1,高电平),其位数可在 1、1.5、2 中选择其一。

8.1.2　串行同步通信数据格式

串行同步通信是由 1~2 个同步字符和多字节数据位组成,同步字符作为起始位以触发同步时钟开始发送或接收数据;多字节数据之间不允许有空隙,每位占用的时间相等;空闲位需发送同步字符。

串行同步通信传输的多字节数据由于中间没有空隙,因而传输速度较快,但要求有准确的时钟实现收发双方的严格同步,对硬件要求较高,适用于成批数据传输。串行同步收发通信的数据格式如图 8-2 所示。

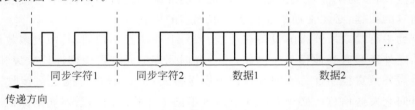

图 8-2　串行同步收发通信的数据格式

8.2　STM32 的 USART 工作原理

通信是嵌入式系统的重要功能之一。嵌入式系统中使用的通信接口有很多,如UART、SPI、I2C、USB 和 CAN 等。其中,UART 是最常见、最方便、使用最频繁的通信接口。在嵌入式系统中,很多微控制器或外设模块都带有 UART 接口,如 STM32F407 系列微控制器、6 轴运动处理组件 MPU6050(包括 3 轴陀螺仪和 3 轴加速器)、超声波测距模块US-100、GPS 模块 UBLOX、13.56MHz 非接触式 IC 卡读卡模块 RC522 等。它们彼此通过UART 相互通信交换数据,但由于 UART 通信距离较短,一般仅能支持板级通信,因此,通常在 UART 的基础上,经过简单扩展或变换,就可以得到实际生活中常用的各种适用于较长距离的串行数据通信接口,如 RS-232、RS-485 和 IrDA 等。

出于成本和功能两方面的考虑,目前大多数半导体厂商选择在微控制器内部集成 UART 模块。ST 公司的 STM32F407 系列微控制器也不例外,在它内部配备了强大的 UART 模块,即通用同步/异步收发器(Universal Synchronous/Asynchronous Receiver/ Transmitter,USART)。STM32F407 的 USART 模块不仅具备 UART 接口的基本功能, 而且还支持同步单向通信、局部互联网(Local Interconnect Network,LIN)协议、智能卡协 议、IrDA SIR 编码/解码规范、调制解调器(CTS/RTS)操作。

8.2.1 USART 介绍

USART 可以说是嵌入式系统中除了 GPIO 外最常用的一种外设。USART 常用的原 因不在于其性能超强,而是因为简单、通用。自 Intel 公司 20 世纪 70 年代发明 USART 以 来,上至服务器、PC 之类的高性能计算机,下至 4 位或 8 位的单片机几乎都配置了 USART 接口,通过 USART,嵌入式系统可以和绝大多数计算机系统进行简单的数据交换。 USART 接口的物理连接也很简单,只要 2~3 根线即可实现通信。

与 PC 软件开发不同,很多嵌入式系统没有完备的显示系统,开发者在软、硬件开发和 调试过程中很难实时地了解系统的运行状态。一般开发者会选择用 USART 作为调试手 段,首先完成 USART 的调试,在后续功能的调试中就通过 USART 向 PC 发送嵌入式系统 运行状态的提示信息,以便定位软、硬件错误,加快调试进度。

USART 通信的另一个优势是可以适应不同的物理层。例如,使用 RS-232 或 RS-485 可以明显提升 USART 通信的距离,无线频移键控(Frequency Shift Keying,FSK)调制可 以降低布线施工的难度。所以,USART 在工控领域也有着广泛的应用,是串行接口的工业 标准(Industry Standard)。

USART 提供了一种灵活的方法与使用工业标准非归零码(Non-Return to Zero,NRZ) 异步串行数据格式的外部设备之间进行全双工数据交换。USART 利用分数波特率发生 器提供宽范围的波特率选择。它支持同步单向通信和半双工单线通信,也支持 LIN(局部 互联网)、智能卡协议和 IrDA(红外数据组织)SIR ENDEC 规范,以及调制解调器(CTS/ RTS)操作。它还允许多处理器通信。使用多缓冲器配置的 DMA 方式,可以实现高速数 据通信。

SM32F407 微控制器的小容量产品有 2 个 USART,中等容量产品有 3 个 USART,大 容量产品有 3 个 USART+2 个 UART。

8.2.2 USART 的主要特性

USART 主要特性如下。

(1) 全双工,异步通信。

(2) NRZ 标准格式。

(3) 分数波特率发生器系统。发送和接收共用的可编程波特率最高达 10.5Mb/s。

(4) 可编程数据字长度(8 位或 9 位)。

(5) 可配置的停止位(支持 1 或 2 个停止位)。

(6) LIN 主发送同步断开符的能力以及 LIN 从检测断开符的能力。当 USART 硬件配置成 LIN 时,生成 13 位断开符;检测 10/11 位断开符。

(7) 发送方为同步传输提供时钟。

(8) IrDA SIR 编码器/解码器。在正常模式下支持 3/16 位的持续时间。

(9) 智能卡模拟功能。智能卡接口支持 ISO 7816-3 标准中定义的异步智能卡协议;智能卡用到 0.5 和 1.5 个停止位。

(10) 单线半双工通信。

(11) 可配置的使用 DMA 的多缓冲器通信。在 SRAM 中利用集中式 DMA 缓冲接收/发送字节。

(12) 单独的发送器和接收器使能位。

(13) 检测标志:接收缓冲器满、发送缓冲器空、传输结束标志。

(14) 校验控制:发送校验位,对接收数据进行校验。

(15) 4 个错误检测标志:溢出错误、噪声错误、帧错误、校验错误。

(16) 10 个带标志的中断源:CTS 改变、LIN 断开符检测、发送数据寄存器空、发送完成、接收数据寄存器满、检测到总线为空闲、溢出错误、帧错误、噪声错误、校验错误。

(17) 多处理器通信:如果地址不匹配,则进入静默模式。

(18) 从静默模式中唤醒:通过空闲总线检测或地址标志检测。

(19) 两种唤醒接收器的方式:地址位(MSB,第 9 位)、总线空闲。

8.2.3　USART 的功能

STM32F407 微控制器 USART 接口通过 3 个引脚与其他设备连接在一起,其内部结构如图 8-3 所示。

任何 USART 双向通信至少需要两个引脚:接收数据输入(RX)和发送数据输出(TX)。RX 为接收数据串行输入,通过过采样技术区别数据和噪声,从而恢复数据。TX 为发送数据串行输出。当发送器被禁止时,输出引脚恢复到它的 I/O 端口配置。当发送器被激活,并且不发送数据时,TX 引脚处于高电平。在单线和智能卡模式下,此 I/O 端口被同时用于数据的发送和接收。

(1) 总线在发送或接收前应处于空闲状态。

(2) 一个起始位。

(3) 一个数据字(8 位或 9 位),最低有效位在前。

(4) 0.5、1.5、2 个的停止位,由此表明数据帧结束。

(5) 使用分数波特率发生器:12 位整数和 4 位小数的表示方法。

(6) 一个状态寄存器(USART_SR)。

(7) 数据寄存器(USART_DR)。

(8) 一个波特率寄存器(USART_BRR),12 位的整数和 4 位小数。

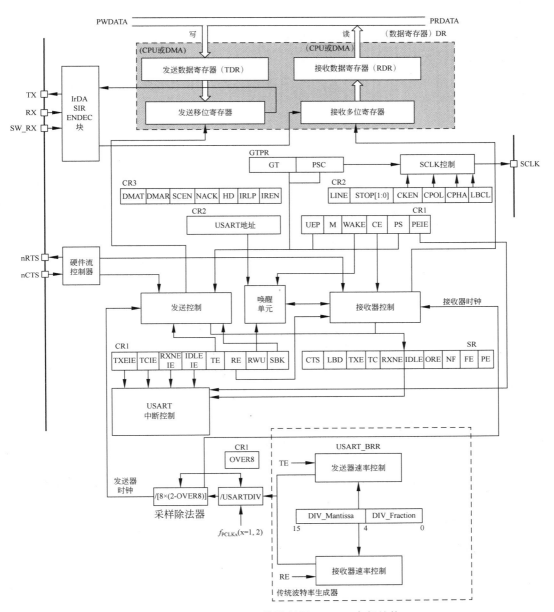

图 8-3　STM32F407 微控制器 USART 内部结构

（9）一个智能卡模式下的保护时间寄存器（USART_GTPR）。

在同步模式下需要 CK 引脚——发送器时钟输出，此引脚输出用于同步传输的时钟。这可以用来控制带有移位寄存器的外部设备（如 LCD 驱动器）。时钟相位和极性都是软件可编程的。在智能卡模式下，CK 可以为智能卡提供时钟。

在 IrDA 模式下需要以下引脚。

（1）IrDA_RDI：IrDA 模式下的数据输入。

（2）IrDA_TDO：IrDA 模式下的数据输出。

在硬件流控模式下需要以下引脚。

（1）nCTS：清除发送，若是高电平，在当前数据传输结束时阻断下一次的数据发送。

（2）nRTS：发送请求，若是低电平，表明 USART 准备好接收数据。

1. 波特率控制

波特率控制即图 8-3 中虚线框的部分。通过对 USART 时钟的控制，可以控制 USART 的数据传输速度。

USART 外设时钟源根据 USART 编号的不同而不同：对于挂载在 APB2 总线上的 USART1，它的时钟源是 f_{PCLK2}；对于挂载在 APB1 总线上的其他 USART（如 USART2 和 USART3 等），它们的时钟源是 f_{PCLK1}。以上 USART 外设时钟源经各自 USART 的分频系数 USARTDIV 分频后，分别输出作为发送器时钟和接收器时钟，控制发送和接收的时序。

通过改变 USART 外设时钟源的分频系数 USARTDIV，可以设置 USART 的波特率。

波特率决定了 USART 数据通信的速率，通过设置波特率寄存器（USART_BRR）配置波特率。

标准 USART 的波特率计算式为

$$波特率 = f_{PCLK}/[8 \times (2 - OVER8) \times USARTDIV]$$

其中，f_{PCLK} 为 USART 总线时钟；OVER8 为过采样设置；USARTDIV 为需要存储在 USART_BRR 中的数据。

USART_BRR 由两部分组成：USARTDIV 的整数部分，USART_BRR 的位[15:4]，即 DIV_Mantissa[11:0]；USARTDIV 的小数部分，USART_BRR 的位[3:0]，即 DIV_Fraction[3:0]。

一般根据需要的波特率计算 USARTDIV，然后换算成存储到 USART_BRR 的数据。

接收器采用过采样技术（除了同步模式）检测接收到的数据，这可以从噪声中提取有效数据。可通过编程 USART_CR1 中的 OVER8 位选择采样方法，且采样时钟可以是波特率时钟的 8 倍或 16 倍。

8 倍过采样（OVER8＝1）：以 8 倍于波特率的采样频率对输入信号进行采样，每个采样数据位被采样 8 次。此时可以获得最高的波特率（$f_{PCLK}/8$）。根据采样中间的 3 次采样（第 4、5、6 次）判断当前采样数据位的状态。

16 倍过采样（OVER8＝0）：以 16 倍于波特率的采样频率对输入信号进行采样，每个采样数据位被采样 16 次。此时可以获得最高的波特率（$f_{PCLK}/16$）。根据采样中间的 3 次采样（第 8、9、10 次）判断当前采样数据位的状态。

2. 收发控制

收发控制即图 8-3 中的中间部分。该部分由若干个控制寄存器组成，如 USART 控制寄存器（Control Register）CR1、CR2、CR3 和 USART 状态寄存器（Status Register）SR 等。

通过向以上控制寄存器写入各种参数,控制 USART 数据的发送和接收。同时,通过读取状态寄存器,可以查询 USART 当前的状态。USART 状态的查询和控制可以通过库函数实现,因此,无须深入了解这些寄存器的具体细节(如各个位代表的意义),学会使用 USART 相关的库函数即可。

3. 数据存储转移

数据存储转移即图 8-3 中灰色的部分。它的核心是两个移位寄存器:发送移位寄存器和接收移位寄存器。这两个移位寄存器负责收发数据并进行并串转换。

1) USART 数据发送过程

当 USART 发送数据时,内核指令或 DMA 外设先将数据从内存(变量)写入发送数据寄存器(TDR)。然后,发送控制器适时地自动把数据从 TDR 加载到发送移位寄存器,将数据一位一位地通过 TX 引脚发送出去。

当数据完成从 TDR 到发送移位寄存器的转移后,会产生发送数据寄存器已空的事件 TXE。当数据从发送移位寄存器全部发送到 TX 引脚后,会产生数据发送完成事件 TC。这些事件都可以在状态寄存器中查询到。

2) USART 数据接收过程

USART 数据接收是 USART 数据发送的逆过程。

当 USART 接收数据时,数据从 RX 引脚一位一位地输入接收移位寄存器中。然后,接收控制器自动将接收移位寄存器的数据转移到接收数据寄存器(RDR)中。最后,内核指令或 DMA 将接收数据寄存器的数据读入内存(变量)中。

当接收移位寄存器的数据转移到接收数据寄存器后,会产生接收数据寄存器非空/已满事件 RXNE。

8.2.4　USART 的通信时序

可以通过编程 USART_CR1 寄存器中的 M 位选择 8 位或 9 位字长,如图 8-4 所示。

在起始位期间,TX 引脚处于低电平;在停止位期间,TX 引脚处于高电平。空闲符号被视为完全由 1 组成的一个完整的数据帧,后面跟着包含了数据的下一帧的开始位。断开符号被视为在一个帧周期内全部收到 0。在断开帧结束时,发送器再插入 1 或 2 个停止位(1)应答起始位。发送和接收由一个共用的波特率发生器驱动,当发送器和接收器的使能位分别置位时,分别为其产生时钟。

图 8-4 中的 LBCL(Last Bit Clock Pulse,最后一位时钟脉冲)为控制寄存器 2(USART_CR2)的第 8 位。在同步模式下,该位用于控制是否在 CK 引脚上输出最后发送的那个数据位(最高位)对应的时钟脉冲。0 表示最后一位数据的时钟脉冲不从 CK 输出;1 表示最后一位数据的时钟脉冲会从 CK 输出。

注意:①最后一个数据位就是第 8 个或第 9 个发送的位(根据 USART_CR1 寄存器中的 M 位所定义的 8 位或 9 位数据帧格式);②UART4 和 UART5 上不存在这一位。

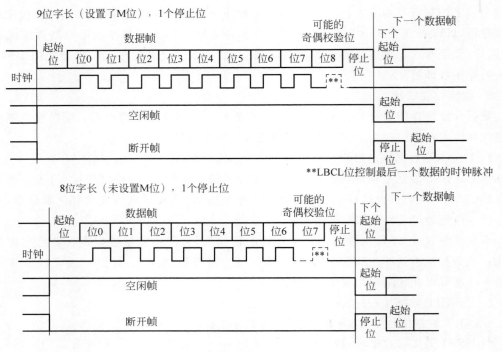

图 8-4　USART 通信时序

8.2.5　USART 的中断

STM32F407 系列微控制器的 USART 主要有以下中断事件。

（1）发送期间的中断事件，包括发送完成（TC）、清除发送（CTS）、发送数据寄存器空（TXE）。

（2）接收期间的中断事件，包括空闲总线检测（IDLE）、溢出错误（ORE）、接收数据寄存器非空（RXNE）、校验错误（PE）、LIN 断开检测（LBD）、噪声错误（NE，仅在多缓冲器通信）和帧错误（FE，仅在多缓冲器通信）。

如果设置了对应的使能控制位，这些事件就可以产生各自的中断，如表 8-1 所示。

表 8-1　STM32F407 系列微控制器 USART 的中断事件及其使能控制位

中断事件	事件标志	使能控制位
发送数据寄存器空	TXE	TXEIE
清除发送（CTS）标志	CTS	CTSIE
发送完成	TC	TCIE
接收数据就绪可读	RXNE	RXNEIE
检测到数据溢出	ORE	OREIE
检测到空闲线路	IDLE	IDLEIE
奇偶校验错	PE	PEIE
断开标志	LBD	LBDIE
噪声标志、溢出错误和帧错误	NE、OE 或 FE	EIE

8.2.6 USART 的相关寄存器

下面介绍 STM32F407 的 USART 相关寄存器名称,可以用半字(16 位)或字(32 位)的方式操作这些外设寄存器,由于采用库函数方式编程,故在此不作进一步探讨。

(1) 状态寄存器(USART_SR)。

(2) 数据寄存器(USART_DR)。

(3) 波特比率寄存器(USART_BRR)。

(4) 控制寄存器 1(USART_CR1)。

(5) 控制寄存器 2(USART_CR2)。

(6) 控制寄存器 3(USART_CR3)。

(7) 保护时间和预分频寄存器(USART_GTPR)。

8.3 USART 的 HAL 驱动程序

下面讲述 USART 的 HAL 驱动程序库函数。

8.3.1 常用功能函数

串口的驱动程序头文件是 stm32f4xx_hal_uart.h。串口操作的常用 HAL 库函数如表 8-2 所示。

表 8-2 串口操作的常用 HAL 库函数

分　组	函　数　名	功　能　说　明
初始化和总体功能	HAL_UART_Init()	串口初始化,设置串口通信参数
	HAL_UART_MspInit()	串口初始化的 MSP 弱函数,在 HAL_UART_Init()函数中被调用。重新实现的这个函数一般用于串口引脚的 GPIO 初始化和中断设置
	HAL_UART_GetState()	获取串口当前状态
	HAL_UART_GetError()	返回串口错误代码
阻塞模式传输	HAL_UART_Transmit()	以阻塞模式发送一个缓冲区的数据,发送完成或超时后才返回
	HAL_UART_Receive()	以阻塞模式将数据接收到一个缓冲区,接收完成或超时后才返回
中断方式传输	HAL_UART_Transmit_IT()	以中断方式(非阻塞模式)发送一个缓冲区的数据
	HAL_UART_Receive_IT()	以中断方式(非阻塞模式)将指定长度的数据接收到缓冲区

续表

分　　组	函　数　名	功　能　说　明
DMA 方式 传输	HAL_UART_Transmit_ DMA()	以 DMA 方式发送一个缓冲区的数据
	HAL_UART_Receive_ DMA()	以 DMA 方式将指定长度的数据接收到缓冲区
	HAL_UART_ DMAPause()	暂停 DMA 传输过程
	HAL_UART_ DMAResume()	继续先前暂停的 DMA 传输过程
	HAL_UART_DMAStop()	停止 DMA 传输过程
取消数据传输	HAL_UART_Abort()	终止以中断方式或 DMA 方式启动的传输过程,函数自身 以阻塞模式运行
	HAL_UART_ AbortTransmit()	终止以中断方式或 DMA 方式启动的数据发送过程,函数 自身以阻塞模式运行
	HAL_UART_ AbortReceive()	终止以中断方式或 DMA 方式启动的数据接收过程,函数 自身以阻塞模式运行
	HAL_UART_Abort_IT()	终止以中断方式或 DMA 方式启动的传输过程,函数自身 以非阻塞模式运行
	HAL_UART_ AbortTransmit_IT()	终止以中断方式或 DMA 方式启动的数据发送过程,函数 自身以非阻塞模式运行
	HAL_UART_ AbortReceive_IT()	终止以中断方式或 DMA 方式启动的数据接收过程,函数 自身以非阻塞模式运行

1. 串口初始化

HAL_UART_Init()函数用于串口初始化,主要是设置串口通信参数。原型定义如下。

```
HAL_StatusTypeDef  HAL_UART_Init(UART_HandleTypeDef * huart);
```

其中,参数 huart 是 UART_HandleTypeDef 类型的指针,是串口外设对象指针。在
STM32CubeMX 生成的串口程序文件 usart.c 中,会为一个串口定义外设对象变量,如

```
UART_HandleTypeDef  huartl;                //USART1 的外设对象变量
```

UART_HandleTypeDef 结构体类型的定义如下。

```
typedef struct
{
    UART_TypeDef              * Instance;       //UART 寄存器基址
    UART_InitTypeDef          Init;             //UART 通信参数
    uint8_t                   * pTxBuffPtr;     //发送数据缓冲区指针
    uint16_t                  TxXferSize;       //需要发送数据的字节数
    _IO uint16_t              TxXferCount;      //发送数据计数器,递增计数
    uint8_t                   * pRxBuffPtr;     //接收数据缓冲区指针
```

```
        uint16_t                        RxXferSize;      //需要接收数据的字节数
        _IO uint16_t                    RxXferCount;     //接收数据计数器,递减计数
        DMA_HandleTypeDef               * hdmatx;        //数据发送 DMA 流对象指针
        DMA_HandleTypeDef               * hdmarx;        //数据接收 DMA 流对象指针
        HAL_LockTypeDef                 Lock;            //锁定类型
        _IO HAL_UART_StateTypeDef       gState;          //UART 状态
        _IO HAL_UART_StateTypeDef       RxState;         //发送操作相关的状态
        _IO uint32_t                    ErrorCode;       //错误码
} UART_HandleTypeDef;
```

UART_HandleTypeDef 结构体的成员变量 Init 是 UART_InitTypeDef 结构体类型,它表示串口通信参数,其定义如下。

```
typedef struct
{
        uint32_t  BaudRate;             //波特率
        uint32_t  WordLength;           //字长
        uint32_t  StopBits;             //停止位个数
        uint32_t  Parity;               //是否有奇偶校验
        uint32_t  Mode;                 //工作模式
        uint32_t  HwFlowCtl;            //硬件流控制
        uint32_t  OverSampling;         //过采样
}  UART_InitTypeDef;
```

在 STM32CubeMX 中,用户可以可视化地设置串口通信参数,生成代码时会自动生成串口初始化函数。

2. 阻塞模式数据传输

串口数据传输有两种模式:阻塞模式和非阻塞模式。

(1) 阻塞模式(Blocking Mode)就是轮询模式。例如,使用 HAL_UART_Transmit() 函数发送一个缓冲区的数据时,这个函数会一直执行,直到数据传输完成或超时之后,函数才返回。

(2) 非阻塞模式(Non-blocking Mode)是使用中断或 DMA 方式进行数据传输。例如,使用 HAL_UART_Transmit_IT() 函数启动一个缓冲区的数据传输后,该函数立刻返回。数据传输的过程引发各种事件中断,用户在相应的回调函数中进行处理。

以阻塞模式发送数据的函数是 HAL_UART_Transmit(),原型定义如下。

```
HAL_StatusTypeDef   HAL_UART_Transmit(UART_HandleTypeDef * huart,uint8_t * pData,uint16_t
Size,uint32_t Timeout)
```

其中,参数 pData 是缓冲区指针;参数 Size 是需要发送的数据长度(字节);参数 Timeout 是超时限制时间,用嘀嗒信号的节拍数表示。该函数使用示例代码如下。

```
uint8_t   timeStr[] = "15:32:06\n";
HAL_UART_Transmit(&huart1,timeStr,sizeof(timeStr),200);
```

HAL_UART_Transmit()函数以阻塞模式发送一个缓冲区的数据,若返回值为 HAL_OK,表示传输成功,否则可能是超时或其他错误。超时参数 Timeout 的单位是嘀嗒信号的节拍数,当 Systick 定时器的定时周期是 1ms 时,Timeout 的单位就是毫秒。

以阻塞模式接收数据的函数是 HAL_UART_Receive(),原型定义如下。

```
HAL_StatusTypeDef  HAL_UART_Receive(UART_HandleTypeDef * huart, uint8_t * pData, uint16_t
Size, uint32_t Timeout)
```

其中,参数 pData 是用于存放接收数据的缓冲区指针;参数 Size 是需要接收的数据长度(字节);参数 Timeout 是超时限制时间,单位是嘀嗒信号的节拍数,默认情况下就是毫秒。该函数使用示例代码如下。

```
uint8_t recvstr[10];
HAL_UART_Receive(&huartl, recvStr, 10, 200);
```

HAL_UART_Receive()函数以阻塞模式将指定长度的数据接收到缓冲区,若返回值为 HAL_OK,表示接收成功,否则可能是超时或其他错误。

3. 非阻塞模式数据传输

以中断或 DMA 方式启动的数据传输是非阻塞式的。我们将在第 12 章介绍 DMA 方式,在本章只介绍中断方式。以中断方式发送数据的函数是 HAL_UART_Transmit_IT(),原型定义如下。

```
HAL_StatusTypeDef  HAL_UART_Transmit_IT(UART_HandleTypeDef * huart, uint8_t * pData, uint16_t Size)
```

其中,参数 pData 是需要发送的数据缓冲区指针;参数 Size 是需要发送的数据长度(字节)。这个函数以中断方式发送一定长度的数据,若函数返回值为 HAL_OK,表示启动发送成功,但并不表示数据发送完成了。该函数使用示例代码如下。

```
uint8_t  timeStr[] = "15:32:06\n";
HAL_UART_Transmit_IT(&huartl, timeStr, sizeof(timestr));
```

数据发送结束时,会触发中断并调用回调函数 HAL_UART_TxCpltCallback(),若要在数据发送结束时做一些处理,就需要重新实现这个回调函数。

以中断方式接收数据的函数是 HAL_UART_Receive_IT(),原型定义如下。

```
HAL_StatusTypeDef  HAL_UART_Receive_IT(UART_HandleTypeDef * huart, uint8_t * pData, uint16_t Size)
```

其中,参数 pData 是存放接收数据的缓冲区的指针;参数 Size 是需要接收的数据长度(字节数)。这个函数以中断方式接收一定长度的数据,若函数返回值为 HAL_OK,表示启动成功,但并不表示已经接收完数据了。该函数使用示例代码如下。

```
uint8_t  rxBuffer[10];                    //接收数据的缓冲区
HAL_UART_Receive_IT(huart, rxBuffer, 10);
```

数据接收完成时,会触发中断并调用回调函数 HAL_UART_RxCpltCallback(),若要在接收完数据后做一些处理,就需要重新实现这个回调函数。

HAL_UART_Receive_IT()函数有一些特性需要注意。

(1)这个函数执行一次只能接收固定长度的数据,即使设置为只接收 1 字节的数据。

(2)在完成数据接收后,会自动关闭接收中断,不会再继续接收数据。也就是说,这个函数是"一次性"的。若要再接收下一批数据,需要再次执行这个函数,但是不能在回调函数 HAL_UART_RxCpltCallback()中调用这个函数启动下一次数据接收。

HAL_UART_Receive_IT()函数的这些特性,使其在处理不确定长度、不确定输入时间的串口数据输入时比较麻烦,需要做一些特殊的处理。我们会在后面的示例中介绍处理方法。

8.3.2　常用宏函数

在 HAL 驱动程序中,每个外设都有一些以 __HAL 为前缀的宏函数。这些宏函数直接操作寄存器,主要是进行启用或禁用外设、开启或禁止事件中断、判断和清除中断标志位等操作。串口操作常用的宏函数如表 8-3 所示。

表 8-3　串口操作常用的宏函数

宏　函　数	功能描述
__HAL_UART_ENABLE(_HANDLE_)	启用某个串口,如__HAL_UART_ENABLE(&huart1)
__HAL_UART_DISABLE(_HANDLE_)	禁用某个串口,如__HAL_UART_DISABLE(&huart1)
__HAL_UART_ENABLE_IT(_HANDLE_,_INTERRUPT_)	允许某个事件产生硬件中断,如__HAL_UART_ENABLE_IT(&huart1, UART_IT_IDLE)
__HAL_UART_ENABLE_IT(_HANDLE_,_INTERRUPT_)	禁止某个事件产生硬件中断,如__HAL_UART_ENABLE_IT(&huart1, UART_IT_IDLE)
__HAL_UART_GET_IT_SOURCE(_HANDLE_,_IT_)	检查某个事件是否被允许产生硬件中断
__HAL_UART_GET_FLAG(_HANDLE_,_FLAG_)	检查某个事件的中断标志位是否被置位
__HAL_UART_CLEAR_FLAG(_HANDLE_,_FLAG_)	清除某个事件的中断标志位

这些宏函数中的参数_HANDLE_是串口外设对象指针,参数_INTERRUPT_和_IT_都是中断事件类型。一个串口只有一个中断号,但是中断事件类型较多,stm32f4xx_hal_uart.h 文件定义了这些中断事件类型的宏,全部中断事件类型定义如下。

```
#define  UART_IT_PE    ((uint32_t)(UART_CR1_REG_INDEX << 28U  |  USART_CR1_PEIE))
#define  UART_IT_TXE   ((uint32_t)(UART_CR1_REG_INDEX << 28U  |  USART_CR1_TXEIE))
#define  UART_IT_TC    ((uint32_t)(UART_CR1_REG_INDEX << 28 U |  USART_CR1_TCIE))
#define  UART_IT_RXNE  ((uint32_t)(UART_CR1_REG_INDEX << 28 U |  USART_CR1_RXNEIE))
#define  UART_IT_IDLE  ((uint32_t)(UART_CR1_REG_INDEX << 28U  |  USART_CR1_IDLEIE))
#define  UART_IT_LBD   ((uint32_t)(UART_CR2_REG_INDEX << 28U  |  USART_CR2_LBDIE))
```

```
#define  UART_IT_CTS   ((uint32_t)(UART_CR3_REG_INDEX << 28U  |  USART_CR3_CTSIE))
#define  UART_IT_ERR   ((uint32_t)(UART_CR3_REG_INDEX << 28 U  |  USART_CR3_EIE))
```

8.3.3 中断事件与回调函数

一个串口只有一个中断号,也就是只有一个 ISR(中断服务程序)。例如,USART1 的全局中断对应的 ISR 是 USART1_IRQHandler()函数。在 STM32CubeMX 自动生成代码时,其 ISR 框架会在 stm32f4xx_it.c 文件中生成,代码如下。

```
void USART1_IRQHandler(void)          //USART1 中断 ISR
{
    HAL_UART_IRQHandler(&huart1);     //串口中断通用处理函数
}
```

所有串口的 ISR 都是调用 HAL_UART_IRQHandler()这个处理函数,这个函数是中断处理通用函数,会判断产生中断的事件类型、清除事件中断标志位、调用中断事件对应的回调函数。

对 HAL_UART_IRQHandler()函数进行代码跟踪分析,整理出如表 8-4 所示的串口中断事件类型与回调函数的对应关系。注意,并不是所有中断事件有对应的回调函数,如 UART_IT_IDLE 中断事件就没有对应的回调函数。

表 8-4　串口中断事件类型与回调函数的对应关系

中断事件类型宏定义	中断事件描述	对应的回调函数
UART_IT_CTS	CTS 信号变化中断	无
UART_IT_LBD	LIN 打断检测中断	无
UART_IT_TXE	发送数据寄存器非空中断	无
UART_IT_TC	传输完成中断,用于发送完成	HAL_UART_TxCpltCallback()
UART_IT_RXNE	接收数据寄存器非空中断	HAL_UART_RxCpltCallback()
UART_IT_IDLE	线路空闲状态中断	无
UART_IT_PE	奇偶校验错误中断	HAL_UART_ErrorCallback()
UART_IT_ERR	发生帧错误、噪声错误、溢出错误的中断	HAL_UART_ErrorCallback()

常用的回调函数有 HAL_UART_TxCpltCallback()和 HAL_UART_RxCpltCallback()。在以中断或 DMA 方式发送数据完成时,会触发 UART_IT_TC 事件中断,执行回调函数 HAL_UARTTxCpltCallback();在以中断或 DMA 方式接收数据完成时,会触发 UART_IT_RXNE 事件中断,执行回调函数 HAL_UART_TxCpltCallback()。

stm32f4xx_hal_uart.h 文件中还有其他几个回调函数,这几个函数的定义如下。

```
void HAL_UART_TxHalfCpltCallback(UART_HandleTypeDef * huart);
void HAL_UART_RxHalfCpltCallback(UART_HandleTypeDef * huart);
void HAL_UART_AbortCpltCallback (UART_HandleTypeDef * huart);
void HAL_UART_AbortTransmitCpltCallback(UART_HandleTypeDef * huart);
void HAL_UART_AbortReceiveCpltCallback(UART_HandleTypeDef * huart);
```

其中,HAL_UART_TxHalfCpltCallback()是 DMA 传输完成一半时调用的回调函数;HAL_UART_AbortCpltCallback()回调函数是在 HAL_UART_Abort()函数里调用的。

所以,并不是所有中断事件都有对应的回调函数,也不是所有回调函数都与中断事件关联。

8.4 采用 STM32CubeMX 和 HAL 库的 USART 串行通信应用实例

STM32 通常具有 3 个以上的串行通信接口(USART),可根据需要选择其中一个。

在串行通信应用的实现中,难点在于正确配置、设置相应的 USART。与 51 单片机不同的是,除了要设置串行通信口的波特率、数据位数、停止位和奇偶校验等参数外,还要正确配置 USART 涉及的 GPIO 和 USART 端口本身的时钟,即使能相应的时钟,否则无法正常通信。

串行通信通常有查询法和中断法两种,如果采用中断法,还必须正确配置中断向量、中断优先级,使能相应的中断,并设计具体的中断函数;如果采用查询法,则只要判断发送、接收的标志,即可进行数据的发送和接收。

USART 只需两根信号线即可完成双向通信,对硬件要求低,使得很多模块都预留 USART 接口实现与其他模块或控制器进行数据传输,如 GSM 模块、Wi-Fi 模块、蓝牙模块等。在硬件设计时,注意还需要一根"共地线"。

使用 USART 实现控制器与计算机之间的数据传输,使调试程序非常方便。例如,可以把一些变量的值、函数的返回值、寄存器标志位等通过 USART 发送到串口调试助手,这样可以非常清楚程序的运行状态,在正式发布程序时再把这些调试信息去掉即可。这样不仅可以将数据发送到串口调试助手,还可以从串口调试助手发送数据给控制器,控制器程序根据接收到的数据进行下一步工作。

首先,编写一个程序实现开发板与计算机通信,在开发板上电时通过 USART 发送一串字符串给计算机,然后开发板进入中断接收等待状态。如果计算机发送数据过来,开发板就会产生中断,通过中断服务函数接收数据,并把数据返回给计算机。

8.4.1 STM32 的 USART 配置流程

STM32F4 的 USART 功能有很多,最基本的功能就是发送和接收。其功能的实现需要串口工作方式配置、串口发送和串口接收 3 部分程序。本节只介绍基本配置,其他功能和技巧都是在基本配置的基础上完成的,读者可参考相关资料。

HAL 库提供的串口相关操作函数。

(1) 串口参数初始化(波特率、停止位等),并使能串口。

串口作为 STM32 的一个外设,HAL 库为其配置了串口初始化函数。接下来介绍串口初始化函数 HAL_UART_Init()相关知识,原型定义如下。

```
HAL_StatusTypeDef HAL_UART_Init(UART_HandleTypeDef * huart);
```

该函数只有一个入口参数 huart，为 UART_HandleTypeDef 结构体指针类型，俗称串口句柄，它的使用会贯穿整个串口程序。一般情况下，会定义一个 UART_HandleTypeDef 结构体类型全局变量，然后初始化各个成员变量。UART_HandleTypeDef 结构体的定义如下。

```
typedef struct
{
    UART_TypeDef                 * Instance;
    UART_InitTypeDef             Init;
    uint8_t                      * pTxBuffPtr;
    uint16_t                     TxXferSize;
    __IO uint16_t                TxXferCount;
    uint8_t                      * pRxBuffPtr;
    uint16_t                     RxXferSize;
    __IO uint16_t                RxXferCount;
    DMA_HandleTypeDef            * hdmatx;
    DMA_HandleTypeDef            * hdmarx;
    HAL_LockTypeDef              Lock;
    __IO HAL_UART_StateTypeDef   gState;
    __IO HAL_UART_StateTypeDef   RxState;
    __IO uint32_t                ErrorCode;
}UART_HandleTypeDef;
```

该结构体成员变量非常多，一般情况下调用 HAL_UART_Init() 函数对串口进行初始化时，只需要先设置 Instance 和 Init 两个成员变量的值。Instance 是 USART_TypeDef 结构体指针类型变量，它是执行寄存器基地址，实际上这个基地址 HAL 库已经定义好了，如果是串口 1，取值为 USART1 即可。Init 是 UART_InitTypeDef 结构体类型变量，它用来设置串口的各个参数，包括波特率、停止位等，它的使用方法非常简单。

UART_InitTypeDef 结构体定义如下。

```
typedef struct
{
    uint32_t  BaudRate;                //波特率
    uint32_t  WordLength;              //字长
    uint32_t  StopBits;               //停止位
    uint32_t  Parity;                 //奇偶校验
    uint32_t  Mode;                   //收/发模式设置
    uint32_t  HwFlowCtl;              //硬件流设置
    uint32_t  OverSampling;           //过采样设置
}UART_InitTypeDef
```

该结构体第 1 个参数 BaudRate 为串口波特率，可以说是串口最重要的参数了，它用来确定串口通信的速率。第 2 个参数 WordLength 为字长，可以设置为 8 位字长或 9 位字长，这里设置为 8 位字长数据格式(UART_WORDLENGTH_8B)。第 3 个参数 StopBits 为停止位设置，可以设置为 1 位停止位或 2 位停止位，这里设置为 1 位停止位(UART_STOPBITS_1)。第 4 个参数 Parity 设定是否需要奇偶校验，这里设置为无奇偶校验位。第 5 个参数 Mode 为串口模式，可以设置为只收模式、只发模式或收发模式，这里设置为收发模式。第 6 个参

数 HwFlowCtl 设置是否支持硬件流控制,这里设置为无硬件流控制。第 7 个参数
OverSampling 用来设置过采样为 16 倍还是 8 倍。

pTxBuffPtr、TxXferSize 和 TxXferCount 这 3 个变量分别用来设置串口发送的数据缓
存指针、发送的数据量和剩余的要发送的数据量。而接下来的 3 个变量 pRxBuffPtr、
RxXferSize 和 RxXferCount 则用来设置接收的数据缓存指针、接收的最大数据量和剩余的
要接收的数据量。

hdmatx 和 hdmarx 是串口 DMA 相关的变量,指向 DMA 句柄,这里先不讲解。

其他的 3 个变量就是一些 HAL 库处理过程状态标志位和串口通信的错误码。

HAL_UART_Init()函数的一般使用格式为

```
UART_HandleTypeDef UART1_Handler;                         //UART 句柄
UART1_Handler.Instance = USART1;
UART1_Handler.Init.BaudRate = 115200;                     //波特率
UART1_Handler.Init.WordLength = UART_WORDLENGTH_8B;       //字长为 8 位格式
UART1_Handler.Init.StopBits = UART_STOPBITS_1;            //一个停止位
UART1_Handler.Init.Parity = UART_PARITY_NONE;             //无奇偶校验位
UART1_Handler.Init.HwFlowCtl = UART_HWCONTROL_NONE;       //无硬件流控
UART1_Handler.Init.Mode = UART_MODE_TX_RX;               //收发模式
HAL_UART_Init(&UART1_Handler);                            //HAL_UART_Init()使能 UART1
```

需要说明的是,HAL_UART_Init()函数内部会调用串口使能函数使能相应串口,所以
调用了该函数之后就不需要重复使能串口了。当然,HAL 库也提供了具体的串口使能和
关闭方法,具体使用方法如下。

```
__HAL_UART_ENABLE(handler);          //使能句柄 handler 指定的串口
__HAL_UART_DISABLE(handler);         //关闭句柄 handler 指定的串口
```

这里还需要提醒的是,串口作为一个重要外设,在调用的初始化函数 HAL_UART_Init()
内部,会先调用 MSP 初始化回调函数进行 MCU 相关的初始化,函数为

```
void HAL_UART_MspInit(UART_HandleTypeDef * huart);
```

在程序中,只需要重写该函数即可。一般情况下,该函数内部用来编写 GPIO 口初始
化、时钟使能以及 NVIC 配置。

(2) 使能串口和 GPIO 时钟。

要使用串口,必须使能串口时钟和使用到的 GPIO 时钟。例如,要使用串口 1,必须使
能串口 1 时钟和 GPIOA 时钟(串口 1 使用的是 PA9 和 PA10)。具体方法如下。

```
__HAL_RCC_USART1_CLK_ENABLE();       //使能 USART1 时钟
__HAL_RCC_GPIOA_CLK_ENABLE();        //使能 GPIOA 时钟
```

(3) GPIO 初始化设置(速度、上下拉等)以及复用映射配置。

在 HAL 库中,GPIO 初始化参数设置和复用映射配置是在 HAL_GPIO_Init()函数中

一次性完成的。这里只需要注意,要复用 PA9 和 PA10 为串口发送接收相关引脚,需要配置 GPIO 为复用,同时复用映射到串口 1。配置代码如下。

```
GPIO_Initure.Pin = GPIO_PIN_9;                    //PA9
GPIO_Initure.Mode = GPIO_MODE_AF_PP;              //复用推挽输出
GPIO_Initure.Pull = GPIO_PULLUP;                  //上拉
GPIO_Initure.Speed = GPIO_SPEED_FREQ_HIGH;        //高速
HAL_GPIO_Init(GPIOA,&GPIO_Initure);               //初始化 PA9
GPIO_Initure.Pin = GPIO_PIN_10;                   //PA10
GPIO_Initure.Mode = GPIO_MODE_AF_INPUT;           //要设置为复用输入模式
HAL_GPIO_Init(GPIOA,&GPIO_Initure);               //初始化 PA10
```

(4)开启串口相关中断,配置串口中断优先级。

HAL 库中定义了一个使能串口中断的标识符__HAL_UART_ENABLE_IT,可以把它当作一个函数使用,具体定义请参考 HAL 库文件 stm32f4xx_hal_uart.h。例如,要使能接收完成中断,方法如下。

```
HAL_UART_ENABLE_IT(huart,UART_IT_RXNE);        //开启接收完成中断
```

第 1 个参数为串口句柄,为 UART_HandleTypeDef 结构体类型;第 2 个参数为要开启的中断类型值,可选值在 stm32f4xx_hal_uart.h 头文件中有宏定义。

有开启中断就有关闭中断,操作方法为

```
HAL_UART_DISABLE_IT(huart,UART_IT_RXNE);        //关闭接收完成中断
```

对于中断优先级配置,方法就非常简单,参考方法为

```
HAL_NVIC_EnableIRQ(USART1_IRQn);               //使能 USART1 中断通道
HAL_NVIC_SetPriority(USART1_IRQn,3,3);         //抢占式优先级为 3,响应优先级为 3
```

(5)编写中断服务函数。
串口 1 中断服务函数为

```
void USART1_IRQHandler(void);
```

当发生中断时,程序就会执行中断服务函数,然后在中断服务函数中编写相应的逻辑代码即可。

(6)串口数据接收和发送。
STM32F4 的发送与接收是通过数据寄存器 USART_DR 实现的,这是一个双寄存器,包含了 TDR 和 RDR。当向该寄存器写数据时,串口就会自动发送;当收到数据时,也是存在该寄存器内。HAL 库操作 USART_DR 寄存器发送数据的函数为

```
HAL_StatusTypeDef HAL_UART_Transmit(UART_HandleTypeDef * huart,uint8_t * pData, uint16_t
Size, uint32_t Timeout);
```

通过该函数向串口寄存器 USART_DR 写入一个数据。

HAL 库操作 USART_DR 寄存器读取串口接收到的数据的函数为

```
HAL_StatusTypeDef HAL_UART_Receive(UART_HandleTypeDef * huart,uint8_t * pData, uint16_t
Size, uint32_t Timeout);
```

通过该函数可以读取串口接收到的数据。

8.4.2 STM32 的 USART 串行通信应用的硬件设计

为利用 USART 实现开发板与计算机的通信,需要用到一个 USB 转 USART 的集成电路,选择 CH340G 芯片实现这个功能。CH340G 是一个 USB 总线的转接芯片,实现 USB 转 USART、USB 转 IrDA 或 USB 转打印机接口。使用其 USB 转 USART 功能,具体电路设计如图 8-5 所示。

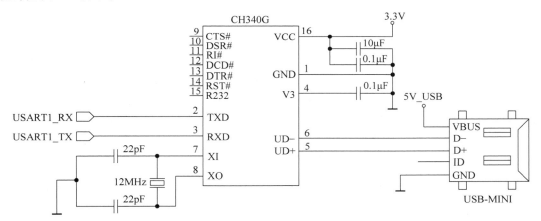

图 8-5　USB 转 USART 的硬件电路设计

将 CH340G 的 TXD 引脚与 USART1 的 RX 引脚连接,CH340G 的 RXD 引脚与 USART1 的 TX 引脚连接,CH340G 芯片集成在开发板上,其地线(GND)已与控制器的 GND 相连。

在本实例中,编写一个程序实现开发板与计算机串口调试助手通信,在开发板上电时通过 USART1 发送一串字符串给计算机,然后开发板进入中断接收等待状态,如果计算机有发送数据过来,开发板就会产生中断,在中断服务函数接收数据,并马上把数据返回发送给计算机。

8.4.3 STM32 的 USART 串行通信应用的软件设计

STM32F407ZGT6 有 4 个 USART 和两个 UART,其中 USART1 和 USART6 的时钟来源于 APB2 总线时钟,其最大频率为 84MHz;其他 4 个的时钟来源于 APB1 总线时钟,其最大频率为 42MHz。

USART_InitTypeDef 结构体成员用于设置 USART 工作参数,并由外设初始化配置函数调用,如 MX_USART1_UART_Init(),这些设定参数将会设置外设相应的寄存器,达到配置外设工作环境的目的。初始化结构体定义在 stm32f4xx_hal_usart.h 文件中,初始化库函数定义在 stm32f4xx_hal_usart.c 文件中,编程时可以结合这两个文件内注释使用。

USART_InitTypeDef 结构体如下。

```
typedef struct {
    uint32_t BaudRate;              //波特率
    uint32_t WordLength;            //字长
    uint32_t StopBits;             //停止位
    uint32_t Parity;               //校验位
    uint32_t Mode;                 //UART 模式
    uint32_t HwFlowCtl;            //硬件流控制
    uint32_t OverSampling;         //过采样模式
} USART_InitTypeDef;
```

结构体成员说明如下。

(1) BaudRate:波特率设置。一般设置为 2400、9600、19200、115200。HAL 库函数会根据设定值计算得到 UARTDIV 值,并设置 UART_BRR 寄存器值。

(2) WordLength:数据帧字长,可选 8 位或 9 位。它设定 UART_CR1 寄存器 M 位的值。如果没有使能奇偶校验控制,一般使用 8 位字长;如果使能了奇偶校验,一般使用 9 位字长。

(3) StopBits:停止位设置,可选 0.5、1、1.5 或 2 个停止位,它设定 USART_CR2 寄存器的 STOP[1:0]位的值,一般选择 1 个停止位。

(4) Parity:奇偶校验控制选择,可选 USART_PARITY_NONE(无校验)、USART_PARITY_EVEN(偶校验)或 USART_PARITY_ODD(奇校验),它设定 UART_CR1 寄存器的 PCE 位和 PS 位的值。

(5) Mode:UART 模式选择,可选 USART_MODE_RX 或 USART_MODE_TX,允许使用逻辑或运算选择两个,它设定 USART_CR1 寄存器的 RE 位和 TE 位。

(6) HwFlowCtl:设置硬件流控是否使能或禁能。硬件流控可以控制数据传输的进程,防止数据丢失,该功能主要在收发双方传输速度不匹配时使用。

(7) OverSampling:设置采样频率和信号传输频率的比例。

1. 通过 STM32CubeMX 新建工程

通过 STM32CubeMX 新建工程的步骤如下。

(1) 在 Demo 目录下新建 USART 文件夹,这是保存本章新建工程的文件夹。

(2) 新建 STM32CubeMX 工程。

(3) 选择 MCU 或开发板。选择型号为 STM32F407ZGT6,启动工程。

(4) 执行 File→Save Project 菜单命令保存工程。

(5) 执行 File→Generate Report 菜单命令生成当前工程的报告文件。

(6) 配置 MCU 时钟树。

在 Pinout & Configuration 工作页面下,选择 System Core→RCC,根据开发板实际情况,High Speed Clock(HSE)选择为 Crystal/Ceramic Resonator(晶体/陶瓷晶振)。

切换到 Clock Configuration 工作页面,根据开发板外设情况配置总线时钟。此处配置 Input frequency 为 25MHz,PLL Source Mux 为 HSE,分配系数为 25,PLLMul 倍频为 336MHz,PLLCLK 2 分频后为 168MHz,System Clock Mux 为 PLLCLK,APB1 Prescaler 为/4,APB2 Prescaler 为/2,其余保持默认设置即可。

(7)配置 MCU 外设。

首先配置 USART1,在 Pinout & Configuration 工作页面选择 Connectivity→USART1,对 USART1 进行设置。Mode 选择 Asynchronous,Hardware Flow Control(RS232)选择 Disable,具体配置如图 8-6 所示。

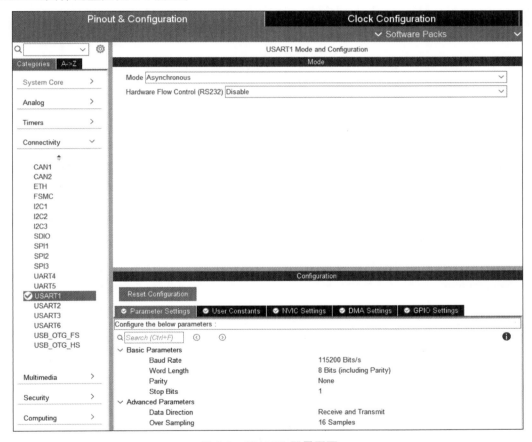

图 8-6　USART1 配置页面

在 Pinout & Configuration 工作页面,选择 System Core→NVIC,修改 Priority Group 为 2 bits for pre-emption priority(2 位抢占式优先级),勾选 USART1 global interrupt 的 Enabled 复选框,修改 Preemption Priority(抢占式优先级)为 0,Sub Priority(响应优先级)

为1。NVIC 配置页面如图 8-7 所示。

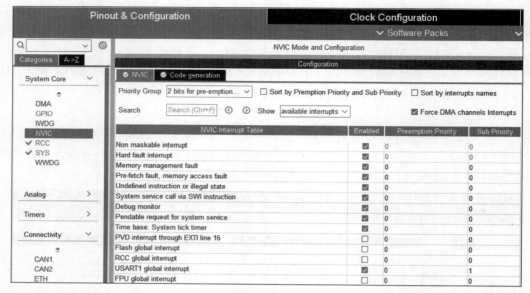

图 8-7　NVIC 配置页面

切换到 Code generation 选项卡,NVIC Code generation 配置页面如图 8-8 所示。

图 8-8　NVIC Code generation 配置页面

根据 USART1 电路,整理出 MCU 连接的 GPIO 引脚的输入/输出配置,如表 8-5 所示。

表 8-5　MCU 引脚配置

用户标签	引脚名称	引脚功能	GPIO 模式	端口速率
—	PA9	USART1_TX	复用推挽输出	最高
—	PA10	USART1_RX	复用输入模式	最高

在 STM32CubeMX 中配置完 USART1 后,会自动完成相关 GPIO 的配置,用户无须配置。USART GPIO 配置页面如图 8-9 所示。

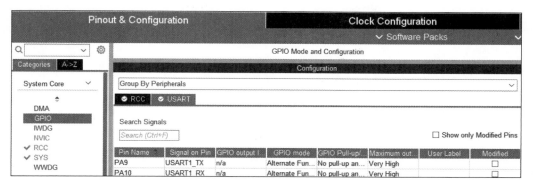

图 8-9　USART GPIO 配置页面

（8）配置工程。

在 Project Manager 工作页面，Project 栏中 Toolchain/IDE 选择 MDK-ARM，Min Version 选择 V5，可生成 Keil MDK 工程；选择 STM32CubeIDE，可生成 STM32CubeIDE 工程。

（9）生成 C 代码工程。

返回 STM32CubeMX 主页面，单击 GENERATE CODE 按钮生成 C 代码工程。

2. 通过 Keil MDK 实现工程

通过 Keil MDK 实现工程的步骤如下。

（1）打开 USART/MDK-Arm 文件夹下的工程文件。

（2）编译 STM32CubeMX 自动生成的 MDK 工程。

在 MDK 开发环境中执行 Project→Rebuild all target files 菜单命令或单击工具栏 Rebuild 按钮 ▦ 编译工程。

（3）STM32CubeMX 自动生成的 MDK 工程如下。

main.c 文件中 main()函数依次调用了：HAL_Init()函数，用于复位所有外设、初始化 Flash 接口和 SysTick 定时器；SystemClock_Config()函数，用于配置各种时钟信号频率；MX_GPIO_Init()函数，用于初始化 GPIO 引脚。

gpio.c 文件包含了 MX_GPIO_Init()函数的实现代码，具体如下。

```
void MX_GPIO_Init(void)
{
    /* GPIO Ports Clock Enable */
    __HAL_RCC_GPIOH_CLK_ENABLE();
    __HAL_RCC_GPIOA_CLK_ENABLE();
}
```

main()函数外设初始化新增 MX_USART1_UART_Init()函数是 USART1 的初始化函数，在 usart.c 文件中定义，实现 STM32CubeMX 配置的 USART1 设置。MX_USART1_UART_Init()函数实现代码如下。

```
void MX_USART1_UART_Init(void)
{
  huart1.Instance = USART1;
  huart1.Init.BaudRate = 115200;
  huart1.Init.WordLength = UART_WORDLENGTH_8B;
  huart1.Init.StopBits = UART_STOPBITS_1;
  huart1.Init.Parity = UART_PARITY_NONE;
  huart1.Init.Mode = UART_MODE_TX_RX;
  huart1.Init.HwFlowCtl = UART_HWCONTROL_NONE;
  huart1.Init.OverSampling = UART_OVERSAMPLING_16;
  if (HAL_UART_Init(&huart1) != HAL_OK)
  {
    Error_Handler();
  }
  /* USER CODE BEGIN USART1_Init 2 */
  /* USER CODE END USART1_Init 2 */
}
```

MX_USART1_UART_Init()函数调用了 HAL_UART_Init()函数,继而调用了 usart.c 文件中实现的 HAL_UART_MspInit()函数,初始化 USART1 相关的时钟和 GPIO。HAL_UART_MspInit()函数实现代码如下。

```
void HAL_UART_MspInit(UART_HandleTypeDef * uartHandle)
{

  GPIO_InitTypeDef GPIO_InitStruct = {0};
  if(uartHandle -> Instance == USART1)
  {
    /* USER CODE BEGIN USART1_MspInit 0 */

    /* USER CODE END USART1_MspInit 0 */
    /* USART1 clock enable */
    __HAL_RCC_USART1_CLK_ENABLE();

    __HAL_RCC_GPIOA_CLK_ENABLE();
    /** USART1 GPIO Configuration
    PA9      ------> USART1_TX
    PA10     ------> USART1_RX
    */
    GPIO_InitStruct.Pin = GPIO_PIN_9|GPIO_PIN_10;
    GPIO_InitStruct.Mode = GPIO_MODE_AF_PP;
    GPIO_InitStruct.Pull = GPIO_NOPULL;
    GPIO_InitStruct.Speed = GPIO_SPEED_FREQ_VERY_HIGH;
    GPIO_InitStruct.Alternate = GPIO_AF7_USART1;
    HAL_GPIO_Init(GPIOA, &GPIO_InitStruct);

    /* USER CODE BEGIN USART1_MspInit 1 */
```

```
    /* USER CODE END USART1_MspInit 1 */
    }
}
```

（4）不需新建用户文件，所需文件均由 STM32CubeMX 自动生成。

（5）编写用户代码。

usart.c 文件中 MX_USART1_UART_Init()函数开启 USART1 接收中断。

```
/* USER CODE BEGIN USART1_Init 2 */
/* 使能串口接收中断 */
__HAL_UART_ENABLE_IT(&huart1,UART_IT_RXNE);
/* USER CODE END USART1_Init 2 */
```

在 usart.c 文件中添加 Usart_SendString()函数用于发送字符串。Usart_SendString()函数用来发送一个字符串，它实际是调用 HAL_UART_Transmit()函数（这是一个阻塞式发送函数，无须重复判断串口是否发送完成）发送每个字符，直到遇到空字符才停止发送。最后使用循环检测发送完成的事件标志实现保证数据发送完成后才退出函数。

```
void Usart_SendString(uint8_t * str)
{
    unsigned int k = 0;
  do
  {
      HAL_UART_Transmit(&huart1,(uint8_t * )(str + k) ,1,1000);
      k++;
  } while( * (str + k)!= '\0');

}
```

在 C 语言 HAL 库中，fputc()函数是 printf()函数内部的一个函数，功能是将字符 ch 写入文件指针 f 所指向文件的当前写指针位置，简单理解就是把字符写入特定文件中。使用 USART 函数重新修改 fputc()函数内容，达到类似"写入"的功能。

使用 fputc()函数要达到重定向 C 语言 HAL 库输入输出函数的目的，必须在 MDK 的工程选项中勾选 Use MicroLIB。为了使用 printf()函数，需要在 usart.c 文件中包含 stdio.h 头文件。

```
//重定向 C 库函数
int fputc( int ch, FILE * f)
{
    /* 发送一个字节数据到串口 DEBUG_USART */
    HAL_UART_Transmit(&huart1, (uint8_t * )&ch, 1, 1000);
    return (ch);
}
```

在 stm32f4xx_it.c 文件中对 USART1_IRQHandler()函数添加接收数据的处理。

stm32f4xx_it.c 文件用来集中存放外设中断服务函数。当使能了中断并且中断发生时就会执行中断服务函数。本实例使能了 USART1 接收中断,当 USART1 接收到数据时就会执行 USART1_IRQHandler()函数。__HAL_UART_GET_FLAG()函数用于获取中断事件标志。使用 if 语句判断是否真的产生 USART 数据接收这个中断事件,如果是,就使用 USART 数据读取函数 READ_REG()读取数据并赋值给 ch,读取过程会软件清除 UART_FLAG_RXNE 标志位。最后再调用 USART 写函数 WRITE_REG()把数据发送给源设备。

```c
void USART1_IRQHandler(void)
{
  HAL_UART_IRQHandler(&huart1);
  /* USER CODE BEGIN USART1_IRQn 1 */
  uint8_t ch = 0;
  f(__HAL_UART_GET_FLAG( &huart1, UART_FLAG_RXNE ) != RESET)
  {
    ch = ( uint16_t)READ_REG(huart1.Instance -> DR);
    WRITE_REG(huart1.Instance -> DR,ch);
  }
  /* USER CODE END USART1_IRQn 1 */
}
```

在 main.c 文件中添加对串口的操作,打印如下信息,主循环中无操作。

```c
/* USER CODE BEGIN 2 */
/* 调用 printf()函数,因为重定向了 fputc()函数,printf 的内容会输出到串口 */
printf("欢迎使用野火开发板\n");

/* 自定义函数方式 */
Usart_SendString( (uint8_t *)"自定义函数输出:这是一个串口中断接收回显实验\n" );
/* USER CODE END 2 */
```

(6) 重新编译工程。

由于使用到了 printf()函数,执行 Project→Options for Target→Target 菜单命令,弹出 Options for Target'USART'对话框。在 Target 选项卡中,需勾选 Use MicroLIB 复选框,如图 8-10 所示。重新编译添加代码后的工程。

(7) 配置工程仿真与下载项。

在 MDK 开发环境中执行 Project→Options for Target 菜单命令或单击工具栏 ⚒ 按钮配置工程。

在 Debug 选项卡中选择使用的仿真下载器 ST-Link Debugger,Flash Download 下勾选 Reset and Run 选项,单击 OK 按钮。

(8) 下载工程。

连接好仿真下载器,开发板上电。

在 MDK 开发环境中执行 Flash→Download 菜单命令或单击工具栏 ⚒ 按钮下载工程。

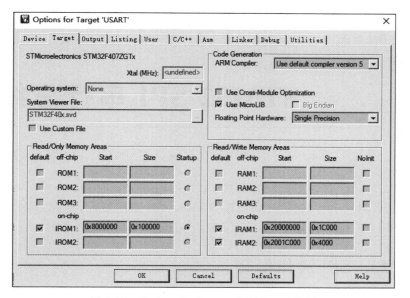

图 8-10　Options for Target 'USART'对话框

　　工程下载完成后,连接串口,打开串口调试助手,在串口调试助手发送区域输入任意字符,单击 Send 按钮,马上在串口调试助手接收区即可看到相同的字符。

第 9 章

STM32 SPI 串行总线

本章讲述 STM32 SPI 串行总线,包括 STM32 SPI 通信原理、STM32F4 SPI 串行总线的工作原理、SPI 的 HAL 驱动程序、采用 STM32CubeMX 和 HAL 库的 SPI 应用实例。

9.1 STM32 SPI 通信原理

实际生产生活中,有些系统的功能无法完全通过 STM32 的片上外设实现,如 16 位及以上的 ADC、温/湿度传感器、大容量 EEPROM 或 Flash、大功率电机驱动芯片、无线通信控制芯片等。此时,只能通过扩展特定功能的芯片实现这些功能。另外,有的系统需要两个或两个以上的主控器(STM32 或 FPGA),而这些主控器之间也需要通过适当的芯片间通信方式实现通信。

常见的系统内通信方式有并行和串行两种。并行方式是指同一时刻在嵌入式处理器和外围芯片之间传输的数据有多位;串行方式则是指每个时刻传输的数据只有一位,需要通过多次才能完成一字节的传输。并行方式具有传输速度快的优点,但连线较多,且传输距离较近;串行方式虽然较慢,但连线数量少,且传输距离较远。早期的 MCS-51 单片机只集成了并行接口,但在实际应用中,人们发现对于可靠性、体积和功耗要求较高的嵌入式系统,串行通信更加实用。

串行通信可以分为同步串行通信和异步串行通信两种,它们的不同点在于判断一个数据位结束,另一个数据位开始的方法。同步串行端口通过另一个时钟信号判断数据位的起始时刻。在同步通信中,这个时钟信号被称为同步时钟,如果失去了同步时钟,同步通信将无法完成。异步通信则通过时间判断数据位的起始,即通信双方约定一个相同的时间长度作为每个数据位的时间长度(这个时间长度的倒数称为波特率)。当某位的时间到达后,发送方就开始发送下一位数据,而接收方也把下一个时刻的数据存放到下一个数据位的位置。在使用中,同步串行端口虽然比异步串行端口多一根时钟信号线,但由于无须计时操作,同步串行接口硬件结构比较简单,且通信速度比异步串行接口快得多。

9.1.1 SPI 串行总线概述

串行外设接口(SPI)是由美国摩托罗拉(Motorola)公司提出的一种高速全双工串行同

步通信接口,首先出现在 M68HC 系列处理器中,由于其简单方便、成本低廉、传输速度快,因此被其他半导体厂商广泛使用,从而成为事实上的标准。

SPI 与 USART 相比,其数据传输速度要快得多,因此被广泛地用于微控制器与 ADC、LCD 等设备的通信,尤其是高速通信的场合。微控制器还可以通过 SPI 组成一个小型同步网络进行高速数据交换,完成较复杂的工作。

作为全双工同步串行通信接口,SPI 采用主/从模式(Master/Slave),支持一个或多个从设备,能够实现主设备和从设备之间的高速数据通信。

SPI 具有硬件简单、成本低廉、易于使用、传输数据快等优点,适用于成本敏感或高速通信的场合。但同时,SPI 也存在无法检查纠错、不具备寻址能力和接收方没有应答信号等缺点,不适合复杂或可靠性要求较高的场合。

SPI 是同步全双工串行通信接口。由于同步,SPI 有一根公共的时钟线;由于全双工,SPI 至少有两根数据线实现数据的双向同时传输;由于串行,SPI 收发数据只能一位一位地在各自的数据线上传输,因此最多只有两根数据线——一根发送数据线和一根接收数据线。由此可见,SPI 在物理层体现为 4 根信号线,分别是 SCK、MOSI、MISO 和 SS。

(1) SCK(Serial Clock),即时钟线,由主设备产生。不同的设备支持的时钟频率不同。但每个时钟周期可以传输一位数据,经过 8 个时钟周期,一个完整的字节数据就传输完成了。

(2) MOSI(Master Output Slave Input),即主设备数据输出/从设备数据输入线。这根信号线上的方向是从主设备到从设备,即主设备从这根信号线发送数据,从设备从这根信号线接收数据。有的半导体厂商(如 Microchip 公司)站在从设备的角度,将其命名为 SDI。

(3) MISO(Master Input Slave Output),即主设备数据输入/从设备数据输出线。这根信号线上的方向是由从设备到主设备,即从设备从这根信号线发送数据,主设备从这根信号线接收数据。有的半导体厂商(如 Microchip 公司)站在从设备的角度,将其命名为 SDO。

(4) SS(Slave Select),有时也叫 CS(Chip Select),即 SPI 从设备选择信号线,当有多个 SPI 从设备与 SPI 主设备相连(即一主多从)时,SS 用来选择激活指定的从设备,由 SPI 主设备(通常是微控制器)驱动,低电平有效。当只有一个 SPI 从设备与 SPI 主设备相连(即一主一从)时,SS 并不是必需的。因此,SPI 也被称为三线同步通信接口。

除了 SCK、MOSI、MISO 和 SS 这 4 根信号线外,SPI 还包含一个串行移位寄存器,如图 9-1 所示。

SPI 主设备向它的 SPI 串行移位寄存器写入一字节发起一次传输,该寄存器通过 MOSI 一位一位地将字节传输给 SPI 从设备;与此同时,SPI 从设备也将自己的 SPI 串行移位寄存器中的内容通过 MISO 返回给主设备。这样,SPI 主设备和 SPI 从设备的两个数据寄存器中的内容相互交换。需要注意的是,对从设备的写操作和读操作是同步完成的。

如果只进行 SPI 从设备写操作(即 SPI 主设备向 SPI 从设备发送一字节数据),只需忽略收到字节即可。反之,如果要进行 SPI 从设备读操作(即 SPI 主设备要读取 SPI 从设备发送的一字节数据),则 SPI 主设备发送一个空字节触发从设备的数据传输。

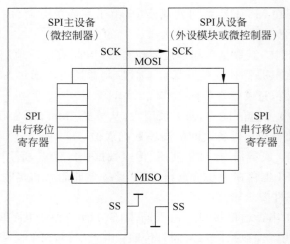

图 9-1　SPI 接口组成

9.1.2　SPI 串行总线互连方式

SPI 互连主要有一主一从和一主多从两种互连方式。

1. 一主一从

在一主一从互连方式下，只有一个 SPI 主设备和一个 SPI 从设备进行通信。这种情况下，只需要分别将主设备的 SCK、MOSI、MISO 和从设备的 SCK、MOSI、MISO 直接相连，并将主设备的 SS 置为高电平，从设备的 SS 接地（置为低电平，片选有效，选中该从设备）即可，如图 9-2 所示。

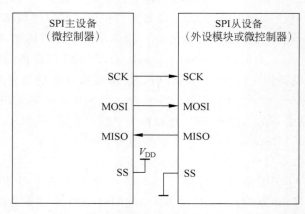

图 9-2　一主一从互连方式

值得注意的是，USART 互连时，通信双方 USART 的两根数据线必须交叉连接，即一端的 TxD 必须与另一端的 RxD 相连。而当 SPI 互连时，主设备和从设备的两根数据线必须直接相连，即主设备的 MISO 与从设备的 MISO 相连，主设备的 MOSI 与从设备的 MOSI 相连。

2. 一主多从

在一主多从互连方式下,一个 SPI 主设备可以和多个 SPI 从设备相互通信。这种情况下,所有 SPI 设备(包括主设备和从设备)共享时钟线和数据线,即 SCK、MOSI、MISO 这 3 根线,并在主设备端使用多个 GPIO 引脚选择不同的 SPI 从设备,如图 9-3 所示。显然,在多个从设备的 SPI 互连方式下,片选信号 SS 必须对每个从设备分别进行选通,增大了连接的难度和数量,失去了串行通信的优势。

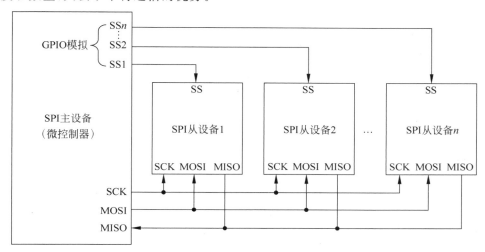

图 9-3　一主多从互连方式

需要特别注意的是,在多个从设备的 SPI 的系统中,由于时钟线和数据线为所有 SPI 设备共享,因此在同一时刻只能有一个从设备参与通信。而且,当主设备与其中一个从设备进行通信时,其他从设备的时钟线和数据线都应保持高阻态,以避免影响当前数据的传输。

9.2　STM32F4 SPI 串行总线的工作原理

串行外设接口(SPI)允许芯片与外部设备以半/全双工、同步、串行方式通信。此接口可以配置为主模式,并为外部从设备提供通信时钟(SCK),还能以多主的配置方式工作。SPI 可用于多种用途,包括使用一根双向数据线的双线单工同步传输,还可使用 CRC 校验的可靠通信。

9.2.1　SPI 串行总线的特征

STM32F407 微控制器的小容量产品有一个 SPI,中等容量产品有两个 SPI,大容量产品则有 3 个 SPI。

STM32F407 微控制器 SPI 主要具有以下特征。

(1)3 线全双工同步传输。

（2）带或不带第 3 根双向数据线的双线单工同步传输。

（3）8 或 16 位传输帧格式选择。

（4）主或从操作。

（5）支持多主模式。

（6）8 个主模式波特率预分频系数（最大为 $f_{\text{PCLK}/2}$）。

（7）从模式频率（最大为 $f_{\text{PCLK}/2}$）。

（8）主模式和从模式的快速通信。

（9）主模式和从模式均可以由软件或硬件进行 NSS 管理：主/从操作模式的动态改变。

（10）可编程的时钟极性和相位。

（11）可编程的数据顺序，MSB 在前或 LSB 在前。

（12）可触发中断的专用发送和接收标志。

（13）SPI 总线忙状态标志。

（14）支持可靠通信的硬件 CRC。在发送模式下，CRC 值可以被作为最后一字节发送；在全双工模式下，对接收到的最后一字节自动进行 CRC 校验。

（15）可触发中断的主模式故障、过载以及 CRC 错误标志。

（16）支持 DMA 功能的一字节发送和接收缓冲器，产生发送和接收请求。

9.2.2 SPI 串行总线的内部结构

STM32F407 微控制器 SPI 主要由波特率发生器、收发控制和数据存储转移 3 部分组成，内部结构如图 9-4 所示。波特率发生器用来产生 SPI 的 SCK 时钟信号，收发控制主要由控制寄存器组成，数据存储转移主要由移位寄存器、接收缓冲区和发送缓冲区等构成。

通常 SPI 通过 4 个引脚与外部器件相连。

（1）MISO：主设备输入/从设备输出引脚。该引脚在从模式下发送数据，在主模式下接收数据。

（2）MOSI：主设备输出/从设备输入引脚。该引脚在主模式下发送数据，在从模式下接收数据。

（3）SCK：串口时钟，作为主设备的输出，从设备的输入。

（4）NSS：从设备选择。这是一个可选的引脚，用来选择主/从设备。它的功能是作为片选引脚，让主设备可以单独地与特定从设备通信，避免数据线上的冲突。

STM32 系列微控制器 SPI 的功能主要有波特率控制、收发控制和数据存储转移。

1. 波特率控制

波特率发生器可产生 SPI 的 SCK 时钟信号。波特率预分频系数为 2、4、8、16、32、64、128 或 256。通过设置波特率控制位（BR）可以控制 SCK 的输出频率，从而控制 SPI 的传输速率。

2. 收发控制

收发控制由若干控制寄存器组成，如 SPI 控制寄存器 SPI_CR1、SPI_CR2 和 SPI 状态寄存器 SPI_SR 等。

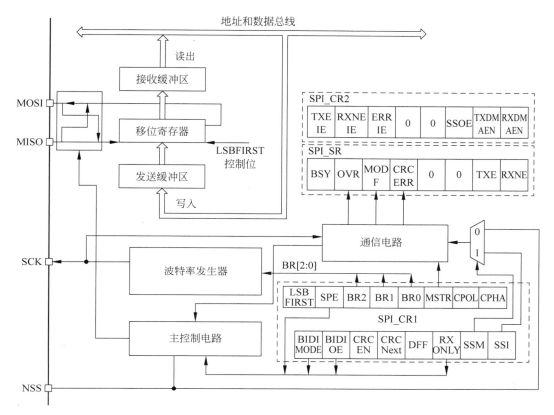

图 9-4　STM32F407 微控制器 SPI 内部结构

SPI_CR1 寄存器主控收发电路,用于设置 SPI 的协议,如时钟极性、相位和数据格式等。

SPI_CR2 寄存器用于设置各种 SPI 中断使能,如使能 TXE 的 TXEIE 和 RXNE 的 RXNEIE 等。通过 SPI_SR 寄存器中的各个标志位可以查询 SPI 当前的状态。

SPI 的控制和状态查询可以通过库函数实现。

3. 数据存储转移

数据存储转移主要由移位寄存器、接收缓冲区和发送缓冲区构成。

移位寄存器与 SPI 的数据引脚 MISO 和 MOSI 连接,一方面将从 MISO 收到的数据位根据数据格式及顺序经串/并转换后转发到接收缓冲区,另一方面将从发送缓冲区收到的数据根据数据格式及顺序经并/串转换后逐位从 MOSI 发送出去。

9.2.3　SPI 串行总线时钟信号的相位和极性

SPI_CR 寄存器的 CPOL 和 CPHA 位能够组合成 4 种可能的时序关系。CPOL(时钟极性)位控制在没有数据传输时时钟的空闲状态电平,对主模式和从模式下的设备都有效。如果 CPOL 位被清 0,SCK 引脚在空闲状态保持低电平;如果 CPOL 位置 1,SCK 引脚在空闲状态保持高电平。

如图 9-5 所示,如果 CPHA(时钟相位)位被清 0,数据在 SCK 时钟的奇数(第 1,3,5,…个)跳变沿(CPOL 位为 0 时就是上升沿,CPOL 位为 1 时就是下降沿)进行数据位的存取,数据在 SCK 时钟偶数(第 2,4,6,…个)跳变沿(CPOL 位为 0 时就是下降沿,CPOL 位为 1 时就是上升沿)准备就绪。

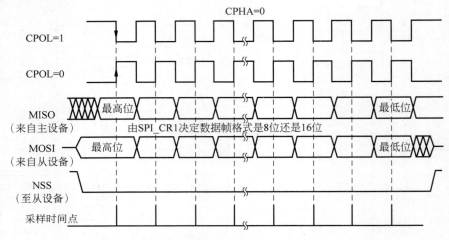

图 9-5　CPHA＝0 时 SPI 时序图

如图 9-6 所示,如果 CPHA(时钟相位)位被置 1,数据在 SCK 时钟的偶数(第 2,4,6,…个)跳变沿(CPOL 位为 0 时就是下降沿,CPOL 位为 1 时就是上升沿)进行数据位的存取,数据在 SCK 时钟奇数(第 1,3,5,…个)跳变沿(CPOL 位为 0 时就是上升沿,CPOL 位为 1 时就是下降沿)准备就绪。

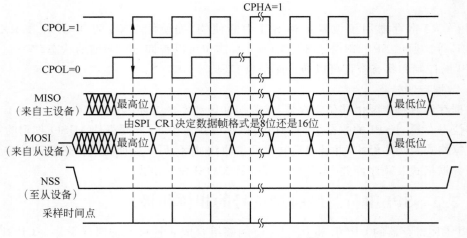

图 9-6　CPHA＝1 时 SPI 时序图

CPOL(时钟极性)和 CPHA(时钟相位)的组合选择数据捕捉的时钟边沿。图 9-5 和图 9-6 显示了 SPI 传输的 4 种 CPHA 和 CPOL 位组合,可以解释为主设备和从设备的 SCK、MISO、MOSI 引脚直接连接的主或从时序图。

根据 SPI_CR1 寄存器的 LSBFIRST 位,输出数据位时可以 MSB 在先,也可以 LSB 在先。

根据 SPI_CR1 寄存器的 DFF 位,每个数据帧可以是 8 位或 16 位。所选择的数据帧格式决定发送/接收的数据长度。

9.2.4　STM32 的 SPI 配置

1. 配置 SPI 为从模式

在从模式下,SCK 引脚用于接收来自主设备的串行时钟。SPI_CR1 寄存器中 BR[2:0] 位的设置不影响数据传输速率。

建议在主设备发送时钟之前使能 SPI 从设备,否则可能会发生意外的数据传输。在通信时钟的第 1 个边沿到来之前或正在进行的通信结束之前,从设备的数据寄存器必须就绪。在使能从设备和主设备之前,通信时钟的极性必须处于稳定的数值。

SPI 从模式的配置步骤如下。

(1) 设置 DFF 位以定义数据帧格式为 8 位或 16 位。

(2) 设置 CPOL 和 CPHA 位,定义数据传输和串行时钟之间的相位关系。为保证正确的数据传输,从设备和主设备的 CPOL 和 CPHA 位必须配置成相同的方式。

(3) 帧格式(SPI_CR1 寄存器中的 LSBFIRST 位定义的"最高位在前"还是"最低位在前")必须与主设备相同。

(4) 在 NSS 硬件模式下,在数据帧传输过程中,NSS 引脚必须为低电平。在 NSS 软件模式下,设置 SPI_CR1 寄存器的 SSM 位并清除 SSI 位。

(5) 在 SPI_CR1 寄存器中,清除 MSTR 位,设置 SPE 位,使相应引脚工作于 SPI 模式。

在这个配置中,MOSI 引脚是数据输入,MISO 引脚是数据输出。

1) 数据发送过程

在写操作中,数据字被并行地写入发送缓冲器。当从设备收到时钟信号,并且在 MOSI 引脚上出现第 1 个数据位时,发送过程开始,此时第 1 个数据位被发送出去,余下的数据位被装进移位寄存器。当发送缓冲器中的数据传输到移位寄存器时,SPI_SR 寄存器的 TXE 标志位被置位,如果设置了 SPI_CR2 寄存器的 TXEIE 位,将会产生中断。

2) 数据接收过程

对于接收器,当数据接收完成时,在最后一个采样时钟边沿后,移位寄存器中的数据传输到接收缓冲器,SPI_SR 寄存器中的 RXNE 标志位被置位。如果设置了 SPI_CR2 寄存器中的 RXNEIE 位,则产生中断。当读 SPI_DR 寄存器时,SPI 设备返回接收缓冲器的数值,同时清除 RXNE 位。

2. 配置 SPI 为主模式

在主模式下,MOSI 引脚是数据输出,MISO 引脚是数据输入,在 SCK 引脚产生串行时钟。SPI 主模式的配置步骤如下。

(1) 通过 SPI_CR1 寄存器的 BR[2:0]位定义串行时钟波特率。

(2) 设置 CPOL 和 CPHA 位,定义数据传输和串行时钟之间的相位关系。

(3) 设置 DFF 位,定义 8 位或 16 位数据帧格式。

(4) 设置 SPI_CR1 寄存器的 LSBFIRST 位,定义帧格式。

(5) 如果需要 NSS 引脚工作在输入模式,在硬件模式下,在整个数据帧传输期间应把 NSS 引脚连接到高电平;在软件模式下,需设置 SPI_CR1 寄存器的 SSM 位和 SSI 位。如果 NSS 引脚工作在输出模式,则只需设置 SSOE 位。

(6) 必须设置 MSTR 位和 SPE 位(只当 NSS 引脚被连到高电平时这些位才能保持置位)。

1) 数据发送过程

当写入数据到发送缓冲器时,发送过程开始。在发送第 1 个数据位时,数据位通过内部总线被并行地传入移位寄存器,然后串行地移出到 MOSI 引脚;先输出最高位还是最低位,取决于 SPI_CR1 寄存器中的 LSBFIRST 位的设置。数据从发送缓冲器传输到移位寄存器时 TXE 标志位将被置位,如果设置了 SPI_CR1 寄存器中的 TXEIE 位,将产生中断。

2) 数据接收过程

对于接收器,当数据传输完成时,在最后的采样时钟沿,移位寄存器中接收到的数据位被传输到接收缓冲器,并且 RXNE 标志位被置位。如果设置了 SPI_CR2 寄存器中的 RXNEIE 位,则产生中断。读 SPI_DR 寄存器时,SPI 设备返回接收缓冲器中的数据,同时清除 RXNE 标志位。

一旦传输开始,如果下一个将发送的数据被放进了发送缓冲器,就可以维持一个连续的传输流。在试图写发送缓冲器之前,需确认 TXE 标志位应该为 1。

在 NSS 硬件模式下,从设备的 NSS 输入由 NSS 引脚控制或由另一个软件驱动的 GPIO 引脚控制。

3. 配置 SPI 为单工通信

SPI 模块能够以两种配置工作于单工方式:一根时钟线和一根双向数据线;一根时钟线和一根单向数据线(只接收或只发送)。

1) 一根时钟线和一根双向数据线(BIDIMODE=1)

通过设置 SPI_CR1 寄存器中的 BIDIMODE 位启用此模式。在这个模式下,SCK 引脚作为时钟,主设备使用 MOSI 引脚,从设备使用 MISO 引脚作为数据通信。传输的方向由 SPI_CR1 寄存器的 BIDIOE 位控制,当它为 1 时,数据线是输出,否则是输入。

2) 一根时钟线和一根单向数据线(BIDIMODE=0)

在这个模式下,SPI 模块可以或者作为只发送,或者作为只接收。

只发送模式类似于全双工模式(BIDIMODE=0,RXONLY=0)。数据在发送引脚(主模式时是 MOSI,从模式时是 MISO)上传输,而接收引脚(主模式时是 MISO,从模式时是 MOSI)可以作为通用的 I/O 使用。此时,软件不必理会接收缓冲器中的数据(数据寄存器不包含任何接收数据)。

在只接收模式下,可以通过设置 SPI_CR2 寄存器的 RXONLY 位关闭 SPI 的输出功能,此时发送引脚(主模式时是 MOSI,从模式时是 MISO)被释放,可以作为其他功能使用。

配置并使能 SPI 模块为只接收模式的方法如下。

(1) 在主模式下,一旦使能 SPI,通信立即启动,当清除 SPE 位时立即停止当前的接收。在此模式下,不必读取 BSY 标志位,在 SPI 通信期间这个标志位始终为 1。

(2) 在从模式下,只要 NSS 被拉低(或在 NSS 软件模式时,SSI 位为 0)同时 SCK 有时钟脉冲,SPI 就一直在接收。

9.2.5　STM32 的 SPI 数据发送与接收过程

1. 接收与发送缓冲器

接收时,接收到的数据被存放在接收缓冲器中;发送时,数据在被发送之前首先被存放在发送缓冲器中。

读 SPI_DR 寄存器将返回接收缓冲器的内容;写入 SPI_DR 寄存器的数据将被存入发送缓冲器中。

2. 主模式下的数据传输

1) 全双工模式(BIDIMODE=0 且 RXONLY=0)

(1) 写入数据到 SPI_DR 寄存器(发送缓冲器)后,传输开始。

(2) 在传输第 1 位数据的同时,数据被并行地从发送缓冲器传输到 8 位移位寄存器中,然后按顺序被串行地移位送到 MOSI 引脚上。

(3) 与此同时,在 MISO 引脚上接收到的数据,按顺序被串行地移位进入 8 位移位寄存器,然后被并行地传输到 SPI_DR 寄存器(接收缓冲器)中。

2) 单向的只接收模式(BIDIMODE=0 且 RXONLY=1)

(1) SPE=1 时,传输开始。

(2) 只有接收器被激活,在 MISO 引脚上接收到的数据,按顺序被串行地移位进入 8 位移位寄存器,然后被并行地传输到 SPI_DR 寄存器(接收缓冲器)中。

3) 双向模式,发送时(BIDIMODE=1 并且 BIDIOE=1)

(1) 写入数据到 SPI_DR 寄存器(发送缓冲器)后,传输开始。

(2) 在传输第 1 位数据的同时,数据被并行地从发送缓冲器传输到 8 位移位寄存器中,然后按顺序被串行地移位传输到 MOSI 引脚上。

(3) 不接收数据。

4) 双向模式,接收时(BIDIMODE=1 且 BIDIOE=0)

(1) SPE=1 且 BIDIOE=0 时,传输开始。

(2) 在 MOSI 引脚上接收到的数据,按顺序被串行地移位进入 8 位移位寄存器,然后被并行地传输到 SPI_DR 寄存器(接收缓冲器)中。

(3) 不激活发送缓冲器,没有数据被串行地传输到 MOSI 引脚上。

3. 从模式下的数据传输

1) 全双工模式(BIDIMODE=0 且 RXONLY=0)

(1) 当从设备接收到时钟信号并且第 1 个数据位出现在 MOSI 引脚时,数据传输开始,随后的数据位依次移动进入移位寄存器。

(2) 与此同时,发送缓冲器中的数据被并行地传输到 8 位移位寄存器,随后被串行地发送到 MISO 引脚上。必须保证在 SPI 主设备开始数据传输之前在发送缓冲器中写入要发送的数据。

2) 单向只接收模式(BIDIMODE=0 且 RXONLY=1)

(1) 当从设备接收到时钟信号并且第 1 个数据位出现在 MOSI 引脚时,数据传输开始,随后的数据位依次移动进入移位寄存器。

(2) 不启动发送缓冲器,没有数据被串行地传输到 MISO 引脚上。

3) 双向模式发送时(BIDIMODE=1 且 BIDIOE=1)

(1) 当从设备接收到时钟信号并且发送缓冲器中的第 1 个数据位被传输到 MISO 引脚时,数据传输开始。

(2) 在第 1 个数据位被传输到 MISO 引脚的同时,发送缓冲器中要发送的数据被并行地传输到 8 位移位寄存器中,随后被串行地发送到 MISO 引脚上。软件必须保证在 SPI 主设备开始数据传输之前在发送缓冲器中写入要发送的数据。

(3) 不接收数据。

4) 双向模式接收时(BIDIMODE=1 且 BIDIOE=0)

(1) 当从设备接收到时钟信号并且第 1 个数据位出现在 MOSI 引脚时,数据传输开始。

(2) 从 MISO 引脚上接收到的数据被串行地传输到 8 位移位寄存器中,然后被并行地传输到 SPI_DR 寄存器(接收缓冲器)。

(3) 不启动发送器,没有数据被串行地传输到 MISO 引脚上。

4. 处理数据的发送与接收

当数据从发送缓冲器传输到移位寄存器时,TXE 标志位置位(发送缓冲器为空),表示发送缓冲器可以接收下一个数据;如果在 SPI_CR2 寄存器中设置了 TXEIE 位,此时会产生中断;写入数据到 SPI_DR 寄存器即可清除 TXE 位。

在写入发送缓冲器之前,软件必须确认 TXE 标志位为 1,否则新的数据会覆盖已经在发送缓冲器中的数据。

在采样时钟的最后一个边沿,当数据从移位寄存器传输到接收缓冲器时,设置 RXNE 标志位(接收缓冲器非空),表示数据已经就绪,可以从 SPI_DR 寄存器读出;如果在 SPI_CR2 寄存器中设置了 RXNEIE 位,此时会产生一个中断;读 SPI_DR 寄存器即可清除 RXNE 标志位。

9.3 SPI 的 HAL 驱动程序

下面讲述 SPI 的 HAL 驱动程序的库函数。

9.3.1 SPI 寄存器操作的宏函数

SPI 的驱动程序头文件是 stm32f4xx_hal_spi.h。SPI 寄存器操作的宏函数如表 9-1 所示。宏函数中的参数_HANDLE_是具体某个 SPI 的对象指针,参数_INTERRUPT_是 SPI 的中断事件类型,参数_FLAG_是事件中断标志。

表 9-1　SPI 寄存器操作的宏函数

宏 函 数	功 能 描 述
__HAL_SPI_DISABLE(_HANDLE_)	禁用某个 SPI
__HAL_SPI_ENABLE(_HANDLE_)	启用某个 SPI
__HAL_SPI_DISABLE_IT(_HANDLE_, _INTERRUPT_)	禁止某个中断事件源,不允许事件产生硬件中断
__HAL_SPI_ENABLE_IT(_HANDLE_, _INTERRUPT_)	开启某个中断事件源,允许事件产生硬件中断
__HAL_SPI_GET_IT_SOURCE(_HANDLE_, INTERRUPT_)	检查某个中断事件源是否被允许产生硬件中断
__HAL_SPI_GET_FLAG(_HANDLE_,_FLAG_)	获取某个事件的中断标志位,检查事件是否发生
__HAL_SPI_CLEAR_CRCERRFLAG (_HANDLE_)	清除 CRC 校验错误中断标志位
__HAL_SPI_CLEAR_FREFLAG(_HANDLE_)	清除 TI 帧格式错误中断标志位
__HAL_SPI_CLEAR_MODFFLAG(_HANDLE_)	清除主模式故障中断标志位
__HAL_SPI_CLEAR_OVRFLAG(_HANDLE_)	清除溢出错误中断标志位

STM32CubeMX 自动生成的 spi.c 文件会定义表示具体 SPI 的外设对象变量。例如,使用 SPI1 时,会定义外设对象变量 hspi1,宏函数中的参数_HANDLE_就可以使用 &hspi1。

```
SPI_HandleTypeDef hspi1;                    //表示 SPI1 的外设对象变量
```

一个 SPI 只有一个中断号,有 6 个中断事件,但是只有 3 个中断使能控制位。SPI 状态寄存器 SPI_SR 中有 6 个事件的中断标志位,SPI 控制寄存器 SPI_CR2 有 3 个中断事件使能控制位,其中一个错误事件中断使能控制位 ERRIE 控制了 4 种错误中断事件的使能。SPI 的中断事件和宏定义如表 9-2 所示。这是一种比较特殊的情况,对于一般的外设,一个中断事件就有一个使能控制位和一个中断标志位。

在 SPI 的 HAL 驱动程序中,定义了 6 个表示事件中断标志位的宏,可作为宏函数中参数_FLAG_的取值;定义了 3 个表示中断事件类型的宏,可作为宏函数中参数_INTERRUPT_的取值。

表 9-2　SPI 的中断事件和宏定义

中断事件	SPI 状态寄存器 SPI_SR 的中断标志位	表示事件中断标志位的宏	SPI 控制寄存器 SPI_CR2 中的中断事件使能控制位	表示中断事件使能位的宏（用于表示中断事件类型）
发送缓冲区为空	TXE	SPI_FLAG_TXE	TXEIE	SPI_IT_TXE
接收缓冲区非空	RXNE	SPI_FLAG_RXNE	EXNEIE	SPI_IT_RXNE
主模式故障	MODF	SPI_FLAG_MODF		
溢出错误	OVR	SPI_FLAG_OVR	ERRIE	SPI_IT_ERR
CRC 校验错误	CRCERR	SPI_FLAG_CRCERR		
TI 帧格式错误	FRE	SPI_FLAG_FRE		

9.3.2　SPI 初始化和阻塞式数据传输

SPI 初始化和阻塞式数据传输相关函数如表 9-3 所示。

表 9-3　SPI 初始化和阻塞式数据传输相关函数

函　数　名	功　能　描　述
HAL_SPI_Init()	SPI 初始化，配置 SPI 参数
HAL_SPI_MspInit()	SPI 的 MSP 初始化函数，重新实现时一般用于 SPI 引脚 GPIO 初始化和中断设置
HAL_SPI_GetState()	返回 SPI 当前状态，返回值是 HAL_SPI_StateTypeDef 枚举类型
HAL_SPI_GetError()	返回 SPI 最后的错误码，错误码有一组宏定义
HAL_SPI_Transmit()	阻塞式发送一个缓冲区的数据
HAL_SPI_Receive()	阻塞式接收指定长度的数据并保存到缓冲区
HAL_SPI_TransmitReceive()	阻塞式同时发送和接收一定长度的数据

1. SPI 初始化

HAL_SPI_Init()函数用于具体某个 SPI 的初始化，原型定义如下。

```
HAL_StatusTypeDef  HAL_SPI_Init(SPI_HandleTypeDef * hspi);
```

其中，参数 hspi 是 SPI 外设对象指针。hspi-> Init 是 SPI_InitTypeDef 结构体类型，存储了 SPI 的通信参数。

2. 阻塞式数据发送/接收

SPI 是一种主/从通信方式，通信完全由 SPI 主机控制，因为 SPI 主机控制了时钟信号 SCK。SPI 主机和从机之间一般是应答式通信，主机先用 HAL_SPI_Transmit()函数在 MOSI 线上发送指令或数据，忽略 MISO 线上传入的数据；从机接收指令或数据后会返回响应数据，主机通过 HAL_SPI_Receive()函数在 MISO 线上接收响应数据，接收时不会在 MOSI 线上发送有效数据。

HAL_SPI_Transmit()函数用于发送数据，原型定义如下。

```
HAL_StatusTypeDef   HAL_SPI_Transmit(SPI_HandleTypeDef * hspi, uint8_t * pData, uint16__t
Size, uint32_t  Timeout);
```

其中,参数 hspi 是 SPI 外设对象指针；pData 是输出数据缓冲区指针；Size 是缓冲区数据的字节数；Timeout 是超时等待时间,单位是系统嘀嗒信号节拍数,默认情况下为毫秒。

HAL_SPI_Transmit()函数是阻塞式执行的,也就是直到数据发送完成或超过等待时间后才返回。函数返回 HAL_OK 表示发送成功,返回 HAL_TIMEOUT 表示发送超时。

HAL_SPI_Receive()函数用于从 SPI 接收数据,原型定义如下。

```
HAL_StatusTypeDef   HAL_SPI_Receive(SPI_HandleTypeDef * hspi,uint8_t * pData,uint16_t Size,
uint32_t Timeout);
```

其中,参数 pData 是接收数据缓冲区；Size 是要接收的数据字节数；Timeout 是超时等待时间。

3. 阻塞式同时发送与接收数据

虽然 SPI 通信一般采用应答式,MISO 和 MOSI 两根线不同时传输有效数据,但是在原理上,它们是可以在 SCK 时钟信号的作用下同时传输有效数据的。HAL_SPI_TransmitReceive()函数就实现了接收和发送同时操作的功能,原型定义如下。

```
HAL_StatusTypeDef   HAL_SPI_TransmitReceive(SPI_HandleTypeDef * hspi, uint8_t * pTxData,
uint8_t * pRxData,uint16_t  Size,uint32_t  Timeout);
```

其中,参数 pTxData 是发送数据缓冲区；pRxData 是接收数据缓冲区；Size 是数据字节数；Timeout 是超时等待时间。这种情况下,发送和接收到的数据字节数是相同的。

9.3.3　SPI 中断方式数据传输

SPI 能以中断方式传输数据,是非阻塞式数据传输。中断方式数据传输的相关函数、产生的中断事件类型、对应的回调函数如表 9-4 所示。中断事件类型用中断事件使能控制位的宏定义表示。

表 9-4　SPI 中断方式数据传输相关函数

函　数　名	函　数　功　能	产生的中断事件类型	对应的回调函数
HAL_SPI_Transmit_IT()	中断方式发送一个缓冲区的数据	SPI_IT_TXE	HAL_SPI_TxCpltCallback()
HAL_SPI_Receive_IT()	中断方式接收指定长度的数据并保存到缓冲区	SPI_IT_RXNE	HAL_SPI_RxCpltCallback()
HAL_SPI_TransmitReceive_IT()	中断方式发送和接收一定长度的数据	SPI_IT_TXE 和 SPI_IT_RXNE	HAL_SPI_TxRxCpltCallback()
HAL_SPI_IRQHandler()	SPI 中断服务程序调用的通用处理函数	—	—

续表

函 数 名	函 数 功 能	产生的中断事件类型	对应的回调函数
HAL_SPI_Abort()	取消非阻塞式数据传输,本函数以阻塞式运行	—	—
HAL_SPI_Abort_IT()	取消非阻塞式数据传输,本函数以中断方式运行	—	HAL_SPI_AbortCpltCallback()

注:表中前 3 个中断方式传输函数都可能产生 SPI_IT_ERR 中断事件,产生的中断事件类型为 SPI_IT_ERR,对应同一个回调函数 HAL_SPI_ErrorCallback()。

HAL_SPI_Transmit_IT()函数用于发送一个缓冲区的数据,发送完成后,会产生发送完成中断事件(SPI_IT_TXE),对应的回调函数是 HAL_SPI_TxCpltCallback()。

HAL_SPI_Receive_IT()函数用于接收指定长度的数据并保存到缓冲区,接收完成后,会产生接收完成中断事件(SPI_IT_RXNE),对应的回调函数是 HAL_SPI_RxCpltCallback()。

HAL_SPI_TransmitReceive_IT()函数是发送和接收同时进行,由它启动的数据传输会产生 SPI_IT_TXE 和 SPI_IT_RXNE 中断事件,但是有专门的回调函数 HAL_SPI_TxRxCpltCallback()。

上述 3 个函数的原型定义如下。

```
HAL_StatusTypeDef HAL_SPI_Transmit_IT (SPI_HandleTypeDef * hspi, uint8_t * pData, uint16_t
Size);
HAL_StatusTypeDef HAL_SPI_Receive_IT (SPI_HandleTypeDef * hspi, uint8_t * pData, uint16_t
Size):
HAL StatusTypeDef HAL SPI TransmitReceive_IT (SPI_HandleTypeDef * hapi, uint8_t * pIxData,
uint8_t * pRxData, uint16_t Size);
```

这 3 个函数都是非阻塞式的,函数返回 HAL_OK 只是表示函数操作成功,并不表示数据传输完成,只有相应的回调函数被调用才表明数据传输完成。

HAL_SPI_IRQHandler()函数是 SPI 中断服务程序调用的通用处理函数,它会根据中断事件类型调用相应的回调函数。在 SPI 的 HAL 驱动程序中,回调函数是用 SPI 外设对象变量的函数指针重定向的,在启动传输的函数里,为回调函数指针赋值,用户使用时只需知道表 9-4 中的对应关系即可。HAL_SPI_Abort()函数用于取消非阻塞式数据传输过程,包括中断方式和 DMA 方式,这个函数自身以阻塞式运行。

HAL_SPI_Abort_IT()函数用于取消非阻塞式数据传输过程,包括中断方式和 DMA 方式,这个函数自身以中断方式运行,所以有回调函数 HAL_SPI_AbortCpltCallback()。

9.3.4 SPI DMA 方式数据传输

SPI 的发送和接收有各自的 DMA 请求,能以 DMA 方式发送和接收数据。DMA 方式传输时触发 DMA 流的中断事件,主要是 DMA 传输完成中断事件。SPI 的 DMA 方式数据传输的相关函数如表 9-5 所示。

表 9-5　SPI 的 DMA 方式数据传输的相关函数

函　数　名	函　数　功　能	DMA 流中断事件	对应的回调函数
HAL_SPI_Transmit_DMA()	DMA 方式发送数据	DMA 传输完成	HAL_SPI_TxCpltCallback()
		DMA 传输半完成	HAL_SPI_TxHalfCpltCallback()
HAL_SPI_Receive_DMA()	DMA 方式接收数据	DMA 传输完成	HAL_SPI_TxCpltCallback()
		DMA 传输半完成	HAL_SPI_TxHalfCpltCallback()
HAL_SPI_TransmitReceive_DMA()	DMA 方式同时发送和接收数据	DMA 传输完成	HAL_SPI_TxRxCpltCallback()
		DMA 传输半完成	HAL_SPI_TxRxHalfCpltCallback()
HAL_SPI_DMAPause()	暂停 DMA 传输	—	—
HAL_SPI_DMAResume()	继续 DMA 传输	—	—
HAL_SPI_DMAStop()	停止 DMA 传输	—	—

注：表中前 3 个 DMA 方式传输函数都能产生 DMA 传输错误中断事件，表示 DMA 传输错误，对应同一个回调函数 HAL_SPI_ErrorCallback()。

启动 DMA 方式发送和接收数据的两个函数的原型分别定义如下。

```
HAL_StatusTypeDef  HAL_SPI_Transmit_DMA(SPI_HandleTypeDef * hspi,uint8_t * pData,uint16_t Size);
HAL_StatusTypeDef  HAL_SPI_Receive_DMA(SPI_HandleTypeDef * hspi, uint8_t * pData,uint16_t Size);
```

其中，hspi 是 SPI 外设对象指针；pData 是用于 DMA 数据发送或接收的数据缓冲区指针；Size 是缓冲区的大小。因为 SPI 传输的基本数据单位是字节，所以缓冲区元素类型是 uint8_t，缓冲区大小的单位是字节。

另一个同时接收和发送数据的函数的原型定义如下。

```
HAL_StatusTypeDef  HAL_SPI_TransmitReceive_DMA(SPI_HandleTypeDef * hspi,uint8_t * pTxData,
uint8_t * pRxData,uint16_t Size);
```

其中，pTxData 是发送数据的缓冲区指针；pRxData 是接收数据的缓冲区指针；两个缓冲区大小相同，长度都是 Size。

DMA 传输是非阻塞式传输，函数返回 HAL_OK 只表示操作成功，需要触发相应的回调函数才表示数据传输完成。另外，还有 3 个控制 DMA 传输过程暂停、继续、停止的函数，原型定义如下。

```
HAL_StatusTypeDef  HAL_SPI_DMAPause(SPI_HandleTypeDef * hspi);
HAL_StatusTypeDef  HAL_SPI_DMAResume (SPI_HandleTypeDef * hspi);
HAL_StatusTypeDef  HAL_SPI_DMAStop(SPI_HandleTypeDef * hspi);
```

其中，参数 hspi 是 SPI 外设对象指针。这 3 个函数都是阻塞式运行的。

9.4 采用 STM32CubeMX 和 HAL 库的 SPI 应用实例

　　Flash 存储器又称为闪存,它与 EEPROM 都是掉电后数据不丢失的存储器,但 Flash 容量普遍大于 EEPROM,现在已基本取代它的地位。我们生活中常用的 U 盘、SD 卡、SSD 固态硬盘以及 STM32 芯片内部用于存储程序的设备,都是 Flash 类型的存储器。

　　本节以一款使用 SPI 通信的串行 Flash 存储芯片 W25Q128 的读写为例,讲述 STM32 的 SPI 使用方法。实例中 STM32 的 SPI 外设采用主模式,通过查询事件的方式确保正常通信。

9.4.1 STM32 的 SPI 配置流程

　　SPI 是一种串行同步通信协议,由一个主设备和一个或多个从设备组成,主设备启动一个与从设备的同步通信,从而完成数据的交换。SPI 总线大量用在 Flash、ADC、RAM 和显示驱动器等慢速外设器件中。因为不同的器件通信命令不同,这里具体介绍 STM32 上 SPI 的配置方法,关于具体器件请参考相关说明书。

　　使用 STM32 的 SPI2 的主模式,下面讲述 SPI2 部分的设置步骤。SPI 相关的库函数和定义分布在 stm32f4xx_hal_spi.c 以及 stm32f4xx_hal_spi.h 文件中。

　　(1) 配置相关引脚的复用功能,使能 SPI2 时钟。

　　如果要使用 SPI2,首先就要使能 SPI2 时钟,SPI2 时钟通过 APB1ENR 寄存器的第 14 位设置。其次要设置 SPI2 的相关引脚为复用输出,这样才会连接到 SPI2 上,否则这些 I/O 口还是默认的状态,也就是标准输入/输出口。这里使用的是 PB13、PB14、PB15(SCK、MISO、MOSI,CS 使用软件管理方式),所以设置这 3 个引脚为复用功能 I/O。

　　使能 SPI2 时钟的方法为

```
__HAL_RCC_SPI2_CLK_ENABLE();                //使能 SPI2 时钟
```

　　复用 PB13、PB14 和 PB15 为 SPI2 引脚,通过 HAL_GPIO_Init()函数实现,代码如下。

```
GPIO_Initure.Pin = GPIO_PIN_13|GPIO_PIN_14|GPIO_PIN_15;
GPIO_Initure.Mode = GPIO_MODE_AF_PP;                //复用推挽输出
GPIO_Initure.Pull = GPIO_PULLUP;                    //上拉
GPIO_Initure.Speed = GPIO_SPEED_FREQ_HIGH;          //快速
```

　　(2) 设置 SPI2 工作模式。

　　这一步全部是通过 SPI2_CR1 设置,设置 SPI2 为主模式,数据格式为 8 位,然后通过 CPOL 和 CPHA 位设置 SCK 时钟极性及采样方式;并设置 SPI2 的时钟频率(最大 18MHz),以及数据格式(MSB 在前还是 LSB 在前)。在 HAL 库中初始化 SPI 的函数为

```
HAL_StatusTypeDef HAL_SPI_Init(SPI_HandleTypeDef * hspi);
```

SPI_HandleTypeDef 结构体定义如下。

```
typedef struct
{
    SPI_TypeDef          * Instance;                //基地址
    SPI_InitTypeDef      Init;                      //初始化
    uint8_t              * pTxBuffPtr;              //发送缓存
    uint16_t             TxXferSize;                //发送数据大小
    __IO uint16_t        TxXferCount;               //剩余发送数据数量
    uint8_t              * pRxBuffPtr;              //接收缓存
    uint16_t             RxXferSize;                //接收数据大小
    __IO uint16_t        RxXferCount;               //剩余接收数据数量
    void  ( * RxISR)(struct __SPI_HandleTypeDef * hspi);
    void  ( * TxISR)(struct __SPI_HandleTypeDef * hspi);
    DMA_HandleTypeDef    * hdmatx;                  //DMA 发送句柄
    DMA_HandleTypeDef    * hdmarx;                  //DMA 接收句柄
    HAL_LockTypeDef      Lock;
    __IO HAL_SPI_StateTypeDef   State;
    __IO uint32_t        ErrorCode;
}SPI_HandleTypeDef;
```

该结构体和串口句柄结构体类似,具体变量的作用这里就不做过多讲解,大家如果对 HAL 库串口通信理解了,那么这些就很好理解。这里主要讲解第 2 个成员变量 Init,它是 SPI_InitTypeDef 结构体类型,该结构体定义见 9.4.3 节。

同样,HAL 库也提供了 SPI 初始化 MSP 回调函数 HAL_SPI_MspInit(),定义如下。

```
void HAL_SPI_MspInit(SPI_HandleTypeDef * hspi);
```

关于回调函数的使用,这里就不做过多讲解。

(3) 使能 SPI2。

这一步通过 SPI2_CR1 的 bit6 设置,以使能 SPI2,在使能之后,就可以开始 SPI 通信了。库函数使能 SPI1 的方法为

```
HAL_SPI_ENABLE(&SPI2_Handler);                 //使能 SPI2
```

(4) SPI 传输数据。

通信接口当然需要有发送数据和接收数据的函数,HAL 库提供的发送数据函数原型为

```
HAL_StatusTypeDef HAL_SPI_Transmit(SPI_HandleTypeDef * hspi, uint8_t * pData,
                                   uint16_t Size, uint32_t Timeout);
```

这个函数很好理解,向数据寄存器写入数据,从而实现发送。

HAL 库提供的接收数据函数原型为

```
HAL_StatusTypeDef HAL_SPI_Receive(SPI_HandleTypeDef * hspi, uint8_t * pData, uint16_t Size,
uint32_t Timeout);
```

这个函数也不难理解，从数据寄存器读出接收到的数据。

前面讲解了 SPI 通信的原理，因为 SPI 是全双工，发送一字节的同时接收一字节，发送和接收同时完成，所以 HAL 库也提供了一个发送接收统一函数。

```
HAL_StatusTypeDef HAL_SPI_TransmitReceive(SPI_HandleTypeDef * hspi, uint8_t * pTxData, uint8_t
* pRxData, uint16_t Size, uint32_t Timeout);
```

该函数发送一字节的同时接收一字节。

（5）设置 SPI 传输速度。

SPI 初始化结构体 SPI_InitTypeDef 有一个成员变量是 BaudRatePrescaler，该成员变量用来设置 SPI 的预分频系数，从而决定了 SPI 的传输速度。

9.4.2 STM32 SPI 与 Flash 接口的硬件设计

W25Q128 SPI 串行 Flash 硬件连接电路如图 9-7 所示。

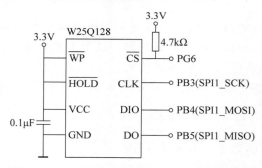

图 9-7 W25Q128 SPI 串行 Flash 硬件连接电路

本开发板中的 Flash 芯片（W25Q128）是一种使用 SPI 通信协议的 NOR Flash，它的 $\overline{CS}$、CLK、DIO、DO 引脚分别连接到 STM32 对应的 NSS、SCK、MOSI、MISO SPI 引脚上，其中 STM32 的 NSS 引脚是一个普通的 GPIO，不是 SPI 的专用 NSS 引脚，所以程序中要使用软件控制的方式。

Flash 芯片中还有 $\overline{WP}$ 和 $\overline{HOLD}$ 引脚。$\overline{WP}$ 引脚可控制写保护功能，当该引脚为低电平时，禁止写入数据；直接接电源，不使用写保护功能。$\overline{HOLD}$ 引脚可用于暂停通信，该引脚为低电平时，通信暂停，数据输出引脚输出高阻抗状态，时钟和数据输入引脚无效；直接接电源，不使用通信暂停功能。

本实例实现 SPI 通信的串行 Flash 存储芯片的读写，并通过串口调试助手打印读写过程，对 Flash 的芯片 ID 进行校验，并用 LED 不同的颜色指示正常异常状态。实验中 STM32 的 SPI 外设采用主模式，通过查询事件的方式确保正常通信。

关于 Flash 芯片的更多信息,可参考 W25Q128 数据手册。若使用的开发板 Flash 的型号或控制引脚不一样,只需根据工程模板修改即可,程序的控制原理相同。

9.4.3　STM32 SPI 与 Flash 接口的软件设计

SPI_InitTypeDef 结构体成员用于设置 SPI 工作参数,并由外设初始化配置函数,如 MX_SPI1_Init()函数调用,这些设定参数将会设置外设相应的寄存器,达到配置外设工作环境的目的。初始化结构体定义在 stm32f4xx_hal_spi.h 文件中,初始化库函数定义在 stm32f4xx_hal_spi.c 文件中,编程时可以结合这两个文件中的注释使用。

SPI_InitTypeDef 结构体如下。

```
typedef struct {
    uint32_t Mode;                  // 设置 SPI 的主/从机端模式
    uint32_t Direction;             // 设置 SPI 的单/双向模式
    uint32_t DataSize;              // 设置 SPI 的数据帧长度,可选 8 位或 16 位
    uint32_t CLKPolarity;           // 设置时钟极性,可选高/低电平
    uint32_t CLKPhase;              // 设置时钟相位,可选奇/偶边沿采样
    uint32_t NSS;                   // 设置 NSS 引脚由 SPI 硬件控制还是软件控制
    uint32_t BaudRatePrescaler;     // 设置时钟预分频因子
    uint32_t FirstBit;              // 设置 MSB 或 LSB 先行
    uint32_t TIMode;                // 指定是否启用 TI 模式
    uint32_t CRCCalculation;        // 指定是否启用 CRC 计算
    uint32_t CRCPolynomial;         // 设置 CRC 校验的表达式
} SPI_InitTypeDef;
```

结构体成员说明如下,其中括号内的文字是对应参数在 STM32 HAL 库中定义的宏。

(1) Mode:设置 SPI 工作在主机模式 (SPI_MODE_MASTER)或从机模式(SPI_MODE_SLAVE),这两个模式的最大区别为 SPI 的 SCK 信号线的时序,SCK 的时序是由通信中的主机产生的。若被配置为从机模式,STM32 的 SPI 外设将接收外来的 SCK 信号。

(2) Direction:设置 SPI 的通信方向,可设置为双线全双工(SPI_DIRECTION_2LINES)、双线只接收(SPI_DIRECTION_2LINES_RXONLY)、单线(SPI_DIRECTION_1LINE)。

(3) DataSize:可以选择 SPI 通信的数据帧大小是为 8 位(SPI_DATASIZE_8BIT)还是 16 位(SPI_DATASIZE_16BIT)。

(4) CLKPolarity 和 CLKPhase:配置 SPI 的时钟极性 CLKPolarity 和时钟相位 CLKPhase,这两个配置影响到 SPI 的通信模式。时钟极性 CLKPolarity 可设置为高电平(SPI_POLARITY_HIGH)或低电平(SPI_POLARITY_LOW)。时钟相位 CLKPhase 则可以设置为在 SCK 的奇数边沿采集数据(SPI_PHASE_1EDGE)或在 SCK 的偶数边沿采集数据(SPI_PHASE_2EDGE)。

(5) NSS:配置 NSS 引脚的使用模式,可以选择为硬件模式(SPI_NSS_HARD)或软件模式(SPI_NSS_SOFT)。在硬件模式下的 SPI 片选信号由 SPI 硬件自动产生,而软件模式

则需要把相应的 GPIO 端口拉高或置低产生非片选和片选信号。实际中软件模式应用比较多。

（6）BaudRatePrescaler：设置波特率预分频因子，分频后的时钟即为 SPI 的 SCK 信号线的时钟频率。这个成员参数可设置为 f_{pclk} 的 2、4、6、8、16、32、64、128、256 分频。

（7）FirstBit：所有串行的通信协议都会有 MSB 先行（高位数据在前）还是 LSB 先行（低位数据在前）的问题，而 STM32 的 SPI 模块可以通过这个结构体成员对这个特性编程控制。

（8）TIMode：指定是否启用 TI 模式，可选择为使能（SPI_TIMODE_ENABLE）或不使能（SPI_TIMODE_DISABLE）。

（9）CRCCalculation：指定是否启用 CRC 计算。

（10）SPI_CRCPolynomial：这是 SPI 的 CRC 校验多项式，若使用 CRC 校验时，就使用这个成员的参数（多项式），计算 CRC 的值。

配置完这些结构体成员后，要调用 HAL_SPI1_Init()函数把这些参数写入寄存器中，实现 SPI 的初始化，然后调用__HAL_SPI_ENABLE()函数使能 SPI 外设。

SPI 初始化实例代码如下。

```
SPI1_Handler.Instance = SPI2;                        // SPI2
SPI1_Handler.Init.Mode = SPI_MODE_MASTER;            //设置 SPI 工作模式为主模式
SPI1_Handler.Init.Direction = SPI_DIRECTION_2LINES;
//设置 SPI 单向或双向数据模式,SPI 设置为双线模式
SPI1_Handler.Init.DataSize = SPI_DATASIZE_8BIT;
//设置 SPI 的数据大小:8 位帧结构
SPI1_Handler.Init.CLKPolarity = SPI_POLARITY_HIGH;
//串行同步时钟的空闲状态为高电平
SPI1_Handler.Init.CLKPhase = SPI_PHASE_2EDGE;
//串行同步时钟的第 2 个跳变沿(上升或下降)数据被采样
SPI1_Handler.Init.NSS = SPI_NSS_SOFT;
//(使用 SSI 位)管理内部 NSS 信号,由 SSI 位控制
SPI1_Handler.Init.BaudRatePrescaler = SPI_BAUDRATEPRESCALER_256;
//定义波特率预分频值为 256
SPI1_Handler.Init.FirstBit = SPI_FIRSTBIT_MSB;
//指定数据传输从 MSB 开始
SPI1_Handler.Init.TIMode = SPI_TIMODE_DISABLE; //关闭 TI 模式
SPI1_Handler.Init.CRCCalculation = SPI_CRCCALCULATION_DISABLE;
//关闭硬件 CRC 校验
SPI1_Handler.Init.CRCPolynomial = 7;                 //CRC 值计算的多项式
HAL_SPI_Init(&SPI2_Handler);                         //初始化
```

1. 通过 STM32CubeMX 新建工程

通过 STM32CubeMX 新建工程的步骤如下。

（1）在 Demo 目录下新建 SPI 文件夹，这是保存本章新建工程的文件夹。

（2）在 STM32CubeMX 开发环境中新建工程。

（3）选择 MCU 或开发板。选择型号为 STM32F407ZGT6,启动工程。

（4）执行 File→Save Project 菜单命令保存工程。

（5）执行 File→Generate Report 菜单命令生成当前工程的报告文件。

（6）配置 MCU 时钟树。

在 Pinout & Configuration 工作页面,选择 System Core→RCC,根据开发板实际情况,High Speed Clock(HSE)选择为 Crystal/Ceramic Resonator(晶体/陶瓷晶振)。

切换到 Clock Configuration 工作页面,根据开发板外设情况配置总线时钟。此处配置 Input frequency 为 25MHz,PLL Source Mux 为 HSE,分配系数为 25,PLLMul 倍频为 336MHz,PLLCLK 2 分频后为 168MHz,System Clock Mux 为 PLLCLK,APB1 Prescaler 为/4,APB2 Prescaler 为/2,其余保持默认设置即可。

（7）配置 MCU 外设。

根据 LED 和 SPI1 电路,整理出 MCU 连接的 GPIO 引脚的输入/输出配置,如表 9-6 所示。

表 9-6　MCU 引脚配置

用户标签	引脚名称	引脚功能	GPIO 模式	上拉或下拉	端口速率
LED1_RED	PF6	GPIO_Output	推挽输出	上拉	最高
LED2_GREEN	PF7	GPIO_Output	推挽输出	上拉	最高
LED3_BLUE	PF8	GPIO_Output	推挽输出	上拉	最高
SPI1_CS	PG6	GPIO_Output	推挽输出	上拉	最高
—	PB3	SPI1_SCK	复用推挽输出	—	最高
—	PB4	SPI1_MISO	复用输入模式	—	—
—	PB5	SPI1_MOSI	复用推挽输出	—	最高

在 Pinout & Configuration 工作页面选择 System Core→GPIO,对使用的 GPIO 进行设置。LED 输出端口:LED1_RED(PF6)、LED2_GREEN(PF7)和 LED3_BLUE(PF8)。SPI1 片选端口:SPI1_CS(PG6)。配置完成后的 GPIO 端口页面如图 9-8 所示。

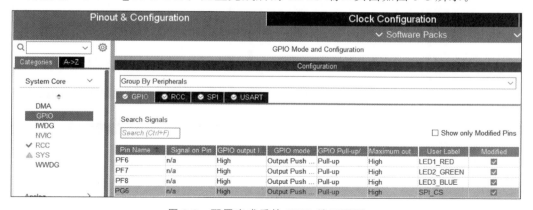

图 9-8　配置完成后的 GPIO 端口页面

在 STM32CubeMX 中配置完 SPI1 和 USART1 后,会自动完成相关 GPIO 的配置,用户无须配置。配置完成后的 SPI1 GPIO 端口页面如图 9-9 所示。

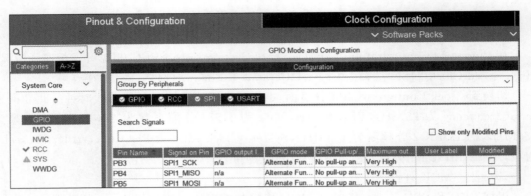

图 9-9　配置完成后的 SPI1 GPIO 端口页面

在 Pinout & Configuration 工作页面选择 Connectivity→USART1，对 USART1 进行设置。Mode 选择为 Asynchronous，Hardware Flow Control（RS232）选择为 Disable，具体配置如图 9-10 所示。

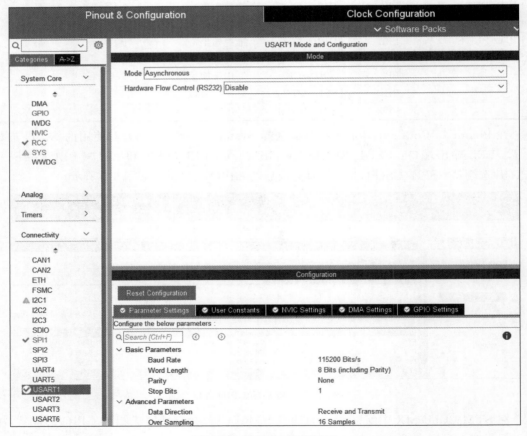

图 9-10　USART1 配置页面

在 Pinout & Configuration 工作页面选择 Connectivity→SPI1,对 SPI1 进行设置。
Mode 选择为 Full-Duplex Master,具体配置如图 9-11 所示。

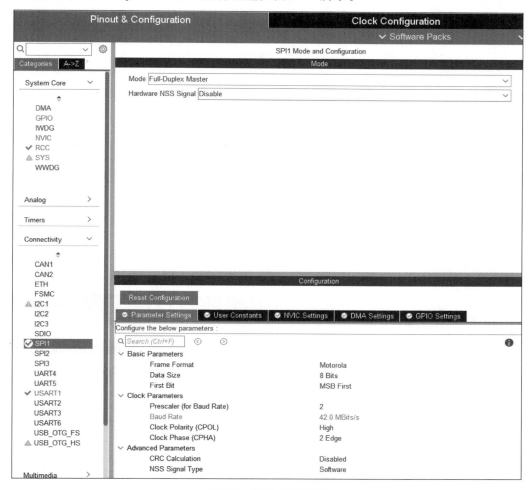

图 9-11　SPI1 配置页面

在 Pinout & Configuration 工作页面选择 System Core→NVIC,修改 Priority Group
为 2 bits for pre-emption priority(2 位抢占式优先级),勾选 USART1 global interrupt 项目
后的 Enabled 复选框,修改 Preemption Priority(抢占式优先级)为 0,Sub Priority(响应优
先级)为 1。NVIC 配置页面如图 9-12 所示。

切换至 Code generation 选项卡。NVIC Code generation 配置如图 9-13 所示。

(8) 配置工程。

在 Project Manager 工作页面 Project 栏下,Toolchain/IDE 选择为 MDK-ARM,Min
Version 选择为 V5,可生成 Keil MDK 工程;选择为 STM32CubeIDE,可生成 STM32CubeIDE
工程。

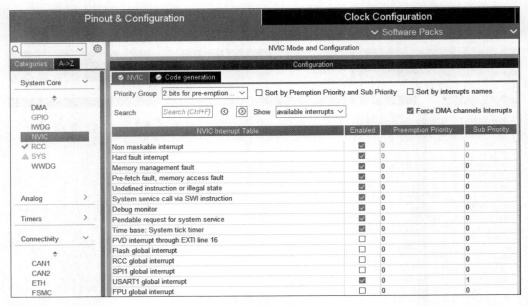

图 9-12　NVIC 配置页面

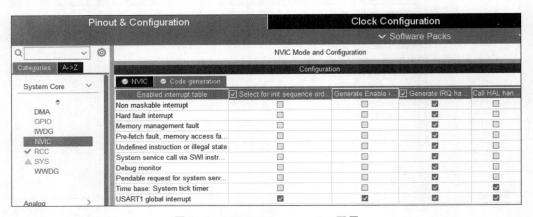

图 9-13　NVIC Code generation 配置

（9）生成 C 代码工程。

返回 STM32CubeMX 主页面，单击 GENERATE CODE 按钮生成 C 代码工程。

2. 通过 Keil MDK 实现工程

通过 Keil MDK 实现工程的步骤如下。

（1）打开 SPI/MDK-Arm 文件夹下的工程文件。

（2）编译 STM32CubeMX 自动生成的 MDK 工程。

在 MDK 开发环境中通过执行 Project→Rebuild all target files 菜单命令或单击工具栏 Rebuild 按钮 📇 编译工程。

（3）STM32CubeMX 自动生成的 MDK 工程如下。

　　main. c 文件中 main()函数依次调用了:HAL_Init()函数,用于复位所有外设、初始化 Flash 接口和 SysTick 定时器;SystemClock_Config()函数,用于配置各种时钟信号频率; MX_GPIO_Init()函数,用于初始化 GPIO 引脚。

　　gpio. c 文件包含了 MX_GPIO_Init()函数的实现代码,具体如下。

```
void MX_GPIO_Init(void)
{

  GPIO_InitTypeDef GPIO_InitStruct = {0};

  /* GPIO Ports Clock Enable */
  __HAL_RCC_GPIOF_CLK_ENABLE();
  __HAL_RCC_GPIOH_CLK_ENABLE();
  __HAL_RCC_GPIOG_CLK_ENABLE();
  __HAL_RCC_GPIOA_CLK_ENABLE();
  __HAL_RCC_GPIOB_CLK_ENABLE();

  /* Configure GPIO pin Output Level */
  HAL_GPIO_WritePin(GPIOF, LED1_RED_Pin|LED2_GREEN_Pin|LED3_BLUE_Pin, GPIO_PIN_SET);

  /* Configure GPIO pin Output Level */
  HAL_GPIO_WritePin(SPI_CS_GPIO_Port, SPI_CS_Pin, GPIO_PIN_SET);

  /* Configure GPIO pins : PFPin PFPin PFPin */
  GPIO_InitStruct.Pin = LED1_RED_Pin|LED2_GREEN_Pin|LED3_BLUE_Pin;
  GPIO_InitStruct.Mode = GPIO_MODE_OUTPUT_PP;
  GPIO_InitStruct.Pull = GPIO_PULLUP;
  GPIO_InitStruct.Speed = GPIO_SPEED_FREQ_HIGH;
  HAL_GPIO_Init(GPIOF, &GPIO_InitStruct);

  /* Configure GPIO pin : PtPin */
  GPIO_InitStruct.Pin = SPI_CS_Pin;
  GPIO_InitStruct.Mode = GPIO_MODE_OUTPUT_PP;
  GPIO_InitStruct.Pull = GPIO_PULLUP;
  GPIO_InitStruct.Speed = GPIO_SPEED_FREQ_HIGH;
  HAL_GPIO_Init(SPI_CS_GPIO_Port, &GPIO_InitStruct);

}
```

　　MX_USART1_UART_Init()函数是 USART1 的初始化函数。

　　main()函数外设初始化新增 MX_SPI1_Init()函数,它是 SPI1 的初始化函数,在 spi. c 文件中定义,实现 STM32CubeMX 配置的 SPI1 设置。把 SPI1 外设配置为主机端,双线全双工模式,数据帧长度为 8 位,使用 SPI 模式 3(CLKPolarity=1,CLKPhase=1),NSS 引脚由软件控制以及 MSB 先行模式。SPI 的时钟频率配置为 2 分频。由于与 Flash 芯片通信不需要 CRC 校验,并没有使能 SPI 的 CRC 功能,这时 CRC 计算式的成员值是无效的。

　　MX_SPI1_Init()函数实现代码如下。

```
void MX_SPI1_Init(void)
{
  hspi1.Instance = SPI1;
  hspi1.Init.Mode = SPI_MODE_MASTER;
  hspi1.Init.Direction = SPI_DIRECTION_2LINES;
  hspi1.Init.DataSize = SPI_DATASIZE_8BIT;
  hspi1.Init.CLKPolarity = SPI_POLARITY_HIGH;
  hspi1.Init.CLKPhase = SPI_PHASE_2EDGE;
  hspi1.Init.NSS = SPI_NSS_SOFT;
  hspi1.Init.BaudRatePrescaler = SPI_BAUDRATEPRESCALER_2;
  hspi1.Init.FirstBit = SPI_FIRSTBIT_MSB;
  hspi1.Init.TIMode = SPI_TIMODE_DISABLE;
  hspi1.Init.CRCCalculation = SPI_CRCCALCULATION_DISABLE;
  hspi1.Init.CRCPolynomial = 10;
  if (HAL_SPI_Init(&hspi1) != HAL_OK)
  {
    Error_Handler();
  }
}
```

MX_SPI1_Init()函数调用了 HAL_SPI_Init()函数,继而调用了 spi.c 文件中实现的 HAL_SPI_MspInit()函数,初始化 SPI1 相关的时钟和 GPIO。HAL_SPI_MspInit()函数 实现代码如下。

```
void HAL_SPI_MspInit(SPI_HandleTypeDef * spiHandle)
{
  GPIO_InitTypeDef GPIO_InitStruct = {0};
  if(spiHandle->Instance == SPI1)
  {
    /* SPI1 clock enable */
    __HAL_RCC_SPI1_CLK_ENABLE();
    __HAL_RCC_GPIOB_CLK_ENABLE();
    /** SPI1 GPIO Configuration
    PB3      ------> SPI1_SCK
    PB4      ------> SPI1_MISO
    PB5      ------> SPI1_MOSI
    */
    GPIO_InitStruct.Pin = GPIO_PIN_3|GPIO_PIN_4|GPIO_PIN_5;
    GPIO_InitStruct.Mode = GPIO_MODE_AF_PP;
    GPIO_InitStruct.Pull = GPIO_NOPULL;
    GPIO_InitStruct.Speed = GPIO_SPEED_FREQ_VERY_HIGH;
    GPIO_InitStruct.Alternate = GPIO_AF5_SPI1;
    HAL_GPIO_Init(GPIOB, &GPIO_InitStruct);
  }
}
```

MX_NVIC_Init()函数实现中断的初始化,代码如下。

```
static void MX_NVIC_Init(void)
{
  /* USART1_IRQn interrupt configuration */
  HAL_NVIC_SetPriority(USART1_IRQn, 0, 1);
  HAL_NVIC_EnableIRQ(USART1_IRQn);
}
```

（4）新建用户文件。

在 SPI/Core/Src 文件夹下新建 bsp_led.c 和 bsp_flash.c 文件，在 SPI/Core/Inc 文件夹下新建 bsp_led.h 和 bsp_flash.h 文件。将新建的.c 文件添加到工程 Application/User/Core 文件夹下。

（5）编写用户代码。

bsp_led.h 和 bsp_led.c 文件实现 LED 操作的宏定义和 LED 初始化。

usart.h 和 usart.c 文件声明和定义使用到的变量和宏定义。usart.c 文件中的 MX_USART1_UART_Init() 函数开启 USART1 接收中断。stm32f4xx_it.c 文件对 USART1_IRQHandler() 函数添加接收数据的处理。

bsp_flash.h 文件实现 SPI 硬件相关的配置宏定义。根据硬件连接，把与 Flash 通信使用的 GPIO 以宏封装起来，并且定义了控制 CS(NSS)引脚输出电平的宏，以便配置产生起始和停止信号时使用。

bsp_flash.c 文件实现对 Flash W25Q64 的读写等操作函数。

spi.c 文件中的 MX_SPI1_Init() 函数用于使能 SPI1。

```
/* USER CODE BEGIN SPI1_Init 2 */
__HAL_SPI_ENABLE(&hspi1);
/* USER CODE END SPI1_Init 2 */
```

在 main.c 文件中添加对用户自定义头文件的引用。

```
/* Private includes ------------------------------------------------- */
/* USER CODE BEGIN Includes */
# include "bsp_led.h"
# include "bsp_flash.h"
/* USER CODE END Includes */
```

main.c 文件中函数初始化了 LED、串口、SPI 外设，然后读取 Flash 芯片的 ID 进行校验，若 ID 校验通过则向 Flash 的特定地址写入测试数据，然后再从该地址读取数据，测试读写是否正常。

```
/* USER CODE BEGIN 2 */
LED_GPIO_Config();
LED_BLUE;

printf("\r\n 这是一个 16M 串行 Flash(W25Q128)实验(QSPI 驱动) \r\n");
```

```c
/* 获取 Flash Device ID */
DeviceID = SPI_Flash_ReadDeviceID();

Delay( 200 );

/* 获取 SPI Flash ID */
FlashID = SPI_Flash_ReadID();

printf("\r\nFlashID is 0x%X,   Manufacturer Device ID is 0x%X\r\n", FlashID, DeviceID);

/* 检验 SPI Flash ID */
if (FlashID == sFlash_ID)
{
    printf("\r\n 检测到 SPI Flash W25Q128 !\r\n");

    /* 擦除将要写入的 SPI Flash 扇区,Flash 写入前要先擦除 */
    SPI_Flash_SectorErase(Flash_SectorToErase);

    /* 将发送缓冲区的数据写到 Flash 中 */
    SPI_Flash_BufferWrite(Tx_Buffer, Flash_WriteAddress, BufferSize);
    printf("\r\n 写入的数据为:\r\n%s", Tx_Buffer);

    /* 将刚刚写入的数据读出来放到接收缓冲区中 */
    SPI_Flash_BufferRead(Rx_Buffer, Flash_ReadAddress, BufferSize);
    printf("\r\n 读出的数据为:\r\n%s", Rx_Buffer);

    /* 检查写入的数据与读出的数据是否相等 */
    TransferStatus1 = Buffercmp(Tx_Buffer, Rx_Buffer, BufferSize);

    if( PASSED == TransferStatus1 )
    {
        LED_GREEN;
        printf("\r\n16M 串行 flash(W25Q128)测试成功!\n\r");
    }
    else
    {
        LED_RED;
        printf("\r\n16M 串行 Flash(W25Q128)测试失败!\n\r");
    }
}// if (FlashID == sFlash_ID)
else
{
    LED_RED;
    printf("\r\n 获取不到 W25Q128 ID!\n\r");
}

SPI_Flash_PowerDown();
  /* USER CODE END 2 */
```

（6）重新编译添加代码后的工程。

（7）配置工程仿真与下载项。

在 MDK 开发环境中通过执行 Project→Options for Target 菜单命令或单击工具栏 按钮配置工程。

在 Debug 选项卡中选择使用的仿真下载器 ST-Link Debugger。配置 Flash Download，勾选 Reset and Run 复选框。单击"确定"按钮。

（8）下载工程。

连接好仿真下载器，开发板上电。

在 MDK 开发环境中通过执行 Flash→Download 菜单命令或单击工具栏 按钮下载工程。

工程下载完成后，连接串口，打开串口调试助手，在串口调试助手可看到 Flash 测试的调试信息，并可以看到 LED 的状态。

第 10 章

STM32 I2C 串行总线

本章讲述 STM32 I2C 串行总线,包括 STM32 I2C 串行总线的通信原理、STM32 I2C 串行总线接口、I2C 的 HAL 驱动程序、采用 STM32CubeMX 和 HAL 库的 I2C 应用实例。

10.1　STM32 I2C 串行总线的通信原理

I2C(Inter-Integrated Circuit)总线是原 Philips 公司推出的一种用于 IC 器件之间连接的 2 线制串行扩展总线,它通过两根信号线 SDA(串行数据线)和 SCL(串行时钟线)在连接到总线上的器件之间传输数据,所有连接在总线上的 I2C 器件都可以工作于发送方式或接收方式。

I2C 总线主要用来连接整体电路,是一种多向控制总线,也就是说,多枚芯片可以连接到同一总线结构上,同时每枚芯片都可以作为实时数据传输的控制源。这种方式简化了信号传输总线接口。

I2C 总线最早用于解决电视中 CPU 与外设之间的通信问题。由于引脚少、硬件简单、易于建立、可扩展性强,I2C 的应用范围早已超出家电范畴,目前已经成为事实上的工业标准,被广泛地应用于微控制器、存储器和外设模块中。例如,STM32F407 系列微控制器、EEPROM 模块 24Cxx 系列、温度传感器模块 TMP102、气压传感器模块 BMP180、光照传感器模块 BH1750FVI、电子罗盘模块 HMC5883L、CMOS 图像传感器模块 OV7670、超声波测距模块 KS103 和 SRF08、数字调频(FM)立体声无线电接收机模块 TEA5657、13.56MHz 非接触式 IC 卡读卡模块 RC522 等都集成了 I2C 接口。

10.1.1　STM32 I2C 串行总线概述

I2C 总线结构如图 10-1 所示,I2C 总线的 SDA 和 SCL 是双向 I/O 线,必须通过上拉电阻接到正电源,当总线空闲时,两线都是"高电平"。所有连接在 I2C 总线上的器件引脚必须是开漏或集电极开路输出,即具有"线与"功能。所有挂在总线上的器件的 I2C 引脚接口也应该是双向的。SDA 输出电路用于发送数据到总线上,而 SDA 输入电路用于接收总线上的数据。主机通过 SCL 输出电路发送时钟信号,同时其本身的接收电路需要检测总线上

SCL 电平,以决定下一步的动作,从机的 SCL 输入电路接收总线时钟,并在 SCL 控制下向
SDA 发出或从 SDA 上接收数据,另外也可以通过拉低 SCL(输出)延长总线周期。

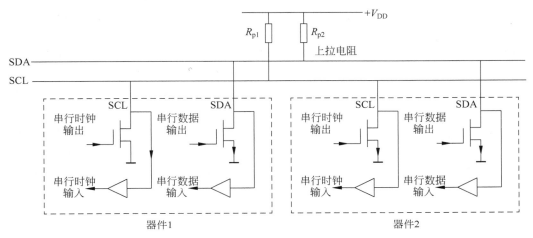

图 10-1 I2C 总线结构

  I2C 总线上允许连接多个器件,支持多主机通信。但为了保证数据可靠传输,任何时刻
总线只能由一台主机控制,其他设备此时均表现为从机。I2C 总线的运行(指数据传输过
程)由主机控制。所谓主机控制,就是由主机发出启动信号和时钟信号,控制传输过程结束
时发出停止信号等。每个接到 I2C 总线上的设备或器件都有一个唯一独立的地址,以便于
主机寻访。主机与从机之间的数据传输,可以是主机发送数据到从机,也可以是从机发送数
据到主机。因此,在 I2C 协议中,除了使用主机、从机的定义外,还使用了发送器、接收器的
定义。发送器表示发送数据方,可以是主机,也可以是从机;接收器表示接收数据方,同样
也可以代表主机或代表从机。在 I2C 总线上一次完整的通信过程中,主机和从机的角色是
固定的,SCL 时钟由主机发出,但发送器和接收器是不固定的,经常变化,这一点请读者特
别留意,尤其在学习 I2C 总线时序过程中,不要混淆。

  在 I2C 总线上,双向串行的数据以字节为单位传输,位速率在标准模式下可达 100kb/s,
在快速模式下可达 400kb/s,在高速模式下可达 3.4Mb/s。各种被控制电路均并联在总线
的 SDA 和 SCL 上,每个器件都有唯一的地址。通信由充当主机的器件发起,它像打电话一
样呼叫希望与之通信的从机的地址(相当于从机的电话号码),只有被呼叫了地址的器件才
能占据总线与主机"对话"。地址由器件的类别识别码和硬件地址共同组成,其中的器件类
别包括微控制器、LCD 驱动器、存储器、实时时钟或键盘接口等,各类器件都有唯一的识别
码。硬件地址则通过从机器件上的引脚连线设置。在信息的传输过程中,主机初始化 I2C
总线通信,并产生同步的时钟信号。任何被寻址的器件都被认为是从机,总线上并联的每个
器件既可以是主机,又可以是从机,这取决于它所要完成的功能。如果两个或更多主机同时
初始化数据传输,可以通过冲突检测和仲裁防止数据被破坏。I2C 总线上挂接的器件数量
只受到信号线上总负载电容的限制,只要不超过 400pF 的限制,理论上可以连接任意数量

的器件。

与 SPI 相比,I2C 接口最主要的优点是简单性和有效性。

(1) I2C 仅用两根信号线(SDA 和 SCL)就实现了完善的半双工同步数据通信,且能够方便地构成多机系统和外围器件扩展系统。I2C 总线上的器件地址采用硬件设置方法,寻址则由软件完成,避免了从机选择线寻址时造成的片选线众多的弊端,使系统具有更简单也更灵活的扩展方法。

(2) I2C 支持多主控系统,I2C 总线上任何能够进行发送和接收的设备都可以成为主机,所有主控都能够控制信号的传输和时钟频率。当然,在任何时间点上只能有一个主控。

(3) I2C 接口被设计成漏极开路的形式。在这种结构中,高电平只由电阻上拉电平 $+V_{DD}$ 电压决定。图 10-1 中的上拉电阻 R_{p1} 和 R_{p2} 的阻值决定了 I2C 的通信速率,理论上阻值越小,波特率越高。一般而言,当通信速率为 100kb/s 时,上拉电阻取 4.7kΩ;而当通信速率为 400kb/s 时,上拉电阻取 1kΩ。

1. I2C 接口

I2C 是半双工同步串行通信,相比于 UART 和 SPI,它所需的信号线最少,只需 SCL 和 SCK 两根线。

SCL(Serial Clock,串行时钟线)为 I2C 通信中用于传输时钟的信号线,通常由主机发出。SCL 采用集电极开路或漏极开路的输出方式。这样,I2C 器件只能使 SCL 下拉到逻辑 0,而不能强制 SCL 上拉到逻辑 1。

SDA(Serial Data,串行数据线)为 I2C 通信中用于传输数据的信号线。与 SCL 类似,SDA 也采用集电极开路或漏极开路的输出方式。这样,I2C 器件同样也只能使 SDA 下拉到逻辑 0,而不能强制 SDA 上拉到逻辑 1。

2. I2C 互连

I2C 总线(即 SCL 和 SDA)上可以方便地连接多个 I2C 器件,如图 10-1 所示。

与 SPI 互连相比,I2C 互连主要具有以下特点。

(1) 必须在 I2C 总线上外接上拉电阻。

由于 I2C 总线(SCL 和 SDA)采用集电极开路或漏极开路的输出方式,连接到 I2C 总线上的任何器件都只能使 SCL 或 SDA 置 0,因此必须在 SCL 和 SDA 上外加上拉电阻,使两根信号线置 1,才能正确进行数据通信。

当一个 I2C 器件将一根信号线下拉到逻辑 0 并释放该信号线后,上拉电阻将该信号线重新置逻辑 1。I2C 标准规定这段时间(即 SCL 或 SDA 的上升时间)必须小于 1000ns。由于和信号线相连的半导体结构中不可避免地存在电容,且节点越多该电容越高(最大为 400pF),因此根据 RC 时间常数的计算方法可以计算出所需的上拉电阻阻值。上拉电阻的默认阻值为 1~5.1kΩ,通常选用 5.1kΩ(5V)或 4.7kΩ(3.3V)。

(2) 通过地址区分挂载在 I2C 总线上的不同器件。

多个 I2C 器件可以并联在 I2C 总线上。SPI 使用不同的片选线区分挂载在总线上的各个器件,这样会增大连线数量,给器件扩展带来诸多不便。而 I2C 使用地址识别总线上的器件,更易于器件的扩展。在 I2C 互连系统中,每个 I2C 器件都有一个唯一而独立的身份标识(ID)——器件地址(Address)。

正如在电话系统中每个座机有自己唯一的号码一样,只有先拨打正确的号码,才能通过线路和对应的座机进行通话。I2C 通信也是如此。I2C 主机必须先在总线上发送欲与之通信的 I2C 从机的地址,得到对方的响应后,才能和它进行数据通信。

(3) 支持多主机互连。

I2C 带有竞争检测和仲裁电路,实现了真正的多主机互连。当多主机同时使用总线发送数据时,根据仲裁方式决定由哪个设备占用总线,以防止数据冲突和数据丢失。当然,尽管 I2C 支持多主机互连,但同一时刻只能有一个主机。

目前 I2C 已经获得了广大开发者和设备生产商的认同,市场上存在众多集成了 I2C 接口的器件。意法半导体(ST)、微芯(Microchip)、德州仪器(TI)和恩智浦(NXP)等嵌入式处理器的主流厂商的产品中几乎都集成有 I2C 接口。外围器件也有越来越多的低速、低成本器件使用 I2C 接口作为数据或控制信息的接口标准。

10.1.2　I2C 总线的数据传输

下面讲述 I2C 总线的数据传输。

1. 数据有效性规定

如图 10-2 所示,I2C 总线进行数据传输时,时钟信号为高电平期间,数据线上的数据必须保持稳定,只有在时钟信号为低电平期间,数据线上的高电平或低电平状态才允许变化。

2. 起始和终止信号

I2C 总线规定,当 SCL 为高电平时,SDA 的电平必须保持稳定不变的状态,只有当 SCL 处于低电平时,才可以改变 SDA 的电平值,但起始信号和停止信号是特例。因此,当 SCL 处于高电平时,SDA 的任何跳变都会被识别为一个起

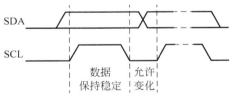

图 10-2　I2C 数据有效性规定

始信号或终止信号。如图 10-3 所示,SCL 为高电平期间,SDA 由高电平向低电平的变化表示起始信号;SCL 为高电平期间,SDA 由低电平向高电平的变化表示终止信号。

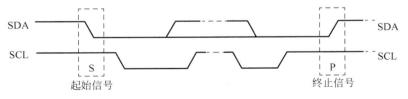

图 10-3　I2C 总线起始和终止信号

起始信号和终止信号都是由主机发出的,在起始信号产生后,总线就处于被占用的状态;在终止信号产生后,总线就处于空闲状态。连接到 I2C 总线上的器件,若具有 I2C 总线的硬件接口,则很容易检测到起始和终止信号。

　　每当发送器件传输完一字节的数据后,后面必须紧跟一个校验位,这个校验位是接收端通过控制 SDA 实现的,以提醒发送端已经接收完成,数据传输可以继续进行。

3. 数据传输格式

1) 字节传输与应答

　　在 I2C 总线的数据传输过程中,发送到 SDA 信号线上的数据以字节为单位,每字节必须为 8 位,而且是高位(MSB)在前,低位(LSB)在后,每次发送数据的字节数量不受限制。但在数据传输过程中需要强调的是,当发送方每发送完一字节后,都必须等待接收方返回一个应答响应信号,如图 10-4 所示。响应信号宽度为 1 位,紧跟在 8 个数据位后面,所以发送1 字节的数据需要 9 个 SCL 时钟脉冲。响应时钟脉冲也是由主机产生的,主机在响应时钟脉冲期间释放 SDA,使其处在高电平。

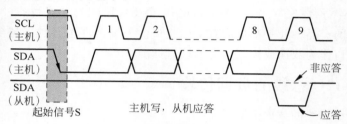

图 10-4　I2C 总线字节传输与应答

　　而在响应时钟脉冲期间,接收方需要将 SDA 拉低,使 SDA 在响应时钟脉冲高电平期间保持稳定的低电平,即为有效应答信号(ACK 或 A),表示接收器已经成功地接收高电平期间数据。

　　如果在响应时钟脉冲期间,接收方没有将 SDA 拉低,使 SDA 在响应时钟脉冲高电平期间保持稳定的高电平,即为非应答信号(NAK 或/A),表示接收器接收该字节没有成功。

　　由于某种原因从机不对主机寻址信号应答时(如从机正在进行实时性的处理工作而无法接收总线上的数据),它必须将数据线置于高电平,而由主机产生一个终止信号以结束总线的数据传输。

　　如果从机对主机进行了应答,但在数据传输一段时间后无法继续接收更多的数据,从机可以通过对无法接收的第 1 个数据字节的"非应答"通知主机,主机则应发出终止信号以结束数据的继续传输。

　　当主机接收数据时,收到最后一个数据字节后,必须向从机发出一个结束传输的信号。这个信号是由对从机的"非应答"实现的。然后,从机释放 SDA,以允许主机产生终止信号。

2) 总线的寻址

　　挂在 I2C 总线上的器件可以很多,但相互间只有两根线连接(数据线和时钟线),如何进行识别寻址呢? 具有 I2C 总线结构的器件在其出厂时已经给定了器件的地址编码。I2C 总线器件地址 SLA(以 7 位为例)格式如图 10-5 所示。

　　(1) DA3~DA0:4 位器件地址是 I2C 总线器件固有的地址编码,器件出厂时就已给定,用户不能自行设置。例如,I2C 总线器件 EEPROM AT24CXX 的器件地址为 1010。

	D7	D6	D5	D4	D3	D2	D1	D0
SLA	DA3	DA2	DA1	DA0	A2	A1	A0	R/$\overline{\text{W}}$

器件固有地址编码　　　　　器件引脚地址　　读/写

图 10-5　I2C 总线器件地址 SLA 格式

（2）A2～A0：3 位引脚地址用于相同地址器件的识别。若 I2C 总线上挂有相同地址的器件，或同时挂有多片相同器件时，可用硬件连接方式对 3 位引脚 A2～A0 接 V_{CC} 或接地，形成地址数据。

（3）R/$\overline{\text{W}}$：用于确定数据传输方向。R/$\overline{\text{W}}$＝1 时，主机接收（读）；R/$\overline{\text{W}}$＝0，主机发送（写）。

主机发送地址时，总线上的每个从机都将这 7 位地址码与自己的地址进行比较，如果相同，则认为自己正被主机寻址，根据 R/$\overline{\text{W}}$ 位将自己确定为发送器或接收器。

3）数据帧格式

I2C 总线上传输的数据信号是广义的，既包括地址信号，又包括真正的数据信号。在起始信号后必须传输一个从机的地址（7 位），第 8 位是数据的传输方向位（R/$\overline{\text{W}}$），用 0 表示主机发输数据，1 表示主机接收数据。每次数据传输总是由主机产生的终止信号结束。但是，若主机希望继续占用总线进行新的数据传输，则可以不产生终止信号，立即再次发出起始信号对另一从机进行寻址。

4．传输速率

I2C 总线的标准传输速率为 100kb/s，快速传输速率可达 400kb/s，目前还增加了高速模式，最高传输速率可达 3.4Mb/s。

10.2　STM32 I2C 串行总线接口

STM32 微控制器的 I2C 模块连接微控制器和 I2C 总线，提供多主机功能，支持标准和快速两种传输速率，控制所有 I2C 总线特定的时序、协议、仲裁和定时，同时与 SMBus 2.0 兼容。I2C 模块有多种用途，包括 CRC 的生成和校验、系统管理总线（System Management Bus，SMBus）和电源管理总线（Power Management Bus，PMBus）。根据特定设备的需要，可以使用 DMA 以减轻 CPU 的负担。

10.2.1　STM32 I2C 串行总线的主要特性

STM32F407 微控制器的小容量产品有一个 I2C，中等容量产品和大容量产品有两个 I2C。

STM32F407 微控制器的 I2C 主要具有以下特性。

（1）所有 I2C 都位于 APB1 总线。

（2）支持标准（速率为 100kb/s）和快速（速率为 400kb/s）两种传输速率。

（3）所有 I2C 可工作于主模式或从模式，可以作为主发送器、主接收器、从发送器或从接收器。

（4）支持 7 位或 10 位寻址和广播呼叫。

（5）具有 3 个状态标志：发送器/接收器模式标志、字节发送结束标志、总线忙标志。

（6）具有两个中断向量：一个中断用于地址/数据通信成功，另一个中断用于错误。

（7）具有单字节缓冲器的 DMA。

（8）兼容系统管理总线 SMBus 2.0。

10.2.2　STM32 I2C 串行总线的内部结构

STM32F407 系列微控制器的 I2C 结构，由 SDA 线和 SCL 线展开，主要分为时钟控制、数据控制和控制逻辑等部分，负责实现 I2C 的时钟产生、数据收发、总线仲裁和中断、DMA 等功能，如图 10-6 所示。

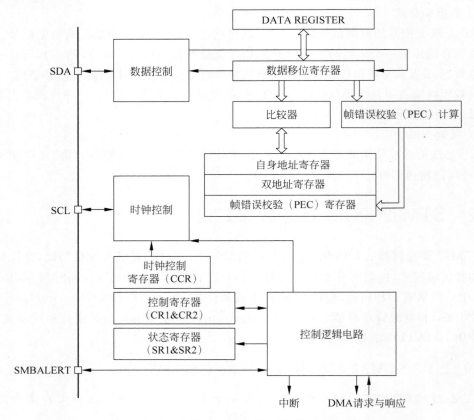

图 10-6　STM32F407 微控制器 I2C 接口内部结构

1. 时钟控制

时钟控制模块根据时钟控制寄存器（CCR）、控制寄存器（CR1 和 CR2）中的配置产生

I2C 协议的时钟信号，即 SCL 线上的信号。为了产生正确的时序，必须在 I2C_CR2 寄存器中设定 I2C 的输入时钟。当 I2C 工作在标准传输速率时，输入时钟的频率必须大于或等于 2MHz；当 I2C 工作在快速传输速率时，输入时钟的频率必须大于或等于 4MHz。

2. 数据控制

数据控制模块通过一系列控制架构，在将要发送数据的基础上，按照 I2C 的数据格式加上起始信号、地址信号、应答信号和停止信号，将数据一位一位地从 SDA 线上发送出去。读取数据时，则从 SDA 线上的信号中提取出接收到的数据值。发送和接收的数据都被保存在数据寄存器中。

3. 控制逻辑

控制逻辑用于产生 I2C 中断和 DMA 请求。

10.2.3 STM32 I2C 串行总线的功能描述

I2C 模块接收和发送数据，并将数据从串行转换为并行，或从并行转换为串行；可以开启或禁止中断；接口通过数据引脚（SDA）和时钟引脚（SCL）连接到 I2C 总线，允许连接到标准（速率高达 100kb/s）或快速（速率高达 400kb/s）的 I2C 总线。

1. 模式选择

I2C 接口可以选择以下 4 种模式。

（1）从发送器模式；

（2）从接收器模式；

（3）主发送器模式；

（4）主接收器模式。

该模块默认工作于从模式。I2C 接口在生成起始条件后自动地从从模式切换到主模式；当仲裁丢失或产生停止信号时，则从主模式切换到从模式。允许多主机功能。

2. 通信流

主模式下，I2C 接口启动数据传输并产生时钟信号。串行数据传输总是以起始条件开始并以停止条件结束。起始条件和停止条件都是在主模式下由软件控制产生。

从模式下，I2C 接口能识别它自己的地址（7 位或 10 位）和广播呼叫地址。软件能够控制开启或禁止广播呼叫地址的识别。

数据和地址按 8 位/字节进行传输，高位在前。跟在起始条件后的 1 或 2 字节是地址（7 位模式为 1 字节，10 位模式为 2 字节）。地址只在主模式发送。

在一字节传输的 8 个时钟后的第 9 个时钟期间，接收器必须回送一个应答位（ACK）给发送器，如图 10-7 所示。

软件可以开启或禁止应答（ACK），并可以设置 I2C 接口的地址（7 位、10 位地址或广播呼叫地址）。

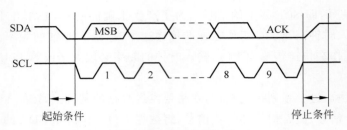

图 10-7 I2C 总线协议

10.3 I2C 的 HAL 驱动程序

I2C 的 HAL 驱动程序头文件是 stm32f4xx_hal_i2c.h 和 stm32f4xx_hal_i2c_ex.h。I2C 的 HAL 驱动程序包括宏定义、结构体定义、宏函数和功能函数。I2C 的数据传输有阻塞式、中断方式和 DMA 方式。本节介绍 I2C 的 HAL 驱动程序中一些主要的定义和函数。

10.3.1 I2C 接口的初始化

对 I2C 接口进行初始化配置的函数是 HAL_I2C_Init(),原型定义如下。

```
HAL_StatusTypeDef HAL_I2C_Init(I2C_HandleTypeDef * hi2c)
```

其中,hi2c 是 I2C 接口的对象指针,是 I2C_HandleTypeDef 结构体类型指针。在 STM32CubeMX 自动生成的 i2c.c 文件中,会为启用的 I2C 接口定义外设对象变量。例如,为 I2C1 接口定义的变量如下。

```
I2C_HandleTypeDef  hi2c1;                //I2C1 接口的外设对象变量
```

I2C_HandleTypeDef 结构体的成员变量主要是 HAL 程序内部用到的一些定义,只有成员变量 Init 是需要用户配置的 I2C 通信参数,是 I2C_InitTypeDef 结构体类型。

10.3.2 I2C 阻塞式数据传输

I2C 接口的阻塞式数据传输相关函数如表 10-1 所示。阻塞式数据传输使用方便,且 I2C 接口的传输速率不高,一般传输数据量也不大,阻塞式传输是常用的数据传输方式。

表 10-1 I2C 接口的阻塞式数据传输相关函数

函 数 名	功 能 描 述
HAL_I2C_IsDeviceReady()	检查某个从设备是否准备好了 I2C 通信
HAL_I2C_Master_Transmit()	作为主设备向某个地址的从设备发送一定长度的数据
HAL_I2C_Master_Receive()	作为主设备从某个地址的从设备接收一定长度的数据
HAL_I2C_Slave_Transmit()	作为从设备发送一定长度的数据

续表

函　数　名	功　能　描　述
HAL_I2C_Slave_Receive()	作为从设备接收一定长度的数据
HAL_I2C_Mem_Write()	向某个从设备的指定存储地址开始写入一定长度的数据
HAL_I2C_Mem_Read()	从某个从设备的指定存储地址开始读取一定长度的数据

1. HAL_I2C_IsDeviceReady()函数

HAL_I2C_IsDeviceReady()函数用于检查 I2C 网络上一个从设备是否做好了 I2C 通信准备,原型定义如下。

```
HAL StatusTypeDef  HAL_I2C_IsDevicoReady(I2C_HandleTypeDef * hi2c,uint16_t DevAddress,
uint32_t Trials, uint32_t Timeout);
```

其中,hi2c 是 I2C 接口对象指针;DevAddress 是从设备地址;Trials 是尝试的次数;Timeout 是超时等待时间(单位是嘀嗒信号节拍数),当 SysTick 定时器频率为默认的 1000Hz 时,Timeout 的单位就是毫秒。

一个 I2C 从设备有两个地址,一个是写操作地址,另一个是读操作地址。例如,开发板上的 EEPROM 芯片 AT24C02 的写操作地址是 0xA0,读操作地址是 0xA1,也就是在写操作地址上加 1。在 I2C 的 HAL 驱动程序中,传递从设备地址参数时,只需设置写操作地址,函数内部会根据读写操作类型,自动使用写操作地址或读操作地址。但是,在软件模拟 I2C 接口通信时,必须明确使用相应的地址。

2. 主设备发送和接收数据

一个 I2C 总线上有一个主设备,可能有多个从设备。主设备与从设备通信时,必须指定从设备地址。I2C 主设备发送和接收数据的两个函数的原型定义如下。

```
HAL_StatusTypeDef  HAL_I2C_Master_Transmit(I2C_HandleTypeDef * hi2c, uint16_t DevAddress,
uint8_t * pData,uint16_t Size, uint32_t Timeout);
HAL_StatusTypeDef  HAL_I2C_Master_Receive(I2C_HandleTypeDef * hi2c, uint16_t DevAddress,
uint8_t * pData,uint16_t Size,uint32_t Timeout);
```

其中,pData 是发送或接收数据的缓冲区;Size 是缓冲区大小;DevAddress 是从设备地址,无论是发送还是接收,这个地址都要设置为 I2C 设备的写操作地址;Timeout 为超时等待时间,单位是嘀嗒信号节拍数。

阻塞式操作函数在数据发送或接收完成后才返回,返回值为 HAL_OK 时表示传输成功,否则可能是出现错误或超时。

3. 从设备发送和接收数据

I2C 从设备发送和接收数据的两个函数的原型定义如下。

```
HAL_StatusTypeDef HAL_I2C_Slave_Transmit(I2C_HandleTypeDef * hi2c, uint8_t * pData, uint16_t
Size,uint32_t Timeout);
HAL_StatusTypeDef  HAL_I2C_Slave_Receive(I2C_HandleTypeDef * hi2c,uint8_t * pData, uint16_t
Size, uint32_t Timeout);
```

I2C从设备是应答式地响应主设备的传输要求,发送和接收数据的对象总是主设备,所以函数中无须设置目标设备地址。

4. I2C 存储器数据传输

对于 I2C 接口的存储器,如 EEPROM 芯片 AT24C02,有两个专门的函数用于存储器数据读写。向存储器写入数据的函数是 HAL_I2C_Mem_Write(),原型定义如下。

```
HAL_StatusTypeDef HAL_I2C_Mem_Write(I2C_HandleTypeDef * hi2c, uint16_t DevAddress, uint16_t
MemAddress, uint16_t MemAddSize,uint8_t * pData, uint16_t Size, uint32_t Timeout);
```

其中,DevAddress 是 I2C 从设备地址;MemAddress 是存储器内部写入数据的起始地址;MemAddSize 是存储器内部地址大小,即 8 位地址或 16 位地址,有两个宏定义表示存储器内部地址大小。

```
#define  I2C_MEMADD_SIZE_8BIT    0x00000001U      //8 位存储器地址
#define  I2C_MEMADD_SIZE_16BIT   0x00000010U      //16 位存储器地址
```

参数 pData 是待写入数据的缓冲区指针;Size 是待写入数据的字节数;Timeout 是超时等待时间。使用这个函数可以很方便地向 I2C 接口存储器一次性写入多字节的数据。

从存储器读取数据的函数是 HAL_I2C_Mem_Read(),原型定义如下。

```
HAL StatusTypeDef  HAL_I2C_Mem_Read(I2C_HandleTypeDef * hi2c,uint16_t DevAddress,uint16_t
MemAddress, uint16_t  MemAddSize,uint8_t * pData, uint16_t Size,uint32_t Timeout);
```

使用 I2C 存储器数据传输函数的好处是可以一次性传递地址和数据,函数会根据存储器的 I2C 通信协议依次传输地址和数据,而不需要用户自己分解通信过程。

10.3.3　I2C 中断方式数据传输

一个 I2C 接口有两个中断号,一个用于事件中断,另一个用于错误中断。HAL_I2C_EV_IRQHandler()是事件中断 ISR 中调用的通用处理函数,HAL_I2C_ER_IRQHandler()是错误中断 ISR 中调用的通用处理函数。

I2C 接口的中断方式数据传输函数以及关联的回调函数如表 10-2 所示。

表 10-2　I2C 接口的中断方式数据传输函数以及关联的回调函数

函 数 名	功 能 描 述	关联的回调函数
HAL_I2C_Master_Transmit_IT()	主设备向某个地址的从设备发送一定长度的数据	HAL_I2C_MasterTxCpltCallback()
HAL_I2C_Master_Receive_IT()	主设备从某个地址的从设备接收一定长度的数据	HAL_I2C_MasterTxCpltCallback()
HAL_I2C_Master_Abort_IT()	主设备主动中止中断传输过程	HAL_I2C_AbortCpltCallback()
HAL_I2C_Slave_Transmit_IT()	作为从设备发送一定长度的数据	HAL_I2C_SlaveTxCpltCallback()
HAL_I2C_Slave_Receive()	作为从设备接收一定长度的数据	HAL_I2C_SlaveRxCpltCallback()

续表

函 数 名	功 能 描 述	关联的回调函数
HAL_I2C_Mem_Write()	向某个从设备的指定存储地址开始写入一定长度的数据	HAL_I2C_MemTxCpltCallback()
HAL_I2C_Mem_Read_IT()	从某个从设备的指定存储地址开始读取一定长度的数据	HAL_I2C_MemRxCpltCallback()

注:表中所有中断方式传输函数都可能产生传输错误中断事件,对应同一个回调函数 HAL_I2C_ErrorCallback()。

中断方式数据传输函数的参数定义与对应的阻塞式传输函数类似,只是没有超时等待参数 Timeout。例如,以中断方式读写 I2C 接口存储器的两个函数的原型定义如下。

```
HAL_StatusTypeDef  HAL_I2C_Mem_Write_IT(I2C_HandleTypeDef * hi2c, uint16_t DevAddress,
uint16_t MemAddress, uint16_t MemAddSize, uint8_t * pData, uint16_t Size);
HAL_StatusTypeDef HAL_I2C_Mem_Read_IT(I2C_HandleTypeDef * hi2c, uint16_t DevAddress,uint16_
t MemAddress,uint16_t MemAddSize, uint8_t * pData, uint16_t Size);
```

中断方式数据传输是非阻塞式的,函数返回 HAL_OK 只是表示函数操作成功,并不表示数据传输完成,只有相关联的回调函数被调用时,才表示数据传输完成。

10.3.4　I2C DMA 方式数据传输

一个 I2C 接口有 I2C_TX 和 I2C_RX 两个 DMA 请求,可以为 DMA 请求配置 DMA 流,从而进行 DMA 方式数据传输。I2C 接口的 DMA 方式数据传输函数以及 DMA 流发生传输完成事件(DMA_IT_TC)中断时的回调函数如表 10-3 所示。

表 10-3　I2C 接口的 DMA 方式数据传输函数以及关联的回调函数

函 数 名	功 能 描 述	关联的回调函数
HAL_I2C_Master_Transmit_DMA()	向某个地址的从设备发送一定长度的数据	HAL_I2C_MasterTxCpltCallback()
HAL_I2C_Master_Receive_DMA()	从某个地址的从设备接收一定长度的数据	HAL_I2C_MasterRxCpltCallback()
HAL_I2C_Slave_Transmit_DMA()	作为从设备发送一定长度的数据	HAL_I2C_SlaveTxCpltCallback()
HAL_I2C_Slave_Receive_DMA()	作为从设备接收一定长度的数据	HAL_I2C_SlaveRxCpltCallback()
HAL_I2C_Mem_Write_DMA()	从某个从设备的指定存储地址开始写入一定长度的数据	HAL_I2C_MemTxCpltCallback()
HAL_I2C_Mem_Read_DMA()	从某个从设备的指定存储地址开始读取一定长度的数据	HAL_I2C_MemRxCpltCallback()

DMA 传输函数的参数形式与中断方式传输函数的参数形式相同。例如,以 DMA 方式读写 I2C 接口存储器的两个函数的原型定义如下。

```
HAL_StatusTypeDef  HAL_I2C_Mem_Write_DMA(I2C_HandleTypeDef * hi2c, uint16_t DevAddress,
uint16_t MemAddress,uint16_t MemAddSize, uint8_t * pData, uint16_t Size);
```

```
HAL_StatusTypeDef HAL_I2C_Mem_Read_DMA (I2C_HandleTypeDef * hi2c, uint16_t DevAddress,
uint16_t MemAddress, uint16_t MemAddSize, uint8_t * pData, uint16_t Size);
```

DMA 传输是非阻塞式传输,函数返回 HAL_OK 时只表示函数操作完成,并不表示数据传输完成。DMA 传输过程由 DMA 流产生中断事件,DMA 流的中断函数指针指向 I2C 驱动程序中定义的一些回调函数。I2C 的 HAL 驱动程序中并没有为 DMA 传输半完成中断事件设计和关联回调函数。

10.4 采用 STM32CubeMX 和 HAL 库的 I2C 应用实例

EEPROM 是一种掉电后数据不丢失的存储器,常用来存储一些配置信息,以便系统重新上电时加载。EEPROM 芯片最常用的通信方式就是 I2C 协议,本节以 EEPROM 的读写实验为例,讲解 STM32 的 I2C 使用方法。实例中 STM32 的 I2C 外设采用主模式,分别用作主发送器和主接收器,通过查询事件的方式确保正常通信。

10.4.1 STM32 的 I2C 配置流程

虽然不同器件实现的功能不同,但是只要遵守 I2C 协议,其通信方式都是一样的,配置流程也基本相同。对于 STM32,首先要对 I2C 进行配置,使其能够正常工作,再结合不同器件的驱动程序,完成 STM32 与不同器件的数据传输。

STM32F407 与 AT24C02 的通信主要通过 I2C 总线进行。AT24C02 是一个 2KB 的串行 EEPROM,它通过 I2C 总线与外部设备进行数据交换。使用 STM32F407 配置和读写 AT24C02 的基本步骤如下。

1. 硬件连接

连接 VCC:将 AT24C02 的 VCC 引脚连接到 STM32F407 的 3.3V 电源。

连接 GND:将 AT24C02 的 GND 引脚连接到 STM32F407 的地线。

连接 SCL:将 AT24C02 的 SCL(时钟线)引脚连接到 STM32F407 的相应 I2C 时钟线。

连接 SDA:将 AT24C02 的 SDA(数据线)引脚连接到 STM32F407 的相应 I2C 数据线。

上拉电阻:在 SCL 和 SDA 线上各接一个 4.7~10kΩ 的上拉电阻至 3.3V。

2. 软件配置

1) 初始化 I2C 总线

使用 STM32CubeMX 或手动配置 STM32 的 I2C 接口。

(1) 选择 I2C 接口。

(2) 设置正确的时钟频率(通常 EEPROM 支持的最大频率为 400kHz)。

(3) 配置为主模式。

(4) 设置适当的时序参数。

2) I2C 读写函数编写

编写 I2C 读写函数,这些函数将用来与 AT24C02 进行数据交换。

（1）I2C写入函数：用于向 AT24C02 发送数据。需要发送起始信号、设备地址、数据地址和数据本身，然后发送停止信号。

（2）I2C读取函数：用于从 AT24C02 接收数据。需要发送起始信号、设备地址、数据地址，然后重新发送起始信号和设备读取地址，最后读取数据。

3）EEPROM 读写操作

写操作如下。

（1）发送起始条件。

（2）发送设备地址加写命令（AT24C02 的设备地址通常是 1010 加上 3 位硬件设定地址 A2、A1、A0）。

（3）发送要写入的内存地址。

（4）发送要写入的数据。

（5）发送停止条件。

读操作如下。

（1）发送起始条件。

（2）发送设备地址加写命令。

（3）发送要读取的内存地址。

（4）发送重复起始条件。

（5）发送设备地址加读命令。

（6）读取数据。

（7）发送停止条件。

4）数据校验

在写入和读取操作后，最好进行数据校验，确保数据正确无误地写入或读取。

10.4.2　STM32 I2C 与 EEPROM 接口的硬件设计

STM32 开发板采用 AT24C02 串行 EEPROM，AT24C02 的 SCL 及 SDA 引脚连接到 STM32 对应的 I2C 引脚，结合上拉电阻，构成了 I2C 通信总线，如图 10-8 所示。EEPROM 芯片的设备地址一共有 7 位，其中高 4 位固定为 1010b，低 3 位则由 A0、A1、A2 信号线的电平决定。

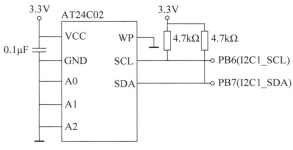

图 10-8　AT24C02 EEPROM 硬件接口电路

在本实例中,编写一个程序实现开发板 EEPROM 芯片读写测试,并通过 USART1 进行状态显示,通过 LED 指示状态。

10.4.3　STM32 I2C 与 EEPROM 接口的软件设计

I2C_InitTypeDef 结构体成员用于设置 I2C 工作参数,并由外设初始化配置函数,如 MX_I2C1_Init()函数调用,这些设定参数将会设置外设相应的寄存器,达到配置外设工作环境的目的。初始化结构体定义在 stm32f4xx_hal_i2c.h 文件中,初始化库函数定义在 stm32f4xx_hal_i2c.c 文件中,编程时可以结合这两个文件中的注释使用。

I2C_InitTypeDef 结构体定义如下。

```
typedef struct {
    uint32_t ClockSpeed;        // 设置 SCL 时钟频率,此值要低于 400000
    uint32_t DutyCycle;         // 指定时钟占空比,可选 low/high = 2:1 及 16:9 模式
    uint32_t OwnAddress1;       // 指定自身的 I2C 设备地址 1,可以是 7 位或 10 位
    uint32_t AddressingMode;    // 指定地址的长度模式,可以是 7 位或 10 位模式
    uint32_t DualAddressMode;   // 设置双地址模式
    uint32_t OwnAddress2;       // 指定自身的 I2C 设备地址 2,只能是 7 位
    uint32_t GeneralCallMode;   // 指定广播呼叫模式
    uint32_t NoStretchMode;     // 指定禁止时钟延长模式
} I2C_InitTypeDef;
```

结构体成员说明如下,其中括号内的文字是对应参数在 STM32 HAL 库中定义的宏。

(1) ClockSpeed:设置 I2C 的时钟频率,在调用初始化函数时,函数会根据输入的数值写入 I2C 的时钟控制寄存器 CCR。

(2) DutyCycle:设置 I2C 的 SCL 线时钟占空比。有两个选择,分别为低电平时间比高电平时间为 2:1(I2C_DUTYCYCLE_2)和 16:9(I2C_DUTYCYCLE_16_9)。其实这两个模式的比例差别并不大,一般要求都不会如此严格,这里随便选就可以了。

(3) OwnAddress1:配置 STM32 的 I2C 设备自身地址 1,每个连接到 I2C 总线上的设备都要有一个自己的地址,作为主机也不例外。地址可设置为 7 位或 10 位,取决于 AddressingMode 设置,只要该地址是 I2C 总线上唯一的即可。STM32 的 I2C 外设可同时使用两个地址,即同时对两个地址作出响应,这个结构成员 OwnAddress1 配置的是默认的 OAR1 寄存器存储的地址,若需要设置第 2 个地址寄存器 OAR2,可使用 DualAddressMode 使能,然后设置 OwnAddress2 即可,OAR2 不支持 10 位地址。

(4) AddressingMode:选择 I2C 的寻址模式是 7 位还是 10 位地址。这需要根据实际连接到 I2C 总线上设备的地址进行选择,该配置也影响到 OwnAddress1,只有这里设置成 10 位模式时,OwnAddress1 才支持 10 位地址。

(5) OwnAddress2:配置 STM32 的 I2C 设备自身地址 2,每个连接到 I2C 总线上的设备都要有一个自己的地址,作为主机也不例外。地址可设置为 7 位,只要该地址是 I2C 总线上唯一的即可。

（6）GeneralCallMode：I2C 从模式时的广播呼叫模式设置。

（7）NoStretchMode：I2C 禁止时钟延长模式设置，用于在从模式下禁止时钟延长。它在主模式下必须保持关闭。

配置完这些结构体成员值，调用 HAL_I2C_Init()函数即可把结构体的配置写入寄存器中。

1. 通过 STM32CubeMX 新建工程

通过 STM32CubeMX 新建工程的步骤如下。

（1）在 Demo 目录下新建 I2C 文件夹，这是保存本章新建工程的文件夹。

（2）在 STM32CubeMX 开发环境中新建工程。

（3）选择 MCU 或开发板。选择型号为 STM32F407ZGT6，启动工程。

（4）执行 File→Save Project 菜单命令保存工程。

（5）执行 File→Generate Report 菜单命令生成当前工程的报告文件。

（6）配置 MCU 时钟树。

在 Pinout & Configuration 工作页面，选择 System Core→RCC，根据开发板实际情况，High Speed Clock(HSE)选择为 Crystal/Ceramic Resonator(晶体/陶瓷晶振)。

切换到 Clock Configuration 工作页面，根据开发板外设情况配置总线时钟。此处配置 Input frequency 为 25MHz，PLL Source Mux 为 HSE，分配系数为 25，PLLMul 倍频为 336MHz，PLLCLK 2 分频后为 168MHz，System Clock Mux 为 PLLCLK，APB1 Prescaler 为/4，APB2 Prescaler 为/2，其余保持默认设置即可。

（7）配置 MCU 外设。

根据 I2C1 电路，整理出 MCU 连接的 GPIO 引脚的输入/输出配置，如表 10-4 所示。

表 10-4 MCU 引脚配置

用户标签	引脚名称	引脚功能	GPIO 模式	上拉或下拉	端口速率
LED1_RED	PF6	GPIO_Output	推挽输出	上拉	上拉
LED2_GREEN	PF7	GPIO_Output	推挽输出	上拉	上拉
LED3_BLUE	PF8	GPIO_Output	推挽输出	上拉	上拉
—	PB8	I2C1_SCL	复用开漏	—	最高
—	PB9	I2C1_SDA	复用开漏	—	最高

在 STM32CubeMX 中配置完 I2C1 和 USART1 后，会自动完成相关 GPIO 的配置，用户无须配置。配置完成后的 I2C1 GPIO 端口页面如图 10-9 所示。

在 Pinout & Configuration 工作页面选择 System Core→GPIO，对使用的 GPIO 进行设置。LED 输出端口：LED1_RED(PF6)、LED2_GREEN(PF7)和 LED3_BLUE(PF8)。配置完成后的 GPIO 端口页面如图 10-10 所示。

在 Pinout & Configuration 工作页面分别配置 USART1、NVIC 模块，方法同 SPI 部分。

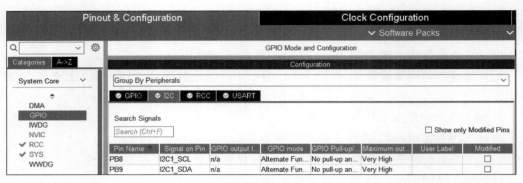

图 10-9　配置完成后的 I2C1 GPIO 端口页面

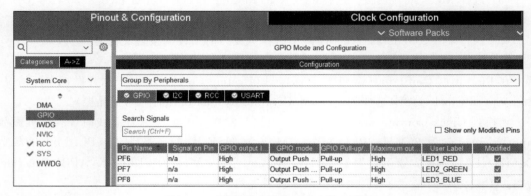

图 10-10　配置完成后的 GPIO 端口页面

在 Pinout & Configuration 工作页面选择 Connectivity→I2C1,对 I2C1 进行设置。I2C1 配置页面如图 10-11 所示。

(8) 配置工程。

在 Project Manager 工作页面 Project 栏下,Toolchain/IDE 选择为 MDK-ARM,Min Version 选择为 V5,可生成 Keil MDK 工程;选择为 STM32CubeIDE,可生成 STM32CubeIDE 工程。

(9) 生成 C 代码工程。

返回 STM32CubeMX 主页面,单击 GENERATE CODE 按钮生成 C 代码工程。

2. 通过 Keil MDK 实现工程

通过 Keil MDK 实现工程的步骤如下。

(1) 打开 I2C/MDK-Arm 文件夹下的工程文件。

(2) 编译 STM32CubeMX 自动生成的 MDK 工程。

在 MDK 开发环境中通过执行 Project→Rebuild all target files 菜单命令或单击工具栏 Rebuild 按钮 📖 编译工程。

(3) STM32CubeMX 自动生成的 MDK 工程如下。

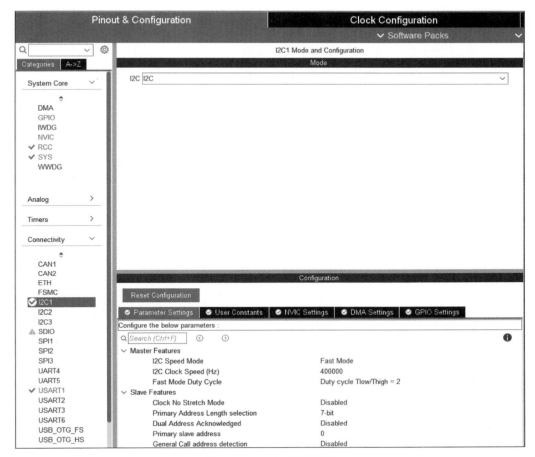

图 10-11　I2C1 配置页面

main.c 文件中 main()函数依次调用了：HAL_Init()函数，用于复位所有外设、初始化 Flash 接口和 SysTick 定时器；SystemClock_Config()函数，用于配置各种时钟信号频率；MX_GPIO_Init()函数，用于初始化 GPIO 引脚。

gpio.c 文件包含了 MX_GPIO_Init()函数的实现代码，具体如下。

```
void MX_GPIO_Init(void)
{
    GPIO_InitTypeDef GPIO_InitStruct = {0};
    /* GPIO Ports Clock Enable */
    __HAL_RCC_GPIOF_CLK_ENABLE();
    __HAL_RCC_GPIOH_CLK_ENABLE();
    __HAL_RCC_GPIOA_CLK_ENABLE();
    __HAL_RCC_GPIOB_CLK_ENABLE();
    /* Configure GPIO pin Output Level */
    HAL_GPIO_WritePin(GPIOF, LED1_RED_Pin|LED2_GREEN_Pin|LED3_BLUE_Pin, GPIO_PIN_SET);
```

```
    /* Configure GPIO pins : PFPin PFPin PFPin */
    GPIO_InitStruct.Pin = LED1_RED_Pin|LED2_GREEN_Pin|LED3_BLUE_Pin;
    GPIO_InitStruct.Mode = GPIO_MODE_OUTPUT_PP;
    GPIO_InitStruct.Pull = GPIO_PULLUP;
    GPIO_InitStruct.Speed = GPIO_SPEED_FREQ_HIGH;
    HAL_GPIO_Init(GPIOF, &GPIO_InitStruct);
}
```

MX_USART1_UART_Init()是 USART1 的初始化函数。

main()函数外设初始化新增 MX_I2C1_Init()函数,它是 I2C1 的初始化函数,在 i2c.c 文件中定义,实现 STM32CubeMX 配置的 I2C1 设置。自身地址为 0,地址设置为 7 位模式,关闭双地址模式,自身地址 2 也为 0,禁止通用广播模式,禁止时钟延长模式。最后调用 HAL_I2C_Init()函数把这些配置写入寄存器。

MX_I2C1_Init()函数实现代码如下。

```
void MX_I2C1_Init(void)
{
    /* USER CODE END I2C1_Init 1 */
    hi2c1.Instance = I2C1;
    hi2c1.Init.ClockSpeed = 400000;
    hi2c1.Init.DutyCycle = I2C_DUTYCYCLE_2;
    hi2c1.Init.OwnAddress1 = 0;
    hi2c1.Init.AddressingMode = I2C_ADDRESSINGMODE_7BIT;
    hi2c1.Init.DualAddressMode = I2C_DUALADDRESS_DISABLE;
    hi2c1.Init.OwnAddress2 = 0;
    hi2c1.Init.GeneralCallMode = I2C_GENERALCALL_DISABLE;
    hi2c1.Init.NoStretchMode = I2C_NOSTRETCH_DISABLE;
    if (HAL_I2C_Init(&hi2c1) != HAL_OK)
    {
        Error_Handler();
    }
}
```

MX_I2C1_Init()函数调用了 HAL_I2C_Init()函数,继而调用了 i2c.c 文件中实现的 HAL_I2C_MspInit()函数,初始化 I2C1 相关的时钟和 GPIO。HAL_I2C_MspInit()函数实现代码如下。

```
void HAL_I2C_MspInit(I2C_HandleTypeDef * i2cHandle)
{
    GPIO_InitTypeDef GPIO_InitStruct = {0};
    if(i2cHandle -> Instance == I2C1)
    {
        __HAL_RCC_GPIOB_CLK_ENABLE();
        /** I2C1 GPIO Configuration
        PB8     ------> I2C1_SCL
        PB9     ------> I2C1_SDA
```

```
  * /
  GPIO_InitStruct.Pin = GPIO_PIN_8 | GPIO_PIN_9;
  GPIO_InitStruct.Mode = GPIO_MODE_AF_OD;
  GPIO_InitStruct.Pull = GPIO_NOPULL;
  GPIO_InitStruct.Speed = GPIO_SPEED_FREQ_VERY_HIGH;
  GPIO_InitStruct.Alternate = GPIO_AF4_I2C1;
  HAL_GPIO_Init(GPIOB, &GPIO_InitStruct);

  /* I2C1 clock enable */
  __HAL_RCC_I2C1_CLK_ENABLE();
  }
}
```

MX_NVIC_Init()函数实现中断的初始化,代码如下。

```
static void MX_NVIC_Init(void)
{
  /* USART1_IRQn interrupt configuration */
  HAL_NVIC_SetPriority(USART1_IRQn, 0, 1);
  HAL_NVIC_EnableIRQ(USART1_IRQn);
}
```

(4) 新建用户文件。

在 I2C/Core/Src 文件夹下新建 bsp_led.c 和 bsp_i2c_ee.c 文件,在 I2C/Core/Inc 文件夹下新建 bsp_led.h 和 bsp_i2c_ee.h 文件。将新建的.c 文件添加到工程 Application/User/Core 文件夹下。

(5) 编写用户代码。

bsp_led.h 和 bsp_led.c 文件实现 LED 操作的宏定义和 LED 初始化。

usart.h 和 usart.c 文件声明和定义使用到的变量、宏定义。usart.c 文件中 MX_USART1_UART_Init()函数开启 USART1 接收中断。在 stm32f4xx_it.c 文件中对 USART1_IRQHandler()函数添加接收数据的处理。

bsp_i2c_ee.h、bsp_i2c_ee.c 文件实现对 AT24C02 的操作。

在 main.c 文件中添加对用户自定义头文件的引用。

```
/* Private includes ------------------------------------------------ */
/* USER CODE BEGIN Includes */
# include "bsp_led.h"
# include "bsp_i2c_ee.h"
/* USER CODE END Includes */
```

main.c 文件中 main()函数用于初始化串口、I2C 外设,然后调用 I2C_Test()函数进行读写测试。I2C_Test()函数先填充一个数组,数组的内容为 1,2,…,N,接着把这个数组的内容写入 EEPROM 中,采用页写入的方式。写入完毕后再从 EEPROM 的地址中读取数据,把读取得到的与写入的数据进行校验,若一致说明读写正常,否则读写过程有问题或

EEPROM 芯片不正常。

```c
/* USER CODE BEGIN 2 */
/* 初始化 RGB 彩灯 */
LED_GPIO_Config();
printf("\r\n 欢迎使用野火 STM32 F407 开发板.\r\n");
printf("\r\n 这是一个 I2C 外设(AT24C02)读写测试例程 \r\n");
if(I2C_Test() == 1)
{
    LED_GREEN;
}
else
{
    LED_RED;
}
/* USER CODE END 2 */

uint8_t I2C_Test(void)
{
    uint16_t i;

    EEPROM_INFO("写入的数据");

    for ( i = 0; i < DATA_Size; i++) //填充缓冲
    {
        I2c_Buf_Write[i] = i;
        printf("0x%02X ", I2c_Buf_Write[i]);
        if(i%16 == 15)
        printf("\n\r");
    }

    //将 I2c_Buf_Write 中顺序递增的数据写入 EERPOM 中
    I2C_EE_BufferWrite( I2c_Buf_Write, EEP_Firstpage, DATA_Size);

    EEPROM_INFO("读出的数据");
    //将 EEPROM 读出数据顺序保存到 I2c_Buf_Read 中
    I2C_EE_BufferRead(I2c_Buf_Read, EEP_Firstpage, DATA_Size);
    //将 I2c_Buf_Read 中的数据通过串口打印
    for (i = 0; i < DATA_Size; i++)
    {
        if(I2c_Buf_Read[i] != I2c_Buf_Write[i])
        {
            printf("0x%02X ", I2c_Buf_Read[i]);
            EEPROM_ERROR("错误:I2C EEPROM 写入与读出的数据不一致");
            return 0;
        }
        printf("0x%02X ", I2c_Buf_Read[i]);
        if(i%16 == 15)
        printf("\n\r");
```

```
    }
    EEPROM_INFO("I2C(AT24C02)读写测试成功");
    return 1;
}
```

（6）重新编译添加代码后的工程。

（7）配置工程仿真与下载项。

在 MDK 开发环境中通过执行 Project→Options for Target 菜单命令或单击工具栏 按钮配置工程。

在 Debug 选项卡中选择使用的仿真下载器 ST-Link Debugger。配置 Flash Download，勾选 Reset and Run 复选框。单击"确定"按钮。

（8）下载工程。

连接好仿真下载器，开发板上电。

在 MDK 开发环境中通过执行 Flash→Download 菜单命令或单击工具栏 按钮下载工程。

工程下载完成后，连接串口，打开串口调试助手，在串口调试助手可看到 I2C EEPROM 测试的调试信息，并可以看到 LED 的状态。

第 11 章

STM32 模数转换器

本章讲述 STM32 ADC,包括模拟量输入通道、模拟量输入信号类型与量程自动转换、STM32F407 微控制器的 ADC 结构、STM32F407 微控制器的 ADC 功能、ADC 的 HAL 驱动程序、采用 STM32CubeMX 和 HAL 库的 ADC 应用实例。

11.1 模拟量输入通道

下面介绍模拟量输入通道的组成和 ADC 的工作原理。

11.1.1 模拟量输入通道的组成

模拟量输入通道根据应用要求的不同,可以有不同的结构形式。图 11-1 所示为多路模拟量输入通道的组成。

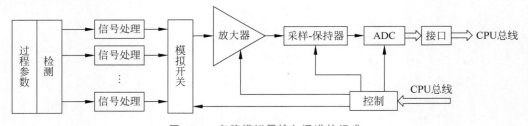

图 11-1　多路模拟量输入通道的组成

从图 11-1 可看出,模拟量输入通道一般由信号处理、模拟开关、放大器、采样-保持器和 ADC 组成。

根据需要,信号处理可选择的内容包括小信号放大、信号滤波、信号衰减、阻抗匹配、电平变换、非线性补偿、电流/电压转换等。

11.1.2 ADC 简介

在计算机控制系统中,大多采用低、中速的大规模集成 ADC。

对于低、中速 ADC,常用的转换方法有计数比较式、双斜率积分式和逐次逼近式 3 种。计数比较式器件简单、价格便宜,但转换速度慢,较少采用。双斜率积分式精度高,有时也采用。由于逐次逼近式 A/D 转换技术能很好地兼顾速度和精度,故它在 16 位以下的 ADC 中得到了广泛的应用。

近几年,又出现了 16 位以上的 Σ-Δ ADC、流水线型 ADC 和闪速型 ADC。

11.2 模拟量输入信号类型与量程自动转换

下面讲述模拟量输入信号类型与量程自动转换。

11.2.1 模拟量输入信号类型

在接到一个具体的测控任务后,需根据被测控对象选择合适的传感器,从而完成非电物理量到电量的转换,经传感器转换后的量,如电流、电压等,往往信号幅度很小,很难直接进行模数转换,因此,需对这些模拟电信号进行幅度处理和完成阻抗匹配、波形变换、噪声抑制等要求,而这些工作需要放大器完成。

模拟量输入信号主要有以下两类。

第 1 类为传感器输出的信号,如下。

(1) 电压信号:一般为毫伏(mV)信号,如热电偶(TC)的输出或电桥输出。

(2) 电阻信号:单位为欧姆(Ω),如热电阻(RTD)信号,通过电桥转换成毫伏信号。

(3) 电流信号:一般为微安(μA)信号,如电流型集成温度传感器 AD590 的输出信号,通过取样电阻转换成毫伏信号。

对于以上这些信号,往往不能直接送 A/D 转换,因为信号的幅值太小,需经运算放大器放大后,变换成标准电压信号,如 0~5V、1~5V、0~10V、-5~+5V 等,再送往 ADC 进行采样。有些双积分 ADC 的输入为 -200~+200mV 或 -2~+2V,有些 ADC 内部带有可编程增益放大器(Programmable Gain Amplifier,PGA),可直接接收毫伏信号。

第 2 类为变送器输出的信号,如下。

(1) 电流信号:0~10mA(0~1.5kΩ 负载)或 4~20mA(0~500Ω 负载)。

(2) 电压信号:0~5V 或 1~5V 等。

电流信号可以远传,通过一个标准精密取样电阻就可以变换成标准电压信号,送往 ADC 进行采样,这类信号一般不需要放大处理。

11.2.2 量程自动转换

由于传感器所提供的信号变化范围很宽(从微伏到伏),特别是在多回路检测系统中,当各回路的参数信号不一样时,必须提供各种量程的放大器,才能保证送到计算机的信号一致(如 0~5V)。在模拟系统中,为了放大不同的信号,需要使用不同倍数的放大器。而在电动单位组合仪表中,常常使用各种类型的变送器,如温度变送器、差压变送器、位移变送器等。但是,这种变送器造价比较贵,系统也比较复杂。随着计算机的应用,为了减少硬件设备,已经研制出可编程增益放大器(PGA)。它是一种通用性很强的放大器,其放大倍数可根据需要用程序进行控制。采用这种放大器,可通过程序调节放大倍数,使 ADC 满量程信号达到均一化,从而大大提高测量精度。这就是量程自动转换。

11.3　STM32F407 微控制器的 ADC 结构

真实世界的物理量,如温度、压力、电流和电压等,都是连续变化的模拟量。但数字计算机处理器主要由数字电路构成,无法直接认知这些连续变换的物理量。ADC 和 DAC 就是跨越模拟量和数字量之间"鸿沟"的桥梁。ADC 将连续变化的物理量转换为数字计算机可以理解的、离散的数字信号。DAC 则反过来将数字计算机产生的离散的数字信号转换为连续变化的物理量。如果把嵌入式处理器比作人的大脑,ADC 可以理解为大脑的眼、耳、鼻等感觉器官。嵌入式系统作为一种在真实物理世界中和宿主对象协同工作的专用计算机系统,ADC 和 DAC 是其必不可少的组成部分。

传统意义上的嵌入式系统会使用独立的单片的 ADC 或 DAC 实现其与真实世界的接口,但随着片上系统技术的普及,设计和制造集成了 ADC 和 DAC 功能的嵌入式处理器变得越来越容易。目前市面上常见的嵌入式处理器都集成了 A/D 转换功能。STM32 则是最早把 12 位高精度的 ADC 和 DAC,以及 Cortex-M 系列处理器集成到一起的主流嵌入式处理器。

STM32F407ZGT6 微控制器带 3 个 12 位逐次逼近型 ADC,每个 ADC 有多达 19 个复用通道,可测量来自 16 个外部源、两个内部源和一个 V_{BAT} 通道的信号。这些通道的 A/D 转换可在单次、连续、扫描或不连续采样模式下进行。ADC 的结果存储在一个左对齐或右对齐的 16 位数据寄存器中。ADC 具有模拟看门狗特性,允许应用检测输入电压是否超过了用户自定义的阈值上限或下限。

STM32F407 的 ADC 的主要特征如下。

(1) 可配置 12 位、10 位、8 位或 6 位分辨率。

(2) 在转换结束、注入转换结束以及发生模拟看门狗或溢出事件时产生中断。

(3) 单次和连续转换模式。

(4) 用于自动将通道 0 转换为通道 n 的扫描模式。

(5) 数据对齐以保持内置数据一致性。

(6) 可独立设置各通道采样时间。

(7) 外部触发器选项,可为规则转换和注入转换配置极性。

(8) 不连续采样模式。

(9) 双重/三重模式(具有两个或更多 ADC 的器件提供)。

(10) 双重/三重 ADC 模式下可配置 DMA 数据存储。

(11) 双重/三重交替模式下可配置转换间延迟。

(12) 自校准功能。

（13）ADC 电源要求：全速运行时为 2.4～3.6V，慢速运行时为 1.8V。

（14）ADC 输入范围：$V_{REF-} \leqslant V_{IN} \leqslant V_{REF+}$。

（15）规则通道转换期间可产生 DMA 请求。

STM32F4 的 ADC 内部结构如图 11-2 所示。

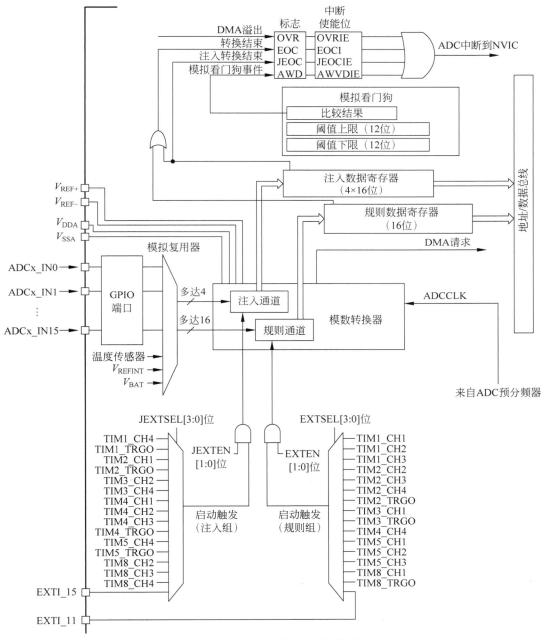

图 11-2　STM32F4 的 ADC 内部结构

ADC 相关引脚如下。

(1) 模拟电源 V_{DDA}：等效于 V_{DD} 的模拟电源且 $2.4V \leqslant V_{DDA} \leqslant V_{DD}(3.6V)$。

(2) 模拟电源地 V_{SSA}：等效于 V_{SS} 的模拟电源地。

(3) 模拟参考正极 V_{REF+}：ADC 使用的高端/正极参考电压，$2.4V \leqslant V_{REF+} \leqslant V_{DDA}$。

(4) 模拟参考负极 V_{REF-}：ADC 使用的低端/负极参考电压，$V_{REF-} = V_{SSA}$。

(5) 模拟信号输入端 ADCx_IN[15:0]：16 个模拟输入通道。

为了更好地进行通道管理和成组转换，借鉴中断中后台程序与前台程序的概念，STM32F407 微控制器的 ADC 根据优先级把所有通道分为两个组：规则通道组和注入通道组。当用户在应用程序中将通道分组设置完成后，一旦触发信号到来，相应通道组中的各个通道即可自动地进行逐个转换。

划分到规则通道组(Group of Regular Channel)中的通道称为规则通道。大多数情况下，如果仅是一般模拟输入信号的转换，那么将该模拟输入信号的通道设置为规则通道即可。规则通道组最多可以有 16 个规则通道，当每个规则通道转换完成后，将转换结果保存到同一个规则通道数据寄存器，同时产生 ADC 转换结束事件，可以产生对应的中断和DMA 请求。

划分到注入通道组(Group of Injected Channel)中的通道称为注入通道。如果需要转换的模拟输入信号的优先级较其他模拟输入信号要高，那么可将该模拟输入信号的通道归入注入通道组中。

1. 电源引脚

ADC 的各个电源引脚的功能定义如表 11-1 所示。V_{DDA} 和 V_{SSA} 是模拟电源引脚，在实际使用过程中需要和数字电源进行一定的隔离，防止数字信号干扰模拟电路。参考电压V_{REF+} 可以由专用的参考电压电路提供，也可以直接和模拟电源连接在一起，需要满足$V_{DDA} - V_{REF+} < 1.2V$ 的条件。V_{REF-} 引脚一般连接在 V_{SSA} 引脚上。一些小封装的芯片没有 V_{REF+} 和 V_{REF-} 这两个引脚，这时它们在内部分别连接在 V_{DDA} 和 V_{SSA} 引脚上。

表 11-1　ADC 的各个电源引脚功能定义

引脚	信号类型	备注
V_{REF+}	正模拟参考电压输入引脚	ADC 高/正参考电压，$1.8V \leqslant V_{REF+} \leqslant V_{DDA}$
V_{DDA}	模拟电源输入引脚	模拟电源电压等于 V_{DD}，全速运行时，$2.4V \leqslant V_{DDA} \leqslant V_{DD}(3.6V)$ 低速运行时，$1.8V \leqslant V_{DDA} \leqslant V_{DD}$
V_{REF-}	负模拟参考电压输入引脚	ADC 低/负参考电压，$V_{REF-} = V_{SSA}$
V_{SSA}	模拟电源接地输入引脚	模拟电源接地电压，$V_{SSA} = V_{SS}$

2. 模拟电压输入引脚

ADC 可以转换 19 路模拟信号，ADCx_IN[15:0]是 16 个外部模拟输入通道，另外 3 路分别是内部温度传感器、内部参考电压 $V_{REFINT}(-1.21V)$ 和电池电压 V_{BAT}。ADC 各输入通道与对应的 GPIO 引脚如表 11-2 所示。

表 11-2　ADC 各输入通道与对应的 GPIO 引脚

ADC1	GPIO 引脚	ADC2	GPIO 引脚	ADC3	GPIO 引脚
通道 0	PA0	通道 0	PA0	通道 0	PA0
通道 1	PA1	通道 1	PA1	通道 1	PA1
通道 2	PA2	通道 2	PA2	通道 2	PA2
通道 3	PA3	通道 3	PA3	通道 3	PA3
通道 4	PA4	通道 4	PA4	通道 4	PF6
通道 5	PA5	通道 5	PA5	通道 5	PF7
通道 6	PA6	通道 6	PA6	通道 6	PF8
通道 7	PA7	通道 7	PA7	通道 7	PF9
通道 8	PB0	通道 8	PB0	通道 8	PF10
通道 9	PB1	通道 9	PB1	通道 9	PF3
通道 10	PC0	通道 10	PC0	通道 10	PC0
通道 11	PC1	通道 11	PC1	通道 11	PC1
通道 12	PC2	通道 12	PC2	通道 12	PC2
通道 13	PC3	通道 13	PC3	通道 13	PC3
通道 14	PC4	通道 14	PC4	通道 14	PF4
通道 15	PC5	通道 15	PC5	通道 15	PF5
通道 16	连接内部 V_{SS} 引脚	通道 16	连接内部 V_{SS} 引脚	通道 16	连接内部 V_{SS} 引脚
通道 17	连接内部 V_{REFINT} 引脚	通道 17	连接内部 V_{SS} 引脚	通道 17	连接内部 V_{SS} 引脚
通道 18	连接内部温度传感器/内部 V_{BAT} 引脚	通道 18	连接内部 V_{SS} 引脚	通道 18	连接内部 V_{SS} 引脚

对于 STM32F42X 和 STM32F43X 系列微控制器的器件,温度传感器内部连接到与 V_{BAT} 引脚共用的输入通道 ADC1_IN18,用于将温度传感器输出电压或电池电压 V_{BAT}(设置 ADC_CCR 的 TSVREFE 和 VBATE 位)转换为数字值。一次只能选择一个转换(温度传感器或 V_{BAT}),同时设置了温度传感器和电脑电压转换时,将只进行 V_{BAT} 转换。内部参考电压 V_{REFINT} 连接到 ADCI_IN17 通道。

对于 STM32F40X 和 STM32F41X 系列微控制器的器件,温度传感器内部连接到 ADC1_IN16 通道,而 ADC1 用于将温度传感器输出电压转换为数字值。

3. ADC 转换时钟源

STM32F4 系列微控制器的 ADC 是逐次比较逼近型,因此必须使用驱动时钟。所有 ADC 共用时钟 ADCCLK,它来自经可编程预分频器分频的 APB2 时钟,该预分频器允许 ADC 在 $f_{PCLK2}/2$、$f_{PCLK2}/4$、$f_{PCLK2}/6$ 或 $f_{PCLK2}/8$ 等频率下工作。ADCCLK 最大频率为 36MHz。

4. ADC 转换通道

ADC 内部把输入信号分为两路进行转换,分别为规则组和注入组。注入组最多可以转换 4 路模拟信号,规则组最多可以转换 16 路模拟信号。

规则组通道和它的转换顺序在 ADC_SQRx 中选择,规则组转换的总数写入 ADC_SQR1 的 L[3:0]位中。在 ADC_SQR1~ADC_SQR3 的 SQ1[4:0]~SQ16[4:0]位可以设置规则组输入通道转换的顺序。SQ1[4:0]位用于定义规则组中第 1 个转换的通道编号(0~18),SQ2[4:0]位用于定义规则组中第 2 个转换的通道编号,以此类推。

例如,规则组转换 3 个输入通道的信号,分别是输入通道 0、输入通道 3 和输入通道 6,并定义输入通道 3 第 1 个转换、输入通道 6 第 2 个转换、输入通道 0 第 3 个转换。那么相关寄存器中的设定如下。

ADC_SQR1 的 L[3:0]=3,规则组转换总数。

ADC_SQR3 的 SSQ1[4:0]=3,规则组中第 1 个转换输入通道编号。

ADC_SQR3 的 SQ2[4:0]=6,规则组中第 2 个转换输入通道编号。

ADC_SQR3 的 SQ3[4:0]=0,规则组中第 3 个转换输入通道编号。

注入组和它的转换顺序在 ADC_JSQR 中选择。注入组转换的总数写入 ADC_JSQR 的 JL[1:0]位中。ADC_JSQR 的 JSQ1[4:0]~JSQ4[4:0]位设置规则组输入转换通道的顺序。JSQ1[4:0]位用于定义规则组中第 1 个转换的通道编号(0~18),JSQ2[4:0]位用于定义规则组中第 2 个转换的通道编号,以此类推。

注入组转换总数、转换通道和顺序定义方法与规则组一致。

当规则组正在转换时,启动注入组的转换会中断规则组的转换过程。规则组和注入组转换关系如图 11-3 所示。

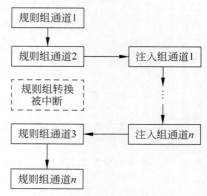

图 11-3　规则组和注入组转换关系

5. ADC 转换触发源

可以由软件触发方式触发 ADC 转换,也可以由 ADC 以外的事件源触发。如果 EXTEN[1:0]控制位(对于规则组转换)或 JEXTEN[1:0]位(对于注入组转换)不等于 0b00,则可使用外部事件触发转换,如定时器捕获、EXTI 线。

6. ADC 转换结果存储寄存器

注入组有 4 个转换结果寄存器(ADC_JDRx),分别对应每个注入通道。而规则组只有一个数据寄存器(ADC_DR),所有规则组通道转换结果共用一个数据寄存器,因此,在使用规则组转换多路模拟信号时,多使用 DMA 配合。

7. 中断

ADC 在规则组和注入组转换结束、模拟看门狗状态位和溢出状态位置位时可能会产生中断。

ADC 中断事件如表 11-3 所示。

表 11-3　ADC 中断事件

中 断 事 件	事 件 标 志	使 能 控 制 位
结束规则组的转换	EOC	EOCIE
结束注入组的转换	JEOC	JEOCIE
模拟看门狗状态位置 1	AWD	AWDIE
溢出(Overrun)	OVR	OVRIE

8. 模拟看门狗

使用看门狗功能,可以限制 ADC 转换模拟电压的范围(低于阈值下限或高于阈值上限,定义在 ADC_HTR 和 ADC_LTR 这两个寄存器中),当转换的结果超过这一范围时,会将 ADC_SR 中的模拟看门狗状态位置 1,如果使能了相应中断,则会触发中断服务程序,以及时进行对应的处理。

11.4　STM32F407 微控制器的 ADC 功能

11.4.1　ADC 使能和启动

ADC 的使能可以由 ADC 控制寄存器 2(ADC_CR2)的 ADON 位控制,写 1 时使能 ADC,写 0 时禁止 ADC,这是开启 ADC 转换的前提。

要开始转换,还需要触发转换,有两种方式:软件触发和事件触发。

1. 软件触发

软件触发方式如下。

(1) SWSTART 位:规则组启动控制。

(2) JSWSTART 位:注入组启动控制。

当 SWSTART 位或 JSWSTART 位置 1 时,启动 ADC。

2. 事件触发

触发源有很多,具体选择哪种触发源,由 ADC_CR2 的 EXTSEL[2:0]位和 JEXTSEL[2:0]位控制。

(1) EXTSEL[2:0]位用于选择规则组通道的触发源。

(2) JEXTSEL[2:0]位用于选择注入组通道的触发源。

11.4.2　时钟配置

ADC 的总转换时间与 ADC 的输入时钟和采样时间有关,T_{conv} = 采样时间 + 12 个 ADC_CLK 周期。

ADC 会在数个 ADC_CLK 周期内对输入电压进行采样,可使用 ADC_SMPR1 和 ADC_SMPR2 中的 SMP[2:0]位修改周期数。每个通道均可以使用不同的采样时间进行采样。

如果 ADC_CLK=30MHz,采样时间设置为 3 个 ADC_CLK 周期,那么总的转换时间 T_{conv} = 3+12 = 15 个 ADC_CLK 周期 = 0.5μs。

同时,ADC 完整转换时间与 ADC 位数有关系,不同分辨率下最快的转换时间如下。

12 位:3+12=15 个 ADC_CLK 周期。

10 位:3+10=13 个 ADC_CLK 周期。

8 位:3+8=11 个 ADC_CLK 周期。

6 位:3+6=9 个 ADC_CLK 周期。

11.4.3 转换模式

下面讲述 ADC 的转换模式。

1. 单次转换模式

在单次转换模式下,启动转换后,ADC 执行一次转换,然后即停止,如图 11-4 所示。

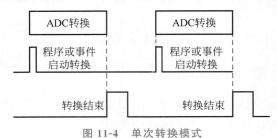

图 11-4　单次转换模式

如果想要继续转换,需要重新触发启动转换。通过设置 ADC_CR2 寄存器的 CONT 位为 0 实现该模式。

一旦选择通道的转换完成,如果一个规则组通道被转换,则:①转换数据被存储在 16 位的 ADC_DR 寄存器中;②EOC 标志被置位;③如果设置了 EOCIE 位,则产生中断。如果一个注入组通道被转换,则:①转换数据被存储在 16 位的 ADC_DRJ1 寄存器中;②EOC 标志被置位;③如果设置了 JEOCIE 位,则产生中断。在经过以上 3 点操作后,ADC 停止转换。

2. 连续转换模式

在连续转换模式下,前面 ADC 转换一结束,马上就启动另一次转换,如图 11-5 所示。也就是说,只需启动一次,即可开启连续的转换过程。此时 ADC_CR2 寄存器的 CONT 位为 1。

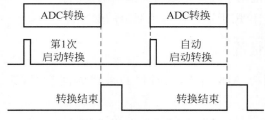

图 11-5　连续转换模式

在每次转换后,如果一个规则组通道被转换,则:①转换数据被存储在 16 位的 ADC_DR 寄存器中;②EOC 标志被置位;③如果设置了 EOCIE 位,则产生中断。如果一个注入组通道被转换,则:①转换数据被存储在 16 位的 ADC_DRJ1 寄存器中;②JEOC 标志被置位;③如果设置了 JEOCIE 位,则产生中断。

3. 扫描模式

在规则组或注入组转换多个通道时,可以使能扫描模式,以转换一组模拟通道,如图 11-6 所示。通过设置 ADC_CR1 寄存器的 SCAN 位为 1 选择扫描模式。扫描过程符合以下规则。

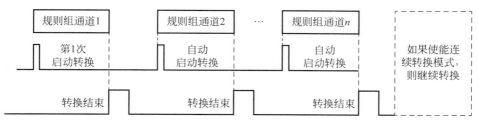

图 11-6　扫描模式

（1）ADC 扫描所有被 ADC_SQRx 或 ADC_JSQR 寄存器选中的通道。在每个组的每个通道上执行单次转换。

（2）在每个转换结束时，同一组的下一个通道被自动转换。

（3）当 ADC_CR2 寄存器的 CONT 位为 1 时，转换不会在选择组的最后一个通道上停止，而是从选择组的第 1 个通道继续转换。

（4）如果设置了 DMA 位为 1，在每次产生 EOC 事件后，DMA 控制器把规则组通道的转换数据传输到 SRAM。

因为规则组转换只有一个 ADC_DR 寄存器，所以在多个规则组通道转换时，一般将扫描方式与 DMA 结合一起使用，进行模拟信号的转换。

4．间断模式

间断模式通过设置 ADC_CR1 寄存器的 DISCEN 位激活。

间断模式用来执行一个短序列的 n 次转换（$n \leqslant 8$），此转换是 ADC_SQRx 寄存器所选择的转换序列的一部分。数值 n 由 ADC_CR1 寄存器的 DISCNUM[2:0] 位给出。

一个外部触发信号可以启动 ADC_SQRx 寄存器中描述的下一轮 n 次转换，直到此序列所有转换完成为止。总的序列长度由 ADC_SQR1 寄存器的 L[3:0] 位定义。

设置 $n=3$，总的序列长度为 8，被转换的通道为 0、1、2、3、6、7、9、10，在间断模式下，转换的过程如下。

第 1 次触发：转换的序列为 0、1、2。

第 2 次触发：转换的序列为 3、6、7。

第 3 次触发：转换的序列为 9、10，并产生 EOC 事件。

第 4 次触发：转换的序列 0、1、2。

5．时序图

ADC 转换时序图如图 11-7 所示，ADC 在开始精确转换前需要一个稳定时间 t_{STAB}，在开始 ADC 转换 14 个时钟周期后，EOC 标志被置位，16 位 ADC 数据寄存器包含转换后结果。

6．模拟看门狗

如果被 ADC 转换的模拟电压低于阈值下限或高于阈值上限，模拟看门狗 AWD 的状态位将被置位，如图 11-8 所示。

阈值位于 ADC_HTR 和 ADC_LTR 寄存器的最低 12 个有效位中。通过设置 ADC_

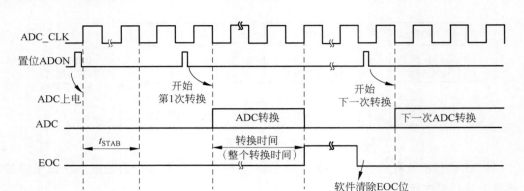

图 11-7　ADC 转换时序图

CR1 寄存器的 AWDIE 位以允许产生相应中断。

阈值的数据对齐模式与 ADC_CR2 寄存器中的 ALIGN 位选择无关,比较是在对齐之前完成的。

通过配置 ADC_CR1 寄存器,模拟看门狗可以作用于一个或多个通道。

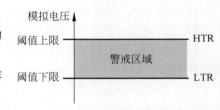

图 11-8　模拟看门狗警戒区域

7. ADC 工作过程

ADC 通道的转换过程如下。

(1) 输入信号经过 ADC 的输入信号通道 ADCx_IN0~ADCx_IN15 被送到 ADC 部件(即图 11-2 中的模/数转换器)。

(2) ADC 部件需要收到触发信号后才开始进行转换,可以使用软件触发,也可以使用 EXTI 外部触发或定时器触发。

(3) ADC 部件接收到触发信号后,在 ADC 时钟 ADCCLK 的驱动下,对输入通道的信号进行采样、量化和编码。

(4) ADC 部件完成转换后,将转换后的 12 位数值以左对齐或右对齐的方式保存到一个 16 位的规则通道数据寄存器或注入通道数据寄存器中,产生 ADC 转换结束/注入转换结束事件,可触发中断或 DMA 请求。这时,程序员可通过 CPU 指令或使用 DMA 方式将其读取到内存(变量)中。特别需要注意的是,仅 ADC1 和 ADC3 具有 DMA 功能,且只有在规则通道转换结束时才发生 DMA 请求。由 ADC2 转换的数据结果可以通过双 ADC 模式,利用 ADC1 的 DMA 功能传输。另外,如果配置了模拟看门狗并且采集的电压值高于阈值,会触发看门狗中断。

11.4.4　DMA 控制

由于规则组通道只有一个 ADC_DR,因此,对于多个规则组通道的转换,使用 DMA 非常有帮助。这样可以避免丢失在下一次写入之前还未被读出 ADC_DR 的数据。

在使能 DMA 模式的情况下(ADC_CR2 寄存器中的 DMA 位置 1),每完成规则组通道中的一个通道转换后,都会生成一个 DMA 请求。这样便可将转换的数据从 ADC_DR 寄存器传输到软件选择的目标位置。

例如，ADC1 规则组转换 4 个输入通道信号时，需要用到 DMA2 的数据流通道 0，在扫描模式下，在每个输入通道转换结束后，都会触发 DMA 控制器将转换结果从规则组 ADC_DR 寄存器传输到定义的存储器。ADC 规则组转换数据 DMA 传输示意图如图 11-9 所示。

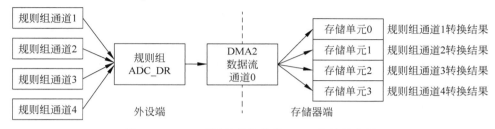

图 11-9　ADC 规则组转换数据 DMA 传输示意图

11.4.5　STM32 的 ADC 应用特征

1. 校准

ADC 有一个内置自校准模式。校准可大幅度减小因内部电容器组的变化而造成的精度误差。在校准期间，在每个电容器上都会计算出一个误差修正码（数字值），这个码用于消除在随后的转换中每个电容器上产生的误差。

通过设置 ADC_CR2 寄存器的 CAL 位启动校准。一旦校准结束，CAL 位被硬件复位，可以开始正常转换。建议在每次上电后执行一次 ADC 校准。启动校准前，ADC 必须处于关电状态（ADON＝0）至少两个 ADC 时钟周期。校准阶段结束后，校准码存储在 ADC_DR 寄存器中。ADC 校准时序图如图 11-10 所示。

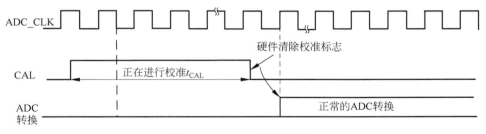

图 11-10　ADC 校准时序图

2. 数据对齐

ADC_CR2 寄存器中的 ALIGN 位用于选择转换后数据存储的对齐方式。数据可以右对齐或左对齐，分别如图 11-11 和图 11-12 所示。

注入组通道转换的数据值已经减去了 ADC_JOFRx 寄存器中定义的偏移量，因此结果可以是一个负值。SEXT 位是扩展的符号值。

对于规则组通道，不需要减去偏移值，因此只有 12 个位有效。

注入组

SEXT	SEXT	SEXT	SEXT	D11	D10	D9	D8	D7	D6	D5	D4	D3	D2	D1	D0

规则组

0	0	0	0	D11	D10	D9	D8	D7	D6	D5	D4	D3	D2	D1	D0

图 11-11 数据右对齐

注入组

SEXT	D11	D10	D9	D8	D7	D6	D5	D4	D3	D2	D1	D0	0	0	0

规则组

D11	D10	D9	D8	D7	D6	D5	D4	D3	D2	D1	D0	0	0	0	0

图 11-12 数据左对齐

11.5 ADC 的 HAL 驱动程序

下面讲述 ADC 的 HAL 驱动程序中的库函数。

11.5.1 常规通道

ADC 的驱动程序有两个头文件：stm32f4xx_hal_adc.h 文件是 ADC 模块总体设置和常规通道相关的函数和定义；stm32f4xx_hal_adc_ex.h 文件是注入通道和多重 ADC 模式相关的函数和定义。stm32f4xx_hal_adc.h 文件中的一些主要函数如表 11-4 所示。

表 11-4 stm32f4xx_hal_adc.h 文件中的一些主要函数

分 组	函 数 名	功 能 描 述
初始化和配置	HAL_ADC_Init()	ADC 的初始化,设置 ADC 的总体参数
	HAL_ADC_MspInit()	ADC 初始化的 MSP 弱函数,在 HAL_ADC_Init()函数中被调用
	HAL_ADC_ConfigChannel()	ADC 常规通道配置,一次配置一个通道
	HAL_ADC_AnalogWDGConfig()	模拟看门狗配置
	HAL_ADC_GetState()	返回 ADC 当前状态
	HAL_ADC_GetError()	返回 ADC 的错误码
软件启动转换	HAL_ADC_Start()	启动 ADC,并开始常规通道的转换
	HAL_ADC_Stop()	停止常规通道的转换,并停止 ADC 转换
	HAL_ADC_PollForConversion()	轮询方式等待 ADC 常规通道转换完成
	HAL_ADC_GetValue()	读取常规通道转换结果寄存器的数据
中断方式转换	HAL_ADC_Start_IT()	开启中断,开始 ADC 常规通道的转换
	HAL_ADC_Stop_IT()	关闭中断,停止 ADC 常规通道的转换
	HAL_ADC_IRQHandler()	ADC 中断 ISR 里调用的 ADC 中断通用处理函数转换
DMA 方式转换	HAL_ADC_Start_DMA()	开启 ADC 的 DMA 请求,开始 ADC 常规通道的转换
	HAL_ADC_Stop_DMA()	停止 ADC 的 DMA 请求,停止 ADC 常规通道的转换

1. ADC 初始化

HAL_ADC_Init() 函数用于初始化某个 ADC 模块,设置 ADC 的总体参数。原型定义如下。

```
HAL_StatusTypeDef  HAL_ADC_Init(ADC_HandleTypeDef * hadc);
```

其中,参数 hadc 是 ADC_HandleTypeDef 结构体类型指针,是 ADC 外设对象指针。在 STM32CubeMX 为 ADC 外设生成的用户程序文件 adc.c 里,会为 ADC 定义外设对象变量。例如,用到 ADC1 时就会定义以下变量。

```
ADC_HandleTypeDef  hadc1;                    //表示 ADC1 的外设对象变量
```

ADC_HandleTypeDef 结构体的定义如下。

```
typedef struct
{
    ADC_TypeDef         * Instance;            //ADC 寄存器基址
    ADC_InitTypeDef     Init;                  //ADC 参数
    _IO uint32_t        NbrOfCurrentConversionRank;  //转换通道的个数
    DMA_HandleTypeDef   * DMA_Handle;          //DMA 流对象指针
    HAL_LockTypeDef     Lock;                  //ADC 锁定对象
    _IO uint32_t        State;                 //ADC 状态
    _IO uint32_t        ErrorCode;             //ADC 错误码
}ADC_HandleTypeDef;
```

ADC_HandleTypeDef 的成员变量 Init 是 ADC_InitTypeDef 结构体类型,它存储了 ADC 的必要参数。ADC_InitTypeDef 结构体的定义如下。

```
typedef struct
{
    uint32_t  ClockPrescaler;
    uint32_t  Resolution;
    uint32_t  DataAlign;
    uint32_t  ScanConvMode;
    uint32_t  EOCSelection;
    FunctionalState ContinuousConvMode;
    uint32_t  NbrOfConversion;
    FunctionalState DiscontinuousConvMode;
    uint32_t  NbrofDiacconversion;
    uint32_t  ExternalTrigConv;
    uint32_t  ExternalTrigConvEdge:
    Functionalstate DMAContinuousRequests:
}ADC_InitTypeDef:
```

ADC_HandleTypeDef 和 ADC_InitTypeDef 结构体成员变量的意义和取值,在后续实例中结合 STM32CubeMX 的设置具体解释。

2. 常规转换通道配置

HAL_ADC_ConfigChannel()函数用于配置一个 ADC 常规通道,原型定义如下。

```
HAL_StatusTypeDef  HAL_ADC_ConfigChannel(ADC_HandleTypeDef * hadc, ADC_ChannelConfTypeDef *
sConfig);
```

其中,参数 sConfig 是 ADC_ChannelConfTypeDef 结构体类型指针,用于设置通道的一些参数,这个结构体的定义如下。

```
typedef struct
{
    uint32_t  Channel;            //输入通道号
    uint32_t  Rank;               //在 ADC 常规转换组里的编号
    uint32_t  SamplingTime;       //采样时间,单位是 ADC 时钟周期数
    uint32_t  Offset;             //信号偏移量
}ADC_ChannelConfTypeDef;
```

3. 软件启动转换

HAL_ADC_Start()函数用于以软件方式启动 ADC 常规通道的转换,软件启动转换后,需要调用 HAL_ADC_PollForConversion()函数查询转换是否完成,转换完成后可调用 HAL_ADC_GetValue()函数读出常规转换结果寄存器里的 32 位数据。若要再次转换,需要再次调用这 3 个函数启动转换、查询转换是否完成、读出转换结果。调用 HAL_ADC_Stop()函数停止 ADC 常规通道转换。

这种软件启动转换的模式适用于单通道、低采样频率的 ADC 转换。几个函数的原型定义如下。

```
HAL_StatusTypeDef  HAL_ADC_Start(ADC_HandleTypeDef * hadc);      //软件启动转换
HAL_StatusTypeDef  HAL_ADC_Stop(ADC_HandleTypeDef * hadc);       //停止转换
HAL_StatusTypeDef  HAL_ADC_Pol1ForConversion(ADC_HandleTypeDef * hadc,uint32_t Timeout);
uint32_t HAL_ADC_GetValue(ADC_HandleTypeDef * hadc);             //读取转换结果寄存器的 32 位数据
```

其中,参数 hadc 是 ADC 外设对象指针;Timeout 是超时等待时间(单位为 ms)。

4. 中断方式转换

当 ADC 设置为用定时器或外部信号触发转换时,HAL_ADC_Start_IT()函数用于启动转换,这会开启 ADC 的中断。当 ADC 转换完成时会触发中断,在中断服务程序里可以调用 HAL_ADC_GetValue()函数读取转换结果寄存器里的数据。HAL_ADC_Stop_IT()函数可以关闭中断,停止 ADC 转换。开启和停止 ADC 中断方式转换的两个函数的原型定义如下。

```
HAL_StatusTypeDef  HAL_ADC_Start_IT(ADC_HandleTypeDef * hadc);
HAL_StatusTypeDef  HAL_ADC_Stop_IT(ADC_HandleTypeDef * hadc);
```

ADC1、ADC2 和 ADC3 共用一个中断号,ISR 名称为 ADC_IRQHandler()。ADC 有 4 个中断事件源,中断事件类型的宏定义如下。

```
#define  ADC_IT_EOC    ((uint32_t)ADC_CR1_EOCIE)    //规则通道转换结束(EOC)事件
#define  ADC_IT_AND    ((uint32_t)ADC_CR1_AWDIE)    //模拟看门狗触发事件
#define  ADC_IT_JEOC   ((uint32_t)ADC_CR1_JEOCIE)   //注入通道转换结束事件
#define  ADC_IT_OVR    ((uint32_t)ADC_CR1_OVRIE)    //数据溢出事件,即转换结果未被及时读出
```

　　ADC 中断通用处理函数是 HAL_ADC_IRQHandler(),它内部会判断中断事件类型,并调用相应的回调函数。ADC 的中断事件类型及其对应的回调函数如表 11-5 所示。

表 11-5　ADC 的中断事件类型及其对应的回调函数

中断事件类型	中 断 事 件	回 调 函 数
ADC_IT_EOC	规则通道转换结束(EOC)事件	HAL_ADC_ConvCpltCallback()
ADC_IT_AWD	模拟看门狗触发事件	HAL_ADC_LevelOutOfWindowCallback()
ADC_IT_JEOC	注入通道转换结束事件	HAL_ADCEx_InjectedConvCpltCallback()
ADC_IT_OVR	数据溢出事件,即数据寄存器内的数据未被及时读出	HAL_ADC_ErrorCallback()

　　用户可以设置为在转换完一个通道后就产生 EOC 事件,也可以设置为转换完规则组的所有通道之后产生 EOC 事件。但是,规则组只有一个转换结果寄存器,如果有多个转换通道,设置为转换完规则组的所有通道之后产生 EOC 事件,会导致数据溢出。一般设置为转换完一个通道后就产生 EOC 事件,因此中断方式转换适用于单通道或采样频率不高的场合。

　　5. DMA 方式转换

　　ADC 只有一个 DMA 请求,方向是从外设到存储器。DMA 在 ADC 中非常有用,它可以处理多通道、高采样频率的情况。HAL_ADC_Start_DMA() 函数以 DMA 方式启动 ADC,原型定义如下。

```
HAL_StatusTypeDef  HAL_ADC_Start_DMA(ADC_HandleTypeDef * hadc,uint32_t * pData,uint32_t
Length);
```

其中,参数 hadc 是 ADC 外设对象指针;pData 是 uint32_t 类型缓冲区指针,因为 ADC 转换结果寄存器是 32 位的,所以 DMA 数据宽度是 32 位;Length 是缓冲区长度,单位是字(4 字节)。

　　停止 DMA 方式采集的函数是 HAL_ADC_Stop_DMA(),原型定义如下。

```
HAL_StatusTypeDef HAL_ADC_Stop_DMA(ADC_HandleTypeDef * hadc);
```

　　DMA 流的主要中断事件及其关联的回调函数如表 11-6 所示。一个外设使用 DMA 传输方式时,DMA 流的事件中断一般使用外设的事件中断回调函数。

表 11-6　DMA 流的中断事件类型及其关联的回调函数

DMA 流中断事件类型宏	DMA 流中断事件类型	关联的回调函数名称
DMA_IT_TC	传输完成中断	HAL_ADC_ConvCpltCallback()
DMA_IT_HT	传输半完成中断	HAL_ADC_ConvHalfCpltCallback()
DMA_IT_TE	传输错误中断	HAL_ADC_ErrorCallback()

　　在实际使用 ADC 的 DMA 方式时会发现,不开启 ADC 的全局中断,也可以用 DMA 方式进行 ADC 转换。但是在第 12 章测试 USART1 使用 DMA 时,USART1 的全局中断必须打开。所以,某个外设在使用 DMA 时,是否需要开启外设的全局中断,与具体的外设有关。

11.5.2　注入通道

　　ADC 的注入通道有一组单独的处理函数,在 stm32f4xx_hal_adc_ex.h 文件中定义。ADC 的注入通道相关函数如表 11-7 所示。注意,注入通道没有 DMA 方式。

表 11-7　ADC 的注入通道相关函数

分　　组	函　数　名	功　能　描　述
通道配置	HAL_ADCEx_InjectedConfigChannel()	注入通道配置
软件启动转换	HAL_ADCEx_InjectedStart()	软件方式启动注入通道的转换
	HAL_ADCEx_InjectedStop()	软件方式停止注入通道的转换
	HAL_ADCEx_InjectedPollForConversion()	查询注入通道转换是否完成
	HAL_ADCEx_InjectedGetValue()	读取注入通道的转换结果数据寄存器
中断方式转换	HAL_ADCEx_InjectedStart_IT()	开启注入通道的中断方式转换
	HAL_ADCEx_InjectedStop_IT()	停止注入通道的中断方式转换
	HAL_ADCEx_InjectedConvCpltCallback()	注入通道转换结束中断事件(ADC_IT_JEOC)的回调函数

11.5.3　多重 ADC

　　多重 ADC 就是 2 个或 3 个 ADC 同步或交错使用,相关函数在 stm32f1xx_hal_adc_ex.h 文件中定义。多重 ADC 只有 DMA 传输方式,相关函数如表 11-8 所示。

表 11-8　多重 ADC 相关函数

函　数　名	功　能　描　述
HAL_ADCEx_MultiModeConfigChannel()	多重模式的通道配置
HAL_ADCEx_MultiModeStart_DMA()	以 DMA 方式启动多重 ADC
HAL_ADCEx_MultiModeStop_DMA()	停止多重 ADC 的 DMA 方式传输
HAL_ADCEx_MultiModeGetValue()	停止多重 ADC 后,读取最后一次转换结果数据

11.6　采用 STM32CubeMX 和 HAL 库的 ADC 应用实例

　　STM32 的 ADC 功能繁多,比较基础实用的是单通道采集,实现开发板上电位器的动触点输出引脚电压的采集,并通过串口输出至 PC 端串口调试助手。单通道采集适用 A/D 转换完成中断,在中断服务函数中读取数据,不使用 DMA 传输,在多通道采集时才使用 DMA 传输。

11.6.1　STM32 的 ADC 配置流程

STM32 的 ADC 功能较多,可以 DMA、中断等方式进行数据的传输,结合标准库并根据实际需要,按步骤进行配置,可以大大提高 ADC 的使用效率。

使用 ADC1 的通道 1 进行 A/D 转换。这里需要说明一下,使用到的库函数分布在 stm32f4xx_adc.c 和 stm32f4xx_adc.h 文件中。下面讲解详细配置步骤。

(1) 开启 PA 口时钟和 ADC1 时钟,设置 PA1 为模拟输入。

STM32F407ZGT6 的 ADC 通道 1 在 PA1 上,所以,先要使能 PA 的时钟,然后设置 PA1 为模拟输入。同时,要把 PA1 复用为 ADC,所以要使能 ADC1 时钟。使能 GPIOA 时钟和 ADC1 时钟都很简单,具体方法为

```
__HAL_RCC_ADC1_CLK_ENABLE();        //使能 ADC1 时钟
__HAL_RCC_GPIOA_CLK_ENABLE();       //使能 GPIOA 时钟
```

初始化 PA1 为模拟输入,关键代码为

```
GPIO_InitTypeDef GPIO_Initure;
GPIO_Initure.Pin = GPIO_PIN_1;              //PA1
GPIO_Initure.Mode = GPIO_MODE_ANALOG;       //模拟
GPIO_Initure.Pull = GPIO_NOPULL;            //不带上下拉
HAL_GPIO_Init(GPIOA,&GPIO_Initure);
```

(2) 初始化 ADC,设置 ADC 时钟分频系数、分辨率、模式、扫描方式、对齐方式等信息。在 HAL 库中,初始化 ADC 是通过 HAL_ADC_Init()函数实现的,该函数声明为

```
HAL_StatusTypeDef HAL_ADC_Init(ADC_HandleTypeDef * hadc);
```

该函数只有一个入口参数 hadc,为 ADC_HandleTypeDef 结构体指针类型,结构体定义为

```
typedef struct
{
  ADC_TypeDef                 * Instance;      //ADC1,ADC2,ADC3
  ADC_InitTypeDef             Init;            //初始化结构体变量
  DMA_HandleTypeDef           * DMA_Handle;    //DMA 方式使用
  HAL_LockTypeDef             Lock;
  __IO HAL_ADC_StateTypeDef   State;
  __IO uint32_t               ErrorCode;
}ADC__HandleTypeDef;
```

该结构体定义和其他外设比较类似,这里着重看第 2 个成员变量 Init 的含义,它是 ADC_InitTypeDef 结构体类型。

这里需要说明一下,和其他外设一样,HAL 库同样提供了 ADC 的 MSP 初始化函数,一般情况下,时钟使能和 GPIO 初始化都会放在 MSP 初始化函数中。函数声明为

```
void HAL_ADC_MspInit(ADC_HandleTypeDef * hadc);
```

(3) 开启 ADC。

在设置完以上信息后,就可以开启 ADC 了(通过 ADC_CR2 寄存器控制)。

```
HAL_ADC_Start(&ADC1_Handler);            //开启 ADC
```

(4) 配置通道,读取通道 ADC 值。

在上述步骤完成后,ADC 就准备好了。接下来要做的就是设置规则序列 1 的通道,然后启动转换。在转换结束后,读取转换结果值。

设置规则序列通道以及采样周期的函数为

```
HAL_StatusTypeDef HAL_ADC_ConfigChannel(ADC_HandleTypeDef * hadc,ADC_ChannelConfTypeDef *
sConfig);
```

该函数有两个入口参数,第 1 个就不用多说了,第 2 个入口参数 sConfig 是 ADC_ChannelConfTypeDef 结构体指针类型,结构体定义如下。

```
typedef struct
{
    uint32_t  Channel;          //ADC 通道
    uint32_t  Rank;             //规则通道中的第几个转换
    uint32_t  SamplingTime;     //采样时间
}ADC_ChannelConfTypeDef;
```

结构体成员变量 Channel 用来设置 ADC 通道,Rank 用来设置要配置的通道是规则序列中的第几个转换,SamplingTime 用来设置采样时间。使用实例为

```
ADC1_ChanConf.Channel = ch;                          //通道
ADC1_ChanConf.Rank = 1;                              //第 1 个序列,序列 1
ADC1_ChanConf.SamplingTime = ADC_SAMPLETIME_239CYCLES_5;  //采样时间
HAL_ADC_ConfigChannel(&ADC1_Handler,&ADC1_ChanConf);      //通道配置
```

配置好通道并且使能 ADC 后,接下来就是读取 ADC 值。这里采取的是查询方式读取,所以还要等待上一次转换结束。针对此过程 HAL 库提供了专用函数 HAL_ADC_PollForConversion(),函数定义为

```
HAL_StatusTypeDef HAL_ADC_PollForConversion(ADC_HandleTypeDef * hadc,uint32_t Timeout);
```

等待上一次转换结束之后,接下来就是读取 ADC 值,函数为

```
uint32_t HAL_ADC_GetValue(ADC_HandleTypeDef * hadc);
```

11.6.2 STM32 的 ADC 应用硬件设计

开发板板载一个贴片滑动变阻器,电路设计如图 11-13 所示。

贴片滑动变阻器的动触点连接至 STM32 芯片的 ADC 通道引脚,当调节旋钮时,其动触点电压也会随之改变,电压变化范围为 0~3.3V,也是开发板默认的 ADC 电压采集范围。

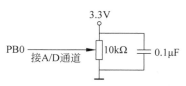

图 11-13 ADC 采集电路设计

在本实例中,编写一个程序实现开发板与计算机串口调试助手通信,在开发板上电时通过 USART1 不停地发送 ADC 采集到的 PB0 引脚采样值和转换电压给计算机。

11.6.3 STM32 的 ADC 应用软件设计

ADC_InitTypeDef 结构体成员用于设置 ADC 工作参数,并由外设初始化配置函数调用,如 MX_ADC1_Init(),这些设定参数将会设置外设相应的寄存器,达到配置外设工作环境的目的。初始化结构体定义在 stm32f4xx_hal_adc.h 文件中,初始化库函数定义在 stm32f4xx_hal_adc.c 文件中,编程时可以结合这两个文件中的注释使用。

ADC_InitTypeDef 结构体如下。

```
typedef struct
{
    uint32_t ClockPrescaler;              // ADC 时钟分频系数
    uint32_t Resolution;                  // ADC 分辨率选择
    uint32_t DataAlign;                   // 输出数据对齐方式
    uint32_t ScanConvMode;                // 扫描转换模式
    uint32_t EOCSelection;                // 转换结束标志使用轮询或中断
    uint32_t ContinuousConvMode;          // 连续转换模式
    uint32_t NbrOfConversion;             // 规则转换通道数目
    uint32_t DiscontinuousConvMode;       // 非连续转换模式
    uint32_t NbrOfDiscConversion;         // 非连续转换通道数目
    uint32_t ExternalTrigConv;            // 外部事件触发选择
    uint32_t ExternalTrigConvEdge;        // 外部事件触发极性
    uint32_t DMAContinuousRequests;       // DMA 连续请求转换
} ADC_InitTypeDef;
```

结构体成员说明如下。

(1) ClockPrescaler:ADC 时钟预分频系数选择,ADC 时钟是由 PCLK2 分频而来,预分频系数决定 ADC 时钟频率,可选的预分频系数为 2、4、6 和 8。

(2) Resolution:配置 ADC 的分辨率,可选的分辨率有 12 位、10 位、8 位和 6 位。分辨率越高,A/D 转换数据精度越高,转换时间也越长;分辨率越低,A/D 转换数据精度越低,转换时间也越短。

(3) DataAlign:转换结果数据对齐模式,可选右对齐(ADC_DataAlign_Right)或左对齐(ADC_DataAlign_Left)。一般选择右对齐模式。

(4) ScanConvMode：配置是否使用扫描，可选参数为 ENABLE 和 DISABLE。如果是单通道 A/D 转换，使用 DISABLE；如果是多通道 A/D 转换，使用 ENABLE。

(5) EOCSelection：可选参数为 ENABLE 和 DISABLE，指定通过轮询和中断使用 EOC(转换结束)标志进行转换。

(6) ContinuousConvMode：可选参数为 ENABLE 和 DISABLE，配置是启动自动连续转换还是单次转换。使用 ENABLE 配置为使能自动连续转换；使用 DISABLE 配置为单次转换，转换一次后停止需要手动控制才重新启动转换。

(7) NbrOfConversion：A/D 规则转换通道数目。

(8) DiscontiousConvMode：非连续转换模式。一般为禁止模式。

(9) NbrOfDiscConversion：非连续转换通道数目。

(10) ExternalTrigConv：外部触发选择，可根据项目需求配置触发来源。实际上，一般使用软件自动触发。

(11) ExternalTrigConvEdge：外部触发极性选择，如果使用外部触发，可以选择触发的极性，可选禁止触发检测、上升沿触发检测、下降沿触发检测以及上升沿和下降沿均可触发检测。

(12) DMAContinuousRequests：DMA 请求连续转换，开启 DMA 传输时用到。

配置完结构体成员值，调用库函数 HAL_ADC_Init()即可把结构体的配置写入寄存器中。

1. 通过 STM32CubeMX 新建工程

通过 STM32CubeMX 新建工程的步骤如下。

(1) 在 Demo 目录下新建 ADC 文件夹，这是保存本章新建工程的文件夹。

(2) 在 STM32CubeMX 开发环境中新建工程。

(3) 选择 MCU 或开发板。选择型号为 STM32F407ZGT6，启动工程。

(4) 执行 File→Save Project 菜单命令保存工程。

(5) 执行 File→Generate Report 菜单命令生成当前工程的报告文件。

(6) 配置 MCU 时钟树。

在 Pinout & Configuration 工作页面选择 System Core→RCC，根据开发板实际情况，High Speed Clock(HSE)选择为 Crystal/Ceramic Resonator(晶体/陶瓷晶振)。

切换到 Clock Configuration 工作页面，根据开发板外设情况配置总线时钟。此处配置 Input frequency 为 25MHz，PLL Source Mux 为 HSE，分配系数为 25，PLLMul 倍频为 336MHz，PLLCLK 2 分频后为 168MHz，System Clock Mux 为 PLLCLK，APB1 Prescaler 为/4，APB2 Prescaler 为/2，其余保持默认设置即可。

(7) 配置 MCU 外设。

根据 ADC 电路，整理出 MCU 连接的 GPIO 引脚的输入/输出配置，如表 11-9 所示。

表 11-9 MCU 引脚配置

用户标签	引脚名称	引脚功能	GPIO 模式
—	PB0	ADC_IN8	模拟输入

再根据表 11-9 进行 GPIO 引脚配置，具体步骤如下。

在 Pinout & Configuration 工作页面选择 System Core→
GPIO，对使用的 GPIO 进行设置。ADC1 输入端口 PB0 配置为
ADC1_IN8。配置完成后的 ADC 端口页面分别如图 11-14 和
图 11-15 所示。

在 STM32CubeMX 中配置完 USART1 后，会自动完成相关
GPIO 的配置，用户无须配置。

在 Pinout & Configuration 工作页面选择 Analog→ADC1，对
ADC1 进行设置。配置 GPIO 口 PB0 时自动选择 IN8，ADC
Parameter Settings 保持默认配置即可。ADC1 配置页面如图 11-16
所示。

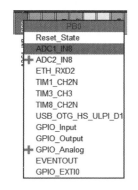

图 11-14 配置完成后的
GPIO 端口页面

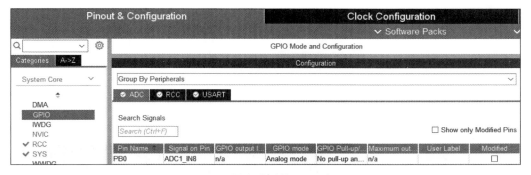

图 11-15 配置完成后的 ADC 端口页面

在 Pinout & Configuration 工作页面分别配置 USART1、NVIC 模块，方法同 SPI
部分。

在 Pinout & Configuration 工作页面选择 System Core→NVIC，修改 Priority Group
为 2 bits for pre-emption priority（2 位抢占式优先级），勾选 USART1 global interrupt 和
ADC1，ADC2 and ADC3 global interrupts 项的 Enabled 复选框，分别修改 Preemption
Priority（抢占式优先级）和 Sub Priority（响应优先级）。NVIC 配置页面如图 11-17 所示。

切换至 Code generation 选项卡，NVIC Code generation 配置如图 11-18 所示。

（8）配置工程。

在 Project Manager 工作页面 Project 栏下，Toolchain/IDE 选择为 MDK-ARM，Min
Version 选择为 V5，可生成 Keil MDK 工程；选择为 STM32CubeIDE，可生成 STM32CubeIDE
工程。

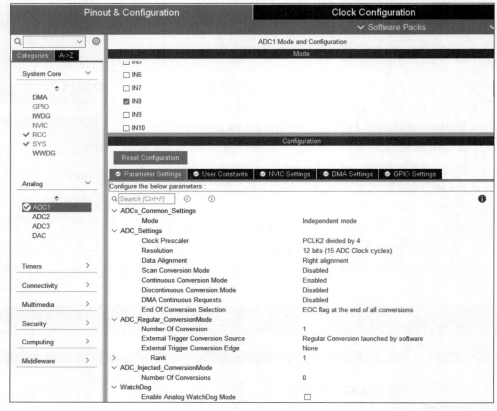

图 11-16 ADC1 配置页面

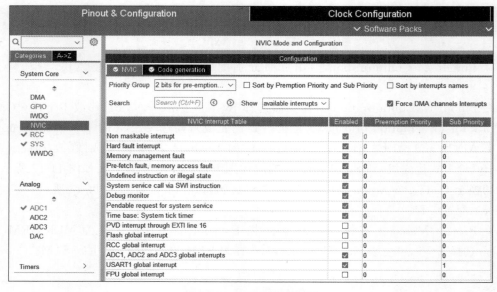

图 11-17 NVIC 配置页面

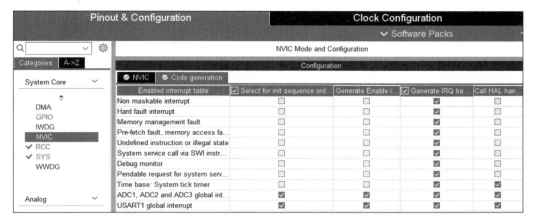

图 11-18 NVIC Code generation 配置

（9）生成 C 代码工程。

返回 STM32CubeMX 主页面，单击 GENERATE CODE 按钮生成 C 代码工程。

2. 通过 Keil MDK 实现工程

通过 Keil MDK 实现工程的步骤如下。

（1）打开 ADC/MDK-Arm 文件夹下的工程文件。

（2）编译 STM32CubeMX 自动生成的 MDK 工程。

在 MDK 开发环境中通过执行 Project→Rebuild all target files 菜单命令或单击工具栏 Rebuild 按钮 ▦ 编译工程。

（3）STM32CubeMX 自动生成的 MDK 工程如下。

main. c 文件中 main()函数依次调用了：HAL_Init()函数，用于复位所有外设、初始化 Flash 接口和 SysTick 定时器；SystemClock_Config()函数，用于配置各种时钟信号频率；MX_GPIO_Init()函数，用于初始化 GPIO 引脚。

gpio. c 文件包含了 MX_GPIO_Init()函数的实现代码，具体如下。

```
void MX_GPIO_Init(void)
{
  /* GPIO Ports Clock Enable */
  __HAL_RCC_GPIOH_CLK_ENABLE();
  __HAL_RCC_GPIOB_CLK_ENABLE();
  __HAL_RCC_GPIOA_CLK_ENABLE();
}
```

MX_USART1_UART_Init()是 USART1 的初始化函数。

main()函数外设初始化新增 MX_ADC1_Init()函数，它是 ADC1 的初始化函数，在 adc. c 文件中定义，实现 STM32CubeMX 配置的 ADC1 设置：分频系数为 4，ADC1 为 12 位分辨率，单通道采集不需要扫描，启动连续转换，使用内部软件触发，使用右对齐数据格式，转换通道为 1。设置 PCLK2＝84MHz，经过 ADC 预分频器能分频到最大的时钟只能是

21MHz,采样周期设置为 3 个周期,计算出最短的转换时间为 $0.7142\mu s$。

MX_ADC1_Init() 函数实现代码如下。

```
void MX_ADC1_Init(void)
{
  ADC_ChannelConfTypeDef sConfig = {0};
  /** Configure the global features of the ADC (Clock, Resolution, Data Alignment and number
      of conversion)
   */
  hadc1.Instance = ADC1;
  hadc1.Init.ClockPrescaler = ADC_CLOCK_SYNC_PCLK_DIV4;
  hadc1.Init.Resolution = ADC_RESOLUTION_12B;
  hadc1.Init.ScanConvMode = DISABLE;
  hadc1.Init.ContinuousConvMode = ENABLE;
  hadc1.Init.DiscontinuousConvMode = DISABLE;
  hadc1.Init.ExternalTrigConvEdge = ADC_EXTERNALTRIGCONVEDGE_NONE;
  hadc1.Init.ExternalTrigConv = ADC_SOFTWARE_START;
  hadc1.Init.DataAlign = ADC_DATAALIGN_RIGHT;
  hadc1.Init.NbrOfConversion = 1;
  hadc1.Init.DMAContinuousRequests = DISABLE;
  hadc1.Init.EOCSelection = ADC_EOC_SEQ_CONV;
  if (HAL_ADC_Init(&hadc1) != HAL_OK)
  {
    Error_Handler();
  }
  /** Configure for the selected ADC regular channel its corresponding rank in the sequencer
      and its sample time.
   */
  sConfig.Channel = ADC_CHANNEL_8;
  sConfig.Rank = 1;
  sConfig.SamplingTime = ADC_SAMPLETIME_56CYCLES;
  if (HAL_ADC_ConfigChannel(&hadc1, &sConfig) != HAL_OK)
  {
    Error_Handler();
  }
}
```

MX_ADC1_Init() 函数调用了 HAL_ADC_Init() 函数,继而调用了 adc.c 文件中实现的 HAL_ADC_MspInit() 函数,初始化 ADC1 相关的时钟和 GPIO。HAL_ADC_MspInit() 函数实现代码如下。

```
void HAL_ADC_MspInit(ADC_HandleTypeDef * adcHandle)
{
  GPIO_InitTypeDef GPIO_InitStruct = {0};
  if(adcHandle -> Instance == ADC1)
  {
```

```
    /* ADC1 clock enable */
    __HAL_RCC_ADC1_CLK_ENABLE();
    __HAL_RCC_GPIOB_CLK_ENABLE();
    /** ADC1 GPIO Configuration
    PB0      ------> ADC1_IN8
     */
    GPIO_InitStruct.Pin = GPIO_PIN_0;
    GPIO_InitStruct.Mode = GPIO_MODE_ANALOG;
    GPIO_InitStruct.Pull = GPIO_NOPULL;
    HAL_GPIO_Init(GPIOB, &GPIO_InitStruct);
  }
}
```

MX_NVIC_Init()函数实现中断的初始化,代码如下。

```
static void MX_NVIC_Init(void)
{
  /* USART1_IRQn interrupt configuration */
  HAL_NVIC_SetPriority(USART1_IRQn, 0, 1);
  HAL_NVIC_EnableIRQ(USART1_IRQn);
  /* ADC_IRQn interrupt configuration */
  HAL_NVIC_SetPriority(ADC_IRQn, 0, 0);
  HAL_NVIC_EnableIRQ(ADC_IRQn);
}
```

（4）不需要新建用户文件,adc.c 和 usart.c 文件都由 STM32CubeMX 自动生成。

（5）编写用户代码。

usart.h 和 usart.c 文件声明和定义使用到的变量和宏。usart.c 文件中 MX_USART1_
UART_Init()函数开启 USART1 接收中断。在 stm32f4xx_it.c 文件中对 USART1_
IRQHandler()函数添加接收数据的处理。

adc.c 文件中 MX_I2C1_Init()函数启用 ADC1,以中断方式开始常规组的转换。

```
/* USER CODE BEGIN ADC1_Init 2 */
HAL_ADC_Start_IT(&hadc1);
/* USER CODE END ADC1_Init 2 */
```

中断服务函数一般定义在 stm32f4xx_it.c 文件中,HAL_ADC_IRQHandler()是 HAL
库自带的一个中断服务函数,处理过程中会指向一个回调函数添加用户代码,这里使用
HAL_ADC_ConvCpltCallback()转换完成中断,在 ADC 转换完成后就会进入中断服务函
数,再进入回调函数,在回调函数内直接读取 ADC 转换结果保存在 ADC_ConvertedValue
变量(在 main.c 文件定义）中。

ADC_GetConversionValue()函数是获取 ADC 转换结果值的库函数,只有一个形参为
ADC 句柄,该函数返回一个 16 位的 ADC 转换结果值。

HAL_ADC_ConvCpltCallback()函数如下。

```
/* USER CODE BEGIN 1 */
void HAL_ADC_ConvCpltCallback(ADC_HandleTypeDef * AdcHandle)
{
  /* 获取结果 */
  ADC_ConvertedValue = HAL_ADC_GetValue(AdcHandle);
}
/* USER CODE END 1 */
```

在 main.c 文件中添加对 ADC 的操作。通过 STM32 内部 ADC1 读取通道 8(PB0)上面的电压,将 ADC 转换值发送到串口。

```
/* Infinite loop */
/* USER CODE BEGIN WHILE */
while (1)
{
    Delay(0x1fffff);
    ADC_Vol = (float) ADC_ConvertedValue/4096 * (float)3.3;          // 读取转换的 ADC 值
    printf("\r\n The current AD value = 0x%04X \r\n", ADC_ConvertedValue);
    printf("\r\n The current AD value =  %f V \r\n",ADC_Vol);
    /* USER CODE END WHILE */

    /* USER CODE BEGIN 3 */
}
/* USER CODE END 3 */
```

(6) 重新编译添加代码后工程。

(7) 配置工程仿真与下载项。

在 MDK 开发环境中通过执行 Project→Options for Target 菜单命令或单击工具栏 ⚒ 按钮配置工程。

在 Debug 选项卡中选择使用的仿真下载器 ST-Link Debugger。配置 Flash Download,勾选 Reset and Run 复选框。单击"确定"按钮。

(8) 下载工程。

连接好仿真下载器,开发板上电。

在 MDK 开发环境中通过执行 Flash→Download 菜单命令或单击工具栏 ⚒ 按钮下载工程。

工程下载完成后,连接串口,打开串口调试助手,查看串口收发是否正常,调节电位器,查看串口显示的采样电压是否正常。

第 12 章

STM32 DMA 控制器

本章讲述 STM32 DMA 控制器,包括 STM32 DMA 的基本概念、DMA 的结构和主要特征、DMA 的功能描述、DMA 的 HAL 驱动程序、采用 STM32CubeMX 和 HAL 库的 DMA 应用实例。

12.1　STM32 DMA 的基本概念

在很多实际应用中,有进行大量数据传输的需求,这时如果 CPU 参与数据的转移,则在数据传输过程中 CPU 不能进行其他工作。如果找到一种可以不需要 CPU 参与的数据传输方式,则可解放 CPU,让其去进行其他操作。特别是在大量数据传输的应用中,这一需求显得尤为重要。

直接存储器访问(Direct Memory Access,DMA)就是基于以上设想设计的,它的作用就是解决大量数据转移过度消耗 CPU 资源的问题。DMA 是一种可以大大减轻 CPU 工作量的数据转移方式,用于在外设与存储器之间及存储器与存储器之间提供高速数据传输。DMA 操作可以在无需任何 CPU 操作的情况下快速移动数据,从而解放 CPU 资源以用于其他操作。DMA 使 CPU 更专注于更加实用的操作,如计算、控制等。

DMA 传输方式无需 CPU 直接控制传输,也没有中断处理方式的保留现场和恢复现场过程,通过硬件为 RAM 和外设开辟一条直接传输数据的通道,使得 CPU 的效率大大提高。

DMA 的作用就是实现数据的直接传输,虽然去掉了传统数据传输需要 CPU 寄存器参与的环节,但本质上是一样的,都是从内存的某一区域传输到内存的另一区域(外设的数据寄存器本质上就是内存的一个存储单元)。在用户设置好参数(主要涉及源地址、目标地址、传输数据量)后,DMA 控制器就会启动数据传输,传输的终点就是剩余传输数据量为 0(循环传输不是这样的)。

12.1.1　DMA 的定义

学过计算机组成原理的读者都知道,DMA 是一个计算机术语,是 Direct Memory Access(直接存储器访问)的缩写。它是一种完全由硬件执行数据交换的工作方式,用来提供在外设与存储器之间或存储器与存储器之间的高速数据传输。DMA 在无需 CPU 干预的情况下能够实现存储器之间的数据快速移动。图 12-1 所示为 DMA 数据传输示意图。

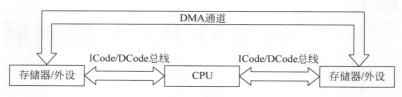

图 12-1　DMA 数据传输示意图

　　CPU 通常是存储器或外设间数据交互的中介和核心，在 CPU 上运行的软件控制了数据交互的规则和时机。但许多数据交互的规则是非常简单的。例如，很多数据传输会从某个地址区域连续地读出数据转存到另一个连续的地址区域。这类简单的数据交互工作往往由于传输的数据量巨大而占据了大量的 CPU 时间。DMA 的设计思路正是通过硬件控制逻辑电路产生简单数据交互所需的地址调整信息，在无须 CPU 参与的情况下完成存储器或外设之间的数据交互。从图 12-1 中可以看到，DMA 越过 CPU 构建了一条直接的数据通路，将 CPU 从繁重、简单的数据传输工作中解脱出来，提高了计算机系统的可用性。

12.1.2　DMA 在嵌入式实时系统中的价值

　　DMA 可以在存储器之间交互数据，还可以在存储器和 STM32 的外围设备（外设）之间交换数据。这种交互方式对应了 DMA 另一种更简单的地址变更规则——地址持续不变。STM32 将外设的数据寄存器映射为地址空间中的一个固定地址，当使用 DMA 在固定地址的外设数据寄存器和连续地址的存储器之间进行数据传输时，就能够将外设产生的连续数据自动存储到存储器中，或者将存储器中存储的数据连续地传输到外设中。以 ADC 为例，当 DMA 被配置成从 ADC 的结果寄存器向某个连续的存储区域传输数据后，就能够在CPU 不参与的情况下，得到连续的 A/D 转换结果。

　　这种外设和 CPU 之间的数据 DMA 交换方式，在实时性（Real-Time）要求很高的嵌入式系统中的价值往往被低估。同样以 DMA 控制 ADC 为例，嵌入式工程师通常习惯于通过定时器中断实现等时间间隔的 A/D 转换，即 CPU 在定时器中断后通过软件控制 ADC 采样和存储。但 CPU 进入中断并控制 A/D 转换往往需要几条乃至几十条指令，还可能被其他中断打断，且每次进入中断所需的指令条数也不一定相等，从而造成达不到采样率和采样间隔抖动等问题。而 DMA 用更为简单的硬件电路实现数据转存，在每次 A/D 转换事件发生后很短时间内将数据转存到存储器。只要 ADC 能够实现严格、快速的定时采样，DMA 就能够将 ADC 得到的数据实时地转存到存储器中，从而大大提高嵌入式系统的实时性。实际上，在嵌入式系统中 DMA 对实时性的作用往往高于它对于节省 CPU 时间的作用，这一点希望引起读者的注意。

12.1.3　DMA 传输的基本要素

每次 DMA 传输都由以下基本要素构成。

（1）传输源地址和目的地址。

（2）触发信号：引发 DMA 进行数据传输的信号。如果是存储器之间的数据传输，则可由软件一次触发后连续传输直至完成即可。数据何时传输，要由外设的工作状态决定，并且可能需要多次触发才能完成。

（3）传输的数据量：每次 DMA 数据传输的数据量及 DMA 传输存储器的大小。

（4）DMA 通道：每个 DMA 控制器能够支持多个通道的 DMA 传输，每个 DMA 通道都有自己独立的传输源地址和目的地址，以及触发信号和传输数量。当然各个 DMA 通道使用总线的优先级也不相同。

（5）传输方式：DMA 传输是在两个存储器间还是存储器和外设之间进行；传输方向是从存储器到外设还是外设到存储器；存储器地址递增的方式和递增值的大小，以及每次传输的数据宽度（8 位、16 位或 32 位等）；到达存储区域边界后地址是否循环等（循环方式多用于存储器和外设之间的 DMA 数据传输）。

（6）其他要素：DMA 传输通道使用总线资源的优先级、DMA 完成或出错后是否起中断等。

12.1.4　DMA 传输过程

具体地说，一个完整的 DMA 数据传输过程如下。

（1）DMA 请求。CPU 初始化 DMA 控制器，外设（I/O 接口）发出 DMA 请求。

（2）DMA 响应。DMA 控制器判断 DMA 请求的优先级及屏蔽，向总线仲裁器提出总线请求。当 CPU 执行完当前总线周期时，可释放总线控制权。此时，总线仲裁器输出总线应答，表示 DMA 已经响应，DMA 控制器从 CPU 接管对总线的控制，并通知外设（I/O 接口）开始 DMA 传输。

（3）DMA 传输。DMA 数据以规定的传输单位（通常是字）传输，每个单位的数据传输完成后，DMA 控制器修改地址，并对传输单位的个数进行计数，继而开始下一个单位数据的传输，如此循环往复，直至达到预先设定的传输单位数量为止。

（4）DMA 结束。当规定数量的 DMA 数据传输完成后，DMA 控制器通知外设（I/O 接口）停止传输，并向 CPU 发送一个信号（产生中断或事件）报告 DMA 数据传输操作结束，同时释放总线控制权。

12.1.5　DMA 的优点与应用

DMA 具有以下优点。

首先，从 CPU 使用率角度，DMA 控制数据传输的整个过程，既不通过 CPU，也不需要 CPU 干预，都在 DMA 控制器的控制下完成。因此，CPU 除了在数据传输开始前配置，在数据传输结束后处理外,在整个数据传输过程中可以进行其他的工作。DMA 降低了 CPU 的负担,释放了 CPU 资源,使 CPU 的使用效率大大提高。

其次,从数据传输效率角度,当 CPU 负责存储器和外设之间的数据传输时,通常先将数据从源地址存储到某个中间变量(该变量可能位于 CPU 的寄存器中,也可能位于内存中),再将数据从中间变量传输到目标地址。当由 DMA 控制器代替 CPU 负责数据传输时,不再需要通过中间变量,而直接将源地址上的数据送到目标地址,这样显著地提高了数据传输的效率,能满足高速 I/O 设备的要求。

最后,从用户软件开发角度,由于在 DMA 数据传输过程中,没有保存现场、恢复现场之类的工作,而且存储器地址修改、传输单位个数的计数等也不是由软件而是由硬件直接实现的,因此用户软件开发的代码量得以减少,程序变得更加简洁,编程效率得以提高。

由此可见,DMA 带来的不是"双赢",而是"三赢":它不仅减轻了 CPU 的负担,而且提高了数据传输的效率,还减少了用户开发的代码量。

当然,DMA 也存在弊端。由于 DMA 允许外设直接访问内存,从而形成在一段时间内对总线的独占。如果 DMA 传输的数据量过大,会造成中断延时过长,不适合在一些实时性较强的(硬实时)嵌入式系统中使用。

正由于以上特点,DMA 一般用于高速传输成组数据的应用场合。

12.2　STM32 DMA 的结构和主要特征

DMA 用来提供在外设和存储器之间或存储器和存储器之间的高速数据传输,无需 CPU 干预,是所有现代计算机的重要特色。在 DMA 模式下,CPU 只需向 DMA 控制器下达指令,让 DMA 控制器处理数据的传输,数据传输完毕再把信息反馈给 CPU,这样在很大程度上降低了 CPU 资源占有率,可以大大节省系统资源。DMA 主要用于快速设备和主存储器成批交换数据的场合。在这种应用中,处理问题的出发点集中在两点:一是不能丢失快速设备提供的数据;二是进一步减少快速设备输入/输出操作过程对 CPU 的打扰。这可以通过把这批数据的传输过程交由 DMA 控制,让 DMA 代替 CPU 控制在快速设备与主存储器之间直接传输数据来实现。当完成一批数据传输之后,快速设备还是要向 CPU 发送一次中断请求,报告本次传输结束的同时,"请示"下一步的操作要求。

STM32 的两个 DMA 控制器有 12 个通道(DMA1 有 7 个通道,DMA2 有 5 个通道),每个通道专门用来管理来自一个或多个外设对存储器访问的请求。还有一个仲裁器协调各个 DMA 请求的优先权。STM32F4 系列微控制器的 DMA 内部结构如图 12-2 所示。

STM32F407ZGT6 的 DMA 模块具有以下特征。

(1) 12 个独立的可配置的通道(请求):DMA1 有 7 个通道,DMA2 有 5 个通道。

(2) 每个通道都直接连接专用的硬件 DMA 请求,每个通道都支持软件触发。这些功能通过软件配置。

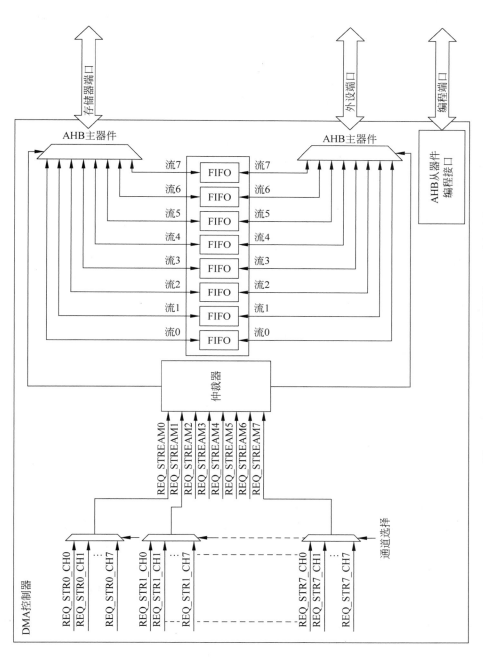

图 12-2 STM32F4 系列微控制器的 DMA 内部结构

（3）在同一个 DMA 模块上，多个请求间的优先权可以通过软件编程设置（共有 4 级：最高、高、中等和低），优先权设置相等时由硬件决定（请求 0 优先于请求 1，以此类推）。

（4）独立数据源，目标数据区的传输宽度（字节、半字、全字）是独立的，模拟打包和拆包的过程。源和目的地址必须按数据传输宽度对齐。

（5）支持循环的缓冲器管理。

（6）每个通道都有 3 个事件标志（DMA 半传输、DMA 传输完成和 DMA 传输出错），这 3 个事件标志通过逻辑"或"运算成为一个单独的中断请求。

（7）存储器和存储器之间的传输。

（8）外设和存储器、存储器和外设之间的传输。

（9）Flash、SRAM、外设的 SRAM、APB1、APB2 和 AHB 均可作为访问的源和目标。

（10）可编程的数据传输最大数目为 65536。

12.3 STM32 DMA 的功能描述

DMA 控制器和 Cortex-M4 核心共享系统数据总线，执行直接存储器数据传输。当 CPU 和 DMA 同时访问相同的目标（RAM 或外设）时，DMA 请求会暂停 CPU 访问系统总线若干个周期，总线仲裁器执行循环调度，以保证 CPU 至少可以得到一半的系统总线（存储器或外设）使用时间。

12.3.1 DMA 处理

发生一个事件后，外设向 DMA 控制器发送一个请求信号。DMA 控制器根据通道的优先权处理请求。当 DMA 控制器开始访问发出请求的外设时，DMA 控制器立即发送给外设一个应答信号。当从 DMA 控制器得到应答信号时，外设立即释放请求。一旦外设释放了请求，DMA 控制器同时撤销应答信号。如果有更多的请求，外设可以在下一个周期启动请求。

总之，每次 DMA 传输由 3 步操作组成。

（1）从外设数据寄存器或从当前外设/存储器地址寄存器指示的存储器地址读取数据，第 1 次传输的开始地址是 DMA_CPARx 或 DMA_CMARx 寄存器指定的外设基地址或存储器单元。

（2）将读取的数据保存到外设数据寄存器或当前外设/存储器地址寄存器指示的存储器地址，第 1 次传输的开始地址是 DMA_CPARx 或 DMA_CMARx 寄存器指定的外设基地址或存储器单元。

（3）执行一次 DMA_CNDTRx 寄存器的递减操作，该寄存器包含未完成的操作数目。

12.3.2 仲裁器

仲裁器根据通道请求的优先级启动外设/存储器的访问。

优先权管理分为两个阶段。

(1) 软件：每个通道的优先级可以在 DMA_CCRx 寄存器中的 PL[1:0]位设置,有 4 个等级：最高、高、中等、低。

(2) 硬件：如果两个请求具有相同的软件优先级,则较低编号的通道比较高编号的通道有较高的优先级。例如,通道 2 优先级高于通道 4。

DMA1 控制器的优先级高于 DMA2 控制器的优先级。

12.3.3 DMA 通道

每个通道都可以在有固定地址的外设寄存器和存储器之间执行 DMA 传输。DMA 传输的数据量是可编程的,最大为 65535。数据项数量寄存器包含要传输的数据项数量,在每次传输后递减。

1. 可编程的数据量

外设和存储器的传输数据量可以通过 DMA_CCRx 寄存器中的 PSIZE 和 MSIZE 位编程设置。

2. 指针增量

通过设置 DMA_CCRx 寄存器中的 PINC 和 MINC 标志位,外设和存储器的指针在每次传输后可以有选择地完成自动增量。当设置为增量模式时,下一个要传输的地址将是前一个地址加上增量值,增量值取决于所选的数据宽度(1、2 或 4)。第 1 个传输的地址存放在 DMA_CPARx/DMA_CMARx 寄存器中。在传输过程中,这些寄存器保持它们的初始数值,软件不能改变和读出当前正在传输的地址(在内部的当前外设/存储器地址寄存器中)。

当通道配置为非循环模式时,传输结束后(即传输计数变为 0)将不再产生 DMA 操作。要开始新的 DMA 传输,需要在关闭 DMA 通道的情况下,在 DMA_CNDTRx 寄存器中重新写入传输数目。

在循环模式下,最后一次传输结束时,DMA_CNDTRx 寄存器的内容会自动地被重新加载为其初始数值,内部的当前外设/存储器地址寄存器也被重新加载为 DMA_CPARx/DMA_CMARx 寄存器设定的初始基地址。

3. 通道配置过程

配置 DMA 通道 x 的过程(x 代表通道号)如下。

(1) 在 DMA_CPARx 寄存器中设置外设寄存器的地址。发生外设数据传输请求时,这个地址将是数据传输的源或目标。

(2) 在 DMA_CMARx 寄存器中设置数据存储器的地址。发生存储器数据传输请求时,传输的数据将从这个地址读出或写入这个地址。

(3) 在 DMA_CNDTRx 寄存器中设置要传输的数据量。每次数据传输后,这个数值递减。

(4) 在 DMA_CCRx 寄存器的 PL[1:0]位设置通道的优先级。

(5) 在 DMA_CCRx 寄存器中设置数据传输方向、循环模式、外设和存储器的增量模式、外设和存储器的数据宽度、传输一半产生中断或传输完成产生中断。

（6）设置 DMA_CCRx 寄存器的 ENABLE 位，启动该通道。

一旦启动了 DMA 通道，即可响应连接该通道的外设的 DMA 请求。

传输一半数据后，传输过半标志位（HTIF）被置 1，当设置了允许传输过半中断位（HTIE）时，将产生中断请求。数据传输结束后，传输完成标志位（TCIF）被置 1，如果设置了允许传输完成中断位（TCIE），则将产生中断请求。

4. 循环模式

循环模式用于处理循环缓冲区和连续的数据传输（如 ADC 的扫描模式）。DMA_CCR 寄存器中的 CIRC 位用于开启这一功能。当循环模式启动时，要被传输的数据数目会自动地被重新装载成配置通道时设置的初值，DMA 操作将会继续进行。

5. 存储器到存储器模式

DMA 通道的操作可以在没有外设请求的情况下进行，这种操作就是存储器到存储器模式。

如果设置了 DMA_CCRx 寄存器中的 MEM2MEM 位，在软件设置了 DMA_CCRx 寄存器中的 EN 位启动 DMA 通道时，DMA 传输将马上开始。当 DMA_CNDTRx 寄存器为 0 时，DMA 传输结束。存储器到存储器模式不能与循环模式同时使用。

12.3.4　DMA 中断

每个 DMA 通道都可以在 DMA 传输过半、传输完成和传输错误时产生中断。为应用的灵活性考虑，通过设置寄存器的不同位打开这些中断。相关的中断事件标志位及对应的使能控制位如下。

（1）传输过半的中断事件标志位是 HTIF，中断使能控制位是 HTIE。

（2）传输完成的中断事件标志位是 TCIF，中断使能控制位是 TCIE。

（3）传输错误的中断事件标志位是 TEIF，中断使能控制位是 TEIE。

读写一个保留的地址区域，将会产生 DMA 传输错误。在 DMA 读写操作期间发生 DMA 传输错误时，硬件会自动清除发生错误的通道所对应的通道配置寄存器（DMA_CCRx）的 EN 位，该通道操作被停止。此时，在 DMA_IFR 寄存器中对应该通道的传输错误中断标志位（TEIF）将被置位，如果在 DMA_CCRx 寄存器中设置了传输错误中断允许位，则将产生中断。

12.4　DMA 的 HAL 驱动程序

下面讲述 DMA 的 HAL 驱动程序中的库函数。

12.4.1　DMA 的 HAL 库函数概述

DMA 的 HAL 驱动程序头文件是 stm32f4xx_hal_dma. h 和 stm32f4xx_hal_dma_ex. h，

主要驱动函数如表 12-1 所示。

表 12-1　DMA 的 HAL 驱动函数

分组	函 数 名	功 能 描 述
初始化	HAL_DMA_Init()	DMA 传输初始化配置
轮询方式	HAL_DMA_Start()	启动 DMA 传输,不开启 DMA 中断
	HAL_DMA_PollForTransfer()	轮询方式等待 DMA 传输结束,可设置一个超时等待时间
	HAL_DMA_Abort()	中止以轮询方式启动的 DMA 传输
中断方式	HAL_DMA_Start_IT()	启动 DMA 传输,开启 DMA 中断
	HAL_DMA_Abort_IT()	中止以中断方式启动的 DMA 传输
	HAL_DMA_GetState()	获取 DMA 当前状态
	HAL_DMA_IRQHandler()	DMA 中断服务程序调用的通用处理函数
双缓冲区模式	HAL_DMAEx_MultiBufferStart()	启动双缓冲区 DMA 传输,不开启 DMA 中断
	HAL_DMAEx_MultiBufferStart_IT()	启动双缓冲区 DMA 传输,开启 DMA 中断
	HAL_DMAEx_ChangeMemory()	传输过程中改变缓冲区地址

　　DMA 是 MCU 上的一种比较特殊的硬件,它需要与其他外设结合起来使用,不能单独使用。一个外设要使用 DMA 传输数据,必须先调用 HAL_DMA_Init()函数进行 DMA 初始化配置,设置 DMA 流和通道、传输方向、工作模式(循环或正常)、源和目标数据宽度、DMA 流优先级等参数,然后才可以使用外设的 DMA 传输函数进行 DMA 方式的数据传输。

　　DMA 传输有轮询方式和中断方式。如果以轮询方式启动 DMA 数据传输,则需要调用 HAL_DMA_PollForTransfer()函数查询,并等待 DMA 传输结束。如果以中断方式启动 DMA 数据传输,则传输过程中 DMA 流会产生传输完成事件中断。每个 DMA 流都有独立的中断地址,使用中断方式的 DMA 数据传输更方便,所以在实际使用 DMA 时,一般是以中断方式启动 DMA 传输。

　　DMA 传输还有双缓冲区模式,可用于一些高速实时处理的场合。例如,ADC 的 DMA 传输方向是从外设到存储器的,存储器一端可以设置两个缓冲区,在高速 ADC 采集时,可以交替使用两个数据缓冲区,一个用于接收 ADC 的数据,另一个用于实时处理。

12.4.2　DMA 传输初始化配置

　　HAL_DMA_Init()函数用于 DMA 传输初始化配置,原型定义如下。

```
HAL_StatusTypeDef  HAL_DMA_Init(DMA_HandleTypeDef * hdma);
```

其中,hdma 是 DMA_HandleTypeDef 结构体类型指针。DMA_HandleTypeDef 结构体的完整定义如下。

```
typedef struct
{
```

```
    DMA_Stream_TypeDef          * Instance;
    DMA_InitTypeDef             Init;
    HAL_LockTypeDef             Lock;
    _IO HAL_DMA_StateTypeDef    State
    void    * Parent;
    void ( * XferCpltCallback)(struct_DMA_HandleTypeDef *  hdma);
    void ( * XferHalfCpltCallback)(struct_DMA_HandleTypeDef *  hdma);
    void ( * XferM1CpltCallback)(struct_DMA_HandleTypeDef * hdma);
    void ( * XferM1HalfCpltCal1back)(struct_DMA_HandleTypeDef *  hdma);
    void ( * XferErrorCallback) (struct_DMA_HandleTypeDef *  hdma);

    _IO  uint32_t    ErrorCode;
    uint32_t         StreamBaseAddress;
    uint32_t         StreamIndex;
}DMA_HandleTypeDef;
```

DMA_HandleTypeDef 结构体的成员指针变量 Instance 要指向一个 DMA 流的寄存器基址。Init 是 DMA_InitTypeDef 结构体类型,它存储了 DMA 传输的各种属性参数。DMA_HandleTypeDef 结构体还定义了多个用于 DMA 事件中断处理的回调函数指针。

存储 DMA 传输属性参数的 DMA_InitTypeDef 结构体的定义如下。

```
typedef struct
{
    uint32_t  Channel;
    uint32_t  Direction;
    uint32_t  PeriphInc;
    uint32_t  MemInc;
    uint32_t  PeriphDataAlignment;
    uint32_t  MemDataAlignment;
    uint32_t  Mode;
    uint32_t  Priority;
    uint32_t  FIFOMode;
    uint32_t  FIFOThreshold;
    uint32_t  MemBurst;
    uint32_t  PeriphBurst;
}DMA_InitTypeDef;
```

DMA_InitTypeDef 结构体的很多成员变量的取值是宏定义常量,具体的取值和意义在后续实例中通过 STM32CubeMX 的设置和生成的代码解释。

在 STM32CubeMX 中为外设配置 DMA 后,在生成的代码中会有一个 DMA_HandleTypeDef 结构体类型变量。例如,为 USART1 的 DMA 请求 USART1_TX 配置 DMA 后,在生成的 usart.c 文件中有如下变量定义,称为 DMA 流对象变量。

```
DMA_HandleTypeDef  hdma_usartl_rx: ;              //DMA 流对象变量
```

在 USART1 的外设初始化函数中,程序会为 hdma_usartl_rx 变量赋值(hdma_usartl_

rx. Instance 指向一个具体的 DMA 流的寄存器基址,hdma_usartl_rx. Init 的各成员变量设置 DMA 传输的各个属性参数);然后执行 HAL_DMA_Init(&hdma_usartl_rx)函数进行 DMA 传输初始化配置。

变量 hdma_usartl_rx 的基地址指针 Instance 指向一个 DMA 流的寄存器基址,它还包含 DMA 传输的各种属性参数,以及用于 DMA 事件中断处理的回调函数指针。所以,我们将用 DMA_HandleTypeDef 结构体定义的变量称为 DMA 流对象变量。

12.4.3　启动 DMA 数据传输

在完成 DMA 传输初始化配置后,就可以启动 DMA 数据传输了。DMA 数据传输有轮询方式和中断方式。每个 DMA 流都有独立的中断地址,有传输完成中断事件,使用中断方式的 DMA 数据传输更方便。HAL_DMA_Start_IT()函数以中断方式启动 DMA 数据传输,原型定义如下。

```
HAL_StatusTypeDef  HAL_DMA_Start_IT(DMA_HandleTypeDef * hdma,uint32_t SrcAddress,uint32_t
  DstAddress,uint32_t  DataLength);
```

其中,hdma 是 DMA 流对象指针;SrcAddress 是源地址;DstAddress 是目标地址;DataLength 是需要传输的数据长度。

在使用具体外设进行 DMA 数据传输时,一般无须直接调用 HAL_DMA_Start_IT()函数启动 DMA 数据传输,而是由外设的 DMA 传输函数内部调用 HAL_DMA_Start_IT()函数启动 DMA 数据传输。

例如,在第 8 章介绍 UART 接口时就提到,串口传输数据除了有阻塞式和中断方式外,还有 DMA 方式。串口以 DMA 方式发送数据和接收数据的两个函数的原型定义如下。

```
HAL_StatusTypeDef  HAL_UART_Transmit_DMA (UART_HandleTypeDef * huart,uint8_t * pData,uint16
_t Size);
HAL_StatusTypeDef  HAL_UART_Receive_DMA (UART_HandleTypeDef * huart,uint8_t * pData,uint16
_t Size);
```

其中,huart 是串口对象指针;pData 是数据缓冲区指针,缓冲区是 uint8_t 类型数组,因为串口传输数据的基本单位是字节;Size 是缓冲区长度,单位是字节。

USART1 使用 DMA 方式发送一个字符串的示例代码如下。

```
uint8_t   hello1[] = "Hello,DMA transmit\n";
HAL_UART_Transmit_DMA (&huart1,hello1,sizeof (hello1));
```

HAL_UART_Transmit_DMA()函数内部会调用 HAL_DMA_Start_IT()函数,而且会根据 USART1 关联的 DMA 流对象的参数自动设置 HAL_DMA_Start_IT()函数的输入参数,如源地址、目标地址等。

12.4.4 DMA 的中断

DMA 的中断实际就是 DMA 流的中断。每个 DMA 流有独立的中断号,有对应的 ISR。DMA 中断有多个中断事件源,DMA 中断事件类型的宏定义(也就是中断事件使能控制位的宏定义)如下。

```
#define  DMA_IT_TC    ((uint32_t)DMA_SxCR_TCIE)     //DMA 传输完成中断事件
#define  DMA_IT_HT    ((luint32_t)DMA_SXCR_HTIE)    //DMA 传输半完成中断事件
#define  DMA_IT_TE    ((uint32_t)DMA_SxCR_TEIE)     //DMA 传输错误中断事件
#define  DMA_IT_DME   ((uint32_t)DMA_SxCR_DMEIE)    //DMA 直接模式错误中断事件
#define  DMA_IT_FE    0x00000080U                   //DMA FIFO 上溢/下溢中断事件
```

对于一般的外设,一个事件中断可能对应一个回调函数,这个回调函数的名称是 HAL 库固定好了的,如 UART 的发送完成事件中断对应的回调函数名称是 HAL_UART_TxCpltCallback()。但是,在 DMA 的 HAL 驱动程序头文件 stm32f4xx_hal_dma.h 中,并没有定义这样的回调函数,因为 DMA 流是要关联不同外设的,所以它的事件中断回调函数没有固定的函数名,而是采用函数指针的方式指向关联外设的事件中断回调函数。DMA 流对象的 DMA_HandleTypeDef 结构体的定义代码中有这些函数指针。

HAL_DMA_IRQHandler()是 DMA 流中断通用处理函数,在 DMA 流中断的 ISR 里被调用。这个函数的原型定义如下,其中的参数 hdma 是 DMA 流对象指针。

```
void   HAL_DMA_IRQHandler(DMA_HandleTypeDef * hdma);
```

通过分析 HAL_DMA_IRQHandler()函数的源代码,我们整理出 DMA 流中断事件与 DMA 流对象,也就是 DMA_HandleTypeDef 结构体的回调函数指针之间的关系,如表 12-2 所示。

表 12-2　DMA 流中断事件与 DMA 流对象的回调函数指针的关系

DMA 流中断事件类型宏	DMA 流中断事件	DMA_HandleTypeDef 结构体的回调函数指针
DMA_IT_TC	传输完成中断	XferCpltCallback
DMA_IT_HT	传输半完成中断	XferHalfCpltCallback
DMA_IT_TE	传输错误中断	XferErrorCallback
DMA_IT_FE	FIFO 错误中断	无
DMA_IT_DME	直接模式错误中断	无

在 DMA 传输初始化配置函数 HAL_DMA_Init()中,不会为 DMA 流对象的事件中断回调函数指针赋值,一般是在外设以 DMA 方式启动传输时,为这些回调函数指针赋值。例如,对于 UART,执行 HAL_UART_Transmit_DMA()函数启动 DMA 方式发送数据时,就会将串口关联的 DMA 流对象的函数指针 XferCpltCallback 指向 UART 的发送完成事件中断回调函数 HAL_UART_TxCpltCallback()。

UART 以 DMA 方式发送和接收数据时,常用的 DMA 流中断事件与回调函数的关系如表 12-3 所示。注意,这里发生的中断是 DMA 流的中断,而不是 UART 的中断,DMA 流只是使用了 UART 的回调函数。特别地,DMA 流有传输半完成中断事件(DMA_IT_HT),而 UART 是没有这种中断事件的,UART 的 HAL 驱动程序中定义的两个回调函数就是为了 DMA 流的传输半完成事件中断调用的。

表 12-3　UART 以 DMA 方式传输数据时 DMA 流中断事件与回调函数的关系

UART 的 DMA 传输函数	DMA 流事件 中断事件	DMA 流对象的 回调函数指针	DMA 流事件中断 关联的具体回调函数
HAL_UART_Transmit_DMA()	DMA_IT_TC	XferCpltCallback	HAL_UART_TxCpltCallback()
	DMA_IT_HT	XferHalfCpltCallback	HAL_UART_TxHalfCpltCallback()
HAL_UART_Receive_DMA()	DMA_IT_TC	XferCpltCallback	HAL_UART_RxCpltCallback()
	DMA_IT_HT	XferHalfCpltCallback	HAL_UART_RxHalfCpltCallback()

UART 使用 DMA 方式传输数据时,UART 的全局中断需要开启,但是 UART 的接收完成和发送完成中断事件源可以关闭。

12.5　采用 STM32CubeMX 和 HAL 库的 DMA 应用实例

本节介绍一个从存储器到外设的 DMA 应用实例。先定义一个数据变量,存储在 SRAM 中,通过 DMA 方式传输到串口的数据寄存器,然后通过串口把这些数据发送到计算机显示出来。

12.5.1　STM32 的 DMA 配置流程

DMA 的应用广泛,可完成外设到外设、外设到内存、内存到外设的传输,以使用中断方式为例,其基本配置流程由 3 部分构成,即 NVIC 设置、DMA 模式及中断配置、DMA 中断服务。

本实例用到串口 1 的发送,属于 DMA1 的通道 4,接下来介绍 DMA1 通道 4 的配置步骤。

(1) 使能 DMA1 时钟。

DMA 的时钟使能是通过 AHB1ENR 寄存器控制的,这里要先使能时钟,才可以配置 DMA 相关寄存器。HAL 库函数为

```
__HAL_RCC_DMA1_CLK_ENABLE();              //DMA1 时钟使能
```

(2) 初始化 DMA1 通道 4,包括配置通道、外设地址、存储器地址、传输数据量等。

DMA 的某个通道的各种配置参数初始化是通过 HAL_DMA_Init() 函数实现的,函数声明为

```
HAL_StatusTypeDef HAL_DMA_Init(DMA_HandleTypeDef * hdma);
```

该函数只有一个 DMA_HandleTypeDef 结构体指针类型入口参数,结构体定义如下。

```
typedef struct
{
    DMA_Stream_TypeDef          * Instance;      //DMA 流寄存器基址,用于指定一个 DMA 流
    DMA_InitTypeDef             Init;            //DMA 传输的各种配置参数
    HAL_LockTypeDef             Lock;            //DMA 锁定状态
    _IO HAL_DMA_StateTypeDef    State            //DMA 传输状态
    void                        * Parent;        //父对象,即关联的外设对象
    /* DMA 传输完成事件中断的回调函数指针 */
    void ( * XferCpltCallback)(struct_DMA_HandleTypeDef * hdma);
    /* DMA 传输半完成事件中断的回调函数指针 */
    void ( * XferHalfCpltCallback)(struct_DMA_HandleTypeDef * hdma);
    /* DMA Memory1 传输完成事件中断的回调函数指针 */
    void ( * XferM1CpltCallback)(struct_DMA_HandleTypeDef * hdma);
    /* DMA 传输错误事件中断的回调函数指针 */
    void ( * XferM1HalfCpltCallback)(struct_DMA_HandleTypeDef * hdma);
    /* DMA 传输中止回调函数指针 */
    void ( * XferErrorCallback) (struct_DMA_HandleTypeDef * hdma);

    _IO uint32_t    ErrorCode;                   //DMA 错误码
    uint32_t        StreamBaseAddress;           //DMA 流基址
    uint32_t        StreamIndex;                 //DMA 流索引号
}DMA_HandleTypeDef;
```

成员变量 Instance 设置寄存器基地址。例如,要设置为 DMA1 的通道 4,那么取值为 DMA1_Channel4。

成员变量 Parent 是 HAL 库处理中间变量,用来指向 DMA 通道外设句柄。

成员变量 XferCpltCallback(传输完成回调函数)、XferHalfCpltCallback(传输半完成回调函数)、XferM1CpltCallback(Memory1 传输完成回调函数)、XferErrorCallback(传输错误回调函数)是 4 个函数指针,用来指向回调函数入口地址。

成员变量 StreamBaseAddress 和 StreamIndex 是数据流基地址和索引号,在 HAL 库处理时会自动计算,用户无须设置。

接下来重点介绍成员变量 Init,它是 DMA_InitTypeDef 结构体类型,结构体定义如下。

```
typedef struct
{
    uint32_t Channel;              //DMA 通道,也就是外设的 DMA 请求
    uint32_t Direction;            //DMA 传输方向
    uint32_t PeriphInc;            //外设地址指针是否自增
    uint32_t MemInc;               //存储器地址指针是否自增
    uint32_t PeriphDataAlignment;  //外设数据宽度
    uint32_t MemDataAlignment;     //存储器数据宽度
    uint32_t Mode;                 //传输模式,即循环模式或正常模式
    uint32_t Priority;             //DMA 流的软件优先级别
    uint32_t FIFOMode;             //FIFO 模式,是否使用 FIFO
    uint32_t FIFOThreshold;        //FIFO 阈值,1/4、1/2、3/4 或 1
```

```
    uint32_t MemBurst;                        //存储器突发传输数据量
    uint32_t PeriphBurst;                     //外设突发传输数据量
}DMA_InitTypeDef;
```

该结构体成员变量非常多,但是每个成员变量配置的基本都是 DMA_SxCR 寄存器和 DMA_SxFCR 寄存器的相应位。例如,本实例要用到 DMA1_Channel4,把内存中数组的值发送到串口外设发送寄存器 DR,所以方向为存储器到外设(DMA_MEMORY_TO_PERIPH),逐字节发送,需要数字索引自动增加,所以是存储器增量模式(DMA_MINC_ENABLE),存储器和外设的字宽都是 8 位。具体配置如下。

```
DMA_HandleTypeDef    UART1TxDMA_Handler;                          //DMA 句柄
UART1TxDMA_Handler.Instance = DMA1_Channel4;                      //通道选择
UART1TxDMA_Handler.Init.Direction = DMA_MEMORY_TO_PERIPH;         //存储器到外设
UART1TxDMA_Handler.Init.PeriphInc = DMA_PINC_DISABLE;             //外设非增量模式
UART1TxDMA_Handler.Init.MemInc = DMA_MINC_ENABLE;                 //存储器增量
UART1TxDMA_Handler.Init.PeriphDataAlignment = DMA_PDATAALIGN_BYTE;  //外设数据长度为 8 位
UART1TxDMA_Handler.Init.MemDataAlignment = DMA_MDATAALIGN_BYTE;   //存储器数据长度为 8 位
UART1TxDMA_Handler.Init.Mode = DMA_NORMAL;                        //外设普通模式
UART1TxDMA_Handler.Init.Priority = DMA_PRIORITY_MEDIUM;           //中等优先级
```

这里要注意,HAL 库为了处理各类外设的 DMA 请求,在调用相关函数之前,需要调用一个宏定义标识符连接 DMA 和外设句柄。例如,要使用串口 DMA 发送,方法为

```
__HAL_LINKDMA(&UART1_Handler,hdmatx,UART1TxDMA_Handler);
```

其中,UART1_Handler 是串口初始化句柄,在 usart. c 文件中定义；UART1TxDMA_Handler 是 DMA 初始化句柄；hdmatx 是外设句柄结构体的成员变量,在这里实际就是 UART1_Handler 的成员变量。在 HAL 库中,任何一个可以使用 DMA 的外设,它的初始化结构体句柄都会有一个 DMA_HandleTypeDef 指针类型的成员变量,是 HAL 库用来做相关指向的。hdmatx 就是 DMA_HandleTypeDef 结构体指针类型。

这条语句的含义就是把 UART1_Handler 句柄的成员变量 hdmatx 和 DMA 句柄 UART1TxDMA_Handler 连接起来,是纯软件处理,没有任何硬件操作。

(3) 使能串口 1 的 DMA 发送。

在实验中,开启一次 DMA 传输。

```
//开启一次 DMA 传输
//huart:串口句柄
//pData:传输的数据指针
//Size:传输的数据量
void MYDMA_USART_Transmit(UART_HandleTypeDef * huart, uint8_t * pData,uint16_t Size)
{
    HAL_DMA_Start(huart -> hdmatx,(u32)pData, (uint32_t)&huart -> Instance -> DR,Size);
                                                                  //开启 DMA 传输
    huart -> Instance -> CR3 | = USART_CR3_DMAT;    //使能串口 DMA 发送
}
```

HAL 库还提供了对串口的 DMA 发送的停止、暂停、恢复等操作函数。

```
HAL_StatusTypeDef HAL_UART_DMAStop(UART_HandleTypeDef * huart);      //停止
HAL_StatusTypeDef HAL_UART_DMAPause(UART_HandleTypeDef * huart);     //暂停
HAL_StatusTypeDef HAL_UART_DMAResume(UART_HandleTypeDef * huart);    //恢复
```

（4）使能 DMA1 通道 4，启动传输。
使能 DMA 通道的函数为

```
HAL_StatusTypeDef HAL_DMA_Start(DMA_HandleTypeDef * hdma, uint32_t SrcAddress, uint32_t
DstAddress, uint32_t DataLength);
```

通过以上 4 步设置，就可以启动一次 USART1 的 DMA 传输了。
（5）查询 DMA 传输状态。
在 DMA 传输过程中，要查询 DMA 传输通道的状态，方法为

```
__HAL_DMA_GET_FLAG(&UART1TxDMA_Handler,DMA_FLAG_TCIF3_7);
```

获取当前传输剩余数据量，方法为

```
__HAL_DMA_GET_COUNTER(&UART1TxDMA_Handler);
```

DMA 相关的库函数就讲解到这里，可以查看固件库中文手册详细了解。
（6）DMA 中断使用方法。
DMA 中断对于每个流都有一个中断服务函数，如 DMA1_Channel4 的中断服务函数为
DMA1_Channel4_IRQHandler()。同样，HAL 库也提供了一个通用的 DMA 中断处理函
数 HAL_DMA_IRQHandler()，在该函数内部，会对 DMA 传输状态进行分析，然后调用相
应的中断处理回调函数。

```
void HAL_UART_TxCpltCallback(UART_HandleTypeDef * huart);        //发送完成回调函数
void HAL_UART_TxHalfCpltCallback(UART_HandleTypeDef * huart);    //发送半完成回调函数
void HAL_UART_RxCpltCallback(UART_HandleTypeDef * huart);        //接收完成回调函数
void HAL_UART_RxHalfCpltCallback(UART_HandleTypeDef * huart);    //接收半完成回调函数
void HAL_UART_ErrorCallback(UART_HandleTypeDef * huart);         //传输出错回调函数
```

对于串口 DMA 开启、使能数据流、启动传输这些步骤，如果使用了中断，可以直接调用
HAL 库函数 HAL_USART_Transmit_DMA()，声明如下。

```
HAL_StatusTypeDef HAL_USART_Transmit_DMA(USART_HandleTypeDef * husart,uint8_t * pTxData,
uint16_t Size);
```

12.5.2　DMA 应用的硬件设计

存储器到外设模式使用 USART1 功能，具体电路设置参考图 8-6，无需其他硬件设计。

在本实例中,编写一个程序实现开发板与计算机串口调试助手通信,在开发板上电时 USART1 通过 DMA 发送一串字符给计算机,并每隔一定时间改变 LED 的状态。

12.5.3 DMA 应用的软件设计

DMA_InitTypeDef 结构体成员用于设置 DMA 工作参数,并由外设初始化配置函数调用,如 MX_DMA_Init(),这些设定参数将会设置外设相应的寄存器,达到配置外设工作环境的目的。初始化结构体定义在 stm32f4xx_hal_dma.h 文件中,初始化库函数定义在 stm32f4xx_hal_dma.c 文件中,编程时可以结合这两个文件的注释使用。

DMA_InitTypeDef 结构体如下。

```
typedef struct {
    uint32_t Channel;                //通道选择
    uint32_t Direction;              //传输方向
    uint32_t PeriphInc;              //外设递增
    uint32_t MemInc;                 //存储器递增
    uint32_t PeriphDataAlignment;    //外设数据宽度
    uint32_t MemDataAlignment;       //存储器数据宽度
    uint32_t Mode;                   //模式选择
    uint32_t Priority;               //优先级
    uint32_t FIFOMode;               //FIFO 模式
    uint32_t FIFOThreshold;          //FIFO 阈值
    uint32_t MemBurst;               //存储器突发传输
    uint32_t PeriphBurst;            //外设突发传输
} DMA_InitTypeDef;
```

这些结构体成员说明如下。

(1) Channel:DMA 请求通道选择,可选通道 0~通道 7,每个外设对应固定的通道,它设定 DMA_SxCR 寄存器的 CHSEL[2:0]位的值。

(2) Direction:传输方向选择,可选外设到存储器、存储器到外设以及存储器到存储器,它设定 DMA_SxCR 寄存器的 DIR[1:0]位的值。

(3) PeriphInc:如果配置为 PeriphInc_Enable,使能外设地址自动递增功能,由 DMA_SxCR 寄存器的 PINC 位的值;通常外设都是只有一个数据寄存器,所以一般不会使能该位。

(4) MemInc:如果配置为 MemInc_Enable,使能存储器地址自动递增功能,它设定 DMA_SxCR 寄存器的 MINC 位的值;自定义的存储区一般都是存放多个数据的,所以使能存储器地址自动递增功能。

(5) PeriphDataAlignment:外设数据宽度,可选字节(8位)、半字(16位)和字(32位),它设定 DMA_SxCR 寄存器的 PSIZE[1:0] 位的值。

(6) MemDataAlignment:存储器数据宽度,可选字节(8位)、半字(16位)和字(32位),它设定 DMA_SxCR 寄存器的 MSIZE[1:0]位的值。

（7）Mode：DMA 传输模式选择，可选一次传输或循环传输，它设定 DMA_SxCR 寄存器的 CIRC 位的值。

（8）Priority：软件设置数据流的优先级，有 4 个可选优先级，它设定 DMA_SxCR 寄存器的 PL[1:0]位的值。DMA 优先级只有在多个 DMA 数据流同时使用时才有意义，这里设置为最高优先级就可以了。

（9）FIFOMode：FIFO 模式使能，如果设置为 DMA_FIFOMode_Enable，表示使能 FIFO 模式功能；它设定 DMA_SxFCR 寄存器的 DMDIS 位的值。

（10）FIFOThreshold：FIFO 阈值选择，可选 4 种状态分别为 FIFO 容量的 1/4、1/2、3/4 和满，它设定 DMA_SxFCR 寄存器的 FTH[1:0]位的值；若 DMA_FIFOMode 设置为 DMA_FIFOMode_Disable，那 DMA_FIFOThreshold 值无效。

（11）MemBurst：存储器突发模式选择，可选单次模式、4 节拍的增量突发模式、8 节拍的增量突发模式或 16 节拍的增量突发模式，它设定 DMA_SxCR 寄存器的 MBURST[1:0]位的值。

（12）PeriphBurst：外设突发模式选择，可选单次模式、4 节拍的增量突发模式、8 节拍的增量突发模式或 16 节拍的增量突发模式，它设定 DMA_SxCR 寄存器的 PBURST[1:0]位的值。

配置完这些结构体成员值，调用库函数 HAL_DMA_Init()即可把结构体的配置写入寄存器中。

1. 通过 STM32CubeMX 新建工程

通过 STM32CubeMX 新建工程的步骤如下。

（1）在 Demo 目录下新建 DMA 文件夹，这是保存本章新建工程的文件夹。

（2）在 STM32CubeMX 开发环境中新建工程。

（3）选择 MCU 或开发板。选择型号为 STM32F407ZGT6，启动工程。

（4）执行 File→Save Project 菜单命令保存工程。

（5）执行 File→Generate Report 菜单命令生成当前工程的报告文件。

（6）配置 MCU 时钟树。

在 Pinout & Configuration 工作页面选择 System Core→RCC，根据开发板实际情况，High Speed Clock(HSE)选择为 Crystal/Ceramic Resonator(晶体/陶瓷晶振)。

切换到 Clock Configuration 工作页面，根据开发板外设情况配置总线时钟。此处配置 Input frequency 为 25MHz，PLL Source Mux 为 HSE，分配系数为 25，PLLMul 倍频为 336MHz，PLLCLK 2 分频后为 168MHz，System Clock Mux 为 PLLCLK，APB1 Prescaler 为/4，APB2 Prescaler 为/2，其余保持默认设置即可。

（7）配置 MCU 外设。

根据 LED 和 USART1 电路，整理出 MCU 连接的 GPIO 引脚的输入/输出配置，如表 12-4 所示。

表 12-4　MCU 引脚配置

用户标签	引脚名称	引脚功能	GPIO 模式	上拉或下拉	端口速率
LED1_RED	PF6	GPIO_Output	推挽输出	上拉	上拉
LED2_GREEN	PF7	GPIO_Output	推挽输出	上拉	上拉
LED3_BLUE	PF8	GPIO_Output	推挽输出	上拉	上拉
PA9	USART1_TX	复用推挽输出	无	—	最高
PA10	USART1_RX	复用输入模式	无	—	最高

在 Pinout & Configuration 工作页面选择 System Core→GPIO,对使用的 GPIO 进行设置。LED 输出端口:LED1_RED(PF6)、LED2_GREEN(PF7)和 LED3_BLUE(PF8),配置完成后的 GPIO 端口页面如图 12-3 所示。

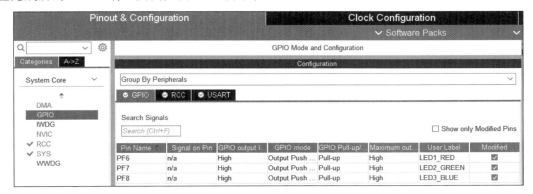

图 12-3　配置完成后的 GPIO 端口页面

在 STM32CubeMX 中配置完 USART1 后,会自动完成相关 GPIO 的配置,用户无须配置。

在 Pinout & Configuration 工作页面分别配置 USART1、NVIC 模块,方法同 SPI 部分。

在 Pinout & Configuration 工作页面选择 System Core→DMA,DMA2 配置页面如图 12-4 所示。

在 Pinout & Configuration 工作页面选择 System Core→NVIC,取消勾选 Force DMA Channels Interrupts 复选框,不使能 DMA 中断,取消勾选 DMA2 stream7 global interrupt 项的 Enabled 复选框,NVIC 配置页面如图 12-5 所示。

(8) 配置工程。

在 Project Manager 工作页面 Project 栏下,Toolchain/IDE 选择为 MDK-ARM,Min Version 选择为 V5,可生成 Keil MDK 工程;选择为 STM32CubeIDE,可生成 STM32CubeIDE 工程。

(9) 生成 C 代码工程。

返回 STM32CubeMX 主页面,单击 GENERATE CODE 按钮生成 C 代码工程。

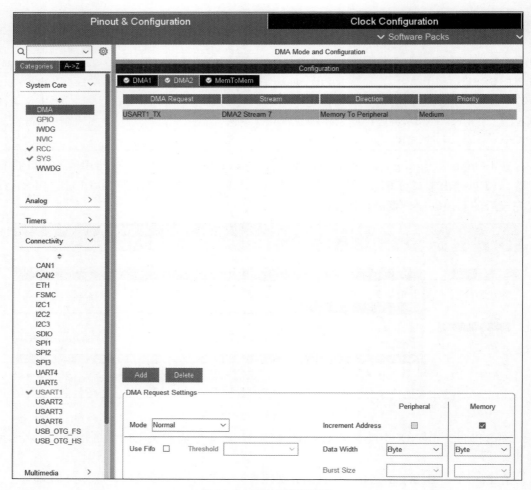

图 12-4　DMA2 配置页面

2. 通过 Keil MDK 实现工程

通过 Keil MDK 实现工程的步骤如下。

(1) 打开 DMA/MDK-Arm 文件夹下的工程文件。

(2) 编译 STM32CubeMX 自动生成的 MDK 工程。

在 MDK 开发环境中通过执行 Project→Rebuild all target files 菜单命令或单击工具栏 Rebuild 按钮 ▦ 编译工程。

(3) STM32CubeMX 自动生成的 MDK 工程如下。

main.c 文件中 main()函数依次调用了：HAL_Init()函数,用于复位所有外设、初始化 Flash 接口和 SysTick 定时器；SystemClock_Config()函数,用于配置各种时钟信号频率； MX_GPIO_Init()函数,用于初始化 GPIO 引脚。

gpio.c 文件包含了 MX_GPIO_Init()函数的实现代码,具体如下。

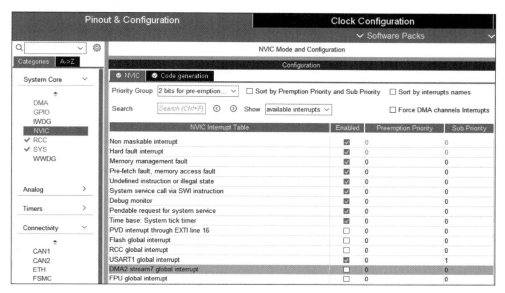

图 12-5 NVIC 配置页面

```
void MX_GPIO_Init(void)
{
  GPIO_InitTypeDef GPIO_InitStruct = {0};
  /* GPIO Ports Clock Enable */
  __HAL_RCC_GPIOF_CLK_ENABLE();
  __HAL_RCC_GPIOH_CLK_ENABLE();
  __HAL_RCC_GPIOA_CLK_ENABLE();
  /* Configure GPIO pin Output Level */
  HAL_GPIO_WritePin(GPIOF, LED1_RED_Pin|LED2_GREEN_Pin|LED3_BLUE_Pin, GPIO_PIN_SET);
  /* Configure GPIO pins : PFPin PFPin PFPin */
  GPIO_InitStruct.Pin = LED1_RED_Pin|LED2_GREEN_Pin|LED3_BLUE_Pin;
  GPIO_InitStruct.Mode = GPIO_MODE_OUTPUT_PP;
  GPIO_InitStruct.Pull = GPIO_PULLUP;
  GPIO_InitStruct.Speed = GPIO_SPEED_FREQ_HIGH;
  HAL_GPIO_Init(GPIOF, &GPIO_InitStruct);
}
```

MX_USART1_UART_Init()是 USART1 的初始化函数。

main()函数外设初始化新增 MX_DMA_Init()函数,它是 DMA 的初始化函数,在 dma.c 文件中定义,实现 STM32CubeMX 配置的 DMA 设置。

MX_DMA_Init()函数实现代码如下。

```
void MX_DMA_Init(void)
{
  /* DMA controller clock enable */
  __HAL_RCC_DMA2_CLK_ENABLE();
}
```

MX_DMA_Init()函数启用DMA2时钟。DMA相关的其他设置均放在HAL_UART_MspInit()函数中。HAL_UART_MspInit()函数实现代码如下。

```
void HAL_UART_MspInit(UART_HandleTypeDef * uartHandle)
{
  GPIO_InitTypeDef GPIO_InitStruct = {0};
  if(uartHandle->Instance==USART1)
  {
  /* USER CODE BEGIN USART1_MspInit 0 */

  /* USER CODE END USART1_MspInit 0 */
    /* USART1 clock enable */
    __HAL_RCC_USART1_CLK_ENABLE();

    __HAL_RCC_GPIOA_CLK_ENABLE();
    /** USART1 GPIO Configuration
    PA9       ------> USART1_TX
    PA10      ------> USART1_RX
    */
    GPIO_InitStruct.Pin = GPIO_PIN_9|GPIO_PIN_10;
    GPIO_InitStruct.Mode = GPIO_MODE_AF_PP;
    GPIO_InitStruct.Pull = GPIO_NOPULL;
    GPIO_InitStruct.Speed = GPIO_SPEED_FREQ_VERY_HIGH;
    GPIO_InitStruct.Alternate = GPIO_AF7_USART1;
    HAL_GPIO_Init(GPIOA, &GPIO_InitStruct);

    /* USART1 DMA Init */
    /* USART1_TX Init */
    hdma_usart1_tx.Instance = DMA2_Stream7;
    hdma_usart1_tx.Init.Channel = DMA_CHANNEL_4;
    hdma_usart1_tx.Init.Direction = DMA_MEMORY_TO_PERIPH;
    hdma_usart1_tx.Init.PeriphInc = DMA_PINC_DISABLE;
    hdma_usart1_tx.Init.MemInc = DMA_MINC_ENABLE;
    hdma_usart1_tx.Init.PeriphDataAlignment = DMA_PDATAALIGN_BYTE;
    hdma_usart1_tx.Init.MemDataAlignment = DMA_MDATAALIGN_BYTE;
    hdma_usart1_tx.Init.Mode = DMA_NORMAL;
    hdma_usart1_tx.Init.Priority = DMA_PRIORITY_MEDIUM;
    hdma_usart1_tx.Init.FIFOMode = DMA_FIFOMODE_DISABLE;
    if (HAL_DMA_Init(&hdma_usart1_tx) != HAL_OK)
    {
      Error_Handler();
    }

    __HAL_LINKDMA(uartHandle,hdmatx,hdma_usart1_tx);

  /* USER CODE BEGIN USART1_MspInit 1 */

  /* USER CODE END USART1_MspInit 1 */
  }
}
```

调用了 HAL_DMA_Init()函数,根据 DMA_InitTypeDef 结构体中的参数对 DMA 进行初始化,并初始化关联的句柄。

MX_NVIC_Init()函数实现中断的初始化,代码如下。

```
static void MX_NVIC_Init(void)
{
  /* USART1_IRQn interrupt configuration */
  HAL_NVIC_SetPriority(USART1_IRQn, 0, 1);
  HAL_NVIC_EnableIRQ(USART1_IRQn);
}
```

(4) 新建用户文件。

在 DMA/Core/Src 文件夹下新建 bsp_led.c 文件,在 DMA/Core/Inc 文件夹下新建 bsp_led.h 文件。将 bsp_led.c 文件添加到工程 Application/User/Core 文件夹下。

(5) 编写用户代码。

bsp_led.h 和 bsp_led.c 文件实现 LED 操作的宏定义和 LED 初始化。

usart.h 和 usart.c 文件声明和定义使用到的变量和宏。usart.c 文件中的 MX_USART1_UART_Init()函数开启 USART1 接收中断。在 stm32f4xx_it.c 文件中对 USART1_IRQHandler()函数添加接收数据的处理。

在 main.c 文件中添加对用户自定义头文件的引用。

```
/* Private includes ----------------------------------------------- */
/* USER CODE BEGIN Includes */
#include "bsp_led.h"
/* USER CODE END Includes */
```

在 main.c 文件中添加对 DMA 的操作。

```
/* USER CODE BEGIN 2 */
/* 配置 RGB 彩色灯 */
LED_GPIO_Config();

printf("\r\n USART1 DMA TX 测试 \r\n");

/* 填充将要发送的数据 */
for(i = 0;i < SENDBUFF_SIZE;i++)
{
  SendBuff[i] = 'A';

}

/* 为演示 DMA 持续运行而 CPU 还能处理其他事情,持续使用 DMA 发送数据,量非常大,
 * 长时间运行可能会导致计算机端串口调试助手卡死或鼠标指针乱飞的情况,
 * 或把 DMA 配置中的循环模式改为单次模式 */
```

```
/* USART1 向 DMA 发出传输请求 */
 HAL_UART_Transmit_DMA(&huart1, (uint8_t *)SendBuff ,SENDBUFF_SIZE);
 /* USER CODE END 2 */
 /* Infinite loop */
 /* USER CODE BEGIN WHILE */
 while (1)
 {
   LED1_TOGGLE;
  Delay(0xFFFFFF);
  /* USER CODE END WHILE */

  /* USER CODE BEGIN 3 */
 }
 /* USER CODE END 3 */
```

HAL_UART_Transmit_DMA()函数用于启动 USART 的 DMA 传输。只需要指定源数据地址及长度,运行该函数后 USART 的 DMA 发送传输就开始了,根据配置,它会通过 USART1 循环发送数据。DMA 传输过程不占用 CPU 资源,可以一边传输一边运行其他任务。

(6) 重新编译添加代码后的工程。

(7) 配置工程仿真与下载项。

在 MDK 开发环境中通过执行 Project→Options for Target 菜单命令或单击工具栏 按钮配置工程。

在 Debug 选项卡中选择使用的仿真下载器 ST-Link Debugger。配置 Flash Download,勾选 Reset and Run 复选框。单击"确定"按钮。

(8) 下载工程。

连接好仿真下载器,开发板上电。

在 MDK 开发环境中通过执行 Flash→Download 菜单命令或单击工具栏 按钮下载工程。

工程下载完成后,连接串口,打开串口调试助手,可接收到发送的字符串,同时 RGB 彩色灯不断闪烁。

参 考 文 献

［1］ 李正军. Arm 嵌入式系统原理及应用：STM32F103 微控制器架构、编程与开发［M］. 北京：清华大学出版社，2024.

［2］ 李正军. Arm 嵌入式系统案例实战：手把手教你掌握 STM32F103 微控制器项目开发［M］. 北京：清华大学出版社，2024.

［3］ 李正军，李潇然. STM32 嵌入式单片机原理与应用［M］. 北京：机械工业出版社，2024.

［4］ 李正军，李潇然. STM32 嵌入式系统设计与应用［M］. 北京：机械工业出版社，2023.

［5］ YIU J. ARM Cortex-M3 与 Cortex-M4 权威指南［M］. 吴常玉，曹孟娟，王丽红，译. 3 版. 北京：清华大学出版社，2015.

［6］ 王维波，鄢志丹，王钊. STM32Cube 高效开发教程：基础篇［M］. 北京：人民邮电出版社，2021.

［7］ 杨百军. 轻松玩转 STM32Cube［M］. 北京：电子工业出版社，2017.

［8］ 张洋，刘军，严汉宇，等. 原子教你玩 STM32：库函数版［M］. 2 版. 北京：北京航空航天大学出版社，2015.